KB085729

#Iridescent #Opalescence #High resolution #3D rendered

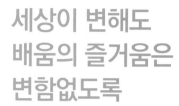

세상이 변해도
배움의 즐거움은
변함없도록

시대는 빠르게 변해도
배움의 즐거움은
변함없어야 하기에

어제의 비상은
남다른 교재부터
결이 다른 콘텐츠
전에 없던 교육 플랫폼까지

변함없는 혁신으로
교육 문화 환경의 새로운 전형을
실현해왔습니다.

비상은 오늘, 다시 한번
새로운 교육 문화 환경을 실현하기 위한
또 하나의 혁신을 시작합니다.

오늘의 내가 어제의 나를 초월하고
오늘의 교육이 어제의 교육을 초월하여
배움의 즐거움을 지속하는 혁신,

바로, 메타인지 기반 완전 학습을.

상상을 실현하는 교육 문화 기업 비상

메타인지 기반 완전 학습
초월을 뜻하는 meta와 생각을 뜻하는 인지가 결합한 메타인지는
자신이 알고 모르는 것을 스스로 구분하고 학습계획을 세우도록 하는
궁극의 학습 능력입니다. 비상의 메타인지 기반 완전 학습 시스템은
잠들어 있는 메타인지를 깨워 공부를 100% 내 것으로 만들도록 합니다.

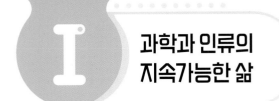

I 과학과 인류의 지속가능한 삶

 과학의 발전이 인류 문명에 미친 영향
진도 교재 10쪽

지구가 태양 주위를 돌고 있다는 □□□ 중심설은 지구가 우주의 중심이라는 인류의 생각을 바꾸었다.

인공위성, 인터넷 등 정보 통신 기술의 발달로 세계 여러 나라의 정보를 쉽고 빠르게 접할 수 있게 되었다.

과학의 발전이 인류 문명에 **미친 영향**

□□□ 합성 기술로 질소 비료가 만들어져 식량 생산이 증가하였고 인류의 식량 부족 문제를 해결하였다.

□□□을 이용해 증기 기관차를 만들어 많은 물건을 먼 곳까지 빠르게 옮길 수 있었다.

첨단 과학기술
진도 교재 10쪽

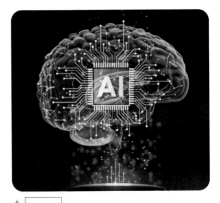

▲ □□□□
컴퓨터가 학습하고 일을 처리할 수 있게 만드는 기술

▲ **사물 인터넷**
우리 주변의 모든 사물을 인터넷으로 연결하는 기술

▲ **나노 기술**
물질을 나노미터(nm) 크기로 작게 만들어 다양한 소재나 제품을 만드는 기술

II 생물의 구성과 다양성

화보
2.1
동물 세포와 식물 세포

진도 교재 24 쪽

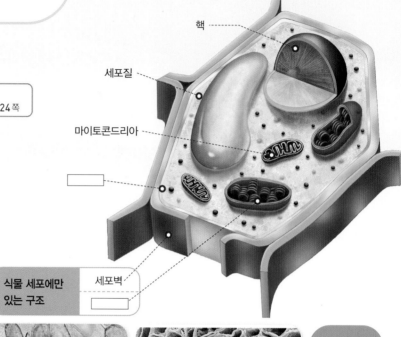

핵

세포질

마이토콘드리아

식물 세포에만
있는 구조   세포벽

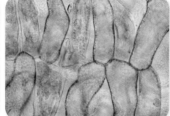

▲ 표피세포

▲ 잎살세포

▲ 물관세포

식물 세포

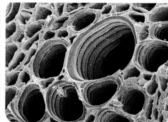

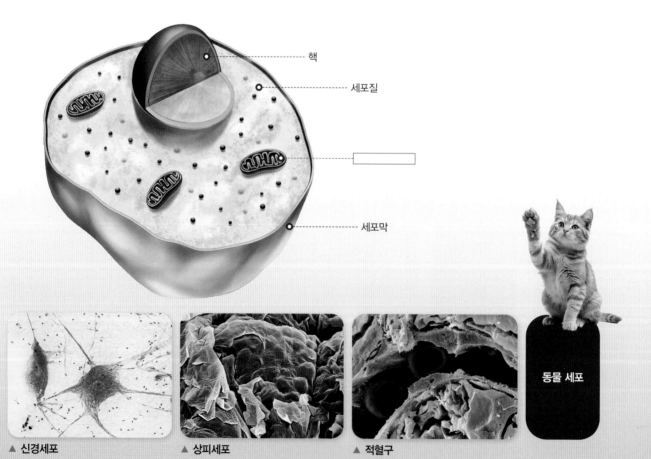

핵

세포질

세포막

▲ 신경세포

▲ 상피세포

▲ 적혈구

동물 세포

균계
운동성이 없으며, 광합성을 하지 못한다.
버섯과 곰팡이는 [   ]가 얽힌 구조이다.

식물계
[   ]을 하여 스스로 양분을 만든다.
대부분 뿌리, 줄기, 잎이 발달하였다.

동물계
광합성을 하지 못하며, 다른 생물을 먹이로
삼아 양분을 얻는다. 대부분 몸에 기관이
발달하였다.

효모

쇠뜨기

광대버섯

표고버섯

참새

진달래

우산이끼

푸른곰팡이

달팽이

침팬지

소나무

불가사리

식물계

균계

동물계

원생생물계
단세포생물도 있고,
다세포생물도 있다.

미역

아메바

짚신벌레

원생생물계

세포에 핵이 [   ].

세포에 핵이 [   ].

원핵생물계
세포에 핵이 없는 생물
무리이다.

대장균

포도상구균

젖산균

원핵생물계

III 열

화보 3.1 온도와 입자
진도 교재 66쪽

▼ 물체의 온도가 높을수록 입자의 움직임이 [   ]하다.

온도가 낮다.
➡ 입자의 움직임이 둔하다.
➡ 입자 사이의 간격이 [   ].

온도가 높다.
➡ 입자의 움직임이 활발하다.
➡ 입자 사이의 간격이 [   ].

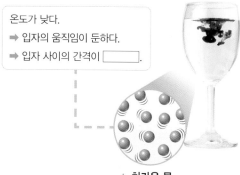

▲ 차가운 물

▲ 따뜻한 물

화보 3.2 전도에 의한 현상
진도 교재 68쪽

🔴 주전자나 냄비의 바닥 부분은 열이 [   ] 전도되는 금속으로 만든다.
🔵 주전자나 냄비의 손잡이 부분은 열이 [   ] 전도되는 플라스틱이나 나무로 만든다.

화보 3.3 대류에 의한 현상
진도 교재 68쪽

화보 3.4 복사에 의한 현상
진도 교재 68쪽

▼ 열화상 카메라로 물체를 촬영하면 물체의 온도 분포를 알 수 있다.

▲ 냄비로 물을 끓일 때 아래쪽만 가열해도 물이 골고루 데워진다.

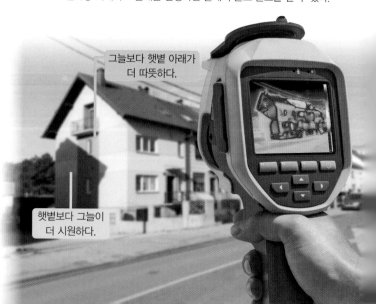

그늘보다 햇볕 아래가 더 따뜻하다.

햇볕보다 그늘이 더 시원하다.

비열이 큰 물질을 활용한 예

▲ 자동차의 냉각수는 비열이 큰 ☐☐☐을 활용하여 자동차 엔진이 지나치게 뜨거워지는 것을 방지한다.

비열이 큰 뚝배기는 뜨거운 ▶
상태를 오랫동안 유지해야
하는 음식을 요리할 때
사용한다.

비열이 작은 물질을 활용한 예

▲ 난방용 온수관은 비열이 작은 물질로 만들어 온수관이 빠르게 따뜻
해지면서 바닥에 열을 전달한다.

◀ 비열이 작은 프라이팬은
음식을 ☐☐☐ 요리할 때
사용한다.

▼ 기차선로 사이에 틈을 두어 기차선로가
☐☐☐하여도 휘어지지 않도록 한다.

◀ 내열 유리 조리 도구는 열팽창 정도가
작은 내열 유리를 사용하여 열팽창으로
변형되는 것을 막는다.

철근은 콘크리트와 열팽창 ▶
정도가 비슷하여 건물이
열팽창의 영향을 적게
받는다.

IV 물질의 상태 변화

화보 4.1 확산 현상
진도 교재 102쪽

▲ 전기 모기향을 피우면 살충 성분이 ☐ 하여 모기를 쫓는다.

▲ 마약 탐지견은 공기 중으로 확산하는 마약 냄새를 맡아 마약을 찾는다.

화보 4.2 증발 현상
진도 교재 102쪽

▲ 손에 알코올을 바르면 알코올 입자가 스스로 ☐ 하여 증발하므로 잠시 후 사라진다.

▲ 햇빛에 오징어를 말리면 물 입자가 공기 중으로 증발하여 오래 보관할 수 있다.

화보 4.3 물질의 상태와 상태 변화
진도 교재 110쪽

응고

▲ 냉동실에 넣어 둔 물이 언다.

▲ 겨울철 처마 끝에 고드름이 생긴다.

액화

▲ 이른 새벽 풀잎에 이슬이 맺힌다.

▲ 얼음이 담긴 컵 표면에 물방울이 맺힌다.

고체로의 ☐

▲ 나뭇잎에 서리가 내린다.

▲ 추운 겨울 유리창에 성에가 생긴다.

승화

고체

응고

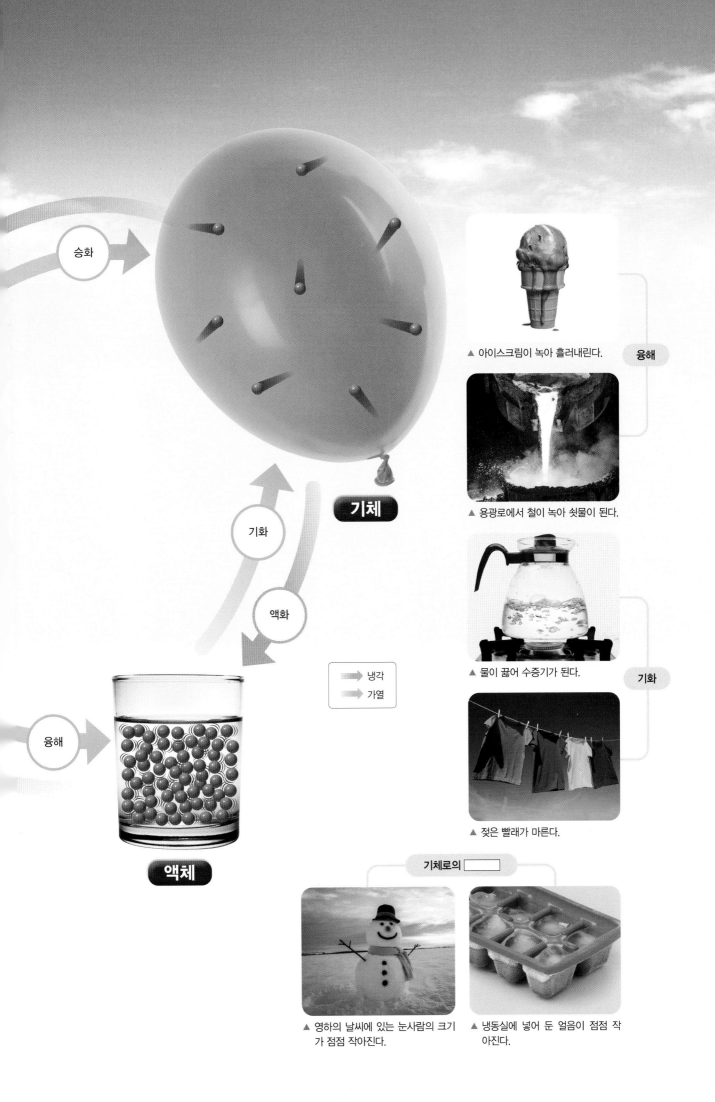

승화

기체

기화

액화

융해

액체

냉각
가열

▲ 아이스크림이 녹아 흘러내린다.

융해

▲ 용광로에서 철이 녹아 쇳물이 된다.

▲ 물이 끓어 수증기가 된다.

기화

▲ 젖은 빨래가 마른다.

기체로의

▲ 영하의 날씨에 있는 눈사람의 크기가 점점 작아진다.

▲ 냉동실에 넣어 둔 얼음이 점점 작아진다.

상태 변화와 열에너지

진도 교재 124쪽

열에너지를 [   ]하는 상태 변화

응고

▲ 액체 파라핀에 손을 담갔다가 꺼내면 파라핀이 응고하면서 손이 따뜻해진다.

액화

▲ 커피 기계의 스팀 분출 장치로 우유를 데운다.

승화
(기체 → 고체)

▲ 겨울철 눈이 내릴 때 날씨가 포근해진다.

열에너지를 [   ]하는 상태 변화

융해

▲ 아이스박스에 얼음을 채워 음식물을 시원하게 보관한다.

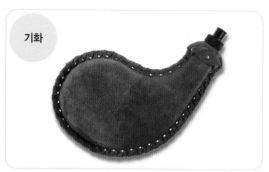

기화

▲ 더운 사막에서 시원한 물을 마시기 위해 양가죽으로 만든 주머니에 물을 보관한다.

승화
(고체 → 기체)

▲ 아이스크림을 포장할 때 드라이아이스를 함께 넣어 두면 아이스크림이 잘 녹지 않는다.

에어컨의 원리

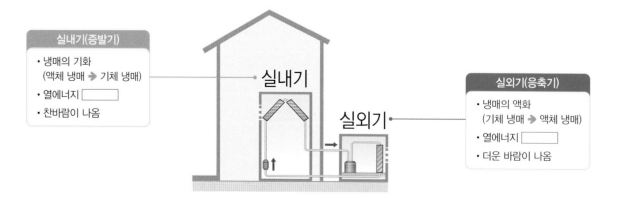

실내기(증발기)
- 냉매의 기화
  (액체 냉매 ➡ 기체 냉매)
- 열에너지 [   ]
- 찬바람이 나옴

실내기

실외기

실외기(응축기)
- 냉매의 액화
  (기체 냉매 ➡ 액체 냉매)
- 열에너지 [   ]
- 더운 바람이 나옴

앤톨

1-1

알차게 활용하기

이해

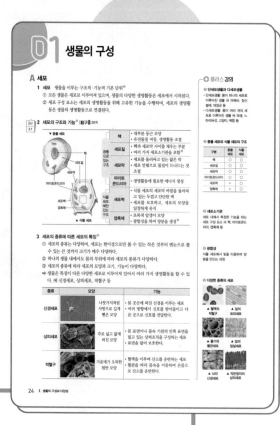

배웠던 내용 알고 있나요?

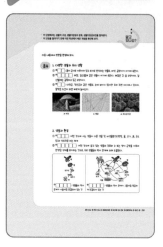

시험에 꼭 나오는 탐구

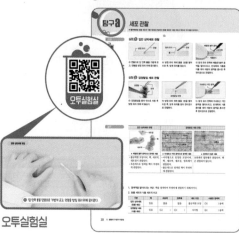

오투실험실

QR코드를 찍으면 실험 영상을
바로 볼 수 있어요.

세부 공략 여기서 잠깐

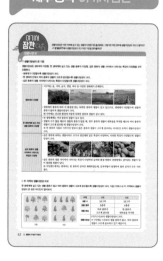

익힘 → 실전 → 다지기

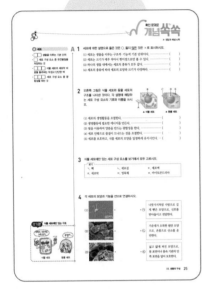

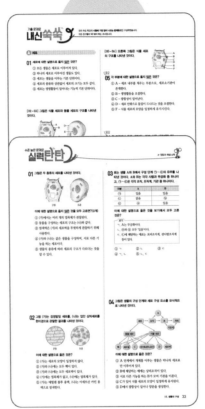

시험 대비 교재

• 중단원 핵심 요약
• 잠깐 테스트
• 계산력·암기력 강화 문제
• 중단원 기출 문제
• 서술형 정복하기

미니북

• 한손에 들고 다닐 수 있는 **핵심 요약**

시험 대비 교재, 미니북으로
시험 직전 점검해요.

오투 문제를 단계별로 풀어
실전 감각을 익혀요!

매년 전국의 기출 문제를 모아 영역별 ➡ 단원별 ➡ 개념별로 세분화하여

기출 경향과 기출 유형을 완벽하게 적용한 오투

오투 1-1의 단원 구성 살펴보기

I 과학과 인류의 지속가능한 삶

01 과학과 인류의 지속가능한 삶 ····································· 8
● 단원 평가 문제 ··· 18

II 생물의 구성과 다양성

01 생물의 구성 ·· 24
　오투실험실 세포 관찰 •28
02 생물다양성과 분류 ·· 34
03 생물다양성보전 ·· 48
● 단원 평가 문제 ··· 56

III 열

01 열의 이동 ·· 66
　오투실험실 온도가 다른 두 물체를 접촉할 때 온도 변화 측정 •70
　　　　　물체에서 열의 전도 비교 •72
02 비열과 열팽창 ·· 80
　오투실험실 여러 가지 액체의 비열 비교 •84
　　　　　여러 가지 액체의 열팽창 비교 •86
● 단원 평가 문제 ··· 93

IV 물질의 상태 변화

01 물질을 구성하는 입자의 운동 ································· 102

　오투실험실　입자의 운동_잉크의 확산 •104
　　　　　　　입자의 운동_아세톤의 증발 •104

02 물질의 상태와 상태 변화 ································· 110

　오투실험실　여러 가지 물질의 상태 변화_얼음과 드라이아이스의 상태 변화 •114
　　　　　　　여러 가지 물질의 상태 변화_물의 상태 변화 •114
　　　　　　　상태 변화에 따른 질량과 부피 변화 •116

03 상태 변화와 열에너지 ································· 124

　오투실험실　물질을 냉각할 때의 온도 변화 측정 •128
　　　　　　　물질을 가열할 때의 온도 변화 측정 •130

● **단원 평가 문제** ································· 137

오투와 내 교과서 비교하기
QR코드를 찍으면 오투와 내 교과서를 비교하여 내용을 확인할 수 있어요.

오투 중학과학으로
과학을 꽈~악 잡을 수 있어요!

오투 1-2에서 배울 내용

V. 힘의 작용

01 힘의 표현과 평형
02 여러 가지 힘
03 힘의 작용과 운동 상태 변화

VI. 기체의 성질

01 기체의 압력
02 기체의 압력 및
　 온도와 부피 관계

VII. 태양계

01 태양계의 구성
02 지구의 운동
03 달의 운동

I

과학과 인류의
지속가능한 삶

01 과학과 인류의 지속가능한 삶 … 08

다른 학년과의
연계는?

초등학교 4학년

• 기후 변화와 우리 생활: 기후 변화는 인간의 활동과 관련이 있으며, 생활 속에서 기후 변화 대응 방법을 실천해야 한다.

초등학교 5학년

• 자원과 에너지: 재생에너지에는 태양 에너지, 풍력, 수력, 해양 에너지, 지열 에너지, 바이오 에너지 등이 있다.

중학교 1학년

• 과학적 탐구 방법: 가설을 설정하고 탐구 과정을 통해 가설을 검증하는 방법이 이용된다.
• 과학의 발전과 인류 문명: 과학의 발전은 인류 문명에 큰 영향을 미쳤으며, 현재 첨단 과학기술을 생활에 활용하고 있다.
• 지속가능한 삶: 인류의 지속가능한 삶을 위해 개인적, 사회적으로 노력해야 한다.

중학교 3학년

• 과학 발달과 미래의 직업: 미래에는 첨단 과학기술의 영향을 받아 직업이 변할 것이다.

통합과학 2

• 과학기술과 미래 사회: 인공지능 로봇, 사물인터넷 등과 같이 과학기술의 발전은 인간의 삶과 환경 개선에 활용된다.

● 이 단원에서는 과학적 탐구 방법, 과학의 발전과 인류의 지속가능한 삶을 알아본다.
● 이 단원을 들어가기 전에 이전 학년에서 배운 개념을 확인해 보자.

알고
있나요?

다음 내용에서 빈칸을 완성해 보자.

초4 1. 기후 변화와 우리 생활

① 기후 변화의 원인: 인간이 ❶ ☐☐☐ 를 사용하는 과정에서 많은 양의 이산화 탄소

가 대기 중으로 배출되어 기후 변화가 심해지고 있다.

② 기후 변화로 나타나는 문제

　　• ❷ ☐☐☐ 상승으로 도시나 섬이 물에 잠긴다.

　　• 온도 상승으로 멸종 위기 동물이 늘어난다.

　　• 가뭄, 폭설, 폭염, 한파, 홍수 등이 자주 나타나 사람들이 고통받는다.

③ 기후 변화 대응 방법: 대기 중으로 배출되는 ❸ ☐☐☐☐ 의 양을 줄여야 한다.

　　예 대중교통 이용하기, 햇빛으로 전기 생산하기, 일회용품 사용하지 않기, 사용하지 않는 전

　　기 플러그 뽑기 등

초5 2. 자원과 에너지

① 우리가 생활에서 이용하는 다양한 자원: 물 자원, 산림 자원, 광물 자원

② 자원은 유한하므로 ❹ ☐☐☐☐☐ 에너지 이용이 필요하다.

③ ❺ ☐☐☐☐☐ : 태양 에너지, 풍력, 수력, 해양 에너지, 지열 에너지, 바이오 에너지

　　등

　　▲ 태양 에너지　　　　　　▲ 수력　　　　　　▲ 지열 에너지

과학과 인류의 지속가능한 삶

A 과학적 탐구 방법

1 과학적 탐구 방법 일반적으로 *가설을 설정하고 탐구 과정을 통해 가설을 검증하는 방법이 이용된다. ❶

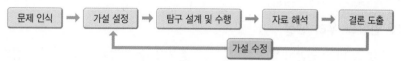

문제 인식 → 가설 설정 → 탐구 설계 및 수행 → 자료 해석 → 결론 도출

가설 수정

(탐구 결과가 가설과 일치하지 않는 경우)

① 문제 인식: 자연이나 일상생활에서 어떤 현상을 관찰하다 의문을 갖는다.
② 가설 설정: 문제를 해결할 수 있는 가설을 설정한다.
  • 가설: 문제에 대한 잠정적인 결론으로, 탐구 과정을 통해 옳은지 옳지 않은지를 확인할 수 있어야 한다.
③ 탐구 설계 및 수행: 가설을 확인하는 탐구를 설계하고 이를 수행한다. ❷
  • 실험에 필요한 준비물, 실험 과정, 탐구 기간, 탐구 장소를 정한다.
  • 실험에서 같게 할 조건과 다르게 할 조건을 정한다.
  • 실험 결과에 영향을 줄 수 있는 조건을 통제하면서 실험한다. ➡ 변인 통제❸
  • 실험하면서 관찰하거나 측정한 내용은 있는 그대로 기록한다.
④ 자료 해석: 탐구를 수행하여 얻은 자료를 정리하고 분석하여 결과를 얻는다.
  • 실험 결과를 표나 그래프로 나타낸 후 자료 사이의 관계나 규칙을 찾는다.
⑤ 결론 도출: 탐구 결과로부터 가설이 맞는지 판단하고 탐구의 결론을 내린다. ➡ 가설이 틀리면 가설을 수정하여 다시 탐구를 수행한다.

2 에이크만의 실험에서 탐구 과정 ❹

문제 인식	에이크만은 *각기병에 걸렸던 닭이 나은 것을 보고 닭이 나은 까닭에 의문을 가졌다.
가설 설정	닭의 모이가 백미에서 현미로 바뀐 것을 알게 되어 '현미에 각기병을 낫게 하는 물질이 있을 것이다.'라는 가설을 세웠다.
탐구 설계 및 수행	건강한 닭을 두 무리로 나누어 한 무리는 백미만 먹이고, 다른 무리는 현미만 먹이며 각기병 증상이 나타나는지 관찰하였다.
자료 해석	그 결과 백미만 먹인 닭은 각기병에 걸렸지만, 현미만 먹인 닭은 건강했다. 또, 각기병에 걸린 닭에게 현미를 주었더니 건강해졌다.
결론 도출	에이크만은 '현미에는 각기병을 낫게 하는 물질이 있다.'는 결론을 내렸다.

➕ 플러스 강의

❶ 또 다른 과학적 탐구 방법
가설 설정의 단계 없이 관찰한 사실을 분석하여 원리나 법칙을 찾아내는 탐구 방법도 있다.
예 매일 밤마다 달의 모습을 관찰하여 달이 한 달을 주기로 변한다는 사실을 알아낸다.

❷ 탐구를 계획하는 방법
• 먼저 주변 현상을 관찰하여 탐구 문제를 만들고, 탐구 계획서를 작성한다.
• 탐구 계획서에 포함할 내용: 탐구 문제, 가설, 준비물, 탐구 기간, 탐구 장소, 실험 과정, 실험 조건, 주의할 점

❸ 변인
실험의 조건이나 실험 결과와 같이 실험에 관계된 모든 요인

❹ 파스퇴르가 탄저병 백신의 효과를 알아낸 과정
파스퇴르는 '탄저병 백신은 양의 탄저병을 예방하는 효과가 있을 것이다.'라고 생각하였다. 건강한 양을 두 무리로 나누어 한 무리에만 탄저병 백신을 접종하고 두 무리에게 모두 탄저균을 투여하였다. 그 결과 탄저병 백신을 접종한 양은 모두 건강하였고, 그렇지 않은 양은 탄저병에 걸렸다.
➡ • 다르게 한 조건: 탄저병 백신 접종 여부
  • 같게 한 조건: 탄저균 투여, 양의 건강 상태 등

용어돋보기

* **가설(假 거짓, 說 말하다)**_어떤 현상을 설명하려고 미리 세운 가정
* **각기병(脚 다리, 氣 공기, 病 질병)**_다리에 공기가 든 것처럼 다리가 심하게 아프고 부어서 제대로 걸을 수 없는 병

A 과학적 탐구 방법

- 과학적 탐구 방법: ☐☐을 설정하고 탐구 과정을 통해 ☐☐을 검증하는 방법이 이용된다.
- ☐☐☐☐: 탐구 문제에 대한 잠정적인 결론을 내리는 단계이다.
- ☐☐☐☐: 탐구 결과로부터 가설이 맞는지 판단하고 탐구의 결론을 내리는 단계이다.

A 1 다음은 과학적 탐구 과정을 나타낸 것이다. ( ) 안에 알맞은 말을 쓰시오.

문제 인식 → ㉠ ( ) → 탐구 설계 및 수행 → 자료 해석 → ㉡ ( )

2 다음은 과학적 탐구 방법에서 무엇에 대한 설명인지 쓰시오.

- 의문을 가진 문제에 대한 잠정적인 결론이다.
- 탐구 과정을 통해 옳은지 옳지 않은지를 확인할 수 있어야 한다.

3 다음 설명에 해당하는 탐구 단계를 보기에서 고르시오.

┌ 보기 ┐
ㄱ. 문제 인식   ㄴ. 가설 설정   ㄷ. 탐구 설계 및 수행
ㄹ. 자료 해석   ㅁ. 결론 도출

(1) 문제에 대한 잠정적인 결론을 내리는 단계
(2) 가설을 확인하는 탐구를 설계하고 수행하는 단계
(3) 탐구를 수행하여 얻은 자료를 정리하고 분석하는 단계
(4) 자연이나 일상생활에서 어떤 현상을 관찰하다 의문을 품는 단계
(5) 탐구 결과로부터 가설이 맞는지 판단하고 탐구의 결론을 내리는 단계

4 다음은 에이크만이 과학적으로 탐구한 과정의 일부이다. 이에 해당하는 탐구 단계를 쓰시오.

에이크만은 닭의 모이가 백미에서 현미로 바뀐 것을 알게 되어 '현미에는 각기병을 낫게 하는 물질이 있을 것이다.'라고 생각하였다.

01 과학과 인류의 지속가능한 삶

B 과학의 발전과 인류 문명

1 과학의 발전
① 과학적 탐구로 발견한 과학 원리를 이용해 기술을 발달시키고 기기를 발명하였다.
② 과학 원리, 기술, 기기는 서로 영향을 주고받으며 발전해 왔다. ❶
③ 과학 원리는 기술, 공학, 예술, 수학 등의 여러 분야와 융합하면서 인류 문명과 문화를 발전시켰다.
　예 과학과 예술의 융합: 빛의 원리를 이용하여 다양한 미디어 아트를 만들고 감상할 수 있다.

▲ 미디어 아트

2 과학의 발전이 인류 문명에 미친 영향

과학 원리 발견	태양 중심설	지구가 태양 주위를 돌고 있다는 주장으로, 지구가 우주의 중심이라고 생각했던 인류의 생각을 바꾸는 계기가 되었다.
	백신, 항생제	백신의 개발로 질병을 예방하고 항생제의 개발로 세균에 의한 질병을 치료할 수 있게 되어 인류의 수명이 크게 늘어났다.
기술 발달	암모니아 합성 기술	암모니아를 합성하는 기술이 개발되어 질소 비료가 만들어졌고, 이는 식량 생산을 크게 증가시켜 인류의 식량 부족 문제를 해결하였다.
	정보 통신 기술	인터넷, 인공위성 등 정보 통신 기술의 발달로 세계 여러 나라의 정보를 쉽고 빠르게 접할 수 있게 되었으며, 음악이나 영상 등을 실시간으로 감상할 수 있게 되었다.
	농업 기술	드론이나 기계를 이용한 농업 기술이 발전하여 식량 생산이 증가하였다.
기기 발명	증기 기관	증기 기관을 이용한 기계로 공장에서 제품을 대량으로 생산하였으며, 증기 기관을 이용한 증기 기관차가 개발되어 많은 물건을 먼 곳까지 빠르게 옮길 수 있었다.
	전동기	전기 에너지를 회전하는 운동 에너지로 바꾸는 전동기가 발명되면서 우리 생활과 다양한 산업 분야에 널리 사용되었다.
	고속 열차	고속 열차 등 교통수단의 발전으로 사람들이 먼 거리를 빠르게 다닐 수 있게 되어 생활 영역이 더 넓어졌다.

3 첨단 과학기술의 활용
① 우리 생활에 활용하고 있는 첨단 과학기술: 인공지능, 증강 현실, 첨단 바이오, 사물 인터넷, *나노 기술, 로봇 등 ❷
② 첨단 과학기술을 활용한 예

인공지능 로봇	*양자 컴퓨터	나노 백신	자율주행 자동차
인공지능을 활용한 로봇으로, 센서에 감지되는 정보로 상황에 맞는 행동을 스스로 배우거나 실행할 수 있다.	양자의 특성을 이용한 컴퓨터로, 복잡한 암호를 단 몇 초 이내에 풀 수 있을 것으로 기대된다.	백신을 나노 크기의 입자에 넣은 것으로, 기존 백신보다 사람의 몸에 효과적으로 작용한다.	스스로 주행이 가능한 자동차로, 운전자가 조작하지 않아도 주변 상황에 스스로 대처할 수 있다.

B

5 과학 원리, 기술, 기기에 해당하는 예를 선으로 연결하시오.

(1) 과학 원리 •　　　　　　　　• ㉠ 증기 기관, 전동기

(2) 기술　　　 •　　　　　　　　• ㉡ 태양 중심설, 진화설

(3) 기기　　　 •　　　　　　　　• ㉢ 암모니아 합성 기술, 정보 통신 기술

6 과학의 발전이 인류 문명에 미친 영향으로 옳은 것은 ○, 옳지 <u>않은</u> 것은 ×로 표시하시오.

(1) 항생제의 개발로 인류의 식량 부족 문제가 해결되었다. ⋯⋯⋯⋯⋯⋯⋯ (　　　)

(2) 태양 중심설은 지구가 우주의 중심이라고 생각했던 인류의 생각을 변화시켰다.
⋯⋯⋯⋯⋯⋯⋯⋯⋯⋯⋯⋯⋯⋯⋯⋯⋯⋯⋯⋯⋯⋯⋯⋯⋯ (　　　)

(3) 증기 기관을 이용한 증기 기관차가 개발되어 많은 물건을 먼 곳까지 빠르게 옮길 수 있었다. ⋯⋯⋯⋯⋯⋯⋯⋯⋯⋯⋯⋯⋯⋯⋯⋯⋯⋯⋯⋯ (　　　)

7 다음은 과학의 발전이 인류 문명에 미친 영향에 대한 설명이다. 이와 가장 관계 깊은 것은?

> 정보 통신 기술의 발달로 세계 여러 나라의 정보를 쉽고 빠르게 접할 수 있게 되었으며, 음악이나 영상 등을 실시간으로 감상할 수 있게 되었다.

① 전동기　　　　　　② 증기 기관　　　　　　③ 태양 중심설
④ 고속 열차　　　　　⑤ 인터넷, 인공위성

8 (　　　) 안에 알맞은 말을 쓰시오.

> 18세기 이후 인구가 크게 증가하면서 인류는 더 많은 식량이 필요해졌다. 이때 (　　　　　)를 합성하는 기술을 이용하여 질소 비료가 만들어졌고, 이는 식량 생산을 크게 증가시켰다.

9 첨단 과학기술을 활용한 사례와 가장 거리가 <u>먼</u> 것은?

① 나노 백신　　　　　② 양자 컴퓨터　　　　　③ 질소 비료
④ 인공지능 로봇　　　⑤ 자율주행 자동차

01 과학과 인류의 지속가능한 삶

C 지속가능한 삶

1 지속가능한 삶 더 나은 환경을 만들어, 현세대 이후에도 모두가 행복하게 살 수 있는 풍요로운 사회가 지속될 수 있도록 고민하고 실천하는 삶

2 지속가능한 삶을 위한 과학기술의 역할 화석 연료의 지나친 사용으로 나타난 에너지 부족 문제와 환경 문제를 해결하는 데 과학기술을 활용하고 있다.❶❷

인류가 마주한 문제 ➜	과학기술의 역할
에너지 부족 문제	**신재생 에너지 개발❸**
• 에너지 자원 고갈: 석탄, 석유 등 지하 자원이 감소하고 있다.	햇빛, 바람, 물, 지열, 수소 연료 전지와 같은 지속가능한 에너지원을 개발하고 있다. 예 • 태양광 발전: 태양빛을 이용하여 에너지를 얻는다. • 수소 연료 전지 발전: 수소를 이용하여 에너지를 얻는다.
환경 문제	**대기오염 물질을 줄이는 노력**
• 환경오염: 대기, 해양, 토양 등 환경이 오염되고 있다. • 기후 변화: 온실 기체가 늘어나 지구 온난화가 심해지면서 기후 변화 문제가 나타나고 있다.	대기오염 물질의 발생량을 줄이거나 방출된 오염 물질을 제거하는 기술을 개발하고 있다. 예 • 전기 자동차: 화석 연료 사용과 이산화 탄소 배출량을 줄인다. • 탄소 포집 장치: 대기 중의 이산화 탄소를 제거하여 지구 온난화를 막는다.

▲ 태양광 발전

▲ 풍력 발전

▲ 전기 자동차

3 지속가능한 삶을 위한 활동 방안

개인적 차원	• *재활용품을 버릴 때는 분리배출 한다. • 음식물 쓰레기를 줄인다. • 사용하지 않는 물건을 다른 사람과 나눈다. • 일회용 비닐봉지 대신 장바구니를 사용한다. • 자전거와 같은 친환경 운송 수단을 이용한다. • 자가용 대신 대중교통을 이용한다. • 물을 절약하여 사용한다. • 에너지 효율이 높은 등급의 전기 제품을 구입한다. • 사용하지 않는 전기 제품은 플러그를 뽑아 둔다. • 환경 보전 캠페인에 참여한다.
사회적 차원	• 생태 습지나 환경 공원을 조성한다. • 오염 물질을 적게 배출하고 재생 가능한 에너지원을 개발 및 보급한다. • 전기 자동차와 같은 친환경 제품의 개발과 사용을 장려한다.

▲ 재활용품 분리배출

▲ 친환경 운송 수단 이용

 플러스 강의

❶ 화석 연료
오래전 지구에 살았던 생명체가 땅속에 묻혀 만들어진 연료이다.
예 석유, 석탄, 천연가스 등

❷ 지속가능한 삶을 위한 과학기술의 역할
과학기술은 인류가 마주한 문제에 대한 새로운 접근법과 해결 방안을 마련하는 데 중요한 역할을 한다.

❸ 신재생 에너지
신에너지인 연료 전지, 수소 에너지 등과 재생에너지인 태양광, 태양열, 풍력, 수력 등을 합쳐 신재생 에너지라고 한다.

용어 쏙 보기
* **재활용품(再 다시, 活 살다, 用 쓰다, 品 물건)** _ 용도를 바꾸거나 가공해서 다시 사용할 수 있는 폐품이나 또는 그 폐품을 사용하여 만든 물품을 말한다.

C 지속가능한 삶

• □□□□□ □: 더 나은 환경을 만들어, 현세대 이후에도 모두가 행복하게 살 수 있는 풍요로운 사회가 지속될 수 있도록 고민하고 실천하는 삶

• 인류가 마주한 에너지 부족 문제와 환경 문제를 해결하는 데 □□ □□을 활용하고 있다.

• 지속가능한 삶을 위해 □□적 차원과 사회적 차원에서 노력해야 한다.

C

10 다음은 무엇에 대한 설명인지 쓰시오.

> 더 나은 환경을 만들어, 현세대 이후에도 모두가 행복하게 살 수 있는 풍요로운 사회가 지속될 수 있도록 고민하고 실천하는 삶을 말한다.

11 현재 인류가 마주한 문제와 거리가 먼 것은?

① 환경오염　　　　② 기후 변화　　　　③ 지구 온난화
④ 에너지 자원 고갈　　⑤ 신재생 에너지 개발

12 인류가 마주한 문제와 지속가능한 삶을 위한 과학기술의 역할에 대한 설명으로 옳은 것은 ◯, 옳지 않은 것은 ×로 표시하시오.

(1) 전기 자동차의 사용으로 이산화 탄소 배출량이 늘어난다. ·············· (　)

(2) 화석 연료의 지나친 사용으로 에너지 자원이 고갈되고 있다. ·············· (　)

(3) 태양광 발전, 수소 연료 전지 발전은 신재생 에너지를 이용한 것이다. (　)

(4) 신재생 에너지의 사용으로 지구 온난화가 심해지면서 기후 변화 문제가 나타나고 있다. ··· (　)

(5) 탄소 포집 장치로 온실 기체인 이산화 탄소를 수집 및 제거하여 지구 온난화를 막는다. ··· (　)

13 지속가능한 삶을 위한 활동 중 사회적 차원은 '사회', 개인적 차원은 '개인'이라고 쓰시오.

(1) 자가용 대신 대중교통을 이용한다. ·················· (　)

(2) 생태 습지나 환경 공원을 조성한다. ·················· (　)

(3) 재활용품을 버릴 때는 분리배출 한다. ·················· (　)

(4) 자전거와 같은 친환경 운송 수단을 이용한다. ·················· (　)

(5) 에너지 효율이 높은 등급의 전기 제품을 구입한다. ·················· (　)

(6) 오염 물질을 적게 배출하고 재생 가능한 에너지원을 개발 및 보급한다. (　)

기출 문제로

전국 주요 학교의 **시험에 가장 많이 나오는** 문제들로만 구성하였습니다.
모든 친구들이 '꼭' 봐야 하는 코너입니다.

A 과학적 탐구 방법

01 다음은 가설을 설정하여 검증하는 과학적 탐구 방법의 과정을 나타낸 것이다.

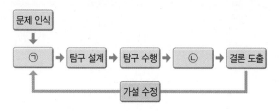

문제 인식 → ㉠ → 탐구 설계 → 탐구 수행 → ㉡ → 결론 도출
가설 수정

㉠과 ㉡에 해당하는 단계를 쓰시오.

중요
02 과학적 탐구 방법에서 각 단계에 대한 설명으로 옳은 것은?

① 가설 설정: 탐구를 설계하고 수행하는 단계
② 자료 해석: 탐구 결과로부터 결론을 내리는 단계
③ 문제 인식: 어떤 현상을 관찰하다 의문을 품는 단계
④ 탐구 설계 및 수행: 문제를 해결할 수 있는 가설을 설정하는 단계
⑤ 결론 도출: 탐구를 수행하여 얻은 자료를 정리하고 분석하여 결과를 얻는 단계

03 다음은 과학적 탐구 방법 중 어느 단계에 해당하는가?

- 실험에 필요한 적절한 실험 기구를 선택한다.
- 가설을 검증할 수 있는 적절한 실험 방법을 찾아낸다.
- 실험 결과에 영향을 미치는 여러 가지 요인을 찾아낸다.

① 문제 인식　　　② 가설 설정
③ 자료 해석　　　④ 결론 도출
⑤ 탐구 설계 및 수행

04 과학을 탐구하는 방법에 대한 설명으로 옳지 <u>않은</u> 것을 모두 고르면?(2개)

① 일반적으로 가설을 설정하고 검증하는 방법이 이용된다.
② 한번 세워진 가설은 절대 수정하지 않는다.
③ 탐구 설계 및 수행 단계에서 실험을 실시한다.
④ 자료 해석 단계에서 가설의 타당성을 검증하기 위한 실험 계획을 세운다.
⑤ 가설이 맞는지 판단하는 단계는 결론 도출 단계이다.

[05~06] 다음은 에이크만이 과학적으로 탐구한 과정을 순서 없이 나열한 것이다.

(가) '현미에는 각기병을 낫게 하는 물질이 있다.'고 결론을 내렸다.
(나) '현미에 각기병을 낫게 하는 물질이 있을 것이다.'라는 가설을 세웠다.
(다) '각기병에 걸린 닭이 어떻게 나았을까?'하는 의문을 가졌다.
(라) 백미를 먹은 닭은 각기병에 걸리고, 현미를 먹은 닭은 각기병에 걸리지 않았다.
(마) 건강한 닭을 두 무리로 나누어 한 무리는 백미를, 다른 무리는 현미를 먹이로 주었다.

중요
05 (가)~(마)의 각각에 해당하는 탐구 단계를 옳게 짝 지은 것은?

① (가) - 가설 설정　　② (나) - 결론 도출
③ (다) - 탐구 수행　　④ (라) - 자료 해석
⑤ (마) - 문제 인식

중요
06 (가)~(마)를 순서대로 옳게 나열하시오.

B 과학의 발전과 인류 문명

07 과학 원리에 대한 설명으로 옳은 것을 보기에서 모두 고른 것은?

┌─ 보기 ─────────────────────────────┐
ㄱ. 과학 원리의 발견은 인류 문명에 영향을 미치지 않는다.
ㄴ. 과학 원리는 기술, 공학, 예술, 수학 등의 여러 분야와 융합한다.
ㄷ. 과학 원리, 기술, 기기는 서로 영향을 주고받지 않고 각각 독립하여 발전해 왔다.
└───────────────────────────────────┘

① ㄱ   ② ㄴ   ③ ㄷ
④ ㄱ, ㄴ   ⑤ ㄴ, ㄷ

중요
08 그림 (가)~(다)는 과학의 발전이 인류 문명에 영향을 미친 사례이다.

(가) 질소 비료 생산   (나) 인공위성 개발   (다) 증기 기관 발명

이에 대한 설명으로 옳은 것을 보기에서 모두 고른 것은?

┌─ 보기 ─────────────────────────────┐
ㄱ. (가)로 인해 질병을 극복하고 사람들의 수명이 연장되었다.
ㄴ. (나)로 인해 세계 여러 나라의 정보를 쉽고 빠르게 접할 수 있게 되었다.
ㄷ. (다)로 인해 많은 물건을 먼 곳까지 빠르게 옮길 수 있었다.
└───────────────────────────────────┘

① ㄱ   ② ㄱ, ㄴ   ③ ㄱ, ㄷ
④ ㄴ, ㄷ   ⑤ ㄱ, ㄴ, ㄷ

09 오른쪽 그림은 빛의 원리를 이용한 미디어 아트를 나타낸 것이다. 어떤 분야들이 융합한 사례인가?

① 과학과 수학
② 과학과 예술
③ 수학과 예술
④ 수학과 기술
⑤ 과학과 의학

중요
10 다음은 우리 생활에 활용하고 있는 어떤 첨단 과학기술에 대한 설명이다.

┌───────────────────────────────────┐
• 컴퓨터가 학습하고 일을 처리할 수 있게 만드는 기술이다.
• 로봇이 센서에 감지되는 정보로 상황에 맞는 행동을 스스로 배우거나 실행할 수 있게 한다.
└───────────────────────────────────┘

이 첨단 과학기술로 옳은 것은?

① 인공지능   ② 증강 현실
③ 나노 기술   ④ 첨단 바이오
⑤ 사물 인터넷

11 오른쪽 그림은 자율주행 자동차를 나타낸 것이다. 이에 대한 설명으로 옳은 것을 보기에서 모두 고른 것은?

┌─ 보기 ─────────────────────────────┐
ㄱ. 인공지능 기술이 적용되었다.
ㄴ. 스스로 주행이 가능한 자동차이다.
ㄷ. 운전자가 조작하지 않으면 주변 상황에 스스로 대처할 수 없다.
└───────────────────────────────────┘

① ㄱ   ② ㄴ   ③ ㄷ
④ ㄱ, ㄴ   ⑤ ㄴ, ㄷ

C 지속가능한 삶

12 지속가능한 삶에 대한 설명으로 옳은 것을 보기에서 모두 고른 것은?

> 보기
> ㄱ. 현세대의 필요만 만족하는 삶이다.
> ㄴ. 다음 세대를 위해 현재 우리가 누리는 생활의 편리함을 모두 포기하는 삶이다.
> ㄷ. 더 나은 환경을 만들어 현세대 이후에도 풍요로운 사회가 지속될 수 있도록 고민하고 실천하는 삶이다.

① ㄱ   ② ㄴ   ③ ㄷ
④ ㄱ, ㄴ   ⑤ ㄴ, ㄷ

13 화석 연료의 사용에 대한 설명으로 옳은 것을 보기에서 모두 고른 것은?

> 보기
> ㄱ. 화석 연료의 지나친 사용은 대기오염과 기후 변화를 일으킬 수 있다.
> ㄴ. 화석 연료의 사용을 줄이기 위해서는 개인과 사회의 노력이 필요하다.
> ㄷ. 과학기술을 활용해 화석 연료를 대체할 수 있는 지속가능한 에너지원을 개발하고 있다.

① ㄱ   ② ㄴ   ③ ㄷ
④ ㄱ, ㄴ   ⑤ ㄱ, ㄴ, ㄷ

14 지속가능한 삶을 위한 신재생 에너지에 해당하지 <u>않는</u> 것은?

① 태양 에너지   ② 바람 에너지
③ 지열 에너지   ④ 석유 에너지
⑤ 수소 에너지

중요
15 지속가능한 삶을 위한 활동 방안으로 옳지 <u>않은</u> 것은?

① 자가용 대신 대중교통을 이용한다.
② 생태 습지나 환경 공원을 조성한다.
③ 위생을 위해 일회용품 사용량을 늘린다.
④ 자전거와 같은 친환경 운송 수단을 이용한다.
⑤ 에너지 효율이 높은 등급의 전기 제품을 구입한다.

서술형 문제

중요
16 그림은 과학적 탐구 방법의 과정을 나타낸 것이다.

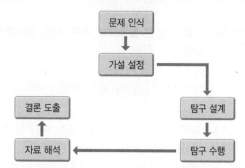

이와 같이 탐구한 결과가 가설과 일치하지 않을 경우 어떻게 해야 하는지 서술하시오.(단, 탐구의 과정은 잘못되지 않았다.)

_____

17 다음은 에이크만이 각기병을 낫게 하는 물질을 찾아낸 탐구 과정의 일부이다.

> 에이크만은 각기병에 걸린 닭의 먹이가 백미에서 현미로 바뀌자 닭의 각기병 증세가 사라진 것을 발견하고 의문을 가졌다. 에이크만은 의문을 해결하기 위해 닭을 두 무리로 나누어 한 무리는 현미를, 다른 무리는 백미를 먹이로 주며 각기병 증세가 나타나는지 관찰하였다. 관찰 결과 백미를 먹은 닭은 각기병 증세가 나타났지만 현미를 먹은 닭은 건강하였다. 실험 결과를 토대로 '현미에는 각기병을 낫게 하는 물질이 있다.'는 결론을 내렸다.

(1) 에이크만이 설정한 가설을 서술하시오.

_____

(2) 에이크만의 실험에서 다르게 한 조건은 무엇인지 서술하시오.

_____

01 다음은 파스퇴르가 탄저병에 대한 백신의 효과를 알아 내기까지의 탐구 과정을 순서 없이 나열한 것이다.

> (가) 탄저병 백신을 주사한 25마리의 양은 건강하였으나 백신을 주사하지 않은 25마리의 양은 모두 죽었다.
> (나) 탄저병 백신은 탄저병을 예방하는 효과가 있을 것이다.
> (다) 양이 탄저병으로 떼죽음 당하는 것을 보고 탄저병 백신이 예방 효과가 있을지 의문을 가졌다.
> (라) 탄저병 백신은 탄저병을 예방하는 효과가 있다.
> (마) 50마리의 건강한 양을 25마리씩 두 무리로 나누어 한 무리에만 탄저병 백신을 주사하고 4주 후에 두 무리에게 탄저균을 주사하였다.

탐구 과정을 순서대로 옳게 나타낸 것은?

① (나) → (가) → (다) → (라) → (마)
② (나) → (다) → (가) → (마) → (라)
③ (다) → (나) → (가) → (라) → (마)
④ (다) → (나) → (마) → (가) → (라)
⑤ (다) → (마) → (가) → (나) → (라)

02 다음은 최초의 항생제인 페니실린을 발견한 플레밍이 수행한 탐구 과정의 일부를 나타낸 것이다.

> (가) 문제 인식: 세균을 배양하던 배지에서 우연히 푸른곰팡이가 자랐고, 그 주변에서는 세균이 증식하지 않았다. 왜 이런 현상이 일어날까?
> (나) 가설 설정: _____
> (다) 탐구 설계 및 수행: 푸른곰팡이를 액체 속에서 배양한 후, 이 배양액이 세균의 증식에 미치는 영향을 조사하였다.
> (라) 자료 해석: 배양액이 세균의 증식을 멈추게 하였다.
> (마) 결론 도출: 푸른곰팡이는 세균의 증식을 멈추게 하는 물질을 만든다.

(나)에서 설정한 가설로 가장 적당한 것을 보기에서 고르시오.

> **보기**
> ㄱ. 푸른곰팡이는 세균이 자란 배지를 오염시킬 것이다.
> ㄴ. 푸른곰팡이는 세균 증식에 유익한 물질을 만들 것이다.
> ㄷ. 푸른곰팡이는 세균 증식을 억제하는 물질을 만들 것이다.

03 다음은 얼음 조각의 크기와 얼음이 녹는 데 걸리는 시간의 관계를 알아보기 위해 설정한 가설이다.

> 얼음 조각의 크기가 작을수록 얼음이 빨리 녹을 것이다.

이 가설을 증명하기 위한 실험 설계로 옳은 것을 보기에서 고르시오.

> **보기**
> ㄱ. 실험실의 온도와 얼음 조각의 크기를 일정하게 하여 얼음이 녹는 데 걸리는 시간을 측정한다.
> ㄴ. 실험실의 온도와 얼음 조각의 크기를 변화시키면서 얼음이 녹는 데 걸리는 시간을 측정한다.
> ㄷ. 실험실의 온도를 일정하게 유지하고, 얼음 조각의 크기만을 변화시키면서 얼음이 녹는 데 걸리는 시간을 측정한다.

04 우리 생활에 활용되는 첨단 과학기술에 대한 설명으로 옳지 않은 것은?

① 사물 인터넷: 우리 주변의 모든 사물을 인터넷으로 연결하는 기술이다.
② 인공지능: 컴퓨터가 학습하고 일을 처리할 수 있게 만드는 기술이다.
③ 첨단 바이오: 생물의 유전정보를 이용하여 유용한 물질을 생산하는 기술이다.
④ 증강 현실: 현실 세계와 비슷하게 만들어 내는 가상적인 공간을 만드는 기술이다.
⑤ 나노 기술: 물질을 나노미터 크기로 작게 만들어 다양한 소재나 제품을 만드는 기술이다.

01 그림은 과학적 탐구 방법의 과정을 나타낸 것이다.

이에 대한 설명으로 옳지 <u>않은</u> 것은?

① 가설을 설정하고 탐구 과정을 통해 가설을 검증하는 탐구 방법이다.
② A는 문제에 대한 잠정적인 결론을 설정하는 단계이다.
③ B는 자료 사이의 관계나 규칙을 찾는 단계이다.
④ C는 실험 결과를 정리하고 분석하는 단계이다.
⑤ 가설이 맞을 경우 결론을 통해 과학 지식을 얻는다.

02 다음은 과학적 탐구 방법 중 어느 단계에 해당하는가?

> 남은 감자를 창가에 두었더니 황갈색인 감자가 초록색으로 변했다. 감자가 초록색으로 변한 까닭은 무엇일까?

① 문제 인식 　　　　② 가설 설정
③ 탐구 설계 및 수행 　④ 자료 해석
⑤ 결론 도출

03 과학적 탐구 방법 중 탐구 설계 및 수행 단계에 대한 설명으로 옳지 <u>않은</u> 것은?

① 실험에 필요한 준비물을 정한다.
② 가설을 증명하기 위한 실험 과정을 정한다.
③ 실험에서 같게 할 조건과 다르게 할 조건을 정한다.
④ 실험 결과에 영향을 줄 수 있는 조건을 통제하면서 실험한다.
⑤ 실험하면서 관찰하거나 측정한 내용이 가설과 맞지 않으면 가설에 맞게 고친다.

04 다음은 각기병을 낮게 하는 물질을 찾은 에이크만의 연구 과정을 순서 없이 나타낸 것이다.

> (가) 현미에 각기병을 낮게 하는 물질이 있을 것이라고 생각했다.
> (나) 각기병에 걸렸던 닭이 나은 것을 보고 닭이 나은 까닭에 의문이 생겼다.
> (다) 건강한 닭을 두 무리로 나누어 한 무리는 백미만 먹이고, 다른 무리는 현미만 먹였다.

이에 대한 설명으로 옳은 것을 보기에서 모두 고른 것은?

> **보기**
> ㄱ. (나) → (가) → (다) 순서로 진행되었다.
> ㄴ. (나)는 가설 설정 단계이다.
> ㄷ. (다)에서 먹이의 종류만 다르게 하고, 나머지 조건은 모두 같게 한다.

① ㄱ　　　　② ㄱ, ㄴ　　　　③ ㄱ, ㄷ
④ ㄴ, ㄷ　　　⑤ ㄱ, ㄴ, ㄷ

05 유정이는 종이 헬리콥터가 바닥에 떨어지는 데 걸리는 시간과 날개 길이의 관계를 알아보는 탐구를 설계하려고 한다.

이 실험에서 같게 할 조건과 다르게 할 조건으로 옳은 것은?

	같게 할 조건	다르게 할 조건
①	날개 길이	날개 너비
②	날개 너비	날개 길이
③	날개 길이	꼬리 길이
④	꼬리 길이	꼬리 너비
⑤	꼬리 너비	날개 너비

06 다음은 암모니아 합성 기술에 대한 설명이다.

20세기 초 하버는 암모니아 합성 기술을 개발하였다. 하버는 질소 기체와 수소 기체를 이용하여 암모니아를 합성하였고, 합성된 암모니아로 질소 비료가 만들어졌다.

▲ 하버

암모니아 합성 기술이 인류 문명에 미친 영향으로 가장 옳은 것은?

① 인류의 식량 부족 문제를 해결하였다.
② 우주에 대한 인류의 생각을 변화시켰다.
③ 우리 생활과 산업 분야에서 널리 사용되었다.
④ 많은 물건을 먼 곳까지 빠르게 옮길 수 있었다.
⑤ 세계 여러 나라의 정보를 쉽고 빠르게 접할 수 있게 되었다.

07 첨단 과학기술에 해당하지 않는 것은?

① 인공지능
② 증강 현실
③ 사물 인터넷
④ 첨단 바이오
⑤ 암모니아 합성

08 지속가능한 삶에 대한 설명으로 옳지 않은 것을 모두 고르면?(2개)

① 과학기술은 지속가능한 삶에 부정적인 영향만을 미친다.
② 지속가능한 삶을 위해 화석 연료의 사용량을 늘려야 한다.
③ 지구의 환경을 보전하는 것은 지속가능한 삶을 위한 활동이다.
④ 재활용품을 분리배출 하는 것은 지속가능한 삶을 위한 활동에 해당한다.
⑤ 지속가능한 삶을 위해서는 개인적 차원의 활동과 사회적 차원의 활동이 모두 이루어져야 한다.

서술형 문제

09 다음은 상한 우유에서 발견한 세균 A가 우유를 상하게 하는지를 알아보기 위해 수행한 탐구 과정을 순서 없이 나타낸 것이다.

(가) 세균 A는 우유를 상하게 한다.
(나) 가설: (㉠)
(다) 세균 A를 넣은 우유는 상했고 세균 A가 많이 발견되었으나, 세균 A를 넣지 않은 우유에서는 아무런 변화가 없었다.
(라) 완전히 멸균된 우유가 든 병을 두 개 준비하여 하나의 병에만 상한 우유에서 분리한 세균 A를 넣고, 두 병 모두 적당한 온도를 유지해 주었다.

(1) (가)~(라)를 순서대로 옳게 나열하시오.

(2) ㉠에 해당하는 가설을 서술하시오.

10 다음은 가윤이가 어떤 문제를 해결해 가는 탐구 과정을 순서대로 나타낸 것이다.

(가) 추운 겨울에 바닷물은 얼지 않고 강물만 언 사실을 관찰하였다.
(나) 염분의 농도가 진할수록 물의 어는점이 낮아질 것이라고 생각하였다.
(다) 모양과 크기가 같은 그릇 4개를 준비하여 증류수, 15 % 설탕물, 25 % 설탕물, 35 % 설탕물을 각각 담고 냉동실의 같은 위치에 넣어 2분마다 온도를 측정하였다.
(라) 실험 결과를 해석하여 어는점의 변화를 알 수 있었다.
(마) 가설이 옳은지 검증하였다.

(가)~(마) 중 옳지 않은 과정을 고르고, 그 까닭을 서술하시오.

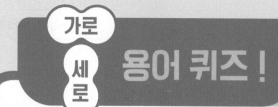
기	술	양	자	컴	퓨	터	인
가	설	설	정	변	신	지	공
문	제	인	식	인	재	속	지
태	양	중	심	설	생	가	능
자	율	주	행	성	에	능	전
각	결	론	도	출	너	한	동
기	원	태	양	광	지	삶	기
병	리	나	노	백	신	가	설

● 다음 설명이 뜻하는 용어를 골라 용어 전체에 동그라미(○)로 표시하시오.

가로

① 과학적 탐구 방법에서 자연이나 일상생활에서 어떤 현상을 관찰하다 의문을 품는 단계는?

② 과학 원리를 이용해 ○○을 발달시키고 기기를 발명하였다.

③ 첨단 과학기술을 활용한 예 중 스스로 주행이 가능한 자동차는? ○○○○ 자동차

④ 첨단 과학기술을 활용한 예 중 백신을 나노 크기의 입자에 넣은 것은?

세로

⑤ 실험의 조건이나 실험 결과와 같이 실험에 관계된 모든 요인을 뜻하는 말은?

⑥ 에이크만은 과학적인 탐구 과정으로 ○○○에 걸린 닭이 나은 까닭을 밝혀내었다.

⑦ 과학의 발전으로 인류 문명에 영향을 미친 기기 중 하나로, 전기 에너지를 회전하는 운동 에너지로 바꾸는 기기는?

⑧ 지속가능한 에너지로, 신에너지인 연료 전지, 수소 에너지 등과 재생에너지인 태양광, 태양열, 풍력, 수력 등을 합쳐 ○○○ ○○○라고 한다.

II

생물의 구성과
다양성

01 생물의 구성 … 24

02 생물다양성과 분류 … 34

03 생물다양성보전 … 48

다른 학년과의 연계는?

초등학교 4학년

• 다양한 생물과 우리 생활: 버섯과 곰팡이, 해캄과 짚신벌레, 세균과 같이 식물이나 동물로 구분할 수 없는 다양한 생물이 있다.

• 생물과 환경: 생물은 환경에 적응하여 살아가고, 생태계의 구성 요소로서 서로 영향을 주고받는다.

초등학교 6학년

• 식물의 구조와 기능: 생물을 이루는 기본 단위는 세포이다.

중학교 1학년

• 생물의 구성: 생물은 세포 → 조직 → 기관 → 개체의 단계로 구성된다.

• 생물다양성과 분류: 생물의 변이와 생물이 환경에 적응하는 과정을 통해 생물이 다양해지며, 다양한 생물은 5계로 분류할 수 있다.

• 생물다양성보전: 생물다양성은 보전되어야 하며, 생물다양성을 감소하게 하는 원인은 인간의 활동과 관계가 깊다.

통합과학 1, 2

• 시스템과 상호작용: 생명 시스템의 기본 단위는 세포이다.

• 변화와 다양성: 변이의 발생과 자연선택 과정을 통해 생물의 진화가 일어나고, 생물이 다양해진다.

이 단원에서는 생물의 구성, 생물다양성과 분류, 생물다양성보전을 알아본다.
이 단원을 들어가기 전에 이전 학년에서 배운 개념을 확인해 보자.

알고
있나요?

다음 내용에서 빈칸을 완성해 보자.

초4

1. 다양한 생물과 우리 생활

① ❶ ☐☐ : 몸이 균사로 이루어져 있고 포자로 번식하는 생물로, 버섯, 곰팡이가 여기에 속한다.

② ❷ ☐☐☐☐ : 해캄, 짚신벌레 같은 생물이 여기에 속한다. 해캄은 긴 실 모양이며, 짚신벌레는 길쭉하고 둥근 모양이다.

③ ❸ ☐☐ : 대장균, 젖산균과 같은 생물로, 눈에 보이지 않지만 우리 주변 어디에나 있으며, 알맞은 조건이 되면 빠르게 늘어난다.

▲ 버섯　　　　　　▲ 해캄　　　　　　▲ 포도상구균

2. 생물과 환경

① ❹ ☐☐☐ : 어떤 장소에 사는 생물이 다른 생물 및 비생물환경(햇빛, 물, 공기, 흙, 온도 등)과 상호작용 하는 체계

② ❺ ☐☐☐☐☐ : 어떤 장소에 살고 있는 생물의 종류와 수 또는 양이 균형을 이루며 안정된 상태를 유지하는 것으로, 주로 생물들의 먹이 관계에 의해 조절된다.

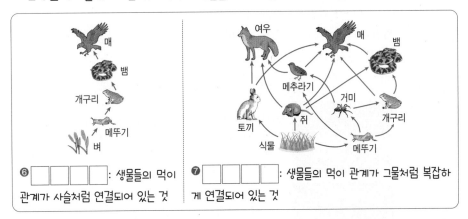

❻ ☐☐☐☐ : 생물들의 먹이 관계가 사슬처럼 연결되어 있는 것

❼ ☐☐☐☐ : 생물들의 먹이 관계가 그물처럼 복잡하게 연결되어 있는 것

01 생물의 구성

A 세포

1 세포 생물을 이루는 구조적·기능적 기본 단위❶
① 모든 생물은 세포로 이루어져 있으며, 생물의 다양한 생명활동은 세포에서 시작된다.
② 세포 구성 요소는 세포의 생명활동을 위해 고유한 기능을 수행하며, 세포의 생명활동은 생물의 생명활동으로 연결된다.

2 세포의 구조와 기능❷ |탐구 ⓐ 28쪽

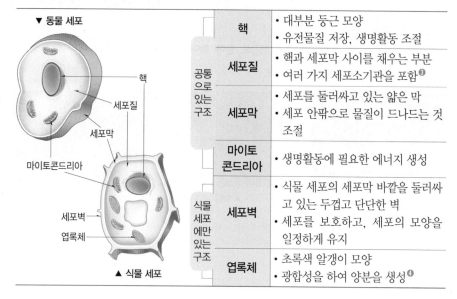

▼ 동물 세포

핵, 세포질, 세포막, 마이토콘드리아

세포벽, 엽록체

▲ 식물 세포

공통으로 있는 구조	핵	• 대부분 둥근 모양 • 유전물질 저장, 생명활동 조절
	세포질	• 핵과 세포막 사이를 채우는 부분 • 여러 가지 세포소기관을 포함❸
	세포막	• 세포를 둘러싸고 있는 얇은 막 • 세포 안팎으로 물질이 드나드는 것 조절
	마이토콘드리아	• 생명활동에 필요한 에너지 생성
식물 세포에만 있는 구조	세포벽	• 식물 세포의 세포막 바깥을 둘러싸고 있는 두껍고 단단한 벽 • 세포를 보호하고, 세포의 모양을 일정하게 유지
	엽록체	• 초록색 알갱이 모양 • 광합성을 하여 양분을 생성❹

3 세포의 종류에 따른 세포의 특징❺
① 세포의 종류는 다양하며, 세포는 현미경으로만 볼 수 있는 작은 것부터 맨눈으로 볼 수 있는 큰 것까지 크기가 매우 다양하다.
② 하나의 생물 내에서도 몸의 부위에 따라 세포의 종류가 다양하다.
③ 세포의 종류에 따라 세포의 모양과 크기, 기능이 다양하다.
➡ 생물은 특징이 다른 다양한 세포로 이루어져 있어서 여러 가지 생명활동을 할 수 있다. 예 신경세포, 상피세포, 적혈구 등

종류	모양	기능
신경세포	나뭇가지처럼 사방으로 길게 뻗은 모양	• 몸 곳곳에 퍼진 신경을 이루는 세포 • 여러 방향에서 신호를 받아들이고 다른 곳으로 신호를 전달한다.
상피세포	주로 넓고 얇게 퍼진 모양	• 몸 표면이나 몸속 기관의 안쪽 표면을 덮고 있는 상피조직을 구성하는 세포 • 표면을 덮어 보호한다.
적혈구	가운데가 오목한 원반 모양	• 혈액을 이루며 산소를 운반하는 세포 • 혈관을 따라 몸속을 이동하여 온몸으로 산소를 운반한다.

➕ 플러스 강의

❶ 단세포생물과 다세포생물
• 단세포생물: 몸이 하나의 세포로 이루어진 생물 예 아메바, 짚신벌레, 대장균 등
• 다세포생물: 몸이 여러 개의 세포로 이루어진 생물 예 파래, 느타리버섯, 고양이, 백합 등

❷ 동물 세포와 식물 세포의 구조

구분	동물 세포	식물 세포
핵	○	○
세포질	○	○
세포막	○	○
마이토콘드리아	○	○
세포벽	×	○
엽록체	×	○

❸ 세포소기관
세포 내에서 특정한 기능을 하는 세포 구성 요소 예 핵, 마이토콘드리아, 엽록체 등

❹ 광합성
식물 세포에서 빛을 이용하여 양분을 만드는 과정

❺ 다양한 종류의 세포

▲ 혈액의 적혈구

▲ 잎의 표피세포

▲ 줄기의 물관세포

▲ 잎의 잎살세포

▲ 뇌의 신경세포

▲ 작은창자의 상피세포

➤ 정답과 해설 **4쪽**

A 세포

· ☐☐ : 생물을 이루는 기본 단위

· ☐ : 세포 구성 요소 중 유전물질을 저장하는 것

· ☐☐☐ : 식물 세포의 세포막 바깥을 둘러싸는 두껍고 단단한 벽

· ☐☐☐ : 세포 구성 요소 중 광합성을 하는 것

A 1 세포에 대한 설명으로 옳은 것은 ○, 옳지 <u>않은</u> 것은 ×로 표시하시오.

(1) 세포는 생물을 이루는 구조적·기능적 기본 단위이다. ·············· (   )

(2) 세포는 크기가 매우 작아서 현미경으로만 볼 수 있다. ··········· (   )

(3) 하나의 생물 내에서는 세포의 종류가 모두 같다. ·············· (   )

(4) 세포의 종류에 따라 세포의 모양과 크기가 다양하다. ·············· (   )

2 오른쪽 그림은 식물 세포와 동물 세포의 구조를 나타낸 것이다. 각 설명에 해당하는 세포 구성 요소의 기호와 이름을 쓰시오.

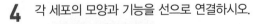

▲ 식물 세포   ▲ 동물 세포

(1) 세포의 생명활동을 조절한다. ·············· (   )

(2) 생명활동에 필요한 에너지를 만든다. ·············· (   )

(3) 빛을 이용하여 양분을 만드는 광합성을 한다. ·············· (   )

(4) 세포 안팎으로 물질이 드나드는 것을 조절한다. ·············· (   )

(5) 세포를 보호하고, 식물 세포의 모양을 일정하게 유지시킨다. ···· (   )

3 식물 세포에만 있는 세포 구성 요소를 보기에서 모두 고르시오.

> **보기**
> ㄱ. 핵   ㄴ. 세포질   ㄷ. 세포벽
> ㄹ. 세포막   ㅁ. 엽록체   ㅂ. 마이토콘드리아

4 각 세포의 모양과 기능을 선으로 연결하시오.

(1)  신경세포

· ㉠ 나뭇가지처럼 사방으로 길게 뻗은 모양으로, 신호를 받아들이고 전달한다.

(2)  상피세포

· ㉡ 가운데가 오목한 원반 모양으로, 온몸으로 산소를 운반한다.

(3) 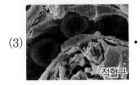 적혈구

· ㉢ 넓고 얇게 퍼진 모양으로, 몸 표면이나 몸속 기관의 안쪽 표면을 덮어 보호한다.

암기꽝 식물 세포에만 있는 구조

엽록체, 세포벽은 나만 있지.

부럽다...

엽록체   세포벽

식물 세포   동물 세포

01 생물의 구성

B 생물의 구성 단계

1 생물의 구성 단계

> 세포 → 조직 → 기관 → 개체

➡ 여러 개의 세포로 이루어진 생물은 다양한 세포가 체계적으로 모여*유기적으로 구성되어 있다.

2 동물의 구성 단계 세포 → 조직 → 기관 → 기관계❷ → 개체

세포	조직❶	기관	기관계❷	*개체
생물의 몸을 구성하는 기본 단위 예 근육세포, 상피세포 등	모양과 기능이 비슷한 세포가 모인 단계 예 근육조직, 상피조직 등	여러 조직이 모여 고유한 모양과 기능을 갖춘 단계 예 위, 작은창자, 큰창자 등	관련된 기능을 하는 기관들로 이루어진 단계 예 소화계, 호흡계, 순환계, 배설계 등	여러 기관계가 모여 독립적인 생명활동을 하는 하나의 생물체 예 사람, 고양이 등

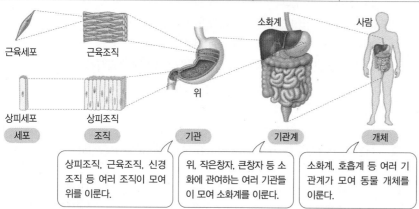

근육세포 — 근육조직 — 소화계 — 사람

상피세포 — 상피조직

위

| 세포 | 조직 | 기관 | 기관계 | 개체 |

상피조직, 근육조직, 신경조직 등 여러 조직이 모여 위를 이룬다.

위, 작은창자, 큰창자 등 소화에 관여하는 여러 기관들이 모여 소화계를 이룬다.

소화계, 호흡계 등 여러 기관계가 모여 동물 개체를 이룬다.

3 식물의 구성 단계 세포 → 조직 → 조직계 → 기관 → 개체

세포	조직❸	조직계❹	기관❺	개체
생물의 몸을 구성하는 기본 단위 예 표피세포, 잎살세포 등	모양과 기능이 비슷한 세포가 모인 단계 예 표피조직, 해면조직 등	몇 가지 조직이 모여 이루어진 단계 예 표피조직계, 기본조직계, 관다발조직계 등	여러 조직계가 모여 고유한 모양과 기능을 갖춘 단계 예 잎, 뿌리, 줄기 등	여러 기관이 모여 독립적인 생명활동을 하는 하나의 생물체 예 무궁화, 소나무 등

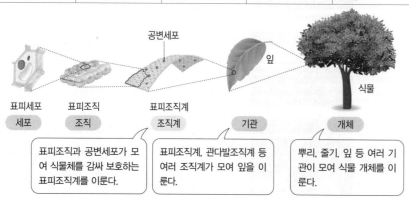

공변세포

표피세포 — 표피조직 — 표피조직계 — 잎 — 식물

| 세포 | 조직 | 조직계 | 기관 | 개체 |

표피조직과 공변세포가 모여 식물체를 감싸 보호하는 표피조직계를 이룬다.

표피조직계, 관다발조직계 등 여러 조직계가 모여 잎을 이룬다.

뿌리, 줄기, 잎 등 여러 기관이 모여 식물 개체를 이룬다.

플러스 강의

❶ 동물에서 조직의 종류
- 상피조직: 몸의 표면이나 소화관 등의 내면을 덮고 있는 조직
- 근육조직: 몸의 근육이나 내장 기관을 구성하는 조직
- 신경조직: 자극을 전달하는 신경세포가 모여 이루어진 조직
- 결합조직: 조직과 조직 사이, 기관과 기관 사이를 연결하고 몸을 지탱하는 조직

❷ 기관계의 종류와 속하는 기관
- 소화계: 입, 위, 작은창자, 큰창자, 이자
- 호흡계: 코, 기관, 기관지, 폐
- 순환계: 심장, 혈관
- 배설계: 콩팥, 방광, 요도

❸ 식물에서 조직의 종류
- 분열조직: 세포분열이 활발하게 일어나는 조직 예 생장점, 형성층
- 영구조직: 세포분열과 생장이 끝난 조직 예 표피조직, 울타리조직, 해면조직, 물관, 체관

❹ 조직계의 종류와 속하는 조직
- 표피조직계(식물체를 감싸 보호): 표피조직
- 기본조직계(양분의 합성과 저장): 울타리조직, 해면조직
- 관다발조직계(물과 양분의 이동 통로): 물관, 체관

❺ 식물에서 기관의 종류
- 영양기관: 양분을 합성하거나 저장하는 기관 예 뿌리, 줄기, 잎
- 생식기관: 씨를 만들어 번식하는 데 관여하는 기관 예 꽃, 열매

용어 돋보기

* **유기적(有 있다, 機 틀, 的 과녁)_** 전체를 구성하고 있는 각 부분이 서로 밀접하게 관련되어 있어 떼어낼 수 없는 것

* **개체(個 낱, 體 몸)_** 생존하는 데 필요한 기능과 구조를 갖춘 하나의 생물

B 생물의 구성 단계

• □□: 모양과 기능이 비슷한 세포가 모인 단계

• □□: 여러 조직이 모여 고유한 모양과 기능을 갖춘 단계

• □□: 여러 기관이 모여 독립적인 생명활동을 하는 하나의 생물체

• 동물에만 있는 구조: □□□

• 식물에만 있는 구조: □□□

B 5 다음은 생물의 구성 단계를 나타낸 것이다. (   ) 안에 알맞은 말을 쓰시오.

(1) 생물의 공통 구성 단계 : ㉠(   ) → 조직 → ㉡(   ) → 개체

(2) 동물의 구성 단계 : 세포 → ㉠(   ) → 기관 → ㉡(   ) → 개체

(3) 식물의 구성 단계 : 세포 → 조직 → ㉠(   ) → ㉡(   ) → 개체

6 그림은 동물의 구성 단계를 순서 없이 나타낸 것이다.

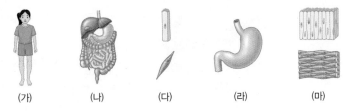

(가) (나) (다) (라) (마)

(1) (가)~(마)에 해당하는 단계를 각각 쓰시오.

(2) (가)~(마)를 작은 단계부터 순서대로 나열하시오.

7 그림은 식물의 구성 단계를 순서 없이 나타낸 것이다. (가)~(마) 중 기관에 해당하는 것을 골라 기호를 쓰시오.

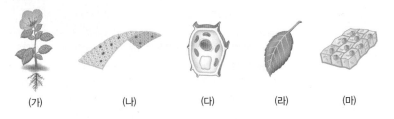

(가) (나) (다) (라) (마)

암기꽝 생물의 구성 단계

생물은 **체조기계**로 구성 돼.
(세)   (개)
포 직 관 체

하나, 둘,
셋, 넷

8 생물의 구성 단계에 대한 설명으로 옳은 것은 ○, 옳지 <u>않은</u> 것은 ×로 표시하시오.

(1) 동물에만 있는 구성 단계는 기관계이다. ⋯⋯⋯⋯⋯⋯⋯⋯⋯⋯⋯⋯ (   )

(2) 식물에는 조직계와 기관계가 모두 있다. ⋯⋯⋯⋯⋯⋯⋯⋯⋯⋯⋯⋯ (   )

(3) 동물의 몸은 한 종류의 세포로만 이루어져 있다. ⋯⋯⋯⋯⋯⋯⋯⋯ (   )

(4) 모양과 기능이 비슷한 세포가 모여 조직을 이룬다. ⋯⋯⋯⋯⋯⋯⋯ (   )

(5) 식물에서는 뿌리, 줄기, 잎이 조직에 해당한다. ⋯⋯⋯⋯⋯⋯⋯⋯⋯ (   )

탐구 a

세포 관찰

이 탐구에서는 동물 세포와 식물 세포를 관찰하여 동물 세포와 식물 세포의 특징과 차이점을 알아본다.

오투실험실

과정

💙 **유의점**

• 덮개 유리를 비스듬히 기울여 천천히 덮어야 기포가 생기지 않는다.

• 검정말잎 세포 대신 양파 표피세포를 관찰하기도 하고, 아세트산 카민 용액 대신 아세트올세인 용액을 사용하기도 한다.

실험 ❶ 입안 상피세포 관찰

❶ 면봉으로 입 안쪽 볼을 가볍게 긁고, 면봉을 받침 유리 위에 문지른다.

❷ 받침 유리 위에 물을 1방울 떨어뜨린 후, 덮개 유리를 덮는다.

❸ 덮개 유리 한쪽에 메틸렌 블루 용액을 떨어뜨리고, 반대쪽에 거름종이를 대어 여분의 용액을 흡수한 후 현미경으로 관찰한다.

실험 ❷ 검정말잎 세포 관찰

❶ 검정말잎을 뜯어 반으로 자른 후 받침 유리 위에 펴 놓는다.

❷ 받침 유리 위에 물을 1방울 떨어뜨린 후, 덮개 유리를 덮어 현미경으로 관찰한다.

❸ 덮개 유리 한쪽에 아세트산 카민 용액을 떨어뜨리고, 반대쪽에 거름종이를 대어 여분의 용액을 흡수한 후 현미경으로 관찰한다.

결과

입안 상피세포 관찰	검정말잎 세포 관찰	
▲ 메틸렌 블루 용액으로 염색한 세포	▲ 아세트산 카민 용액으로 염색한 세포	▲ 염색하지 않은 세포
• 불규칙한 모양이며, 핵, 세포막, 세포질이 관찰된다. • 푸른색으로 염색된 핵이 뚜렷하게 관찰된다.	• 사각형으로 일정한 모양이며, 핵, 세포벽, 세포질, 엽록체가 관찰된다. • 붉은색으로 염색된 핵이 뚜렷하게 관찰된다.	초록색의 엽록체가 관찰되며, 핵은 관찰되지 않는다.

입안 상피세포 관찰 이미지: 세포질, 핵, 세포막

검정말잎 세포 관찰 이미지: 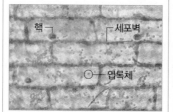 핵, 세포벽, 엽록체 /  엽록체

정리

1. 염색액을 떨어뜨리는 까닭: 핵을 염색하여 뚜렷하게 관찰하기 위해서이다.

2. 동물 세포와 식물 세포의 비교

구분	핵	세포벽	엽록체	세포 모양	사용한 염색액
입안 상피세포 (동물 세포)	있음	없음	없음	불규칙한 모양	㉠( ) 용액
검정말잎 세포 (식물 세포)	있음	㉡( )	㉢( )	사각형	㉣( ) 용액

01 |탐구**a**에 대한 설명으로 옳은 것은 ○, 옳지 않은 것은 ×로 표시하시오.

(1) 입안 상피세포와 검정말잎 세포는 모두 핵이 관찰된다.
·· ( )

(2) 입안 상피세포와 검정말잎 세포는 모두 세포 바깥쪽이 세포벽으로 둘러싸여 있다. ·············· ( )

(3) 검정말잎 세포의 모양은 대체로 둥근형이다. ( )

(4) 입안 상피세포는 메틸렌 블루 용액으로 염색한다.
·· ( )

(5) 검정말잎 세포에는 엽록체가 있다. ·········· ( )

02 그림은 |탐구**a**를 통해 관찰한 두 가지 세포의 모양을 나타낸 것이다.

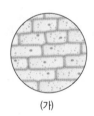 

(가)   (나)

(1) (가)와 (나)를 염색할 때 사용하는 염색액을 각각 쓰시오.

(2) (가)와 (나) 중 식물 세포에 해당하는 것을 고르고, 그 까닭을 서술하시오.

03 |탐구**a**에서 입안 상피세포를 관찰한 내용으로 옳은 것을 보기에서 모두 고른 것은?

┌─ 보기 ─────────────────────┐
│ ㄱ. 불규칙한 모양으로 보인다. │
│ ㄴ. 핵, 세포막을 관찰할 수 있다. │
│ ㄷ. 메틸렌 블루 용액으로 염색했더니 핵이 잘 보인다. │
└───────────────────────────┘

① ㄱ   ② ㄴ   ③ ㄱ, ㄷ
④ ㄴ, ㄷ   ⑤ ㄱ, ㄴ, ㄷ

04 다음 설명에 해당하는 세포소기관의 이름을 쓰시오.

┌─────────────────────────────┐
│ • 보통 세포에 1개씩 들어 있다. │
│ • 유전물질이 들어 있으며, 세포의 생명활동을 조절 한다. │
│ • 아세트산 카민 용액이나 메틸렌 블루 용액에 염색 이 잘 된다. │
└─────────────────────────────┘

05 동물 세포와 식물 세포가 공통으로 가지고 있는 세포 구성 요소를 옳게 짝 지은 것은?

① 핵, 엽록체   ② 핵, 세포벽
③ 핵, 세포막   ④ 세포벽, 세포막
⑤ 엽록체, 마이토콘드리아

06 그림은 검정말잎 세포를 관찰하기 위한 실험 과정을 순 서 없이 나타낸 것이다.

검정말잎   거름종이 염색액   검정말잎 물   덮개 유리
(가)   (나)   (다)   (라)

이에 대한 설명으로 옳지 않은 것은?

① 실험 순서는 (가) → (다) → (라) → (나)이다.
② (나) 과정에서 사용하는 염색액은 아세트산 카민 용액이다.
③ (나) 과정을 거친 결과 세포 속의 핵이 푸른색으로 염색된다.
④ (나) 과정을 생략하면 핵이 잘 보이지 않는다.
⑤ (라) 과정에서 덮개 유리는 비스듬히 기울여 천천 히 덮어야 한다.

기출 문제로
내신쑥쑥

전국 주요 학교의 **시험에** 가장 **많이 나오는** 문제들로만 구성하였습니다.
모든 친구들이 '꼭' 봐야 하는 코너입니다.

A 세포

01 세포에 대한 설명으로 옳지 <u>않은</u> 것은?

① 모든 생물은 세포로 이루어져 있다.

② 하나의 세포로 이루어진 생물도 있다.

③ 세포는 생물을 이루는 기본 단위이다.

④ 세포의 종류와 상관없이 세포의 크기는 모두 같다.

⑤ 세포는 생명활동이 일어나는 기능적 기본 단위이다.

[02~03] 그림은 식물 세포와 동물 세포의 구조를 나타낸 것이다.

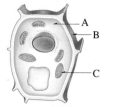 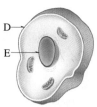

▲ 식물 세포　　　　▲ 동물 세포

중요
02 이에 대한 설명으로 옳지 <u>않은</u> 것은?

① A는 세포질이다.

② B는 세포를 둘러싸고 있는 얇은 막이다.

③ C는 빛을 받아 광합성을 하는 장소이다.

④ D는 동물 세포와 식물 세포 모두에 있다.

⑤ E에는 유전물질이 저장되어 있다.

03 식물 세포의 모양을 일정하게 유지시키는 세포 구성 요소를 그림에서 찾아 기호와 이름을 옳게 짝 지은 것은?

① A – 핵　　　　　　② B – 세포막

③ B – 세포벽　　　　④ D – 세포막

⑤ D – 세포벽

04 다음에서 설명하는 세포소기관의 이름을 쓰시오.

- 생명활동에 필요한 에너지를 생성한다.
- 동물 세포와 식물 세포에서 모두 발견된다.

[05~06] 오른쪽 그림은 식물 세포의 구조를 나타낸 것이다.

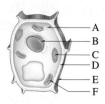

중요
05 각 부분에 대한 설명으로 옳지 <u>않은</u> 것은?

① A – 세포 내부를 채우는 부분으로, 세포소기관이 존재한다.

② B – 생명활동을 조절한다.

③ C – 광합성이 일어난다.

④ D – 세포 안팎으로 물질이 드나드는 것을 조절한다.

⑤ F – 식물 세포의 모양을 일정하게 유지시킨다.

중요
06 위 그림에서 동물 세포에는 없고 식물 세포에만 있는 것을 모두 고른 것은?

① A, B　　　② A, E　　　③ B, E

④ C, E　　　⑤ D, F

중요 |탐구ａ
07 그림 (가)와 (나)는 입안 상피세포와 검정말잎 세포를 현미경으로 관찰한 결과를 순서 없이 나타낸 것이다.

(가)　　　　　　(나)

(가)와 (나)를 옳게 비교한 것은?

	구분	(가)	(나)
①	세포의 종류	입안 상피세포	검정말잎 세포
②	핵	있음	없음
③	세포벽	있음	없음
④	염색액	메틸렌 블루 용액	아세트산 카민 용액
⑤	세포의 모양	일정하지 않음	사각형으로 일정함

08 그림은 여러 종류의 세포를 나타낸 것이다.

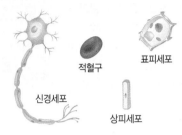

이에 대한 설명으로 옳은 것은?

① 모든 세포에는 세포벽이 있다.
② 세포의 기능이 달라도 세포의 모양은 같다.
③ 생물을 이루고 있는 세포는 모두 둥근 모양이다.
④ 사람의 몸을 구성하고 있는 세포는 모양과 크기가 모두 같다.
⑤ 생물의 종류와 몸의 부위에 따라 세포의 모양과 크기가 다르다.

09 그림 (가)~(다)는 신경세포, 상피세포, 적혈구를 순서 없이 나타낸 것이다.

(가)　　　　(나)　　　　(다)

이에 대한 설명으로 옳은 것은?

① (가)는 상피세포이다.
② (가)는 넓고 얇게 퍼진 모양이다.
③ (나)는 우리 몸 표면이나 몸속 기관의 안쪽 표면을 덮고 있다.
④ (다)는 산소를 운반하는 기능을 한다.
⑤ (가)~(다)는 각각 기능에 알맞은 모양을 가진다.

B 생물의 구성 단계

10 생물의 구성 단계에 대한 설명으로 옳지 <u>않은</u> 것은?

① 생물의 몸을 구성하는 기본 단위는 세포이다.
② 모양과 기능이 비슷한 세포가 모여 조직을 이룬다.
③ 위, 작은창자, 콩팥, 뿌리, 줄기는 기관에 해당한다.
④ 생물은 세포, 조직, 기관, 개체의 단계로 이루어져 있다.
⑤ 여러 기관이 모여 특정한 기능을 하는 조직계를 형성한다.

[11~12] 그림은 동물의 구성 단계를 순서 없이 나타낸 것이다.

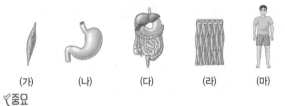

(가)　　　(나)　　　(다)　　　(라)　　　(마)

11 이에 대한 설명으로 옳은 것은?

① (가)는 여러 조직이 모여 고유한 모양과 기능을 갖춘 단계이다.
② 신경조직은 (나)와 같은 단계에 해당한다.
③ (다)는 관련된 기능을 하는 기관들로 이루어진 단계이다.
④ 심장은 (라)와 같은 단계에 해당한다.
⑤ (마)는 기관이다.

12 위 그림에서 식물에는 없고, 동물에만 있는 구성 단계의 기호와 이름을 쓰시오.

13 다음은 동물의 구성 단계에 대한 질문과 답이다. ㉠에 해당하는 것은?

> **Q** 동물의 구성 단계 중 ㉠의 특징에 대해 알려 주세요.
>
> **A** ➡ 독립적인 생명활동을 해요.
> 　　➡ 소화계, 호흡계 등이 모여 이루어져요.

① 세포　　　② 조직　　　③ 기관
④ 기관계　　⑤ 개체

14 다음은 식물의 구성 단계를 순서대로 나타낸 것이다.

세포 → A → B → 기관 → 개체

(가) A의 단계에 해당하는 예와 (나) B의 단계에 해당하는 예를 옳게 짝 지은 것은?

	(가)	(나)
①	뿌리	표피조직
②	뿌리	표피조직계
③	표피조직	뿌리
④	표피조직	표피조직계
⑤	표피조직계	뿌리

[15~16] 그림은 식물의 구성 단계를 순서 없이 나타낸 것이다.

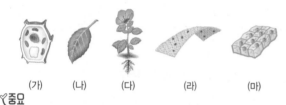

(가)   (나)   (다)   (라)   (마)

중요
15 식물의 구성 단계를 작은 단계부터 순서대로 나열한 것은?

① (가) → (라) → (마) → (다) → (나)
② (가) → (마) → (나) → (라) → (다)
③ (가) → (마) → (라) → (나) → (다)
④ (마) → (나) → (가) → (라) → (다)
⑤ (마) → (다) → (라) → (나) → (가)

16 이에 대한 설명으로 옳은 것은?

① (가)는 생물의 종류에 관계없이 모양과 크기가 일정하다.
② (나)와 같은 구성 단계에 해당하는 것에는 표피조직이 있다.
③ (다)가 모여 조직을 이룬다.
④ (라)와 같은 구성 단계에 해당하는 것에는 관다발조직계, 기본조직계가 있다.
⑤ (마)는 생물을 구성하는 기본 단위이다.

서술형 문제

17 오른쪽 그림은 어떤 세포를 현미경으로 관찰한 결과를 나타낸 것이다. 이 세포가 동물 세포와 식물 세포 중 무엇에 해당하는지 쓰고, 그 까닭을 두 가지 서술하시오.

18 그림은 다양한 종류의 세포의 모양을 나타낸 것이다.

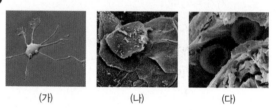

(가)   (나)   (다)

신호를 전달하는 데 적합한 세포를 골라 기호를 쓰고, 그 까닭을 서술하시오.

중요
19 그림은 동물의 구성 단계를 순서 없이 나타낸 것이다.

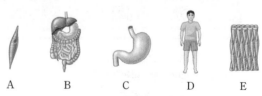

A   B   C   D   E

(1) A~E를 작은 단계부터 순서대로 나열하시오.

(2) B에 해당하는 단계를 쓰고, 제시된 그림 외에 B 단계에 해당하는 예를 두 가지 서술하시오.

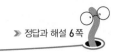
01 그림은 두 종류의 세포를 나타낸 것이다.

(가)   (나)

이에 대한 설명으로 옳지 않은 것을 모두 고르면?(2개)

① (가)에서는 여러 개의 엽록체가 관찰된다.

② 동물을 구성하는 세포의 구조는 (나)와 같다.

③ 염색액은 (가)의 세포벽을 뚜렷하게 관찰하기 위해 사용한다.

④ (가)와 (나)는 같은 생물을 구성하며, 서로 다른 기능을 하는 세포이다.

⑤ 생물의 종류에 따라 세포의 구조가 다르다는 것을 알 수 있다.

02 그림 (가)는 검정말잎 세포를, (나)는 입안 상피세포를 현미경으로 관찰한 결과를 나타낸 것이다.

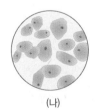

(가)   (나)

이에 대한 설명으로 옳은 것은?

① (가)는 세포의 모양이 일정하지 않다.

② (가)와 (나)에는 모두 핵이 있다.

③ (가)와 (나)에는 모두 세포벽이 있다.

④ (가)에는 엽록체가 없고, (나)에는 엽록체가 있다.

⑤ (가)는 메틸렌 블루 용액, (나)는 아세트산 카민 용액으로 염색한다.

03 표는 생물 A와 B에서 구성 단계 ㉠~㉢의 유무를 나타낸 것이다. A와 B는 각각 사람과 무궁화 중 하나이고, ㉠~㉢은 각각 조직, 조직계, 기관 중 하나이다.

구분	A	B
㉠	있음	있음
㉡	없음	ⓑ
㉢	ⓐ	있음

이에 대한 설명으로 옳은 것을 보기에서 모두 고른 것은?

보기
ㄱ. A는 무궁화이다.
ㄴ. ⓐ와 ⓑ 모두 '있음'이다.
ㄷ. ㉡에 해당하는 예로는 표피조직계, 관다발조직계 등이 있다.

① ㄱ   ② ㄴ   ③ ㄷ

④ ㄱ, ㄴ   ⑤ ㄴ, ㄷ

04 그림은 생물의 구성 단계와 세포 구성 요소를 모식적으로 나타낸 것이다.

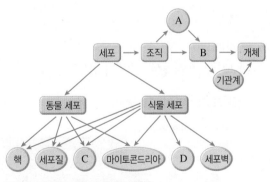

이에 대한 설명으로 옳은 것은?

① A 단계에서 개체를 이루는 생물은 하나의 세포로만 이루어져 있다.

② B에 해당하는 예에는 상피조직이 있다.

③ 서로 다른 기능을 하는 B가 모여 기관을 이룬다.

④ C가 있어 식물 세포의 모양이 일정하게 유지된다.

⑤ D에서 광합성이 일어나 양분을 생성한다.

02 생물다양성과 분류

A 생물다양성과 변이 여기서잠깐 42쪽

1 생물다양성 어떤 지역에 살고 있는 생물의 다양한 정도
➡ 생물다양성은 다음의 세 가지를 모두 포함한다.

생태계의 다양함❶❷	생물 종류의 다양함	같은 종류의 생물 사이에서 나타나는 특징의 다양함
지구에는 숲, 습지, 초원, 갯벌, 바다, 사막 등 다양한 생태계가 있다.	하나의 생태계에는 다양한 종류의 생물들이 살고 있다.	같은 종류의 생물이라도 생김새, 크기, 색깔 등의 특징이 다르다.

2 생물다양성의 결정 기준 생태계가 다양할수록, 한 생태계에 살고 있는 생물 종류가 많을수록, 같은 종류의 생물 사이에서 나타나는 특징이 다양할수록 생물다양성이 크다.

3 변이 같은 종류의 생물 사이에서 나타나는 특징이 서로 다른 것
[예] • 바지락의 껍데기 무늬와 색깔이 조금씩 다르다.
    • 코스모스의 꽃 색깔이 여러 가지이다.
    • 고양이의 털 무늬가 조금씩 다르다.
    • 사람마다 피부색이 다르다.
① 변이는 생물의 생존에 영향을 줄 수 있다.
② 환경이 달라지면 생존에 유리한 변이도 달라진다. ❸
③ 생물이 다양해진 것은 변이와 관련이 있다.

▲ 바지락의 껍데기 무늬와 색깔 변이

4 환경과 변이 생물은 빛, 온도, 물, 먹이 등의 환경에 *적응하여 살아간다. ❹
➡ 생물이 환경에 적응하면서 변이의 차이가 점점 커질 수 있다.

[올드필드쥐의 털 색깔 변이]

밝은색 모래가 많은 곳에서 사는 올드필드쥐
➡ 털 색깔이 밝은색이다.

어두운색 흙이 많은 곳에서 사는 올드필드쥐
➡ 털 색깔이 어두운색이다.

털 색깔이 주변과 비슷하면 올드필드쥐를 잡아먹는 생물의 눈에 띄지 않아 살아남을 가능성이 높기 때문에 올드필드쥐는 대부분 주변과 털 색깔이 비슷해졌다.

올드필드쥐의 털 색깔이 다른 것은 서로 다른 환경에 적응한 결과이다.

➕ 플러스 강의

❶ 생태계
생물이 일정한 장소에서 빛, 온도 등과 같은 환경 및 다른 생물과 영향을 주고받으며 살아가는 체계

❷ 생태계와 생물다양성
각 생태계마다 살고 있는 생물의 종류가 다르며 생물 종류의 수도 차이가 있다. ➡ 생태계마다 생물다양성이 다르다.

❸ 변이와 생물의 생존
• 초록색 풀이 많은 곳과 갈색 나뭇가지가 많은 곳에서 각각 천적의 눈에 잘 띄지 않아 살아남을 가능성이 큰 변이는 서로 다르다.
• 변이가 다양하면 급격한 환경 변화에도 살아남는 생물이 있어 멸종할 위험이 낮다.

❹ 북극여우와 사막여우
추운 북극에 사는 북극여우는 귀가 작고 몸집이 커서 열의 손실을 줄일 수 있고, 더운 사막에 사는 사막여우는 귀가 크고 몸집이 작아 몸의 열을 방출하기 쉽다.

북극여우

사막여우

➡ 북극여우와 사막여우의 생김새가 다른 것은 서로 다른 온도에 적응한 결과이다.

용어 돋보기
*적응(適 따르다, 應 응하다)_ 환경에 따라 생물의 구조와 기능, 생활 습성 등이 변하는 현상

A 생물다양성과 변이

· □□□□□□: 어떤 지역에 살고 있는 생물의 다양한 정도

· □□: 같은 종류의 생물 사이에서 나타나는 특징이 서로 다른 것

· 환경과 변이: 생물이 빛, 온도, 물, 먹이 등의 □□에 □□하면서 변이의 차이가 커질 수 있다.

A

1 다음은 생물다양성에 대한 설명이다. ( ) 안에 알맞은 말을 쓰시오.

> 한 생태계에 살고 있는 생물의 ㉠( )가 많을수록, 같은 종류의 생물 사이에서 나타나는 특징이 다양할수록, ㉡( )가 다양할수록 생물다양성이 크다.

2 변이에 해당하는 것을 보기에서 모두 고르시오.

> **보기**
> ㄱ. 고양이와 삵의 생김새가 다르다.
> ㄴ. 거미와 개미의 다리 개수가 다르다.
> ㄷ. 고양이의 털 무늬가 조금씩 다르다.
> ㄹ. 코스모스의 꽃 색깔이 여러 가지이다.
> ㅁ. 같은 종류의 무당벌레라도 겉 날개의 색깔과 무늬가 조금씩 다르다.

3 변이에 대한 설명으로 옳은 것은 ○, 옳지 <u>않은</u> 것은 ×로 표시하시오.

(1) 바지락의 껍데기 무늬와 색깔이 조금씩 다른 것은 변이에 해당한다. … ( )

(2) 생물이 환경에 적응하면서 변이의 차이가 커질 수 있다. ……………… ( )

(3) 환경이 달라져도 생존에 유리한 변이는 달라지지 않는다. …………… ( )

암기꽁 변이

변할 **變** 다를 **이 異**
➡ 같은 종류의 생물이라도 생김새, 크기, 색깔 등 특징이 조금씩 다르다.

> 똑같아 보이냥~

4 그림은 사는 곳이 다른 올드필드쥐의 모습을 나타낸 것이다.

(가)   (나)

이에 대한 설명으로 옳은 것은 ○, 옳지 <u>않은</u> 것은 ×로 표시하시오.

(1) 올드필드쥐의 털 색깔이 다른 것은 변이에 해당한다. …………………… ( )

(2) 어두운 환경에서 올드필드쥐를 잡아먹는 생물의 눈에 띄지 않아 살아남을 가능성이 높은 것은 털 색깔이 밝은 올드필드쥐이다. ……………………………… ( )

(3) (가)와 (나)에서 올드필드쥐의 털 색깔이 다른 것은 서로 다른 환경에 적응한 결과이다. ……………………………………………………………………………… ( )

02 생물다양성과 분류

5 생물이 다양해지는 과정

① 생물의 변이와 생물이 환경에 적응하는 과정을 통해 생물이 다양해진다.

| 한 종류의 생물 무리에 다양한 변이가 있다. | ➡ | 그 무리에서 환경 적응에 알맞은 변이를 지닌 생물이 더 많이 살아남아 자손을 남긴다. | ➡ | 이 과정이 오랜 세월 반복되면 원래의 종류와 다른 새로운 종류의 생물이 나타날 수 있다. |

② 한 종류의 새에서 새로운 종류가 나타나는 과정

❶ 부리의 모양과 크기에 변이가 있는 한 종류의 새 무리가 있었다.

❷ 새 무리의 일부가 크고 딱딱한 씨앗이 많은 섬에 살게 되었는데, 이 섬에서는 크고 단단한 부리를 가진 새가 살아남기에 유리하였다.

❸ 이 새가 다른 새보다 더 많이 살아남아 자손을 남기는 과정이 오랜 세월 반복되어 크고 단단한 부리를 가진 새로운 종류의 새가 되었다.❶

B 생물의 분류

1 생물분류 일정한 기준에 따라 생물을 비슷한 종류의 무리로 나누는 것 ➡ 생물 고유의 특징을 기준으로 생물을 분류한다.

2 종 생물을 분류하는 기본 단위로, 자연 상태에서 짝짓기를 하여 번식 능력이 있는 자손을 낳을 수 있는 생물 무리이다.
예 말과 당나귀가 서로 다른 종인 까닭: 말과 당나귀는 생김새가 비슷하고 짝짓기를 하여 자손을 낳을 수 있지만, 그 자손인 노새가 번식 능력이 없기 때문이다.❷

3 생물의 분류 단계❸

$$종 < 속 < 과 < 목 < 강 < 문 < 계❹$$

➡ 계에서 종으로 갈수록 점점 더 세부적으로 나누어진다.

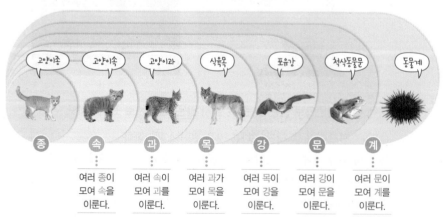

종	속	과	목	강	문	계
여러 종이 모여 속을 이룬다.	여러 속이 모여 과를 이룬다.	여러 과가 모여 목을 이룬다.	여러 목이 모여 강을 이룬다.	여러 강이 모여 문을 이룬다.	여러 문이 모여 계를 이룬다.

▲ 고양이의 분류 단계 고양이종<고양이속<고양이과<식육목<포유강<척삭동물문<동물계

A 생물다양성과 변이

• 생물이 다양해지는 과정: 생물의 □□와 생물이 □□에 적응하는 과정을 통해 생물이 다양해진다.

B 생물의 분류

• □□□□□: 일정한 기준에 따라 생물을 비슷한 종류의 무리로 나누는 것

• □: 생물을 분류하는 기본 단위로, 자연 상태에서 짝짓기를 하여 번식 능력이 있는 자손을 낳을 수 있는 생물 무리이다.

암기퀭 생물이 다양해지는 과정

생물은 **변환적**이야!
이 경 응
가 에 한
있 다.
고.

애 어디갔지?

환경에 적응했지 말입니다

A 5 다음은 생물이 다양해지는 과정에 대한 설명이다. (　　) 안에 알맞은 말을 쓰시오.

> 다양한 ㉠(　　　)가 있는 한 종류의 생물 무리에서 ㉡(　　　) 적응에 알맞은 ㉠(　　　)를 지닌 생물이 더 많이 살아남아 자손을 남기는 과정이 오랜 세월 반복되면 원래의 종류와 다른 새로운 종류의 생물이 나타날 수 있다.

6 그림은 한 종류의 새에서 새로운 종류가 나타나는 과정을 순서 없이 나타낸 것이다. 순서대로 옳게 나열하시오.

크고 딱딱한 씨앗이 많은 섬에서는 크고 단단한 부리를 가진 새가 살아남기에 유리하였다.

(가)

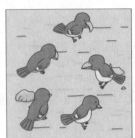

부리의 모양과 크기에 변이가 있는 한 종류의 새 무리가 있었다.

(나)

크고 단단한 부리를 가진 새가 자손을 남기는 과정이 오랜 세월 반복되어 크고 단단한 부리를 가진 새로운 종류의 새가 되었다.

(다)

B 7 그림은 생물의 분류 단계를 나타낸 것이다. A~F에 해당하는 분류 단위를 쓰시오.

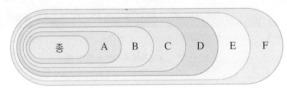

종　A　B　C　D　E　F

8 생물의 분류 단계에 대한 설명으로 옳은 것은 ○, 옳지 않은 것은 ×로 표시하시오.

(1) 하나의 목에는 여러 개의 속이 있다. ································ (　　)

(2) 분류 단계에서 가장 큰 단위는 종이다. ························· (　　)

(3) 같은 문에 속하는 생물은 모두 같은 강에 속한다. ·········· (　　)

(4) 계에서 종으로 갈수록 점점 더 세부적으로 나누어진다. ····· (　　)

02 생물다양성과 분류

회보 2.2 **4 생물의 분류체계** 생물은 원핵생물계, 원생생물계, 균계, 식물계, 동물계의 5계로 분류할 수 있다. ➡ 생물을 계 수준으로 분류할 때는 세포 내 핵 유무, 세포벽 유무❶, 광합성 여부, 세포 수 등이 중요한 분류 기준이 된다. |**탐구ⓐ** 40쪽

구분		특징	생물 예
원핵 생물계❷	세포에 핵이 없다.	• 몸이 한 개의 세포로 이루어져 있고, 여러 개의 세포가 모여 하나의 덩어리를 이루기도 한다. • 세포에 세포벽이 있다. • 대부분 광합성을 하지 않지만, 염주말처럼 광합성을 하여 스스로 양분을 만드는 것도 있다.	대장균, 폐렴균, 충치균, 젖산균, 염주말, 포도상구균
원생 생물계❸	세포에 핵이 있다.	• 핵이 있는 세포로 이루어진 생물 중 균계, 식물계, 동물계에 속하지 않는 생물 무리이다. • 대부분*단세포생물이지만,*다세포생물도 있다. • 기관이 발달하지 않았다.	• 단세포: 짚신벌레, 아메바 등 • 다세포: 미역, 김, 다시마 등
균계		• 운동성이 없고, 광합성을 하지 않는다. • 버섯이나 곰팡이는 실 모양의 균사가 얽힌 구조로 되어 있다.❹ • 스스로 양분을 만들 수 없어 대부분 죽은 생물을 분해하여 양분을 얻는다.	느타리버섯, 표고버섯, 기는줄기뿌리곰팡이, 푸른곰팡이, 효모(단세포) 등
식물계		• 다세포생물이며, 세포에 세포벽이 있다. • 광합성을 하여 스스로 양분을 만든다. • 대부분 뿌리, 줄기, 잎과 같은 기관이 발달하였다. • 대부분 육지에서 생활한다.	우산이끼, 쇠뜨기, 고사리, 해바라기, 소나무, 진달래 등
동물계		• 다세포생물이며, 세포에 세포벽이 없다. • 운동성이 있다. • 다른 생물을 먹이로 삼아 양분을 얻는다. • 대부분 몸에 기관이 발달하였다.	해파리, 지렁이, 달팽이, 나비, 불가사리, 말 등

대장균 — 원핵생물계 / 짚신벌레 — 원생생물계 / 표고버섯 — 균계 / 해바라기 — 식물계 / 달팽이 — 동물계

▲ 5계에 속하는 생물의 예

[5계의 특징 정리]

구분	핵(핵막)	세포벽	광합성	세포 수
원핵 생물계	없다.	있다.		단세포
원생 생물계	있다.			단세포, 다세포
균계	있다.	있다.	안 한다.	대부분 다세포
식물계	있다.	있다.	한다.	다세포
동물계	있다.	없다.	안 한다.	다세포

식물계 / 균계 / 동물계 / 원생생물계 / 핵 유/무 / 원핵생물계

▲ 계 수준에서의 생물분류

➕ 플러스 강의

❶ 세포벽의 유무에 따른 생물 분류
• 세포벽이 있는 생물: 원핵생물계, 균계, 식물계
• 세포벽이 없는 생물: 동물계
• 원생생물계에는 세포벽이 있는 생물도 있고, 없는 생물도 있다.

❷ 원핵생물계에 속하는 생물의 세포 구조
막으로 둘러싸인 세포소기관과 핵이 없으며, 유전물질인 DNA가 세포질에 퍼져 있다.

❸ 원생생물계와 광합성
원생생물계에는 먹이를 먹는 생물도 있고, 광합성을 하는 생물도 있다. 미역, 김, 다시마는 광합성을 하는 다세포생물이다.

❹ 버섯의 균사
버섯의 몸은 균사로 이루어져 있다. 균사는 세포벽이 있는 여러 개의 세포로 이루어져 있다.

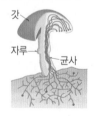

갓 / 자루 / 균사

용어 돋보기
*단(單 하나)세포생물_ 몸이 한 개의 세포로 이루어져 있는 생물
*다(多 많다)세포생물_ 몸이 여러 개의 세포로 이루어져 있는 생물

B 생물의 분류

- 생물의 분류체계: 생물은 □□생물계, 원핵생물계, □계, 식물계, 동물계의 5계로 분류할 수 있다.
- □□생물계: 세포에 핵이 없는 생물 무리이다.
- □□□: 다세포생물이며, 세포벽이 있고, 대부분 뿌리, 줄기, 잎이 발달하였으며 광합성을 할 수 있는 생물 무리이다.

B 9 다음은 5계에 대한 설명이다. (가)~(마)에 해당하는 계의 이름을 쓰시오.

(가) 운동성이 있으며, 대부분 몸에 기관이 발달하였다. 다른 생물을 먹이로 삼아 양분을 얻는다.

(나) 몸이 균사로 이루어진 생물이 있으며, 대부분 죽은 생물을 분해하여 양분을 얻는다.

(다) 광합성을 하며, 대부분 뿌리, 줄기, 잎과 같은 기관이 발달하였다.

(라) 세포에 핵이 없고, 세포벽이 있다.

(마) 세포에 핵이 있는 생물 중 균계, 식물계, 동물계에 속하지 않는 생물 무리이다.

10 각 생물과 생물이 속하는 계를 선으로 연결하시오.

(1) 나비, 불가사리, 해파리 •   • ㉠ 원핵생물계

(2) 아메바, 미역, 짚신벌레 •   • ㉡ 원생생물계

(3) 폐렴균, 대장균, 염주말 •   • ㉢ 균계

(4) 소나무, 해바라기, 우산이끼 •   • ㉣ 식물계

(5) 기는줄기뿌리곰팡이, 표고버섯 •   • ㉤ 동물계

11 생물의 5계에 대한 설명으로 옳은 것은 ○, 옳지 않은 것은 ×로 표시하시오.

(1) 원생생물계에 속하는 생물은 모두 단세포생물이다. ·········· (   )
(2) 원핵생물계에 속하는 생물의 세포에는 세포벽이 있다. ········ (   )
(3) 식물계와 동물계에 속하는 생물은 모두 다세포생물이다. ······ (   )
(4) 균계와 식물계에 속하는 생물은 모두 광합성을 할 수 있다. ···· (   )

암기꽝 원핵생물계의 특징

원래 난 핵 없이도 잘 살아.

>**더** 풀어보고 싶다면? ➤ 시험 대비 **교재 17쪽** [계산력·암기력 **강화 문제**]

12 오른쪽 그림은 생물을 5계로 분류한 것을 나타낸 것이다. A에 해당하는 분류 기준으로 옳은 것은?

① 세포 수   ② 핵 유무
③ 운동성 유무   ④ 세포벽 유무
⑤ 광합성 여부

식물계   균계   동물계

원생생물계

A ——

원핵생물계

탐구 ⓐ 계 수준에서의 생물분류

이 탐구에서는 다양한 생물을 계 수준에서 분류해 본다.

과정

❶ 오른쪽 그림은 여러 가지 기준에 따라 생물을 원핵생물계, 원생생물계, 균계, 식물계, 동물계의 5계로 분류하는 과정을 나타낸 것이다.

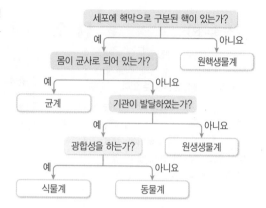

❷ 소나무, 개미, 장미, 염주말, 미역, 표고버섯, 참새, 짚신벌레의 특징을 확인하여 과정 ❶의 분류 기준에 따라 분류한다.

소나무	개미	장미	염주말
• 핵막: 있다. • 세포벽: 있다. • 세포 수: 다세포 • 광합성: 한다. • 기관이 발달하였다.	• 핵막: 있다. • 세포벽: 없다. • 세포 수: 다세포 • 광합성: 안 한다. • 기관이 발달하였다.	• 핵막: 있다. • 세포벽: 있다. • 세포 수: 다세포 • 광합성: 한다. • 기관이 발달하였다.	• 핵막: 없다. • 세포벽: 있다. • 세포 수: 단세포 • 광합성: 한다.

미역	표고버섯	참새	짚신벌레
• 핵막: 있다. • 세포벽: 있다. • 세포 수: 다세포 • 광합성: 한다. • 바닷속에 살며, 기관이 발달하지 않았다.	• 핵막: 있다. • 세포벽: 있다. • 세포 수: 다세포 • 광합성: 안 한다. • 몸이 균사로 되어 있고, 운동성이 없다.	• 핵막: 있다. • 세포벽: 없다. • 세포 수: 다세포 • 광합성: 안 한다. • 곤충, 씨앗 등을 먹고 살며, 기관이 발달하였다.	• 핵막: 있다. • 세포벽: 없다. • 세포 수: 단세포 • 광합성: 안 한다. • 하천, 연못 등에서 생활한다.

결과

원핵생물계	원생생물계	균계	식물계	동물계
염주말	미역, 짚신벌레	표고버섯	소나무, 장미	개미, 참새

정리

1. 생물은 핵막으로 구분된 핵의 유무, 세포벽 유무, 세포 수, 광합성 여부 등에 따라 원핵생물계, 원생생물계, ㉠ (   )계, 식물계, 동물계로 분류할 수 있다.

2. 세포에 핵막으로 구분된 핵이 없는 생물은 ㉡ (   )로 분류한다.

01 |탐구ⓐ에 대한 설명으로 옳은 것은 ○, 옳지 <u>않은</u> 것은 ×로 표시하시오.

(1) 미역과 짚신벌레는 같은 계에 속한다. ·········· (   )

(2) 광합성을 하고 기관이 발달한 생물은 식물계에 속한다. ··· (   )

(3) 세포에 핵이 없는 짚신벌레와 염주말은 원생생물계에 속한다. ····································· (   )

(4) 동물계에 속하는 생물은 광합성을 하지 않으며, 몸이 균사로 되어 있다. ···················· (   )

02 |탐구ⓐ 과정 ❶의 분류 기준에서 원생생물계를 식물계 또는 동물계와 구분하는 기준으로 옳은 것은?

① 핵막 유무
② 균사 유무
③ 광합성 여부
④ 운동성 유무
⑤ 기관의 발달 정도

03 |탐구ⓐ 과정 ❶의 분류 기준에서 동물계와 식물계를 구분하는 기준으로 옳은 것은?

① 세포의 수
② 핵막의 유무
③ 광합성 여부
④ 균사의 유무
⑤ 기관의 발달 정도

04 생물을 5계로 분류하였을 때, 다음 생물들이 속하는 무리에 대한 설명으로 옳은 것은?

• 미역　　　• 다시마　　　• 짚신벌레

① 원핵생물계이다.
② 기관이 발달하지 않았다.
③ 모두 광합성을 할 수 있다.
④ 고사리도 같은 계에 속한다.
⑤ 모두 하나의 세포로 이루어져 있다.

05 다음은 어떤 생물 카드의 뒷면을 나타낸 것이다.

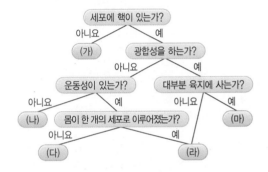

?	• 세포에 핵이 있다. • 다세포생물이다. • 세포에 세포벽이 없다. • 기관이 발달하였다.

이 카드의 앞면에 나올 수 있는 생물로 옳은 것은?

① 미역
② 대장균
③ 표고버섯
④ 우산이끼
⑤ 불가사리

06 그림은 여러 가지 기준에 따라 생물을 5계로 분류하는 과정을 나타낸 것이다.

세포에 핵이 있는가?
　아니요　　　예
　(가)　　광합성을 하는가?
　　　아니요　　　　예
　운동성이 있는가?　대부분 육지에 사는가?
아니요　　예　　아니요　　예
(나)　몸이 한 개의 세포로 이루어졌는가?　(마)
　　아니요　　　예
　　(다)　　　(라)

(가)~(마)에 해당하는 계의 이름을 쓰시오.

07 그림은 달팽이, 고사리, 대장균, 다시마, 기는줄기뿌리 곰팡이를 여러 가지 기준에 따라 분류하는 과정을 나타낸 것이다.

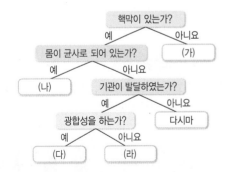

핵막이 있는가?
　예　　　아니요
몸이 균사로 되어 있는가?　(가)
　예　　　아니요
(나)　기관이 발달하였는가?
　　　예　　　아니요
　광합성을 하는가?　다시마
　예　　아니요
　(다)　　(라)

이에 대한 설명으로 옳은 것은?

① (가)는 세포벽이 있다.
② (나)는 고사리이다.
③ 미역은 (다)와 같은 계에 속한다.
④ (라)는 기는줄기뿌리곰팡이이다.
⑤ 달팽이는 원생생물계에 속한다.

생물다양성은 어떤 지역에 살고 있는 생물의 다양한 정도를 말해요. 그렇다면 어떤 경우에 생물다양성이 크다고 할까요?
여기서잠깐에서 생물다양성이 크고 작은 기준을 알아볼까요?

생물다양성

○ 생물다양성이 큰 기준

생물다양성은 생태계의 다양함, 한 생태계에 살고 있는 생물 종류의 다양함, 같은 종류의 생물 사이에서 나타나는 특징의 다양함을 모두 포함한다.

- 생태계가 다양할수록 생물다양성이 크다.
- 한 생태계 안에서 여러 종류의 생물이 고르게 분포할수록 생물다양성이 크다.
- 같은 종류의 생물 사이에서 나타나는 특징이 다양할수록 생물다양성이 크다.

생태계의 다양함	• 지구에는 숲, 사막, 습지, 갯벌, 바다 등 다양한 생태계가 존재한다. 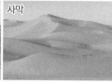 숲　　　사막　　　습지　　　갯벌 • 생태계의 종류에 따라 각 환경에 맞는 독특한 종류의 생물이 살고 있으므로, 생태계가 다양할수록 생물의 종류가 많아져 생물다양성이 크다. 예 사막에는 건조한 환경에 적응한 독특한 종류의 생물이 살고 있다.
한 생태계에 살고 있는 생물 종류의 다양함	• 한 생태계에는 여러 종류의 생물이 살고 있다. • 생물의 수가 많을 때보다 생물의 종류가 많을 때, 한두 종류의 생물이 대부분을 차지할 때보다 여러 종류의 생물이 고르게 분포할 때 생물다양성이 크다. 예 한 종류의 식물로 이루어진 밭보다 많은 종류의 생물이 고르게 분포하는 아마존강 유역이 생물다양성이 크다.
같은 종류의 생물 사이에서 나타나는 특징의 다양함	• 같은 종류에 속하는 생물이라도 크기나 생김새와 같은 특징이 다양하며, 이러한 특징이 다양할수록 생물다양성이 크다.  무당벌레　　얼룩말　　코스모스　　바지락 • 같은 종류의 생물 사이에서 나타나는 특징이 다양하면 급격한 환경 변화나 전염병에도 살아남는 생물이 있어 멸종할 위험이 낮다. 예 아일랜드에서는 럼퍼라는 한 종류의 감자만 재배하였는데, 감자역병이 발생하여 럼퍼 감자가 모두 사라졌다.

○ 두 지역의 생물다양성 비교

한 생태계에 살고 있는 생물 종류가 많고 여러 종류의 생물이 고르게 분포할수록 생물다양성이 크다. 다음 (가)와 (나) 두 지역에서 생물다양성이 큰 곳은 어디인지 알아보자.

(가)

(나)

지역	(가)	(나)
생물 수	10그루	10그루
생물 종류	5종류	4종류
생물 분포	여러 종류가 고르게 분포함	한 종류가 대부분을 차지함
생물다양성	(가)가 (나)보다 생물다양성이 크다. ➡ (가)에는 (나)보다 생물 종류가 많고, 여러 종류의 생물이 고르게 분포하고 있기 때문이다.	

기출 문제로
내신쑥쑥
전국 주요 학교의 **시험에 가장 많이 나오는** 문제들로만 구성하였습니다.
모든 친구들이 '꼭' 봐야 하는 코너입니다.

▶ 정답과 해설 **8**쪽

A 생물다양성과 변이

중요

01 생물다양성에 대한 설명으로 옳지 <u>않은</u> 것은?

① 생물다양성은 지역에 따라 달라질 수 있다.

② 변이가 많이 나타날수록 생물다양성이 작아진다.

③ 한 생태계에 살고 있는 생물 종류가 많을수록 생물다양성이 크다.

④ 같은 종류의 생물 사이에서 나타나는 특징이 다양할수록 생물다양성이 크다.

⑤ 생물 종류의 다양함, 같은 종류의 생물 사이에서 나타나는 특징의 다양함, 생태계의 다양함을 모두 포함한다.

02 생태계의 다양함과 생물다양성의 관계에 대한 설명으로 옳은 것을 보기에서 모두 고른 것은?

> **보기**
> ㄱ. 생태계가 다양할수록 생물다양성이 크다.
> ㄴ. 생태계의 다양함과 생물 종류의 다양함은 서로 관계가 없다.
> ㄷ. 숲, 바다, 사막 등 여러 종류의 생태계에는 각 환경에 맞는 독특한 종류의 생물이 살고 있다.

① ㄱ   ② ㄴ   ③ ㄱ, ㄴ

④ ㄱ, ㄷ   ⑤ ㄴ, ㄷ

03 변이에 대한 설명으로 옳지 <u>않은</u> 것은?

① 변이는 생물의 생존에 영향을 줄 수 있다.

② 생물이 다양해진 것은 변이와 관련이 없다.

③ 같은 부모에게서 태어난 자손 사이에서도 변이가 나타난다.

④ 같은 종류의 생물 사이에서 생김새, 크기 등 특징이 다른 것을 말한다.

⑤ 변이가 다양한 생물은 환경이 변했을 때 적응하여 살아남을 가능성이 높다.

중요

04 변이에 해당하는 것을 모두 고르면?(2개)

① 개와 고양이의 생김새가 다르다.

② 단풍나무의 잎 모양이 조금씩 다르다.

③ 얼룩말의 털 색깔과 무늬가 조금씩 다르다.

④ 고사리와 버섯이 양분을 얻는 방식이 다르다.

⑤ 숲에 사는 생물과 강에 사는 생물의 종류가 다르다.

중요

[05~06] 그림은 북극여우와 사막여우의 모습을 나타낸 것이다.

▲ 북극여우   ▲ 사막여우

05 이에 대한 설명으로 옳은 것을 보기에서 모두 고른 것은?

> **보기**
> ㄱ. 사막여우의 큰 귀는 열을 방출하기에 유리하다.
> ㄴ. 북극여우는 몸집이 작아 열의 손실을 줄이기에 유리하다.
> ㄷ. 여우가 서로 다른 환경에 적응하면서 생물다양성이 커졌다.

① ㄱ   ② ㄴ   ③ ㄱ, ㄴ

④ ㄱ, ㄷ   ⑤ ㄴ, ㄷ

06 북극여우와 사막여우의 생김새가 다른 것은 서로 다른 어떤 환경에 적응한 결과인가?

① 바람   ② 온도   ③ 먹이

④ 천적   ⑤ 물살의 세기

07 다음은 생물이 다양해지는 과정을 순서 없이 나타낸 것이다.

> (가) 한 종류의 생물 무리에는 다양한 변이가 있다.
> (나) 생물 무리 사이에 차이가 커져서 원래의 종류와 다른 새로운 종류의 생물이 나타난다.
> (다) 살아남은 생물이 자손에게 자신의 특징을 전달하는 과정이 오랜 세월 반복된다.
> (라) 한 종류의 생물 무리에서 환경에 알맞은 변이를 지닌 생물이 더 많이 살아남는다.

순서대로 옳게 나열한 것은?

① (가) → (나) → (다) → (라)
② (가) → (나) → (라) → (다)
③ (가) → (다) → (나) → (라)
④ (가) → (다) → (라) → (나)
⑤ (가) → (라) → (다) → (나)

08 그림은 갈라파고스제도의 여러 섬에 사는 핀치의 다양한 부리 모양을 나타낸 것이다.

▲ 선인장이 많은 섬에 사는 핀치   ▲ 씨앗이 많은 섬에 사는 핀치   ▲ 곤충이 많은 섬에 사는 핀치

이에 대한 설명으로 옳은 것을 보기에서 모두 고른 것은?

보기
ㄱ. 다양한 변이를 지닌 핀치가 환경에 적응하는 과정을 통해 부리 모양이 다양해졌다.
ㄴ. 핀치의 부리 모양이 다양해지는 데 직접적으로 영향을 미친 환경 요인은 먹이의 종류이다.
ㄷ. 많이 사용하는 기관은 발달하고, 사용하지 않는 기관은 퇴화하면서 부리 모양이 다양해졌다.

① ㄱ   ② ㄴ   ③ ㄱ, ㄴ
④ ㄱ, ㄷ   ⑤ ㄴ, ㄷ

B 생물의 분류

09 생물분류에 대한 설명으로 옳은 것을 보기에서 모두 고른 것은?

보기
ㄱ. 생물 고유의 특징을 기준으로 생물을 분류한다.
ㄴ. 생물을 분류하면 생물 사이의 멀고 가까운 관계를 파악할 수 있다.
ㄷ. 생물을 분류하면 수많은 종류의 생물을 체계적으로 연구하는 데 도움이 된다.

① ㄱ   ② ㄷ   ③ ㄱ, ㄴ
④ ㄴ, ㄷ   ⑤ ㄱ, ㄴ, ㄷ

중요
10 종에 대한 설명으로 옳지 <u>않은</u> 것은?

① 생물을 분류하는 기본 단위이다.
② 여러 종이 모여 하나의 속을 이룬다.
③ 생김새나 서식지가 비슷하면 같은 종으로 분류한다.
④ 같은 종에 해당하는 생물은 모두 같은 과에 속한다.
⑤ 두 생물 사이에서 번식 능력이 없는 자손이 태어나면 두 생물은 서로 다른 종이다.

중요
11 다음은 고양이의 분류 단계를 큰 단위부터 순서대로 나열한 것이다.

> 동물계 > 척삭동물문 > 포유강 > 식육㉠(   ) >
> 고양이㉡(   ) > 고양이㉢(   ) > 고양이종

㉠~㉢에 알맞은 분류 단위를 쓰시오.

중요
12 생물의 분류 단계에 대한 설명으로 옳지 <u>않은</u> 것은?

① 가장 큰 분류 단위는 계이다.
② 강은 문보다 작은 분류 단위이다.
③ 같은 과인 생물은 모두 같은 속에 속한다.
④ 동물과 식물은 생물을 계 단위로 분류한 것이다.
⑤ 작은 분류 단위에 함께 속할수록 가까운 관계의 생물이다.

15 동물계와 식물계의 가장 큰 차이점은?

① 서식지   ② 세포 수   ③ 핵의 유무
④ 균사의 유무   ⑤ 광합성 여부

16 원생생물계에 속하는 생물로 적절한 것은?

① 미역   ② 해파리   ③ 폐렴균
④ 표고버섯   ⑤ 우산이끼

13 표는 호랑이, 사람, 삵의 분류 단계를 나타낸 것이다.

분류 단위	호랑이	사람	삵
계	동물계	동물계	동물계
문	척삭동물문	척삭동물문	척삭동물문
강	포유강	포유강	포유강
목	식육목	영장목	식육목
과	고양이과	사람과	고양이과
속	표범속	사람속	고양이속
종	호랑이	사람	삵

이에 대한 설명으로 옳은 것은?

① 호랑이와 삵은 같은 속에 속한다.
② 사람과 호랑이는 공통적인 특징이 없다.
③ 식육목에는 사람과, 고양이과 등이 속해 있다.
④ 호랑이는 사람보다 삵과 더 가까운 관계에 있다.
⑤ 계에서 종으로 갈수록 포함하는 생물의 종류가 많아진다.

중요 **|탐구ⓐ**
17 그림은 아메바, 개구리, 해바라기, 포도상구균, 푸른곰팡이를 여러 가지 기준에 따라 분류하는 과정을 나타낸 것이다.

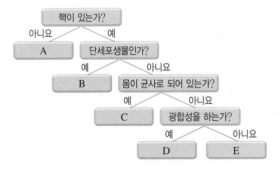

이에 대한 설명으로 옳지 <u>않은</u> 것은?

① A는 포도상구균이다.
② B는 아메바이다.
③ C는 광합성을 하지 않는다.
④ D는 표고버섯과 같은 계에 속한다.
⑤ E는 다른 생물을 먹이로 삼아 양분을 얻는다.

중요
14 생물을 5계로 분류하였을 때, 각 계에 대한 설명으로 옳지 <u>않은</u> 것은?

① 식물계: 광합성을 하여 양분을 만든다.
② 동물계: 세포에 핵이 있고, 세포벽은 없다.
③ 원핵생물계: 대장균은 원핵생물계에 속한다.
④ 균계: 대부분 죽은 생물을 분해하여 양분을 얻는다.
⑤ 원생생물계: 몸이 하나의 세포로 이루어진 생물만 있다.

중요
18 다음은 여러 생물을 (가)와 (나) 두 무리로 분류한 결과를 나타낸 것이다. 생물을 (가)와 (나)로 분류한 기준으로 옳은 것은?

(가) 미역, 쇠뜨기, 소나무
(나) 고양이, 기는줄기뿌리곰팡이

① 핵의 유무   ② 광합성 여부
③ 세포벽의 유무   ④ 균사의 유무
⑤ 단세포생물과 다세포생물

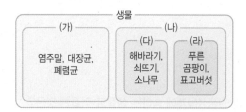

19 그림은 여러 생물을 몇 가지 기준에 따라 분류한 결과를 나타낸 것이다. (가), (다), (라)는 계이며, (나)에는 여러 가지 계가 포함되어 있다.

생물
(가)	(나)	
염주말, 대장균, 폐렴균	(다) 해바라기, 쇠뜨기, 소나무	(라) 푸른 곰팡이, 표고버섯

이에 대한 설명으로 옳은 것을 보기에서 모두 고른 것은?

> **보기**
> ㄱ. (가)와 (나)의 분류 기준은 핵의 유무이다.
> ㄴ. (다)는 광합성을 하고, (라)는 광합성을 하지 않는다.
> ㄷ. 세포벽의 유무를 기준으로 (다)와 (라)를 분류할 수 있다.

① ㄱ ② ㄴ ③ ㄷ
④ ㄱ, ㄴ ⑤ ㄴ, ㄷ

20 생물을 5계로 분류하였을 때, 각 계에 속하는 생물의 예를 옳게 짝 지은 것은?

① 균계 – 대장균
② 동물계 – 짚신벌레
③ 식물계 – 느타리버섯
④ 원생생물계 – 다시마
⑤ 원핵생물계 – 달팽이

21 표는 5계의 특징을 비교하여 나타낸 것이다.

구분	핵	광합성	세포 수
원핵생물계	없다.		단세포
원생생물계	있다.		단세포, 다세포
A	있다.	안 한다.	대부분 다세포
B	있다.	한다.	다세포
동물계	있다.	안 한다.	다세포

이에 대한 설명으로 옳지 <u>않은</u> 것은?

① A는 균계, B는 식물계이다.
② 기는줄기뿌리곰팡이는 A에 속한다.
③ A에 속하는 생물은 스스로 양분을 만들지 못한다.
④ 광합성 여부는 A와 동물계를 분류하는 기준이 된다.
⑤ B에 속하는 생물의 세포에는 세포벽이 있다.

서술형 문제

22 오른쪽 그림과 같이 얼룩말의 털 무늬는 개체마다 조금씩 다르다.

(1) 이와 같이 같은 종류의 생물 사이에서 나타나는 특징이 서로 다른 것을 무엇이라고 하는지 쓰시오.

(2) 얼룩말의 털 무늬 외에 (1)에 해당하는 예를 한 가지 서술하시오.

중요
23 다음은 라이거와 보스턴테리어에 대한 설명이다.

> (가) 수사자와 암호랑이 사이에서 태어난 라이거는 번식 능력이 없다.
> (나) 불테리어와 불도그 사이에서 태어난 보스턴테리어는 번식 능력이 있다.

사자와 호랑이, 불테리어와 불도그 중 같은 종인 것을 쓰고, 그 까닭을 종의 뜻과 관련지어 서술하시오.

24 오른쪽 그림은 생물을 5계로 분류한 것을 나타낸 것이다.

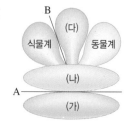

(1) (가)~(다)에 해당하는 계의 이름을 쓰시오.

(2) (가)와 나머지 계를 구분하는 분류 기준 A를 서술하시오.(단, 분류 기준 A에 따른 각 계의 특징을 포함한다.)

(3) 동물계 및 (다) 무리와 식물계를 구분할 수 있는 분류 기준 B를 서술하시오.(단, 분류 기준 B에 따른 각 계의 특징을 포함한다.)

01 오른쪽 그림은 같은 종류의 무당벌레에서 겉 날개의 색깔과 무늬가 조금씩 다른 모습을 나타낸 것이고, 표는 두 지역 ⓐ과 ⓑ에 서식하고 있는 생물 종류 **A~F**의 생물 수를 나타낸 것이다.

지역\생물	A	B	C	D	E	F
ⓐ	30	50	28	33	47	60
ⓑ	22	110	0	4	36	0

이에 대한 설명으로 옳은 것을 보기에서 모두 고른 것은?

보기
ㄱ. 무당벌레에서 겉 날개의 색깔과 무늬가 조금씩 다른 것은 같은 종류의 생물 사이에서 나타나는 특징의 다양함에 해당한다.
ㄴ. 표는 한 생태계에 살고 있는 생물 종류의 다양함에 해당한다.
ㄷ. 생물다양성은 ⓑ이 ⓐ보다 크다.

① ㄱ   ② ㄴ   ③ ㄷ
④ ㄱ, ㄴ   ⑤ ㄴ, ㄷ

02 다음은 새의 종류가 다양해지는 과정을 순서 없이 나타낸 것이다.

(가) 새의 일부가 선인장이 많은 섬에 살게 되었다.
(나) 부리의 모양과 크기에 조금씩 다른 변이가 있는 한 종류의 새가 있다.
(다) 이 과정이 오랜 세월 반복되어 가늘고 긴 부리를 가진 새로운 종류의 새가 되었다.
(라) 가시를 피해 선인장을 먹을 수 있는 가늘고 긴 부리를 가진 새가 더 많이 살아남아 자손을 남겼다.

이에 대한 설명으로 옳은 것을 보기에서 모두 고른 것은?

보기
ㄱ. (나) → (가) → (라) → (다) 순으로 진행된다.
ㄴ. 가늘고 긴 부리를 가진 새의 특징이 자손에게 전해진다.
ㄷ. 변이와 새가 환경에 적응하는 과정을 통해 새의 종류가 다양해진다.

① ㄱ   ② ㄴ   ③ ㄱ, ㄷ
④ ㄴ, ㄷ   ⑤ ㄱ, ㄴ, ㄷ

03 표는 돌고래, 캥거루, 상어의 분류 단계 중 일부를 나타낸 것이다.

분류 단위	돌고래	캥거루	상어
문	척삭동물문	척삭동물문	척삭동물문
강	포유강	포유강	연골어강
목	고래목	유대목	악상어목

돌고래는 캥거루와 상어 중 어떤 동물과 더 가까운 관계인지 쓰고, 그 까닭을 서술하시오.

_____

_____

04 오른쪽 그림은 참새와 미역의 공통점과 차이점을 나타낸 것이다. 이에 대한 설명으로 옳지 **않은** 것은?

① 참새는 동물계, 미역은 원생생물계에 속한다.
② '기관이 발달하였다.'는 (가)에 해당한다.
③ '몸이 여러 개의 세포로 이루어져 있다.'는 (가)에 해당한다.
④ '세포에 핵이 있다.'는 (나)에 해당한다.
⑤ '광합성을 할 수 있다.'는 (다)에 해당한다.

05 표는 생물 A~C의 특징을 나타낸 것이다. A~C는 각각 다람쥐, 우산이끼, 대장균 중 하나이다.

생물	A	B	C
핵	없음	있음	있음
세포벽	있음	없음	있음

이에 대한 설명으로 옳은 것을 보기에서 모두 고른 것은?

보기
ㄱ. A는 대장균, B는 우산이끼, C는 다람쥐이다.
ㄴ. B는 다른 생물을 먹이로 삼아 양분을 얻는다.
ㄷ. B와 C는 다세포생물이다.

① ㄱ   ② ㄴ   ③ ㄱ, ㄴ
④ ㄱ, ㄷ   ⑤ ㄴ, ㄷ

생물다양성보전

A 생물다양성*보전의 필요성

1 생태계평형 유지 생물다양성이 클수록 먹이그물이 복잡하여 생물이*멸종될 가능성이 낮아지고, 생태계평형이 잘 유지된다.❶❷

생물다양성이 작은 생태계	생물다양성이 큰 생태계
범고래 / 아델리펭귄 / 남극크릴 / 식물성 플랑크톤	코끼리물범 / 범고래 / 얼룩무늬물범 / 아델리펭귄 / 남극이빨고기 / 남극은암치 / 남극크릴 / 동물성 플랑크톤 / 식물성 플랑크톤
먹이그물이 단순하다. ➡ 어떤 생물이 사라지면 그 생물을 먹이로 하는 생물도 사라질 위험이 커진다.	먹이그물이 복잡하다. ➡ 어떤 생물이 사라져도 먹이 관계에서 사라진 생물을 대체하는 생물이 있어 생태계가 안정적으로 유지된다.
예 아델리펭귄이 멸종되면 범고래는 먹이가 없어 범고래의 수가 크게 감소하며 함께 멸종될 가능성이 높다. ❸	예 아델리펭귄이 멸종되어도 얼룩무늬물범은 남극이빨고기, 남극은암치를 잡아먹으며, 범고래는 코끼리물범, 얼룩무늬물범을 잡아먹고 살 수 있다.

2 생물다양성이 주는 혜택 사람은 생물다양성이 보전된 생태계에서 많은 것을 얻는다.

생활에 필요한 재료	식량, 섬유, 종이, 의약품 등은 대부분 생물에서 얻은 자원이며, 미래에 필요한 새로운 식량이나 의약품도 생물에서 찾고 있다.			
	식량	**섬유**	**종이**	**의약품**
	벼, 보리, 밀 등	목화(면섬유), 누에고치(비단)	닥나무(한지)	주목나무(항암제 원료), 푸른곰팡이 (항생제 원료)
	벼	목화	닥나무	주목나무
산업용 재료나 아이디어	생물의 생김새나 생활 모습을 보고 아이디어를 얻어 유용한 도구를 발명한다. 예 • 곤충이 나는 모습을 보고 소형 비행기를 창안하였다. • 고양이의 눈에서 아이디어를 얻어 도로 반사판을 창안하였다.			
생태계 서비스❹	• 생물다양성이 보전된 생태계는 맑은 공기, 깨끗한 물, 비옥한 토양 등을 제공한다. 예 울창한 숲은 대기의 이산화 탄소를 흡수하고, 생물에게 필요한 산소를 공급한다. • 휴식과 여가 활동을 위한 공간이 된다.			

3 생명의 가치

① 생물은 그 자체로 소중한 가치를 지닌다.
② 모든 생물은 생태계 구성원으로서 지구에서 살아갈 권리가 있다.
③ 생물다양성은 지구상의 모든 생명의 생존과 미래를 결정하는 중요한 요인이다.
➡ 생물다양성을 보전하는 것은 그 자체로 중요하다.❺

➕ 플러스 강의

❶ 생태계평형
생태계를 이루는 생물의 종류와 수가 크게 변하지 않고 안정된 상태를 유지하는 것

❷ 먹이그물
생물들의 먹이 관계가 그물처럼 복잡하게 연결되어 있는 것

❸ 먹이그물에서의 개체수 변화
아델리펭귄이 멸종되면 처음에는 남극크릴의 수가 크게 늘어나지만, 생활 환경과 먹이 부족의 문제로 개체수가 한계에 이르게 되고, 결국 남극크릴의 수도 감소하게 된다.

❹ 생태계 서비스
생물다양성이 잘 보전된 생태계가 사람에게 제공하는 혜택을 말한다.

❺ 생물다양성을 보전해야 하는 까닭
• 생태계평형 유지에 중요하다.
• 사람은 생물로부터 다양한 혜택을 얻는다.
• 생물은 그 자체로 소중한 가치를 지닌다.
• 모든 생물은 생태계의 구성원으로서 지구에서 살아갈 권리가 있다.
• 모든 생물의 생존과 미래를 결정하는 중요한 요인이다.

용어 돋보기
* 보전(保 지키다, 全 온전하다)_ 온전하게 잘 지키거나 유지하는 것
* 멸종(滅 멸망하다, 種 종족)_ 생태계에서 특정 생물종이 사라지는 것

▶ 정답과 해설 10쪽

A 생물다양성보전의 필요성

• 생물다양성과 먹이그물: 생물다양성이 □ 생태계는 먹이그물이 복잡하고, 생물다양성이 □□ 생태계는 먹이그물이 단순하다.

• 생물다양성과 생태계평형: 생물다양성이 클수록 생물이 멸종될 가능성이 □아지고, 생태계평형이 잘 유지된다.

A 1 다음은 생물다양성과 생태계평형에 대한 설명이다. (   ) 안에 알맞은 말을 쓰시오.

> 생태계 내에 생물종 수가 적다. → 생물다양성이 ㉠(작, 크)고, 먹이그물이 ㉡(복잡, 단순)하다. → 생태계평형이 쉽게 ㉢(깨진다, 깨지지 않는다).

[2~3] 그림은 두 종류의 생태계 (가)와 (나)를 나타낸 것이다.

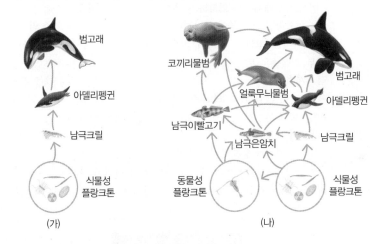

2 생물다양성이 더 큰 생태계를 고르시오.

3 다음은 (가)와 (나) 생태계에서 아델리펭귄이 사라졌을 때 일어나는 현상에 대한 설명이다. (   ) 안에 알맞은 생태계의 기호를 쓰시오.

> ㉠(   ) 생태계에서는 아델리펭귄이 사라지면 범고래가 코끼리물범이나 얼룩무늬물범을 먹고 살아갈 수 있지만, ㉡(   ) 생태계에서는 아델리펭귄이 사라지면 범고래는 유일한 먹이가 없어지므로 개체수가 크게 감소할 것이다.

암기꽉 생물다양성과 생태계평형

너무 작 단 께~

생물다양성이 **작**으면
먹이그물이 **단순**해서
생태계평형이 **깨지기 쉬워.**

4 생물다양성이 주는 혜택에 대한 설명으로 옳은 것은 ○, 옳지 않은 것은 ×로 표시하시오.

(1) 맑은 공기, 깨끗한 물, 비옥한 토양 등을 얻는다. ············· (   )

(2) 생물에서 얻은 재료로 식량, 섬유, 종이 등을 만든다. ········· (   )

(3) 생물의 모습을 모방하여 유용한 도구를 발명할 수 있다. ······· (   )

(4) 산이나 바닷가에서 즐기는 여가 활동은 생물다양성과 관련이 없다. ···· (   )

(5) 의약품은 인위적으로 만드는 것으로, 생물에서 얻는 자원이 아니다. ··· (   )

03 생물다양성보전

B 생물다양성 유지

1 생물다양성 감소 원인 생물다양성이 빠르게 감소하는 원인은 대부분 인간의 활동과 관계가 깊다.

감소 원인		대책
서식지파괴	인간이 자연을 개발하면서 서식지를 파괴하면 서식지를 잃은 생물이 사라진다. 예 열대우림 파괴, 도로 건설, 토지 개발 등	• 지나친 개발 자제 • 서식지 보전 • 보호 구역 지정 • 생태통로 설치❶
*남획	• 인간이 생물을 무분별하게 잡는 것이다. • 번식으로 개체수를 회복하지 못할 정도로 특정 생물을 남획하면 그 생물이 사라진다. 예 대륙사슴, 코뿔소, 코끼리, 고래 등의 남획	• 불법 포획 및 거래 단속 강화 • 멸종 위기 생물 지정 • 법률 강화
외래종 유입❷	일부 외래종은 토종 생물을 위협하여 토종 생물을 사라지게 한다. 예 가시박, 큰입배스, 뉴트리아, 황소개구리 등	• 무분별한 유입 방지 • 외래종 유입 경로 관리 및 감시와 퇴치
환경오염	• 인간의 활동으로 환경이 오염되면, 환경오염에 약한 생물이 사라진다. • 각종 쓰레기가 생물의 생존을 위협하고 있다.	• 환경 정화 시설 설치 • 쓰레기 배출량 줄이기
기후 변화	기후 변화로 기온과 수온이 상승하고 서식 환경이 달라지면, 기존 서식지에 살던 생물이 사라진다. 예 수온 상승, 해수면 상승 등	• 다회용품 사용 • 에너지 사용 줄이기 • 신재생 에너지 사용

▲ **서식지파괴** 경작지와 목재 등을 얻기 위해 다양한 생물이 살고 있는 숲을 파괴한다.

▲ **남획** 무분별한 사냥으로 우리나라에서는 대륙사슴을 볼 수 없다.

▲ **외래종 유입** 가시박은 자라면서 주변 식물을 뒤덮어 광합성을 방해하여 식물을 말라 죽게 한다.

2 생물다양성 유지 방안

① 국제적 차원: 국제 사회에서 여러 가지*협약을 맺고 실행한다.
　　예 생물다양성 협약, 람사르 협약, 야생 동식물의 국제 거래에 관한 협약(CITES) 등❸
② 사회적 차원: 생태통로 건설하기, 국립 공원을 지정하여 보호하기, 멸종 위기 생물 지정 및 복원하기, 생물다양성보전 캠페인 진행하기, 생물다양성 관련 교육 제공하기, *종자 은행 설립하기 등❹❺

▲ **생태통로 건설** 도로 건설로 나누어진 서식지를 연결한다.

▲ **국립 공원 지정** 야생 동식물이 많이 살고 있는 지역을 국립 공원으로 지정하여 관리한다.

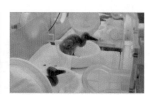
▲ **멸종 위기 생물 복원 사업** 따오기와 같은 멸종 위기 생물을 복원하는 사업을 한다.

③ 개인적 차원: 자연환경 보호하기, 재활용품 분리배출 하기, 일회용품 대신 다회용품 사용하기, 플라스틱 사용 줄이기, 야생 동물을 함부로 기르지 않기, 곤충 채집이나 꽃 꺾는 행위 하지 않기, 나무 심기 등

플러스 강의

❶ 생태통로
끊어진 생태계를 연결하는 통로로, 야생 동물이 안전하게 이동할 수 있도록 돕는 구조물이다.

❷ 외래종
원래 살던 곳을 벗어나 새로운 곳에서 자리를 잡고 사는 생물이다. 천적이 없어 과도하게 번식하여 토종 생물의 생존을 위협하고, 먹이그물에 변화를 일으켜 생태계평형을 파괴할 수 있다.

뉴트리아　붉은귀거북

큰입배스　황소개구리

▲ 외래종의 예

❸ 람사르 협약
물새 서식지로서 특히 국제적으로 중요한 습지에 관한 협약

❹ 멸종 위기 생물 복원 사업
멸종했거나 멸종 위기에 놓인 생물종의 개체수를 인위적으로 늘려 자연에 방사하는 사업이다.
예 반달가슴곰·따오기·여우 복원 사업 등

❺ 종자 은행
우리나라 고유의 우수한 종자를 보관하고 배양하여 보급하는 역할을 한다.

용어 돋보기
*남획(濫 넘치다, 獲 얻다)_생물을 무분별하게 잡는 것
*협약(協 화합하다, 約 맺다)_국가와 국가 사이에 문서를 교환하여 계약을 맺는 것
*종자(種 씨, 子 자식)_식물의 씨

B 생물다양성 유지

- ☐☐☐파괴: 인간이 도로 건설, 토지 개발 등으로 자연을 개발하면서 서식지를 파괴하는 것이다.

- ☐☐: 인간이 생물을 무분별하게 잡는 것이다.

- ☐☐☐: 원래 살던 곳을 벗어나 새로운 곳에 자리를 잡고 사는 생물로, 토종 생물을 위협하여 사라지게 할 수 있다.

B 5 다음에서 설명하는 생물다양성의 감소 원인을 보기에서 고르시오.

┌─ 보기 ───┐
│ ㄱ. 서식지파괴   ㄴ. 남획   ㄷ. 외래종 유입 │
│ ㄹ. 환경오염   ㅁ. 기후 변화   │
└──┘

(1) 환경이 오염되면 환경오염에 약한 생물들이 사라진다.

(2) 번식으로 개체수를 회복하지 못할 정도로 특정 생물을 무분별하게 잡으면 그 생물이 사라진다.

(3) 원래 살던 곳을 벗어나 새로운 곳에서 자리를 잡고 사는 생물이 정착한 곳의 먹이그물에 변화를 일으킨다.

(4) 기온과 수온이 상승하고 서식 환경이 달라지면 기존 서식지에 살던 생물이 사라진다.

(5) 도로 건설, 토지 개발 등 자연을 개발하면서 일어나는 현상으로, 서식지를 잃은 생물이 사라진다.

6 생물다양성 감소 원인과 그 대책을 선으로 연결하시오.

(1) 남획   •   • ㉠ 생태통로 설치, 지나친 개발 자제

(2) 환경오염   •   • ㉡ 쓰레기 배출량 줄이기, 환경 정화 시설 설치

(3) 서식지파괴   •   • ㉢ 불법 포획 및 거래 단속 강화, 멸종 위기 생물 지정

7 생물다양성을 유지하기 위한 활동 중 사회적 차원은 '사회', 개인적 차원은 '개인'이라고 쓰시오.

(1) 자연환경을 보호하고, 나무를 심는다. ·· (   )

(2) 멸종 위기 생물 복원 사업을 진행한다. ·· (   )

(3) 플라스틱 사용을 줄이고, 재활용품을 분리배출 한다. ·························· (   )

(4) 생태통로를 건설하거나 국립 공원을 지정하여 보호한다. ···················· (   )

암기콕 생물다양성 감소 원인

다양한 생물을 오래 남기지 못하는 까닭은?

오래
환경오염
외래종유입

남기지
서식지파괴
남획
기후변화

8 생물다양성 유지 방안에 대한 설명으로 옳은 것은 ○, 옳지 <u>않은</u> 것은 ×로 표시하시오.

(1) 다회용품 대신 일회용품을 사용해야 한다. ····································· (   )

(2) 생물종을 늘리기 위해 외래종을 되도록 많이 들여와야 한다. ············· (   )

(3) 도로를 건설할 때 생태통로를 설치하면 끊어진 생태계가 연결되어 생물다양성을 보전하는 데 도움이 된다. ·· (   )

(4) 야생 생물 보호 및 관리에 관한 법률을 제정하고, 국립 공원을 지정하는 등의 활동은 사회적 차원에서 할 수 있는 생물다양성 유지 방안이다. ·········· (   )

A 생물다양성보전의 필요성

중요
01 생물다양성에 대한 설명으로 옳은 것은?

① 생물다양성이 클수록 생태계평형이 잘 유지된다.
② 생물다양성은 인간의 생활과는 크게 관련이 없다.
③ 생물다양성이 클수록 생물이 멸종할 가능성이 높다.
④ 생물다양성을 유지하기 위해 외래종을 많이 들여와야 한다.
⑤ 생물다양성이 큰 생태계에서 어떤 생물이 사라지면 생태계가 쉽게 파괴된다.

중요
02 그림은 두 종류의 생태계 (가)와 (나)를 나타낸 것이다.

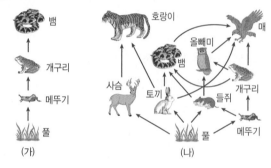

이에 대한 설명으로 옳지 않은 것은?

① (가)보다 (나)의 먹이그물이 더 복잡하다.
② (가)보다 (나)의 생태계가 더 안정적으로 유지될 것이다.
③ (나)는 먹이 관계에서 사라진 생물을 대체하는 생물이 있다.
④ (가)에서 개구리가 멸종되어도 뱀은 생존을 위협받지 않는다.
⑤ (나)에서 개구리가 멸종되어도 올빼미는 다른 먹이를 먹고 살 수 있다.

03 생물다양성이 인간에게 제공하는 혜택이 <u>아닌</u> 것은?

① 식량을 제공한다.
② 깨끗한 물과 맑은 공기를 제공한다.
③ 휴식과 여가 활동을 위한 공간을 제공한다.
④ 울창한 숲은 이산화 탄소의 양을 증가시킨다.
⑤ 섬유나 종이 등 생활에 필요한 재료를 제공한다.

04 생물다양성이 인간에게 제공하는 혜택에 대한 설명으로 옳은 것을 보기에서 모두 고른 것은?

> 보기
> ㄱ. 목화와 누에고치에서 섬유를 얻을 수 있다.
> ㄴ. 주목나무에서 항암제의 원료를, 푸른곰팡이에서 항생제의 원료를 얻는다.
> ㄷ. 생물에서 아이디어를 얻어 소형 비행기와 같은 유용한 장치를 만들 수 있다.

① ㄱ   ② ㄴ   ③ ㄱ, ㄷ
④ ㄴ, ㄷ   ⑤ ㄱ, ㄴ, ㄷ

05 생물다양성을 보전해야 하는 까닭으로 옳지 <u>않은</u> 것은?

① 생물은 그 자체로 소중한 가치를 지닌다.
② 생물다양성이 큰 생태계가 안정적이기 때문이다.
③ 사람에게 유용한 생물만을 선택적으로 남겨 두기 위함이다.
④ 모든 생물은 생태계 구성원으로서 지구에서 살아갈 권리가 있다.
⑤ 다양한 생물로부터 사람이 살아가는 데 필요한 재료를 얻기 때문이다.

B 생물다양성 유지

중요
06 생물다양성이 감소하는 원인에 대한 설명으로 옳지 <u>않은</u> 것은?

① 인간의 활동과 관계가 없다.
② 일부 외래종은 정착한 곳의 생물다양성을 감소시킨다.
③ 환경오염은 생물다양성을 감소시키는 심각한 원인 중 하나이다.
④ 자연을 개발하면서 숲을 파괴하는 등 서식지를 파괴하면 서식지를 잃은 생물이 사라진다.
⑤ 번식으로 개체수를 회복할 수 없을 만큼 생물을 많이 잡으면 흔한 생물도 사라질 수 있다.

07 표는 생물다양성을 감소시키는 여러 가지 원인을 나타낸 것이다.

(가)	경작지와 목재를 얻기 위해 열대우림을 파괴한다.
(나)	뿔을 얻기 위해 코뿔소를 무분별하게 잡는다.
(다)	가시박은 주변 식물의 광합성을 방해하여 우리나라 생태계의 생물다양성을 위협한다.

(가)~(다)에 해당하는 원인을 옳게 짝 지은 것은?

	(가)	(나)	(다)
①	남획	외래종 유입	기후 변화
②	환경오염	외래종 유입	남획
③	서식지파괴	남획	외래종 유입
④	서식지파괴	환경오염	기후 변화
⑤	외래종 유입	기후 변화	서식지파괴

08 생물다양성을 감소시키는 인간의 행동이 아닌 것은?

① 숲을 태워 목초지를 만든다.
② 농약을 살포하여 토양과 수질을 오염시킨다.
③ 산에서 도토리나 야생화 등을 채집하지 않는다.
④ 촘촘한 그물로 다양한 물고기를 무분별하게 잡는다.
⑤ 여행을 가서 그 지역에만 사는 야생 동물로 만든 음식을 먹는다.

09 서식지를 파괴하는 자연 개발로 볼 수 없는 것은?

① 도로 건설
② 주택 건설
③ 목재 채취
④ 경작지 개간
⑤ 생태통로 설치

10 다음에서 설명하는 생물에 해당하지 않는 것은?

원래 살던 곳을 벗어나 새로운 곳에서 자리를 잡고 사는 생물로, 사람들이 의도적으로 옮기거나 우연히 옮겨지기도 한다.

① 가시박
② 큰입배스
③ 뉴트리아
④ 황소개구리
⑤ 장수하늘소

11 다음은 어느 기사 중 일부를 발췌한 것이다.

미국 캘리포니아에서는 어민들이 정어리를 과도하게 많이 잡아 정어리를 먹이로 하는 바다사자, 점박이물범 등의 개체수까지 급격히 줄어들었다.

이와 가장 관계 깊은 생물다양성의 감소 원인은?

① 남획
② 환경오염
③ 기후 변화
④ 서식지파괴
⑤ 외래종 유입

12 외래종에 대한 설명으로 옳은 것을 보기에서 모두 고른 것은?

보기
ㄱ. 오염 물질을 흡수하여 환경을 정화하는 생물이다.
ㄴ. 먹이그물에 변화를 일으켜 생태계평형을 파괴할 수 있다.
ㄷ. 천적이 없어 과도하게 번식하여 토종 생물의 생존을 위협할 수 있다.

① ㄱ
② ㄴ
③ ㄱ, ㄷ
④ ㄴ, ㄷ
⑤ ㄱ, ㄴ, ㄷ

13 생물다양성이 감소하는 원인과 그에 따른 대책을 옳게 짝 지은 것은?

	(가)	(나)
①	남획	쓰레기 배출량 줄이기
②	환경오염	멸종 위기 생물 지정
③	기후 변화	신재생 에너지 사용
④	서식지파괴	환경 정화 시설 설치
⑤	외래종 유입	지나친 개발 자제

중요
14 그림은 도로를 건설하면서 설치한 생태통로의 모습을 나타낸 것이다.

이에 대한 설명으로 옳지 <u>않은</u> 것을 모두 고르면? (2개)

① 남획을 막기 위한 방법이다.
② 서식지파괴에 대한 대책이다.
③ 끊어진 생태계를 연결하는 통로이다.
④ 외래종의 유입을 막는 데 도움이 된다.
⑤ 야생 동물의 이동을 돕기 위한 구조물이다.

15 생물다양성을 보전하는 활동에 대한 설명으로 옳지 <u>않은</u> 것은?

① 국제 사회에서 여러 가지 협약을 맺고 이를 실행한다.
② 개인적 차원에서 재활용품 분리배출 하기 등의 활동을 할 수 있다.
③ 사회적 차원에서 생물다양성과 관련된 교육을 무료로 제공할 수 있다.
④ 사회적 차원에서 국립 공원 지정, 멸종 위기 생물 복원 사업 등의 활동을 할 수 있다.
⑤ 생물다양성보전은 한 국가의 노력만으로 이루어질 수 있어 국가 간의 협력은 필요하지 않다.

16 생물다양성 유지를 위한 실천 방안으로 옳지 <u>않은</u> 것을 모두 고르면? (2개)

① 학교 화단을 가꾸어 생물의 서식지를 보호한다.
② 희귀한 동물을 발견하면 집으로 데리고 와 잘 돌본다.
③ 남획한 생물로 의약품을 만들어 우리 삶을 풍요롭게 한다.
④ 야생 동식물이 많이 살고 있는 지역을 국립 공원으로 지정하여 관리한다.
⑤ 우리나라 고유 식물의 종자를 보관·배양·보급하는 종자 은행을 설립한다.

서술형 문제

중요
17 그림은 두 종류의 생태계 (가)와 (나)를 나타낸 것이다.

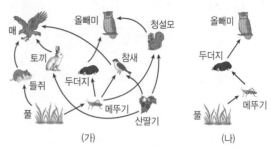

(가)   (나)

(1) (가)와 (나) 중 두더지가 멸종되었을 때 올빼미가 같이 멸종될 가능성이 높은 생태계를 쓰고, 멸종 가능성이 높은 까닭을 서술하시오.

(2) 이와 관련하여 생물다양성을 보전해야 하는 까닭을 서술하시오.

중요
18 다음은 북극곰과 관련된 뉴스이다.

북극곰의 경고…
"이대로라면 2100년엔 북극곰 멸종"

기후 변화의 영향으로 바다 얼음이 녹고, 북극곰의 개체수가 감소하고 있는데, 이 같은 속도가 지속된다면 80년 후 지구상에서 북극곰이 사라질 것이라는 연구 결과가 나왔다.

북극곰이 멸종되지 않도록, 개인이 실천할 수 있는 생물다양성 유지를 위한 활동을 두 가지 서술하시오.

01 다음은 보르네오 섬에서 일어난 사건을 설명한 것이다.

> 1950년대 인도네시아의 보르네오 섬에서는 말라리아를 일으키는 모기를 없애려고 다량의 DDT(살충제)를 뿌렸다. 그 결과 모기의 수는 줄어들었지만, DDT를 흡수한 바퀴벌레를 잡아먹은 도마뱀에서 운동신경 이상이 발생하였고, 이러한 도마뱀을 잡아먹은 고양이들이 죽었다. 고양이가 죽자 쥐의 개체 수가 빠르게 증가하여 흑사병이 돌면서 많은 사람이 목숨을 잃게 되었다.

이에 대한 설명으로 옳은 것을 보기에서 모두 고른 것은?

> **보기**
> ㄱ. 인간의 행동은 생태계에 큰 영향을 미치지 않는다.
> ㄴ. 생태계에서 여러 생물은 먹이그물로 연결되어 있다.
> ㄷ. 생태계에서 한 종의 개체수 변화는 다른 종의 개체수에 영향을 미친다.

① ㄱ   ② ㄴ   ③ ㄷ
④ ㄱ, ㄴ   ⑤ ㄴ, ㄷ

02 그림은 숲을 관통하는 도로가 건설된 뒤 숲의 생물다양성 변화를 나타낸 것이다.

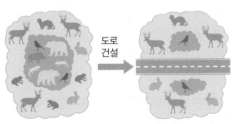

이에 대한 설명으로 옳은 것을 보기에서 모두 고른 것은?

> **보기**
> ㄱ. 인간이 자연을 개발하는 과정에서 서식지가 파괴된다.
> ㄴ. 숲의 가장자리보다 안쪽에서 생물다양성이 더 많이 감소하였다.
> ㄷ. 끊어진 생태계 사이에 생태통로를 설치하면 생물다양성의 감소를 줄일 수 있다.

① ㄱ   ② ㄴ   ③ ㄱ, ㄷ
④ ㄴ, ㄷ   ⑤ ㄱ, ㄴ, ㄷ

03 오른쪽 그림은 서식지 면적이 감소함에 따라 줄어드는 종의 비율을 나타낸 것이다. 이에 대한 설명으로 옳은 것을 보기에서 모두 고른 것은?

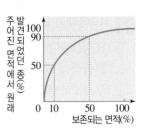

> **보기**
> ㄱ. 서식지 면적이 감소하면 개체수는 감소하지만, 종의 수는 변하지 않는다.
> ㄴ. 서식지파괴로 인한 서식지 면적의 감소는 생물다양성을 감소시키는 원인이다.
> ㄷ. 서식지 면적이 반으로 줄어들면 그 서식지에 살던 종의 수가 10 % 정도 감소한다.

① ㄱ   ② ㄴ   ③ ㄱ, ㄷ
④ ㄴ, ㄷ   ⑤ ㄱ, ㄴ, ㄷ

04 그림 (가)와 (나)는 어떤 지역의 하천 생태계에 나일농어가 유입되기 전과 후의 먹이 관계를 각각 나타낸 것이다.

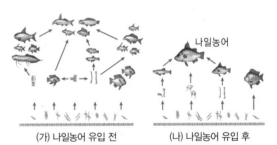

(가) 나일농어 유입 전   (나) 나일농어 유입 후

이에 대한 설명으로 옳은 것을 보기에서 모두 고른 것은?

> **보기**
> ㄱ. (나)보다 (가)일 때 생태계평형이 더 안정적으로 유지된다.
> ㄴ. 이 지역의 하천 생태계에는 나일농어의 천적이 없다.
> ㄷ. 나일농어가 유입된 후 하천 생태계의 생물다양성이 커졌다.

① ㄱ   ② ㄴ   ③ ㄱ, ㄴ
④ ㄱ, ㄷ   ⑤ ㄴ, ㄷ

단원평가문제

01 세포에 대한 설명으로 옳지 <u>않은</u> 것을 모두 고르면?(2개)

① 생물을 구성하는 가장 작은 단위이다.
② 몸의 부위에 따라 세포의 종류가 다르다.
③ 세포의 종류에 따라 모양과 기능이 다르다.
④ 모든 세포는 핵, 세포막, 세포벽이 있는 구조로 이루어져 있다.
⑤ 동물 세포는 모양이 일정하고, 식물 세포는 모양이 일정하지 않다.

02 그림은 식물 세포와 동물 세포의 구조를 나타낸 것이다.

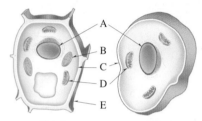

▲ 식물 세포　　　　▲ 동물 세포

이에 대한 설명으로 옳지 <u>않은</u> 것은?

① A에는 유전물질이 들어 있다.
② B는 광합성을 하여 양분을 생성한다.
③ C는 세포의 모양을 일정하게 유지시킨다.
④ D는 생명활동에 필요한 에너지를 생성한다.
⑤ E는 식물 세포의 세포막 바깥을 둘러싸고 있는 두껍고 단단한 벽이다.

03 그림은 동물 세포와 식물 세포의 공통점과 차이점을 나타낸 것이다.

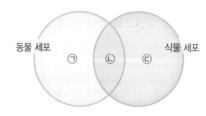

동물 세포　　　ⓒ　　　ⓛ　　　ⓒ　　　식물 세포

㉠~㉢에 들어갈 내용을 옳게 짝 지은 것은?

① ㉠ – 핵이 있다.
② ㉠ – 세포벽이 있다.
③ ㉡ – 광합성을 한다.
④ ㉡ – 마이토콘드리아가 있다.
⑤ ㉢ – 세포막이 있다.

04 그림 (가)는 입안 상피세포를, (나)는 검정말잎 세포를 현미경으로 관찰한 결과를 나타낸 것이다.

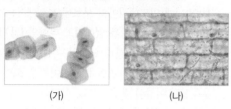

(가)　　　　　　(나)

이에 대한 설명으로 옳은 것을 보기에서 모두 고른 것은?

> **보기**
> ㄱ. (가)와 (나) 모두에 핵이 있다.
> ㄴ. (가)에는 엽록체가 있고, (나)에는 엽록체가 없다.
> ㄷ. (가)에는 세포막이 있고, (나)에는 세포막이 없다.

① ㄱ　　　　② ㄴ　　　　③ ㄷ
④ ㄱ, ㄴ　　⑤ ㄱ, ㄷ

05 다음은 식물과 동물의 구성 단계를 나타낸 것이다.

> • 식물: 세포 → 조직 → A → B → 개체
> • 동물: 세포 → 조직 → C → D → 개체

이에 대한 설명으로 옳은 것은?

① A는 조직계, C는 기관계이다.
② B와 D는 같은 구성 단계이다.
③ C는 관련된 기능을 하는 기관들로 이루어진 단계이다.
④ 위, 심장 등은 D에 해당한다.
⑤ 생물의 공통 구성 단계는 세포 → 조직 → 기관 → 개체이다.

06 그림은 동물의 구성 단계를 순서 없이 나타낸 것이다.

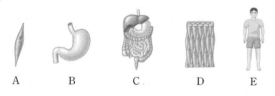

A　　　B　　　C　　　D　　　E

이에 대한 설명으로 옳은 것은?

① A가 모여 특정한 기능을 수행하는 기관이 된다.
② 관련된 기능을 하는 B가 모여 C가 된다.
③ C의 단계는 식물에도 있다.
④ D는 조직계이다.
⑤ 동물의 구성 단계를 작은 단계부터 순서대로 나열하면 A → B → D → C → E이다.

➤ 정답과 해설 12쪽

07 다음 설명에 해당하는 식물의 구성 단계는?

> • 여러 조직계가 모여 고유한 모양과 기능을 갖춘 단계이다.
> • 잎, 열매 등이 이 단계에 해당한다.

① 세포　　② 조직　　③ 조직계
④ 기관　　⑤ 개체

08 생물다양성에 대한 설명으로 옳지 <u>않은</u> 것은?

① 어떤 지역에 살고 있는 생물의 다양한 정도이다.
② 생태계가 다양하면 생물의 종류가 많아진다.
③ 생물의 종류가 많을 때 생물다양성이 크다.
④ 같은 종류의 생물 사이에서 나타나는 특징이 다양하면 생물이 멸종할 위험이 낮다.
⑤ 같은 종류의 생물 사이에서 나타나는 특징이 다양한 정도는 생물다양성에 영향을 미치지 않는다.

09 그림은 어떤 지역 (가)와 (나)에 서식하고 있는 생물의 종류와 개체수를 조사한 결과를 나타낸 것이다.

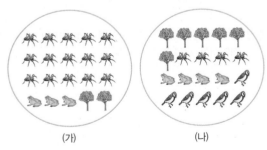

(가)　　　　　(나)

이에 대한 설명으로 옳은 것을 보기에서 모두 고른 것은?

> 보기
> ㄱ. (가)보다 (나)의 생물다양성이 더 크다.
> ㄴ. (가)에는 3종류, (나)에는 4종류의 생물이 서식한다.
> ㄷ. (가)보다 (나)에 서식하는 생물의 개체수가 더 많다.

① ㄱ　　　② ㄷ　　　③ ㄱ, ㄴ
④ ㄴ, ㄷ　　⑤ ㄱ, ㄴ, ㄷ

10 변이에 해당하지 <u>않는</u> 것은?

① 사람의 눈동자 색이 서로 다르다.
② 고양이의 털 무늬가 서로 다르다.
③ 무궁화의 꽃 색깔이 서로 다르다.
④ 고래와 상어의 호흡 방법이 서로 다르다.
⑤ 떡갈나무의 잎 모양과 크기가 서로 다르다.

11 그림은 새의 종류가 다양해지는 과정을 나타낸 것이다.

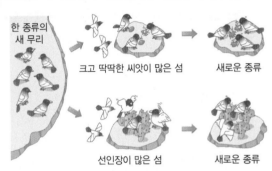

한 종류의 새 무리

크고 딱딱한 씨앗이 많은 섬　　새로운 종류

선인장이 많은 섬　　새로운 종류

이에 대한 설명으로 옳은 것을 보기에서 모두 고른 것은?

> 보기
> ㄱ. 한 종류였던 새들 사이에 변이가 있었다.
> ㄴ. 각 섬에서 새들은 서로 다른 먹이 환경에 적응하였다.
> ㄷ. 변이와 생물이 환경에 적응하는 과정은 생물이 다양해진 주요 원인이다.

① ㄱ　　　② ㄴ　　　③ ㄱ, ㄷ
④ ㄴ, ㄷ　　⑤ ㄱ, ㄴ, ㄷ

12 생물의 분류 단계에 대한 설명으로 옳지 <u>않은</u> 것은?

① 생물을 분류하는 기본 단위는 종이다.
② 하나의 목에는 여러 개의 강이 포함된다.
③ 여러 개의 속이 모여 하나의 과를 이룬다.
④ 같은 강에 속하는 생물은 같은 문에 속한다.
⑤ 종<속<과<목<강<문<계 순으로 분류 단위가 커진다.

13 표는 사람, 개, 고양이의 분류 단계를 나타낸 것이다.

종	사람	개	고양이
속	사람속	개속	고양이속
과	사람과	개과	고양이과
목	영장목	식육목	식육목
강	포유강	포유강	포유강
문	척삭동물문	㉠	척삭동물문
계	동물계	동물계	동물계

이에 대한 설명으로 옳지 않은 것은?

① ㉠은 척삭동물문이다.
② 영장목과 식육목은 모두 포유강에 속한다.
③ 사람, 개, 고양이는 모두 다른 과에 속한다.
④ 하나의 과에는 여러 개의 속이 포함되어 있다.
⑤ 개는 고양이보다 사람과 더 가까운 관계에 있다.

14 각 생물과 생물이 속하는 계를 옳게 짝 지은 것은?

① 미역 – 식물계
② 짚신벌레 – 동물계
③ 푸른곰팡이 – 균계
④ 해파리 – 원핵생물계
⑤ 폐렴균 – 원생생물계

15 다음과 같은 특징을 지닌 생물은?

- 세포에 핵이 있고, 세포벽이 없다.
- 몸이 여러 개의 세포로 이루어져 있다.
- 다른 생물을 먹이로 삼아 양분을 얻는다.

① 돌고래   ② 진달래
③ 아메바   ④ 우산이끼
⑤ 기는줄기뿌리곰팡이

16 그림은 폐렴균, 갈매기, 미역, 표고버섯, 해바라기를 여러 가지 기준에 따라 분류하는 과정을 나타낸 것이다.

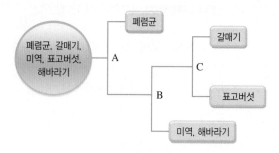

분류 기준 A~C를 옳게 짝 지은 것은?

	A	B	C
①	핵 유무	운동성 유무	광합성 여부
②	핵 유무	광합성 여부	운동성 유무
③	광합성 여부	운동성 유무	핵 유무
④	광합성 여부	핵 유무	운동성 유무
⑤	운동성 유무	핵 유무	광합성 여부

[17~18] 그림은 여러 가지 기준에 따라 생물을 분류하는 과정을 나타낸 것이다.

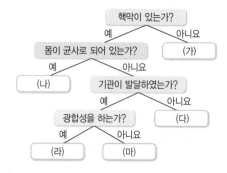

17 (가)~(마) 중 미역, 푸른곰팡이, 호랑이의 분류 결과에 해당하는 것을 각각 쓰시오.

18 생물을 5계로 분류하였을 때, (다)가 속한 무리에 대한 설명으로 옳은 것은?

① 기관이 발달하였다.
② 다세포생물 무리이다.
③ 버섯은 이 무리에 속한다.
④ 광합성을 하는 것도 있고, 하지 않는 것도 있다.
⑤ 몸이 핵이 없는 세포로 이루어져 있으며, 세포에는 세포벽이 있다.

19 오른쪽 그림은 생물을 5계로 분류한 것이 나타낸 것이다. 이에 대한 설명으로 옳지 않은 것은?

① (가)는 원핵생물계이다.
② (나)는 원생생물계이다.
③ 분류 기준 A는 핵의 유무이다.
④ (가)에는 광합성을 하는 생물이 없다.
⑤ 느타리버섯은 균계에 속한다.

20 그림은 두 종류의 생태계 (가)와 (나)를 나타낸 것이다.

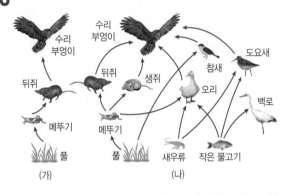

이에 대한 설명으로 옳은 것을 보기에서 모두 고른 것은?

┌─ 보기 ┐
ㄱ. (가)는 (나)보다 생물다양성이 작다.
ㄴ. (가)는 (나)보다 생태계평형이 쉽게 깨질 수 있다.
ㄷ. 뒤쥐가 사라질 경우 (가)와 (나)에서 모두 수리부엉이가 사라질 것이다.
└─────────┘

① ㄱ   ② ㄴ   ③ ㄱ, ㄴ
④ ㄱ, ㄷ   ⑤ ㄴ, ㄷ

21 생물다양성이 인간에게 제공하는 혜택으로 볼 수 없는 것은?

① 산이나 바닷가에서 여가 활동을 즐길 수 있다.
② 생물에게서 과거에 없던 새로운 질병을 얻는다.
③ 푸른곰팡이, 주목나무 등에서 의약품의 원료를 얻는다.
④ 생물에서 식량, 섬유, 종이 등 생활에 필요한 재료를 얻는다.
⑤ 생물의 생김새나 생활 모습을 보고 아이디어를 얻어 유용한 도구를 발명할 수 있다.

22 생물다양성을 감소시키는 원인이 아닌 것은?

① 남획   ② 환경오염
③ 기후 변화   ④ 서식지파괴
⑤ 종자 은행 설립

23 생물다양성을 감소시키는 인간의 활동에 해당하지 않는 것은?

① 강이나 바다에 쓰레기를 마구 버렸다.
② 상아를 얻기 위해 코끼리를 무분별하게 잡았다.
③ 멸종 위기종을 복원하여 다시 야생으로 돌려보냈다.
④ 목장과 농경지를 만들기 위해 열대우림의 많은 나무를 베었다.
⑤ 하천의 생물종 수를 늘리기 위해 외래종인 큰입배스를 들여왔다.

24 생물다양성 감소의 원인에 따른 대책을 설명한 것으로 옳지 않은 것은?

① 환경 정화 시설을 설치하여 환경오염을 줄인다.
② 지나친 개발을 멈추고 생물의 서식지를 확보한다.
③ 생물을 정해진 한도 이상 잡지 못하도록 법률을 만들어 남획을 막는다.
④ 멸종 위기 생물을 지정하는 것은 생물다양성의 감소 원인을 막는 것과는 상관이 없다.
⑤ 외래종의 무분별한 유입을 막고 유입된 외래종이 생태계를 어지럽히지 않도록 꾸준히 감시한다.

25 생물다양성보전을 위해 개인적 차원에서 할 수 있는 일로 옳은 것은?

① 생물다양성보전에 관한 협약을 맺는다.
② 따오기와 같은 멸종 위기 생물을 복원한다.
③ 쓰레기를 분리배출 하고, 플라스틱 사용을 줄인다.
④ 생물다양성보전 및 이용에 관한 법률 등을 제정하여 시행한다.
⑤ 야생 동식물이 많이 살고 있는 지역을 국립 공원으로 지정하여 관리한다.

단원평가문제

26 오른쪽 그림은 식물 세포의 구조를 나타낸 것이다. 식물 세포에만 있는 세포 구성 요소 두 가지를 골라 기호를 쓰고, 그 기능을 각각 서술하시오.

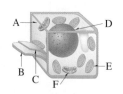

27 그림 (가)는 입안 상피세포를, (나)는 검정말잎 세포를 현미경으로 관찰한 결과를 나타낸 것이다.

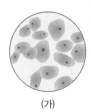

(가)   (나)

(가)와 (나)를 염색할 때 사용하는 염색액을 각각 쓰고, 세포를 관찰할 때 염색액을 사용하는 까닭을 서술하시오.

28 그림은 사막여우와 북극여우의 모습을 나타낸 것이다. 북극여우는 사막여우에 비해 귀가 작고, 몸집이 크다.

▲ 사막여우   ▲ 북극여우

(1) 북극여우의 생김새는 어떤 환경에 적응한 결과인지 서술하시오.

(2) 북극여우의 생김새가 북극여우가 사는 환경에서 유리한 까닭을 서술하시오.

29 생물을 분류하는 기본 단위인 종의 뜻을 서술하시오.

30 표는 생물의 분류 단계 중 일부를 나타낸 것이다.

식육목	호랑이, 사자, 고양이, 곰
고양이과	호랑이, 사자, 고양이
표범속	호랑이, 사자
호랑이(종)	호랑이

(1) 호랑이는 사자와 고양이 중 어느 동물과 더 가까운 관계인지 쓰시오.

(2) (1)과 같이 생각한 까닭을 서술하시오.

31 생물을 5계로 분류하였을 때, 식물계와 균계의 공통점과 차이점을 각각 한 가지씩 서술하시오.

32 생물다양성이 보전되면 인간도 다양한 혜택을 얻는다. 인간이 생물다양성에서 얻는 혜택을 두 가지 서술하시오.

비주얼 씽킹으로 대단원 정리하기

❶ ☐☐는 생물의 몸을 구성하는 기본 단위야.

☐ 세포 ↻ 24쪽 Ⓐ

너도 세포로 구성되어 있니?

난 동물에 없는 조직계가 있어.

동물은 세포 → 조직 → 기관 → ❷ ☐☐☐ → 개체의 단계로 구성되어 있어.

☐ 생물의 구성 단계 ↻ 26쪽 Ⓑ

생물은 원핵생물계, 원생생물계, ❸ ☐☐, 식물계, 동물계로 분류할 수 있어.

☐ 생물의 분류 ↻ 38쪽 Ⓑ

버섯 너네는 식물인데 햇빛 잘 못 받아도 괜찮아?

우리 식물 아니야!

무당벌레 껍질 무늬와 색깔이 조금씩 다른 것이 바로...

같은 종류의 생물 사이에서 나타나는 특징이 서로 다른 것을 ❹ ☐☐라고 해.

☐ 생물다양성과 변이 ↻ 34쪽 Ⓐ

생물다양성이 클수록 ❺ ☐☐☐☐☐ 이 잘 유지돼.

☐ 생물다양성보전의 필요성 ↻ 48쪽 Ⓐ

여기는 물기도 있고 먼들레도 있고 생물이 많아서 좋아!

쓰레기 주워서 분리배출 해야지.

여기 놓아주면 잘 어우러져 살겠지?

생물다양성 감소 원인에는 서식지파괴, 남획, ❻ ☐☐☐ 유입, 환경오염 등이 있어.

☐ 생물다양성 유지 ↻ 50쪽 Ⓑ

정답 | ❶ 세포 ❷ 기관계 ❸ 균계 ❹ 변이 ❺ 생태계평형 ❻ 외래생물

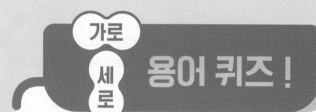

적	응	보	존	적	혈	구	원
조	직	계	마	다	양	성	핵
남	원	엽	이	유	전	자	생
획	생	록	토	균	계	강	물
과	생	체	콘	기	관	계	계
기	물	환	드	신	경	세	포
관	계	경	리	변	이	문	계
세	포	벽	아	외	래	종	속

●다음 설명이 뜻하는 용어를 골라 용어 전체에 동그라미(○)로 표시하시오.

가로

① 우리 몸에서 혈액을 이루며, 산소를 운반하는 세포는?

② 동물의 구성 단계 중 관련된 기능을 하는 기관들로 이루어진 단계는?

③ 바지락 껍데기의 무늬와 색깔이 조금씩 다른 것처럼 같은 종류의 생물 사이에서 나타나는 특징이 서로 다른 것을 뜻하는 말은?

④ 생태계가 다양할수록 생물○○○이 크다.

⑤ 생물은 환경에 ○○하여 구조와 기능, 생활 습성 등이 변한다.

세로

⑥ 생명활동에 필요한 에너지를 생성하는 세포 구성 요소로, 동물 세포와 식물 세포에 모두 있는 것은?

⑦ 식물의 구성 단계 중 뿌리, 줄기, 잎과 같이 고유한 모양과 기능을 갖춘 단계는?

⑧ 생물의 분류 단계에서 가장 작은 단위는?

⑨ 생물의 5계 중 세포에 핵이 없고, 몸이 한 개의 세포로 이루어진 생물은 ○○○○○에 속한다.

⑩ 생물다양성의 감소 원인 중 하나로, 인간이 생물을 무분별하게 잡는 것은?

Ⅲ

열

01 열의 이동 ⋯ 66

02 비열과 열팽창 ⋯ 80

다른 학년과의 연계는?

초등학교 5학년
• 온도: 물체의 차갑고 따뜻한 정도를 나타낸 것이다.
• 열의 이동: 온도가 다른 두 물체가 접촉했을 때, 온도가 높은 물체에서 온도가 낮은 물체로 열이 이동하여 물체의 온도가 변한다.
• 단열: 물체와 물체 사이에서 열이 이동하지 못하게 막는 것이다.

중학교 1학년
• 온도: 온도는 물질을 구성하는 입자의 움직임이 활발한 정도를 나타낸다.
• 열평형: 온도가 다른 두 물체를 접촉했을 때 열이 이동하여 두 물체의 온도가 같아진 상태이다.
• 열의 이동 방식: 전도, 대류, 복사에 의해 열이 이동한다.
• 비열: 물질의 비열이 클수록 온도가 잘 변하지 않는다.
• 열팽창: 물질에 열을 가하면 부피가 증가한다.

물리학
• 열과 에너지 전환: 열 전달, 물질의 상태 변화, 기상 현상 등에서 열의 형태로 에너지가 전환된다.
• 에너지 보존: 열의 형태로 에너지가 전환될 때 에너지 총량은 변하지 않는다.

● 이 단원에서는 열의 이동 방식을 알아보고, 비열과 열팽창과 같은 물질의 성질을 알아본다.
● 이 단원을 들어가기 전에 이전 학년에서 배운 개념을 확인해 보자.

알고
있나요?

다음 내용에서 빈칸을 완성해 보자.

초5

1. 온도

① 물체의 차갑고 따뜻한 정도를 나타낸 것을 ❶ [ ] 라고 한다.

② 온도는 ❷ [ ] 를 이용하여 측정할 수 있다.

2. 열의 이동

① 온도가 다른 두 물체가 접촉하면 온도가 높은
물체는 온도가 점점 ❸ [ ] 지고, 온도가
낮은 물체는 온도가 점점 ❹ [ ] 진다.

② 물체가 접촉한 채로 시간이 지나면 두 물체
의 온도는 같아진다.

③ 접촉한 두 물체의 온도가 변하는 까닭은 ❺ [ ] 의 이동 때문이다.

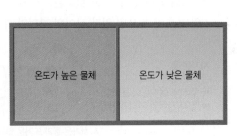

온도가 높은 물체 | 온도가 낮은 물체

3. 열의 이동 방식

고체에서 열이 온도가 높은 부분에서
온도가 낮은 부분으로 고체 물체를 따라
이동하는 것을 ❻ [ ] 라고 한다.

액체와 기체에서 온도가 높아진 물질이 위로
올라가고, 위에 있던 물질이 밀려 내려오며
열이 이동하는 것을 ❼ [ ] 라고 한다.

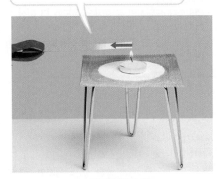

▲ 고체에서 열의 이동

▲ 액체에서 열의 이동

01 열의 이동

A 온도와 입자

1 물질과*입자 물질은 매우 작은 입자로 구성되어 있다.

▲ 입자 모형

　① 입자 모형: 물질을 구성하는 입자는 직접 관찰하기 어려우므로 간단한 입자 모형으로 나타낸다.

　② 물질을 구성하는 입자는 끊임없이 움직이며, 입자의 움직임이 활발할수록 입자 사이의 거리가 대체로 멀다.

2 온도 물질의 차갑고 따뜻한 정도를 숫자로 나타낸 것으로, 물질을 구성하는 입자의 움직임이 활발한 정도를 나타낸다. ❶ ━ᴄ여기서잠깐 74쪽

　① 온도와 입자의 움직임: 물체의 온도가 낮을수록 입자의 움직임이 둔하고, 물체의 온도가 높을수록 입자의 움직임이 활발하다. ❷

　② 온도와 입자의 배치: 물체의 온도가 낮으면 입자 사이의 거리가 대체로 가깝고, 물체의 온도가 높으면 입자 사이의 거리가 대체로 멀다.

차가운 물
온도가 낮다.
➡ 입자의 움직임이 둔하다.
➡ 입자 사이의 거리가 가깝다.

뜨거운 물
온도가 높다.
➡ 입자의 움직임이 활발하다.
➡ 입자 사이의 거리가 멀다.

▲ 차가운 물과 뜨거운 물에서 입자의 움직임과 배치

B 열평형

1 열 열은 온도가 높은 물체에서 온도가 낮은 물체로 이동한다. ➡ 물체가 열을 얻으면 온도가 높아진다. ❸

2 열*평형 온도가 다른 두 물체를 접촉했을 때 온도가 높은 물체에서 온도가 낮은 물체로 열이 이동하여 두 물체의 온도가 같아진 상태 ❹ |탐구ⓐ 70쪽

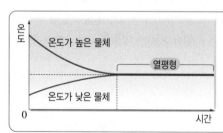

· 두 물체의 온도가 같아질 때까지 온도가 높은 물체의 온도는 낮아지고, 온도가 낮은 물체의 온도는 높아진다.
· 열평형에 도달하면 두 물체의 온도는 더 이상 변하지 않는다.
· 두 물체의 온도 차이가 클수록 이동하는 열의 양이 많다.

3 열평형에 이르기까지 입자의 움직임과 배치

물체	열의 이동	입자의 움직임	입자 사이의 거리
온도가 높은 물체	열을 잃는다.	둔해진다.	가까워진다.
온도가 낮은 물체	열을 얻는다.	활발해진다.	멀어진다.

A 온도와 입자

• 물질은 매우 작은 ☐☐로 구성되어 있다.

• ☐☐: 물질을 구성하는 입자의 움직임이 활발한 정도를 나타낸다.

B 열평형

• 온도가 높은 물체에서 온도가 낮은 물체로 ☐이 이동한다.

• ☐☐☐: 온도가 다른 두 물체를 접촉했을 때 열이 이동하여 두 물체의 온도가 같아진 상태

• 열을 ☐☐ 물체는 입자의 움직임이 활발해진다.

• 열을 ☐☐ 물체는 입자 사이의 거리가 가까워진다.

A 1 물질을 구성하는 입자에 대한 설명으로 옳은 것은 ○, 옳지 <u>않은</u> 것은 ×로 표시하시오.

(1) 물질을 구성하는 입자는 간단한 입자 모형으로 나타낸다. ⋯⋯⋯⋯ ( )

(2) 물질을 구성하는 입자는 정지해 있다. ⋯⋯⋯⋯⋯⋯ ( )

(3) 물질을 구성하는 입자의 움직임이 활발할수록 입자 사이의 거리가 대체로 가깝다.
⋯⋯⋯⋯ ( )

2 ( ) 안에 알맞은 말을 고르시오.

(1) 물체의 온도가 낮을수록 입자의 움직임이 ㉠(둔하고, 활발하고), 물체의 온도가 높을수록 입자의 움직임이 ㉡(둔하다, 활발하다).

(2) 물체의 온도가 ㉠(낮으면, 높으면) 입자 사이의 거리가 대체로 가깝고, 물체의 온도가 ㉡(낮으면, 높으면) 입자 사이의 거리가 대체로 멀다.

3 그림은 어떤 물질을 이루는 입자들의 입자 모형을 나타낸 것이다. 온도가 높은 것부터 차례대로 쓰시오. (단, (가)~(다)는 같은 물질이다.)

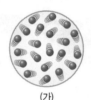

(가)　　　　(나)　　　　(다)

B 4 오른쪽 그림은 물체 (가)와 (나)를 접촉시켰을 때, (가)와 (나)의 온도를 시간에 따라 나타낸 것이다.

(1) (가)와 (나) 사이에서 열이 이동하는 방향을 화살표로 나타내시오.

(2) 구간 A~D 중 열평형인 구간을 고르시오.

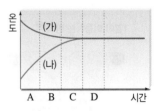

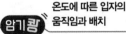

암기콩 온도에 따른 입자의 움직임과 배치

온도가 **높은** 물체는
입자의 움직임이 **활발**하고,
입자 사이의 거리가 **멀다**.

5 오른쪽 그림과 같이 온도가 다른 두 물체 A와 B를 접촉시켰다. ( ) 안에 알맞은 말을 고르시오. (단, 열은 A와 B 사이에서만 이동한다.)

| A 50 ℃ | B 10 ℃ |

(1) 열은 (A에서 B, B에서 A)로 이동한다.

(2) A의 온도는 점점 ㉠(높아, 낮아)지고, B의 온도는 점점 ㉡(높아, 낮아)진다.

(3) A 입자의 움직임은 점점 ㉠(활발해, 둔해)지고, B 입자의 움직임은 점점 ㉡(활발해, 둔해)진다.

(4) A는 입자 사이의 거리가 점점 ㉠(가까워, 멀어)지고, B는 입자 사이의 거리가 점점 ㉡(가까워, 멀어)진다.

열의 이동

C 열이 이동하는 방식

1 전도 고체에서 물체를 구성하는 입자의 움직임이 이웃한 입자에 차례로 전달되어 열이 이동하는 방식 ⟹ 여기서 잠깐 74쪽

[화보 3.2]

① 전도로 열이 이동하는 방식과 전도에 의한 현상

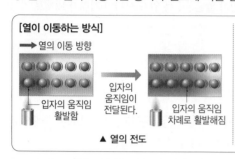

[열이 이동하는 방식]
➡ 열의 이동 방향
입자의 움직임 활발함
입자의 움직임이 전달된다.
입자의 움직임 차례로 활발해짐
▲ 열의 전도

[전도에 의한 현상]
• 뜨거운 국에 숟가락을 넣어 두면 숟가락 전체가 뜨거워진다.
• 금속 막대를 모닥불에 넣으면 불에 닿은 부분부터 뜨거워지며 점차 막대 전체가 뜨거워진다.
• 프라이팬의 한쪽만 가열해도 프라이팬 전체가 뜨거워진다.

② 물질의 종류와 열의 전도: 물체를 이루는 물질의 종류에 따라 열이 전도되는 정도가 다르다. |탐구b 72쪽

금속	열을 빠르게 전달한다. 예 구리, 스테인리스 등
금속이 아닌 물질	열을 느리게 전달한다. 예 나무, 플라스틱 등

③ 열이 전도되는 정도 차이를 이용한 예: 냄비, 주전자, 프라이팬 등

냄비의 바닥 부분
열을 빠르게 전달하여 음식이 잘 익을 수 있도록 금속으로 만든다.

냄비의 손잡이
냄비가 뜨거워도 안전하게 잡을 수 있도록 나무, 플라스틱 등으로 만든다.

2 대류 액체나 기체 물질을 구성하는 입자가 열을 받아 직접 이동하면서 열이 이동하는 방식 ⟹ 여기서 잠깐 74쪽

[화보 3.3]

[열이 이동하는 방식]❶
열을 얻어 따뜻해진 물은 위로 이동한다.
온도가 상대적으로 낮은 물은 아래로 이동한다.
▲ 끓는 물의 대류

[대류에 의한 현상]
• 실내를 난방할 때 난방기를 아래쪽에 설치하면 실내 전체가 따뜻해진다.❷
• 실내를 냉방할 때 냉방기를 위쪽에 설치하면 실내 전체가 시원해진다.
• 주전자로 물을 끓일 때 아래만 가열해도 물이 골고루 데워진다.

3 복사 물질을 거치지 않고 열이 직접 이동하는 방식❸❹

[화보 3.4]

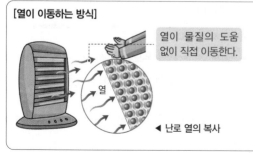

[열이 이동하는 방식]
열이 물질의 도움 없이 직접 이동한다.
◀ 난로 열의 복사

[복사에 의한 현상]
• 난로에 가까이 있으면 따뜻함을 느낄 수 있다.
• *열화상 카메라로 물체를 촬영하면 물체의 온도 분포를 알 수 있다.
• 햇볕 아래가 그늘보다 더 따뜻하다.

플러스 강의

❶ 따뜻해진 물이 위로 올라가는 까닭
온도가 높은 액체와 기체는 온도가 낮은 액체와 기체보다 입자 사이의 거리가 멀기 때문에 부피가 커서 밀도가 작다. 따라서 온도가 높은 액체와 기체는 상대적으로 가벼우므로 위로 올라간다.

❷ 난방기를 아래쪽에 설치하는 까닭
난방기를 아래쪽에 설치하면 따뜻해진 공기가 위로 올라가고, 위쪽의 차가운 공기는 난방기가 있는 아래쪽으로 내려와 실내 전체가 고르게 따뜻해진다.

❸ 열의 여러 가지 이동 방식

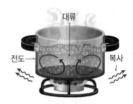

• 전도: 가열되는 냄비의 바닥부터 뜨거워진 뒤 냄비 전체가 점점 뜨거워진다.
• 대류: 뜨거워진 물이 위로 올라가고, 상대적으로 차가운 물이 아래로 내려간다.
• 복사: 물질을 거치지 않고 불에서 열이 직접 이동한다.

❹ 열의 이동 방식 비유
열의 여러 가지 이동 방식을 비유로 다양하게 표현할 수 있다.
• 전도: 스마트폰 여러 대를 나란히 접촉해 놓고 왼쪽부터 화면의 색이 차례로 바뀌게 한다.
• 대류: 난로 가까이에서 빨간색 화면의 스마트폰을 위로 움직이다가 파란색으로 바뀌며 내려오게 한다.
• 복사: 스마트폰의 빨간색 화면을 멀리 떨어진 친구에게 보여 주면 친구의 스마트폰 화면도 빨간색으로 변하게 한다.

용어 보기
＊**열화상 카메라** 물체에서 복사로 방출하는 열을 감지해서 다양한 색깔로 구분하여 보여 주는 카메라

➤ 정답과 해설 **14**쪽

C 열이 이동하는 방식

· ☐☐: 입자의 움직임이 이웃한 입자에 차례로 전달되어 열이 이동하는 방식

· 물체를 이루는 물질의 종류에 따라 열이 ☐☐되는 정도가 다르다.

· ☐☐: 열을 받은 입자가 직접 이동하면서 열이 이동하는 방식

· ☐☐: 물질을 거치지 않고 열이 직접 이동하는 방식

C 6 열이 이동하는 방식에 대한 설명으로 옳은 것은 ○, 옳지 않은 것은 ×로 표시하시오.

(1) 전도는 입자가 직접 이동하여 열을 전달한다. ────────────── (   )

(2) 전도는 주로 고체에서 열이 이동하는 방식이다. ───────────── (   )

(3) 복사는 입자의 움직임이 이웃한 입자에 차례로 전달되어 열이 이동한다. (   )

(4) 떨어져 있는 두 물체 사이에서도 열이 이동할 수 있다. ─────────── (   )

7 오른쪽 그림은 금속 막대의 한쪽 끝부분을 가열하고 있는 모습을 나타낸 것이다. O~Q에서 열이 이동하는 방향을 순서대로 나열하시오.

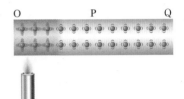

8 다음은 물질의 종류와 열의 전도에 대한 설명이다. (   ) 안에 알맞은 말을 고르시오.

> 열이 전도되는 정도는 물질의 종류에 따라 다르다. 구리나 스테인리스와 같은 금속은 열을 ㉠(빠르게, 느리게) 전달하고, 나무나 플라스틱과 같이 금속이 아닌 물질은 열을 ㉡(빠르게, 느리게) 전달한다.

9 오른쪽 그림은 주전자 속의 물이 끓고 있는 모습을 나타낸 것이다. (   ) 안에 알맞은 말을 모두 고르시오.

(1) ㉠(차가운, 따뜻한) 물은 위로 올라가고,
㉡(차가운, 따뜻한) 물은 아래로 내려간다.

(2) 물이 골고루 데워지는 것은 (전도, 대류, 복사)에 의해 나타나는 현상이다.

(3) 주전자 속의 물에서 열이 이동하는 방식은 (고체, 액체, 기체)에서 열이 이동하는 방식이다.

암기꽝 열의 이동 방식

열이 직접 이동 – **복사**

열을 전달 – **전도**

입자가 이동 – **대류**

10 그림은 열이 이동하는 방식 (가)~(다)를 나타낸 것이다. 각 경우 열이 이동하는 방식을 쓰시오.

(가) 냄비의 아래쪽을 가열하면 냄비 속 물이 전체적으로 데워진다.

(나) 금속 막대의 한쪽 끝이 불에 닿아 있으면 반대쪽 끝도 뜨거워진다.

(다) 모닥불 옆에 손을 가까이 하면 손이 따뜻하다.

(가): ＿＿＿＿＿＿＿   (나): ＿＿＿＿＿＿＿   (다): ＿＿＿＿＿＿＿

탐구 a

온도가 다른 두 물체를 접촉할 때 온도 변화 측정

이 탐구에서는 온도가 다른 두 물을 접촉할 때 물의 시간 – 온도 그래프로 열평형에 도달하는 과정을 알아본다.

과정

❤ 유의점
온도 센서의 끝부분이 열량계의 바닥에 닿지 않게 주의한다.

❶ 열량계와 알루미늄 컵에 각각 차가운 물과 뜨거운 물을 넣는다.

❷ 열량계에 알루미늄 컵을 넣는다.

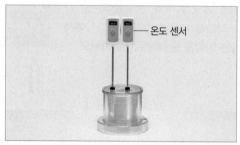

❸ 열량계의 뚜껑을 닫고 뜨거운 물과 차가운 물에 스마트 기기와 연결된 온도 센서를 각각 꽂는다.

❹ 온도 측정 앱을 실행하여 뜨거운 물과 차가운 물의 온도를 측정하고, 시간 – 온도 그래프를 확인한다.

결과 & 해석

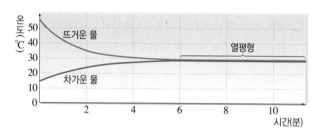

- 뜨거운 물의 온도는 낮아지고, 차가운 물의 온도는 높아진다. ➡ 뜨거운 물에서 차가운 물로 열이 이동한다.
- 뜨거운 물은 입자의 움직임이 둔해지고, 차가운 물은 입자의 움직임이 활발해진다.
- 두 물의 온도가 같아진 후에는 더 이상 온도가 변하지 않는다. ➡ 열평형에 도달한다.

정리

1. 온도가 다른 두 물체가 접촉하면 뜨거운 물체는 온도가 ㉠ (높아, 낮아)지고, 차가운 물체는 온도가 ㉡ (높아, 낮아)진다.

2. 시간이 지나면 두 물체는 온도가 같아지는 ㉢ (   )에 도달한다.

이렇게도 실험해요

과정 ❶ 뜨거운 물이 담긴 알루미늄 컵을 차가운 물이 담긴 열량계에 넣고, 각각 온도계를 꽂는다.
❷ 1분 간격으로 뜨거운 물과 차가운 물의 온도를 측정하여 시간 – 온도 그래프로 나타낸다.

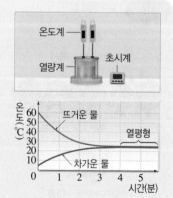

결과

시간(분)	0	1	2	3	4	5
뜨거운 물의 온도(℃)	60	38	27	25	24	24
차가운 물의 온도(℃)	5	17	22.8	23.3	24	24

01 탐구ⓐ에 대한 설명으로 옳은 것은 ○, 옳지 않은 것은 ×로 표시하시오.

(1) 열평형에 도달할 때까지 걸리는 시간은 5분이다.
·· ( )

(2) 열평형에 도달할 때까지 뜨거운 물의 온도는 높아지고, 차가운 물의 온도는 낮아진다. ·················· ( )

(3) 열평형 온도는 항상 접촉 전 차가운 물의 온도와 뜨거운 물의 온도의 중간값이다. ················ ( )

(4) 시간이 지날수록 뜨거운 물과 차가운 물의 온도 차이는 점점 줄어든다. ··································· ( )

(5) 열은 뜨거운 물에서 차가운 물로 이동한다. ··· ( )

(6) 열평형에 도달할 때까지 뜨거운 물은 입자의 움직임이 둔해지고, 차가운 물은 입자의 움직임이 활발해진다.
·· ( )

[02~03] 그림은 뜨거운 물이 담긴 알루미늄 컵을 차가운 물이 담긴 열량계에 넣은 뒤, 각각 물의 온도를 측정하기 시작한 순간의 모습과 충분한 시간이 지난 뒤의 모습을 나타낸 것이다. (가), (다)는 알루미늄 컵에 담긴 물이고, (나), (라)는 열량계에 담긴 물이다.

02 (가)~(라)의 온도를 등호 또는 부등호를 이용해 비교하시오.

03 이 실험에서 열평형에 도달할 때까지 뜨거운 물과 차가운 물의 입자 사이의 거리에 대한 설명으로 옳은 것은?

① 뜨거운 물의 입자 사이의 거리는 멀어진다.
② 차가운 물의 입자 사이의 거리는 멀어진다.
③ 뜨거운 물과 차가운 물 모두 입자 사이의 거리가 멀어진다.
④ 뜨거운 물과 차가운 물 모두 입자 사이의 거리가 가까워진다.
⑤ 뜨거운 물과 차가운 물 모두 입자 사이의 거리가 아무런 변화가 없다.

04 그림은 온도가 다른 두 물 A와 B를 접촉할 때, 시간에 따른 두 물의 온도를 측정한 결과를 나타낸 것이다.

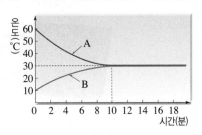

이에 대한 설명으로 옳은 것은?

① 처음 두 물의 온도 차이는 70 ℃이다.
② 두 물이 열평형에 도달한 온도는 30 ℃이다.
③ 두 물의 온도 차이는 시간에 따라 점점 커진다.
④ 두 물이 열평형에 도달하는 데까지 6분 걸렸다.
⑤ A는 입자의 움직임이 활발해지고, B는 입자의 움직임이 둔해진다.

🔖 이렇게도 실험해요 **확인 문제**

05 표는 온도가 다른 물체 A, B를 접촉한 뒤 시간에 따라 온도를 측정한 결과를 나타낸 것이다.

시간(분)	0	1	2	3	4	5	6
A의 온도(℃)	60	38	26	25	24	24	24
B의 온도(℃)	5	17	21	23	24	24	24

이에 대한 설명으로 옳은 것을 보기에서 모두 고르시오. (단, 열은 A와 B 사이에서만 이동한다.)

보기
ㄱ. 1분일 때 열은 B에서 A로 이동하였다.
ㄴ. 5분일 때 A와 B는 열평형을 이루고 있다.
ㄷ. 6분 이후에도 A와 B의 온도는 계속 같다.

06 그림은 물체 A와 B를 접촉할 때, 두 물체의 온도를 시간-온도 그래프로 나타낸 것이다.

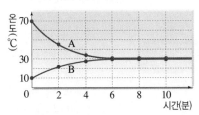

A를 구성하는 입자의 움직임과 입자 사이의 거리는 어떻게 변하는지 서술하시오.

탐구 b 물체에서 열의 전도 비교

이 탐구에서는 물체에서 일어나는 열의 전도를 관찰하고, 서로 다른 물체에서 열이 전도되는 정도를 비교하여 알아본다.

과정

오투실험실

❤ 유의점

• 뜨거운 물과 뜨거운 금속 추를 다룰 때에는 화상을 입지 않도록 안전 사고에 주의한다.
• 플라스틱판과 금속판의 가장자리와 모서리가 날카로울 수 있으니 주의한다.

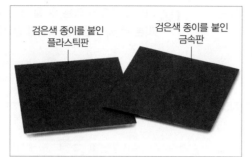

검은색 종이를 붙인 플라스틱판 / 검은색 종이를 붙인 금속판

❶ 양면 접착테이프를 이용하여 플라스틱판과 금속판의 한쪽 면에 각각 검은색 종이를 붙인다.

금속 추 / 집게 / 뜨거운 물

❷ 뜨거운 물을 담은 비커에 금속 추 2개를 넣고, 시간이 지난 뒤에 집게로 금속 추를 꺼낸다.

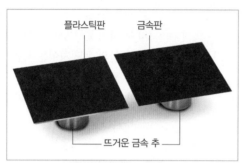

플라스틱판 / 금속판 / 뜨거운 금속 추

❸ 플라스틱판과 금속판을 뜨거운 금속 추 위에 각각 올려 둔다.

열화상 카메라

❹ 열화상 카메라로 두 판의 온도 변화를 동영상으로 촬영한다.

결과 & 해석

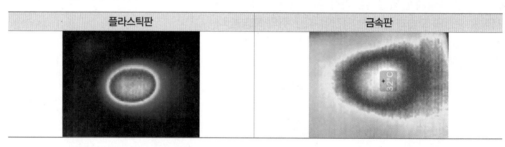

플라스틱판	금속판
	32 ℃

• 금속 추가 접촉한 부분에서부터 판의 온도가 높아진다.
• 시간이 지나면 주변 부분의 온도가 높아지면서 판 전체의 온도가 높아진다. ➡ 열이 금속 추에 접촉한 부분에서부터 그 주변으로 전도의 형태로 이동한다.
• 플라스틱판보다 금속판에서 색깔이 변하는 정도가 빠르다. ➡ 플라스틱판보다 금속판에서 열의 전도가 더 빠르게 일어난다.

정리

1. 열이 금속판을 따라 ㉠ (　　　　) 의 형태로 이동한다.

2. 플라스틱판보다 금속판에서 열의 전도가 더 ㉡ (빠르게, 느리게) 일어난다.

이렇게도 실험해요

과정 ❶ 열변색 붙임딱지를 붙인 플라스틱판과 금속판을 스탠드에 고정한다.
❷ 뜨거운 물에 두 판을 끝부분만 닿도록 넣고, 열변색 붙임딱지의 색깔 변화를 관찰한다.

결과 플라스틱판보다 금속판에서 색깔이 더 빠르게 변한다. ➡ 플라스틱판보다 금속판에서 열이 더 빠르게 전도된다.

플라스틱판 / 금속판 / 뜨거운 물
▲ 처음

플라스틱판 / 금속판 / 뜨거운 물
▲ 시간이 지난 뒤

01 |탐구 ❶에 대한 설명으로 옳은 것은 ○, 옳지 않은 것은 ×로 표시하시오.

(1) 뜨거운 금속 추 위에 올려 둔 판은 온도가 높아진다.
.... ( )

(2) 판에서 금속 추가 접촉한 부분이 가장 늦게 온도가 높아진다. .... ( )

(3) 금속 추가 접촉한 부분에서부터 그 주변으로 열이 이동한다. .... ( )

(4) 색깔이 변하는 정도는 플라스틱판보다 금속판에서가 더 빠르다. .... ( )

(5) 플라스틱판에서는 전도가 일어나지 않고, 금속판에서만 전도가 일어난다. .... ( )

(6) 열의 전도는 플라스틱판에서가 금속판에서보다 더 빠르게 일어난다. .... ( )

02 뜨거운 금속 추 위에 올려 둔 금속판에서 열이 이동하는 방향으로 옳은 것은? (단, 금속판 가운데의 원은 금속 추가 접촉한 부분이다.)

①  ②

③  ④

03 그림은 뜨거운 금속 추 위에 올려 둔 플라스틱판과 금속판의 온도 변화를 열화상 카메라로 촬영한 모습이다.

(가) 플라스틱판   (나) 금속판

(가)와 (나) 중 열의 전도가 더 빠르게 일어나는 것을 고르시오.

04 열의 전도에 대한 설명으로 옳은 것을 보기에서 모두 고른 것은?

보기
ㄱ. 입자의 움직임이 이웃한 입자에 차례로 전달되어 열이 이동한다.
ㄴ. 물질의 종류에 따라 열이 전도되는 정도가 다르다.
ㄷ. 플라스틱에서보다 금속에서 열이 더 빠르게 전도된다.

① ㄱ   ② ㄴ   ③ ㄱ, ㄷ
④ ㄴ, ㄷ   ⑤ ㄱ, ㄴ, ㄷ

이렇게도 실험해요 **확인 문제**

[05~06] 그림은 열변색 붙임딱지를 붙인 플라스틱판과 금속판을 스탠드에 고정하여 뜨거운 물에 두 판의 끝부분만 닿도록 넣었더니 열변색 붙임딱지의 색깔이 변한 모습을 나타낸 것이다.

플라스틱
판
금속
판

뜨거운 물

05 이에 대한 설명으로 옳은 것을 보기에서 모두 고른 것은?

보기
ㄱ. 플라스틱판에서는 열의 전도가 전혀 일어나지 않는다.
ㄴ. 플라스틱판보다 금속판에서 열변색 붙임딱지의 색깔이 더 빠르게 변한다.
ㄷ. 열변색 붙임딱지의 색깔이 변한 까닭은 전도에 의해 열이 이동했기 때문이다.

① ㄱ   ② ㄴ   ③ ㄱ, ㄷ
④ ㄴ, ㄷ   ⑤ ㄱ, ㄴ, ㄷ

06 실험 결과로 보아 고체 물질의 종류에 따라 열이 전도되는 정도는 어떠한지 서술하시오.

_____

온도와 열은 눈에 보이지 않지만 온도와 열에 대한 현상은 실험을 통해 확인할 수 있어요.
온도와 열에 대한 다양한 실험 내용과 문제를 여기서 잠깐에서 알아볼까요?

▶ 정답과 해설 15쪽

온도와 열에 대한 실험 정복하기

유형 ① 온도에 따른 입자의 움직임

차가운 물과 뜨거운 물에 잉크를 동시에 떨어뜨린다.

차가운 물 ㅡ　　　　ㅡ 뜨거운 물

• 차가운 물보다 뜨거운 물에서 잉크가 더 빨리 퍼진다.
➡ 차가운 물보다 뜨거운 물에서 입자의 움직임이 더 활발하다.

유형 ② 고체에서 열의 이동 – 전도

금속 막대에 나무 막대를 세워서 촛농으로 붙인 후 금속 막대의
한쪽 끝을 가열하였다.

금속 막대　　　　　　ㅡ 나무 막대
❶ ❷ ❸ ❹　　ㅡ 촛농
떨어지는 순서

• 가열한 곳에서 가까운 쪽부터 먼 쪽으로 열이 전달된다.
• 가열한 곳에서 가까운 쪽부터 촛농이 녹아 ❶ → ❹ 순서대로
나무 막대가 떨어진다.
➡ 고체에서는 전도에 의해 열이 이동한다.

유형 ③ 액체에서 열의 이동 – 대류

차가운 물이 담긴 플라스크를 투명 필름으로 막고 뜨거운 물이
담긴 플라스크 위에 거꾸로 올려놓았다.

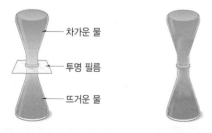

ㅡ 차가운 물
ㅡ 투명 필름
ㅡ 뜨거운 물

• 뜨거운 물과 차가운 물 사이를 막고 있던 필름을 제거하면 뜨거
운 물은 위로 올라가고 차가운 물은 아래로 내려오면서 섞인다.
➡ 액체에서는 대류에 의해 열이 이동한다.

유제 ① 오른쪽 그림은 차가운 물과 뜨거운
물에 잉크를 동시에 떨어뜨렸을 때 잉크가
퍼지는 모습을 나타낸 것이다. 이에 대한 설
명으로 옳은 것을 보기에서 모두 고르시오.

차가운 물　뜨거운 물

보기
ㄱ. 차가운 물에서는 잉크가 퍼지지 않는다.
ㄴ. 차가운 물보다 뜨거운 물에서 잉크가 더 빠르게 퍼진다.
ㄷ. 차가운 물과 뜨거운 물에서 입자의 움직임은 동일하다.

유제 ② 그림과 같이 성냥개비를 금속 막대에 촛농으로 세워 붙
인 뒤, 알코올램프로 금속 막대의 한쪽 끝을 가열하였다.

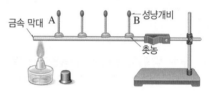

금속 막대 A　　　　　 B　ㅡ 성냥개비
촛농

이에 대한 설명으로 옳지 않은 것은?

① 열은 A에서 B 쪽으로 전달된다.
② 성냥개비는 A 쪽부터 떨어진다.
③ 금속 막대의 입자가 직접 이동하여 열이 전달된다.
④ 알코올램프를 A 쪽으로 가까이 하여 가열하면 성냥개비가
　더 빨리 떨어진다.
⑤ 금속 막대 대신 유리 막대를 이용하면 성냥개비가 더 느리
　게 떨어진다.

유제 ③ 오른쪽 그림과 같이 차가운 물이 담
긴 플라스크를 투명 필름으로 막고 뜨거운 물
이 담긴 플라스크 위에 거꾸로 올려놓은 뒤
투명 필름을 천천히 뺐다. 이때 차가운 물과
뜨거운 물의 이동 방향과 열의 이동 방법에
대한 설명에서 (　　) 안에 알맞은 말을 고
르시오.

ㅡ 차가운 물
ㅡ 투명 필름
ㅡ 뜨거운 물

투명 필름을 천천히 빼면 차가운 물은 ㉠(올라, 내려)가
고, 뜨거운 물은 ㉡(올라, 내려)간다. 이러한 열의 이동
방식은 ㉢(전도, 대류, 복사)이다.

기출 문제로
내신쑥쑥

전국 주요 학교의 **시험에 가장 많이 나오는 문제**들로만 구성하였습니다.
모든 친구들이 '꼭' 봐야 하는 코너입니다.

➤ 정답과 해설 **16쪽**

A 온도와 입자

01 물질을 구성하는 입자에 대한 설명으로 옳은 것을 보기에서 모두 고른 것은?

보기
ㄱ. 입자를 눈으로 쉽게 관찰할 수 있다.
ㄴ. 입자들은 스스로 끊임없이 움직이고 있다.
ㄷ. 물질을 구성하는 입자는 입자 모형으로 나타낸다.

① ㄱ　　　　② ㄴ　　　　③ ㄱ, ㄷ
④ ㄴ, ㄷ　　　⑤ ㄱ, ㄴ, ㄷ

중요
02 온도에 대한 설명으로 옳은 것을 모두 고르면? (2개)

① 물체의 차갑고 따뜻한 정도를 나타낸 수치이다.
② 온도의 단위로 cal, kcal 등이 있다.
③ 물체를 두드리면 물체의 온도가 낮아진다.
④ 물체를 구성하는 입자의 움직임이 활발할수록 온도가 높다.
⑤ 물체의 온도가 높을수록 입자 사이의 거리가 가깝다.

중요
03 그림은 어떤 물질을 이루는 입자의 움직임을 나타낸 것이다.

 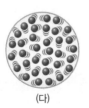

　(가)　　　　　(나)　　　　　(다)

이에 대한 설명으로 옳은 것을 보기에서 모두 고른 것은? (단, (가)~(다)는 같은 물질이다.)

보기
ㄱ. 온도는 (나)가 (다)보다 높다.
ㄴ. 입자의 움직임은 (다)가 가장 활발하다.
ㄷ. 입자 사이의 거리는 (가)가 가장 멀기 때문에 (가)의 온도가 가장 낮다.

① ㄱ　　　　② ㄴ　　　　③ ㄱ, ㄷ
④ ㄴ, ㄷ　　　⑤ ㄱ, ㄴ, ㄷ

04 다음은 온도가 각각 다른 물체 A~C의 입자의 움직임과 입자 사이의 거리를 비교하여 설명한 것이다.

• A는 B보다 입자의 움직임이 둔하다.
• A는 C보다 입자 사이의 거리가 가깝다.
• B는 C보다 입자의 움직임이 활발하다.

A~C의 온도를 옳게 비교한 것은? (단, A~C는 같은 종류의 물질로 이루어졌다.)

① A>B>C　　　　② A>C>B
③ B>A>C　　　　④ B>C>A
⑤ C>B>A

B 열평형

중요
05 열과 온도에 대한 설명으로 옳지 않은 것은?

① 온도가 다른 물체 사이에서 열이 이동한다.
② 물체가 열을 얻으면 온도가 높아진다.
③ 물체가 열을 잃으면 입자의 움직임이 둔해진다.
④ 열은 온도가 낮은 물체에서 온도가 높은 물체로 이동한다.
⑤ 열은 입자의 움직임이 활발한 물체에서 둔한 물체로 이동한다.

06 그림은 온도가 다른 네 물체 A, B, C, D를 서로 접촉할 때 열의 이동 방향을 화살표로 나타낸 것이다.

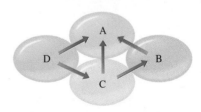

A~D 중 (가) 온도가 가장 높은 물체와 (나) 온도가 가장 낮은 물체를 옳게 짝 지은 것은?

	(가)	(나)		(가)	(나)
①	B	A	②	C	A
③	C	B	④	D	A
⑤	D	C			

중요 |탐구ⓐ

07 그림은 따뜻한 물과 차가운 물인 A와 B를 접촉하였을 때, A와 B의 온도를 시간에 따라 나타낸 것이다.

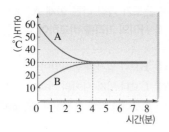

이에 대한 설명으로 옳은 것은? (단, 열은 A와 B 사이에서만 이동한다.)

① 열평형일 때의 온도는 30 ℃보다 높다.

② 5분일 때 A와 B는 열평형을 이루고 있다.

③ 따뜻한 물 입자의 움직임은 점점 활발해진다.

④ 열은 차가운 물에서 따뜻한 물로 이동한다.

⑤ 시간이 지날수록 이동하는 열의 양은 점점 많아진다.

08 표는 온도가 다른 물체 (가), (나)를 접촉시킨 뒤 시간에 따라 온도를 측정한 결과를 나타낸 것이다.

시간(분)	0	1	2	3	4	5
(가)의 온도(℃)	60	38	26	25	24	24
(나)의 온도(℃)	5	16	21	24	24	24

이에 대한 설명으로 옳은 것을 보기에서 모두 고른 것은?

보기
ㄱ. 1분일 때 (가) 입자의 움직임은 점점 활발해진다.
ㄴ. 2분일 때 (나)를 구성하는 입자 사이의 거리는 점점 멀어진다.
ㄷ. 5분일 때 (가)와 (나)는 열평형을 이루고 있다.

① ㄱ   ② ㄴ   ③ ㄱ, ㄷ
④ ㄴ, ㄷ   ⑤ ㄱ, ㄴ, ㄷ

09 열평형 현상을 이용한 예로 옳지 <u>않은</u> 것은?

① 냄비의 손잡이는 플라스틱으로 만든다.

② 음식물을 냉장고 속에 넣으면 시원해진다.

③ 겨드랑이에 체온계를 넣어 체온을 측정한다.

④ 여름철에 수박을 계곡물에 담가둔 후 먹는다.

⑤ 생선을 얼음 위에 두어 신선한 상태를 유지한다.

10 그림과 같이 온도가 다른 두 물체 A, B를 접촉하였더니, A에서 B로 열이 이동하였다.

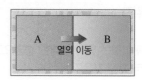

이에 대한 설명으로 옳은 것은? (단, 열은 A와 B 사이에서만 이동한다.)

① 처음에는 B가 A보다 온도가 높다.

② A 입자의 움직임은 점점 활발해진다.

③ B 입자 사이의 거리는 점점 가까워진다.

④ A가 잃은 열의 양과 B가 얻은 열의 양은 같다.

⑤ 시간이 지나면 B의 온도가 A의 온도보다 높아진다.

중요
11 그림은 온도가 다른 두 물질 (가)와 (나)의 입자 모형을 나타낸 것이다.

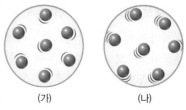

(가)   (나)

이에 대한 설명으로 옳은 것을 보기에서 모두 고른 것은? (단, (가)와 (나)는 같은 물질이다.)

보기
ㄱ. (가)에 열을 가하면 (나)와 같은 상태가 된다.
ㄴ. (가)와 (나)를 접촉하면 (가)에서 (나)로 열이 이동한다.
ㄷ. (가)와 (나)를 접촉하면 (가) 입자의 움직임은 활발해지고, (나) 입자의 움직임은 둔해진다.

① ㄱ   ② ㄴ   ③ ㄱ, ㄷ
④ ㄴ, ㄷ   ⑤ ㄱ, ㄴ, ㄷ

C 열이 이동하는 방식

12 열이 이동하는 방식에 대한 설명으로 옳지 <u>않은</u> 것은?

① 진공에서도 열이 이동할 수 있다.

② 고체에서는 주로 전도에 의해 열이 이동한다.

③ 열이 복사될 때는 입자의 이동 없이 열이 직접 이동한다.

④ 액체나 기체 상태의 물질에서는 입자가 직접 이동하여 열이 전달된다.

⑤ 대류에 의해 열이 이동할 때 온도가 높은 물질은 아래로 내려오고, 온도가 낮은 물질은 위로 올라간다.

13 다음의 현상들과 관계있는 열의 이동 방식을 옳게 짝 지은 것은?

> (가) 라면을 조리하기 위해 물을 끓인다.
> (나) 뜨거운 국에 담가 둔 숟가락의 손잡이가 뜨거워 진다.
> (다) 열화상 카메라로 촬영하여 멀리 떨어진 사람의 체온을 측정한다.

	(가)	(나)	(다)
①	전도	대류	복사
②	전도	복사	대류
③	대류	전도	복사
④	대류	복사	전도
⑤	복사	대류	전도

중요
14 오른쪽 그림은 금속에서 열이 이동하는 과정을 나타낸 것이다. 이에 대한 설명으로 옳지 <u>않은</u> 것은?

열의 이동 방향

① 전도에 의해 열이 이동한다.
② 주로 고체에서 일어나는 현상이다.
③ 온도가 높아진 부분의 입자는 움직임이 활발해 진다.
④ 입자의 움직임이 이웃한 입자에 차례로 전달되어 열이 이동한다.
⑤ 난로를 켜면 방 전체가 따뜻해지는 것과 같은 열의 이동 방식이다.

|탐구b
15 물질의 종류에 따라 열이 전도되는 정도에 대한 설명으로 옳은 것은?

① 금속은 열을 느리게 전달한다.
② 나무에서보다 금속에서 열이 더 빠르게 전도된다.
③ 물질의 종류에 관계없이 열이 전도되는 정도는 모두 같다.
④ 주전자를 만들 때 바닥 부분은 열을 빠르게 전달하도록 플라스틱으로 만든다.
⑤ 주전자의 손잡이는 주전자가 뜨거워져도 안전하게 잡을 수 있도록 주로 금속으로 만든다.

중요
16 오른쪽 그림은 물이 든 냄비의 아래쪽을 가열했을 때 물 전체가 따뜻해지는 모습을 나타낸 것이다. 이에 대한 설명으로 옳은 것을 보기에서 모두 고른 것은?

> **보기**
> ㄱ. 대류에 의한 현상이다.
> ㄴ. 물 입자들이 직접 이동하면서 열을 전달한다.
> ㄷ. 위로 올라가는 물은 아래로 내려오는 물보다 입자의 움직임이 활발하다.

① ㄱ ② ㄴ ③ ㄱ, ㄷ
④ ㄴ, ㄷ ⑤ ㄱ, ㄴ, ㄷ

17 다음은 열의 이동 방식을 고려하여 냉난방 기구를 설치하는 방법에 대한 설명이다.

> 냉방 기구는 위쪽에, 난방 기구는 아래쪽에 설치한다. 그 까닭은 따뜻한 공기는 (㉠) 이동하고, 차가운 공기는 (㉡) 이동하는 (㉢) 현상 때문이다.

냉방 기구
난방 기구

㉠~㉢에 들어갈 말을 옳게 짝 지은 것은?

	㉠	㉡	㉢
①	위로	아래로	전도
②	위로	아래로	대류
③	위로	아래로	복사
④	아래로	위로	전도
⑤	아래로	위로	대류

중요
18 오른쪽 그림과 같이 열화상 카메라로 사람이나 물체를 촬영하면 온도 분포를 알 수 있다. 이러한 현상과 관련 있는 방식으로 열이 전달되는 것을 모두 고르면? (2개)

① 다리미로 옷을 다림질한다.
② 그늘보다 햇볕 아래가 더 따뜻하다.
③ 난로를 켜면 방 전체가 따뜻해진다.
④ 화롯불 옆에 있으면 따뜻함을 느낀다.
⑤ 끓고 있는 냄비 손잡이를 만지면 뜨겁다.

중요
19 그림은 캠핑장에서 볼 수 있는 여러 가지 열의 이동 방식을 나타낸 것이다.

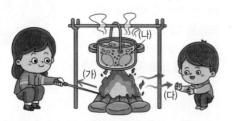

이에 대한 설명으로 옳은 것을 보기에서 모두 고른 것은?

보기
ㄱ. (가)와 같은 열의 이동 방식을 복사라고 한다.
ㄴ. (나)는 주로 고체에서 열이 이동하는 방식이다.
ㄷ. (다)는 물질을 거치지 않고 열이 직접 이동하는 방식이다.

① ㄱ　　　　② ㄷ　　　　③ ㄱ, ㄴ
④ ㄴ, ㄷ　　　⑤ ㄱ, ㄴ, ㄷ

20 다음은 태양열 온풍기를 설치하여 난방하는 어느 경로당에 대한 글이다.

○○ 경로당은 태양열 온풍기를 설치한 다음부터 난방비가 절반으로 줄었다. 태양열 온풍기는 햇볕을 받아 뜨거워진 집열판의 열을 이용한다. 차가운 공기는 태양열 온풍기의 아래쪽에 있는 관으로 들어가서 집열판을 지나면서 따뜻해지고, 따뜻해진 공기는 방 안으로 배출되어 실내의 온도를 높인다. 햇볕이 강할 때에는 0 ℃의 차가운 공기가 100 ℃ 정도까지 따뜻해져서 배출되기도 한다.

이에 대한 설명으로 옳은 것을 보기에서 모두 고른 것은?

보기
ㄱ. 태양의 열이 집열판까지 이동하는 것은 복사에 의한 현상이다.
ㄴ. 태양열 온풍기에서 따뜻해진 공기는 전도의 방식으로 방 전체를 따뜻하게 한다.
ㄷ. 차가운 공기가 집열판을 지날 때 열은 차가운 공기에서 집열판으로 이동한다.

① ㄱ　　　　② ㄴ　　　　③ ㄱ, ㄷ
④ ㄴ, ㄷ　　　⑤ ㄱ, ㄴ, ㄷ

중요
21 오른쪽 그림은 뜨거운 차가 든 컵을 탁자 위에 올려 두고, 충분한 시간이 지난 뒤의 모습을 나타낸 것이다. 처음과 비교하여 차 입자의 움직임 변화를 그 까닭과 함께 서술하시오.

22 오른쪽 그림은 손잡이가 플라스틱으로 된 냄비를 나타낸 것이다. 이와 같이 손잡이와 냄비의 재질이 다른 까닭을 서술하시오.

중요
23 그림은 열을 전달하는 방식을 책을 교실 뒤로 전달하는 방법에 비유한 것이다.

(1) (가), (나), (다)에 알맞은 열의 이동 방법을 쓰시오.

(2) (가), (나), (다)와 관련된 현상을 각각 한 가지씩 서술하시오.

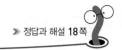
01 그림은 차가운 물과 뜨거운 물이 든 컵에 동시에 잉크를 떨어뜨렸을 때 잉크가 퍼지는 모습을 순서 없이 나타낸 것이다.

(가)   (나)

이에 대한 설명으로 옳은 것을 보기에서 모두 고른 것은?

보기

ㄱ. 입자의 움직임은 (가)에서가 (나)에서보다 더 활발하다.
ㄴ. (가)는 차가운 물이고, (나)는 뜨거운 물이다.
ㄷ. (가)와 (나)는 똑같은 물이므로 입자 사이의 거리가 동일하다.

① ㄱ   ② ㄴ   ③ ㄱ, ㄷ
④ ㄴ, ㄷ   ⑤ ㄱ, ㄴ, ㄷ

02 그림 (가)는 뜨거운 달걀을 차가운 물에 넣은 직후의 모습을 나타낸 것이고, 그림 (나)는 달걀과 물의 온도를 시간에 따라 나타낸 것이다.

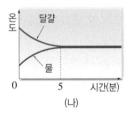

(가)   (나)

이에 대한 설명으로 옳은 것을 보기에서 모두 고른 것은? (단, 열은 달걀과 물 사이에서만 이동한다.)

보기

ㄱ. 처음 5분 동안 물의 입자 사이의 거리는 멀어진다.
ㄴ. 처음 5분 동안 달걀이 잃은 열량은 물이 얻은 열량보다 많다.
ㄷ. 5분이 지난 후 달걀과 물은 열평형에 도달한다.

① ㄱ   ② ㄴ   ③ ㄱ, ㄷ
④ ㄴ, ㄷ   ⑤ ㄱ, ㄴ, ㄷ

03 오른쪽 그림은 뜨거운 차가 담긴 컵의 모습을 나타낸 것이다. 이에 대한 설명으로 옳은 것을 보기에서 모두 고른 것은?

보기

ㄱ. 컵 손잡이가 뜨거워지는 까닭은 전도 때문이다.
ㄴ. 시간이 지나면 차 입자의 움직임은 점점 활발해진다.
ㄷ. 차에서 올라오는 김에서는 주로 복사로 열이 이동한다.

① ㄱ   ② ㄴ   ③ ㄱ, ㄷ
④ ㄴ, ㄷ   ⑤ ㄱ, ㄴ, ㄷ

04 다음은 전통 과학 기술에 대한 신문 기사의 일부이다.

냉난방 기술 속 선조들의 지혜!

○○신문 ○○월 ○○일

… 한옥은 온돌을 설치하였는데, 아궁이에 불을 지피면 방바닥 아래의 넓적한 돌인 구들장이 아궁이 쪽부터 뜨거워지고, (가) 열이 구들장 전체에 전달되어 방바닥이 따뜻해진다.
또한, 석빙고는 겨울에 채취한 얼음을 여름까지 저장하는 창고로, 냉장고 역할을 하였다. 석빙고의 천장에는 3개의 환기 구멍이 있는데, (나) 석빙고 안에서 뜨거워진 공기는 환기 구멍을 통해 밖으로 빠져나간다. 따라서 석빙고 안은 온도가 시원하게 유지된다.…

이에 대한 설명으로 옳은 것을 보기에서 모두 고른 것은?

보기

ㄱ. (가)는 전도에 의해 열이 이동한다.
ㄴ. (가)는 주로 액체, 기체에서 열이 이동하는 방식이다.
ㄷ. (나)의 원리를 이용하여 냉방 기구를 위쪽에 설치하는 것이 효과적이다.

① ㄱ   ② ㄴ   ③ ㄱ, ㄷ
④ ㄴ, ㄷ   ⑤ ㄱ, ㄴ, ㄷ

02 비열과 열팽창

A 비열

1 열량 온도가 다른 물질 사이에서 이동하는 열의 양[단위: cal(칼로리), kcal(킬로칼로리)]
① 1 kcal: 물 1 kg의 온도를 1 ℃ 높이는 데 필요한 열량 ➡ 1 kcal＝1000 cal
② 열량, 질량, 온도 변화의 관계

질량이 같은 물질에 다른 열량을 가할 때	질량이 다른 물질에 같은 열량을 가할 때
물질에 가한 열량이 클수록 온도 변화가 크다.	물질의 질량이 클수록 온도 변화가 작다.
➡ 열량∝온도 변화	➡ 질량∝$\dfrac{1}{온도 변화}$

2 비열 어떤 물질 1 kg의 온도를 1 ℃ 높이는 데 필요한 열량 [단위: kcal/(kg·℃)]
① 물의 비열: 1 kcal/(kg·℃) ➡ 물 1 kg의 온도를 1 ℃ 높이는 데 1 kcal가 필요
② 비열(c), 열량(Q), 질량(m), 온도 변화(t)의 관계 ╸여기에 잠깐 88쪽

$$비열 = \frac{열량}{질량 \times 온도 변화} \Rightarrow 열량 = 비열 \times 질량 \times 온도 변화, \quad Q = cmt$$

③ 비열의 특징 |탐구a 84쪽
• 비열은 물질마다 다르므로, 물질을 구별하는 특성이 된다.[1]

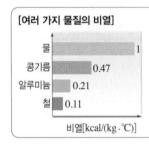

[여러 가지 물질의 비열]

물	1
콩기름	0.47
알루미늄	0.21
철	0.11

비열[kcal/(kg·℃)]

• 비열은 물질마다 다르다. ➡ 겉보기 성질이 비슷한 철과 알루미늄도 비열은 다르다.[2]
• 물＞콩기름＞알루미늄＞철 순으로 비열이 크다.
 ➡ 같은 질량의 물질을 같은 온도만큼 높일 때 물＞콩기름＞알루미늄＞철 순으로 필요한 열량이 크다.
 ➡ 같은 질량의 물질에 같은 열량을 가하면 철＞알루미늄＞콩기름＞물 순으로 온도 변화가 크다.

• 비열이 클수록 온도를 높이는 데 많은 열량이 필요하므로 온도가 잘 변하지 않는다.
➡ 물은 다른 물질에 비해 비열이 매우 커서 다양한 현상이 나타난다.
예 사람의 몸에 있는 물은 비열이 커서 체온을 일정하게 유지하는 데 도움을 준다. 낮에는 모래가 바닷물보다 뜨겁지만 밤에는 모래가 바닷물보다 차갑다.[3]

회보 3.5 **3 비열의 활용** 열이 이동할 때 온도 변화가 작아야 하는 경우는 비열이 큰 물질을 활용하고, 온도가 빠르게 변해야 하는 경우는 비열이 작은 물질을 활용한다.

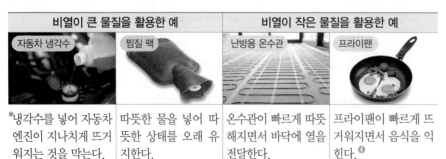

비열이 큰 물질을 활용한 예		비열이 작은 물질을 활용한 예	
자동차 냉각수	찜질 팩	난방용 온수관	프라이팬
*냉각수를 넣어 자동차 엔진이 지나치게 뜨거워지는 것을 막는다.	따뜻한 물을 넣어 따뜻한 상태를 오래 유지한다.	온수관이 빠르게 따뜻해지면서 바닥에 열을 전달한다.	프라이팬이 빠르게 뜨거워지면서 음식을 익힌다.[4]

플러스 강의

① 여러 가지 물질의 비열

물질	비열	물질	비열
철	0.11	콩기름	0.47
모래	0.19	에탄올	0.57
알루미늄	0.21	물	1.00

[단위: kcal/(kg·℃)]

② 철과 알루미늄의 구분
철과 알루미늄은 색과 광택이 있는 겉보기 성질로는 구분하기 어렵지만, 비열로 구분할 수 있다.

▲ 철　▲ 알루미늄

③ *해륙풍
모래는 물보다 비열이 작아서 낮에는 육지의 기온이 바다의 기온보다 높고, 밤에는 육지의 기온이 바다의 기온보다 낮다. 이때 기온이 높은 곳은 대류로 인해 공기가 위로 올라가며 주변 공기가 모여든다. 따라서 낮에는 바다에서 육지로 바람이 부는 해풍이, 밤에는 육지에서 바다로 바람이 부는 육풍이 분다.

▲ 낮에 부는 해풍

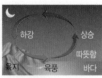

▲ 밤에 부는 육풍

④ 비열이 큰 뚝배기
프라이팬과 달리 비열이 큰 뚝배기는 뜨거운 상태를 오래 유지해야 하는 음식을 요리할 때 사용한다.

용어 돋보기

* **해륙풍**(海 바다, 陸 육지, 風 바람)_해안 지방에서 바다와 육지의 기온 차이 때문에 낮과 밤에 방향이 바뀌어 부는 바람
* **냉각수**(冷 차가울, 却 물리치다, 水 물)_높은 열을 내는 기계를 차게 식히는 데 쓰는 물

A 비열

• ☐☐ : 온도가 다른 물질 사이에서 이동하는 열의 양

• ☐☐ : 어떤 물질 1 kg의 온도를 1 ℃ 높이는 데 필요한 열량

비열 = $\dfrac{☐☐}{질량 × 온도 변화}$

• 같은 열량을 가할 때 물질의 비열이 클수록 온도 변화가 ☐☐.

• 사람의 몸에 있는 물은 ☐☐이 커서 체온을 일정하게 유지하는 데 중요한 역할을 한다.

• 열이 이동할 때 온도가 ☐☐☐ 변해야 하는 경우는 비열이 작은 물질을 활용한다.

A 1 열량과 비열에 대한 설명으로 옳은 것은 ○, 옳지 않은 것은 ×로 표시하시오.

(1) 물질의 질량이 같을 때 물질에 가한 열량이 클수록 온도 변화가 크다. (　　　)

(2) 어떤 물질에 같은 열량을 가할 때 물질의 질량이 클수록 온도 변화가 크다.
　　　　　　　　　　　　　　　　　　　　　　　　　　　　　　　　(　　　)

(3) 어떤 물질의 온도를 1 ℃ 높이는 데 필요한 열량을 비열이라고 한다. … (　　　)

(4) 비열이 작은 물질일수록 같은 열량을 가할 때 온도 변화가 크다. ……… (　　　)

2 오른쪽 그림 (가), (나)와 같이 각각 물 300 g과 물 600 g이 담겨 있는 비커를 가열하였다.

(1) (가), (나) 중 같은 세기의 불꽃으로 같은 시간 동안 가열할 때 온도 변화가 큰 것을 고르시오.

(2) (가), (나) 중 물의 온도가 각각 10 ℃씩 높아지는 동안 가한 열량이 큰 것을 고르시오.

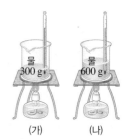
(가)　　(나)

- **더** 풀어보고 싶다면? ➤ **시험 대비 교재 38**쪽 계산력·암기력 **강화 문제**

3 질량이 4 kg인 식용유의 온도를 10 ℃ 높이는 데 16 kcal의 열량이 필요하다고 할 때, 식용유의 비열은 몇 kcal/(kg·℃)인지 구하시오.

4 질량이 4 kg인 물의 온도를 10 ℃ 높이는 데 필요한 열량은 몇 kcal인지 구하시오. (단, 물의 비열은 1 kcal/(kg·℃)이다.)

5 표는 여러 가지 물질의 비열을 나타낸 것이다. 각 물질 100 g에 100 kcal의 열량을 각각 가했을 때 온도 변화가 가장 큰 물질은 무엇인지 쓰시오.

물질	철	알루미늄	콩기름	모래	에탄올
비열(kcal/kg·℃)	0.11	0.21	0.47	0.19	0.57

암기꿀 비열과 온도 변화의 관계

$Q = cmt$ 이니까
큐, 씨 엠 티
바비 Q = 씨암탉!

열량
맛있겠다!

6 (　　　) 안에 알맞은 말을 고르시오.

(1) 물은 다른 물질에 비해 비열이 매우 (커서, 작아서) 다양한 현상이 나타난다.

(2) 해안가에서 낮에는 모래가 바닷물보다 ㉠(뜨겁지만, 차갑지만), 밤에는 모래가 바닷물보다 ㉡(뜨겁다, 차갑다).

(3) 자동차 냉각수는 자동차의 엔진이 지나치게 뜨거워지는 것을 막기 위해 비열이 (큰, 작은) 물질을 활용한다.

(4) 프라이팬은 비열이 작은 물질을 활용하여 (빠르게, 느리게) 뜨거워지면서 음식을 익힌다.

비열과 열팽창

B 열팽창

1 열팽창 물질의 온도가 높아질 때 물질의 길이 또는 부피가 증가하는 현상

① 입자의 움직임과 열팽창: 물질의 온도가 높아지면 물질을 구성하는 입자의 움직임이 활발해지고, 입자 사이의 평균적인 거리가 멀어진다. ➡ 물질의 부피가 팽창한다.

② 물질의 상태에 따라 열팽창 정도가 다르다. ➡ 일반적으로 고체보다 액체의 열팽창 정도가 크다.❶

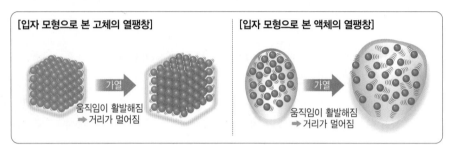

[입자 모형으로 본 고체의 열팽창]　움직임이 활발해짐 ➡ 거리가 멀어짐

[입자 모형으로 본 액체의 열팽창]　움직임이 활발해짐 ➡ 거리가 멀어짐

③ 물질의 종류에 따라 열팽창 정도가 다르다.❷ 예 에탄올의 열팽창 정도가 물보다 크다.

|탐구b 86쪽

2 열팽창의 활용

① 바이메탈: 열팽창 정도가 다른 두 금속을 붙여 놓은 장치 ➡ 온도가 높아지면 열팽창 정도가 큰 금속이 열팽창 정도가 작은 금속 쪽으로 휘어진다.

열팽창 정도가 작은 금속 / 열팽창 정도가 큰 금속 / 가열: 팽창한다. / 적게 팽창 / 많이 팽창 / ❸ 바이메탈을 가열하면 열팽창 정도가 작은 금속 쪽으로 휘어진다.

[바이메탈을 활용한 전기 주전자]
전원을 연결하여 온도가 높아지면 바이메탈은 열팽창 정도가 작은 위쪽으로 휘어진다. ➡ 회로가 끊어져서 더 이상 온도가 높아지지 않는다.

▲온도가 높을 때 / ▲온도가 낮을 때

[바이메탈을 활용한 화재경보기]
불이 나서 온도가 높아지면 바이메탈은 열팽창 정도가 작은 아래쪽으로 휘어진다. ➡ 회로가 연결되어 경보가 울리게 된다.

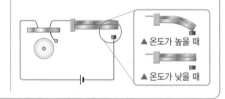

▲온도가 높을 때 / ▲온도가 낮을 때

회보 3.6

② 열팽창과 우리 생활❹

가스관	다리의 이음새	철근 콘크리트 건물	내열 유리 조리 도구
가스관, 송유관은 중간에 구부러진 부분을 만들어 열팽창에 의한 사고를 예방한다.	다리, 기차선로의 이음새 부분에 틈을 만들어 여름에 열팽창으로 휘는 것을 막는다.	철근은 콘크리트와 열팽창 정도가 비슷하여 건물이 열팽창의 영향을 적게 받는다.	열팽창 정도가 작은 내열 유리를 사용하여 열팽창으로 변형되는 것을 막는다.

➕ 플러스 강의

❶ 열팽창 정도

고체와 액체는 물질의 종류에 따라 열팽창 정도가 다르지만, 기체는 물질의 종류에 관계없이 열팽창 정도가 같다. 압력이 일정할 때 일정량의 기체의 부피는 온도가 높아짐에 따라 일정하게 증가하기 때문이다.

❷ 종이와 알루미늄의 열팽창

가열등 / 종이 / 알루미늄박

알루미늄박에 종이를 겹쳐 붙이고 직사각형으로 길게 2개를 자른 뒤, 각각 반대 방향으로 스탠드에 걸고 가열하면 알루미늄박이 종이 쪽으로 휘어진다. ➡ 알루미늄의 열팽창 정도가 종이보다 크다.

❸ 바이메탈을 냉각시킬 경우

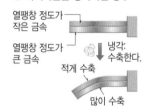

열팽창 정도가 작은 금속 / 열팽창 정도가 큰 금속 / 냉각: 수축한다. / 적게 수축 / 많이 수축

바이메탈을 냉각시키면 금속이 수축하여 휘어진다. 이때 열팽창 정도가 큰 쪽이 많이 수축하여 더 짧아지므로 그 쪽으로 휘어진다.

❹ 열팽창의 다른 예

• 여름철에는 전깃줄이 늘어지고, 겨울에는 팽팽해진다.
• 철로 만들어진 에펠탑의 높이는 여름철이 겨울철보다 높다.
• 충치를 치료할 때 넣는 충전재는 치아와 열팽창 정도가 비슷한 물질을 사용한다.
• 포개진 그릇이 빠지지 않을 때는 안쪽 그릇에는 차가운 물을 넣고, 바깥쪽 그릇은 뜨거운 물에 담그면 쉽게 빠진다.
• 온도계 속 액체는 온도가 높아지면 부피가 팽창하므로 액체가 가리키는 눈금이 올라간다.
• 음료수의 열팽창으로 병이 터지는 것을 막기 위해 음료수 병에 음료수를 가득 채우지 않는다.

B 열팽창

- ⬜⬜⬜: 물질의 온도가 높아질 때 물질의 길이 또는 부피가 증가하는 현상
- 물질의 ⬜⬜와 상태에 따라 열팽창 정도가 다르다.
- ⬜⬜⬜⬜: 열팽창 정도가 다른 두 금속을 붙여 놓은 장치
- 가스관은 중간에 구부러진 부분을 만들어 ⬜⬜⬜에 의한 사고를 예방한다.

B 7 다음은 열팽창에 대한 설명이다. (   ) 안에 알맞은 단어를 보기에서 골라 쓰시오.

> 물질에 열을 가하면 ㉠(   )이/가 높아지고, 입자의 ㉡(   )이/가 활발해진다. 따라서 입자 사이의 ㉢(   )이/가 멀어지므로 물질의 ㉣(   )이/가 증가한다.

> **보기**
>
> 개수   거리   부피   온도   움직임   질량

8 (   ) 안에 알맞은 말을 고르시오.

(1) 물질의 종류와 상태가 다를 때 물질이 열팽창하는 정도가 (같다, 달라진다).

(2) 일반적으로 고체보다 액체의 열팽창 정도가 (크다, 작다).

(3) 물은 에탄올보다 열팽창 정도가 (크다, 작다).

9 그림은 금속 막대 A, B, C를 사용하여 바이메탈을 만든 후 가열하였더니 휘어진 모습을 나타낸 것이다.

금속의 열팽창 정도를 비교하시오.

(1) A ⬜ B   (2) A ⬜ C   (3) B ⬜ C

(4) A, B, C의 열팽창 정도 비교: ⬜ > ⬜ > ⬜

암기콩 바이메탈이 휘어지는 방향

키가 같으니까 딱 좋다!

내가 더 커져서 너를 내려다 보네~

가열

바이메탈을 **가열**하면 열팽창 정도가 **작은** 금속 쪽으로 휘어진다.

10 열팽창과 관련된 현상으로 옳은 것은 ○, 옳지 않은 것은 ×로 표시하시오.

(1) 다리나 철로 이음새 부분에 틈을 만든다. ·· (   )

(2) 불 위에 둔 냄비가 점점 전체적으로 뜨거워진다. ······················· (   )

(3) 전깃줄이 여름철에는 늘어지고, 겨울철에는 팽팽해진다. ············ (   )

(4) 냉장고 안에 과일을 넣은 후 시간이 지나면 과일이 차가워진다. ········· (   )

탐구 a 여러 가지 액체의 비열 비교

이 탐구에서는 질량이 같은 두 액체를 가열할 때 온도 변화를 측정하여 비열을 비교해 본다.

과정

오투실험실

♥ 유의점

- 액체를 너무 빠르게 가 열하지 않도록 유의한다.
- 가열 장치 표면과 금속 비커가 뜨거우므로 화상 을 입지 않도록 안전사 고에 유의한다.
- 온도 센서의 끝부분이 금속 비커의 바닥에 닿 지 않게 주의한다.

❶ 금속 비커 2개에 물 50 g과 식용유 50 g을 각각 넣 는다.

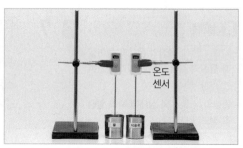
❷ 2개의 금속 비커에 온도 센서를 각각 장치한다.

❸ 5분 동안 비커를 가열하면서 물과 식용유의 온도를 측정한다.

❹ 온도 측정 앱에 기록된 시간-온도 그래프를 확인 한다.

결과 & 해석

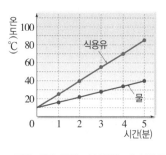

시간(분)	0	1	2	3	4	5
물의 온도(℃)	10	16	23	28	35	40
식용유의 온도(℃)	10	26	41	55	71	85

- 같은 시간 동안 가열했을 때 식용유의 온도 변화가 물보다 크다. ➡ 물의 비열이 식용유보다 크다.
- 같은 온도만큼 높이는 데 필요한 열량은 물이 식용유보다 더 많다. ➡ 질량이 같을 때 비열이 클수록 같은 온도 만큼 변화시키는 데 많은 열량이 필요하다.

정리

1. 같은 질량의 물질에 같은 열량을 가했을 때, 온도 변화가 ㉠ (클, 작을)수록 물질의 비열이 크다.

2. 같은 질량의 물질을 같은 온도만큼 높일 때, 물질의 비열이 ㉡ (클, 작을)수록 많은 열량을 가해야 한다.

이렇게도 실험해요

과정 ❶ 따뜻한 물이 든 수조에 같은 양의 물과 식용유가 든 비커 2개 를 넣고 온도가 같아지도록 한다.
❷ 수조에서 비커 2개를 꺼낸 뒤, 1분 간격으로 물과 식용유의 온도를 측정한다.

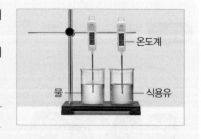

결과

시간(분)	0	1	2	3	4
물의 온도(℃)	60	58	57	55	54
식용유의 온도(℃)	60	56	52	48	44

- 같은 시간 동안 온도 변화: 물<식용유
- 물질의 비열: 물>식용유

01 탐구 ⓐ에 대한 설명으로 옳은 것은 ○, 옳지 않은 것은 ×로 표시하시오.

(1) 과정 ❸에서 시간이 흐를수록 물질에 가한 열량은 증가한다. ··· ( )

(2) 5분 후 식용유의 온도가 물보다 높으므로 식용유가 얻은 열량이 물이 얻은 열량보다 크다. ········· ( )

(3) 식용유의 온도 변화가 물의 온도 변화보다 크므로 비열은 식용유가 물보다 크다. ··················· ( )

(4) 과정 ❶에서 물과 식용유의 양을 200 g으로 바꾸고 같은 실험을 반복하면 같은 시간 동안 식용유의 온도 변화가 더 커진다. ··· ( )

(5) 과정 ❸에서 가열 장치의 세기를 강하게 바꾸고 같은 실험을 반복하면 같은 시간 동안 온도 변화가 커진다. ··· ( )

[02~03] 그림은 질량이 각각 50 g인 물과 식용유를 가열 장치 위에 올려놓고 동시에 가열하는 모습을 나타낸 것이고, 표는 이때 물과 식용유의 온도를 나타낸 것이다.

구분	물	식용유
처음 온도(℃)	10	10
5분 후 온도(℃)	40	85

02 이 실험에서 5분 동안 물에 가한 열량을 구하시오. (단, 물의 비열은 1 kcal/(kg·℃)이다.)

03 5분 동안 물과 식용유에 가한 열량이 같을 때 식용유의 비열을 구하시오.

04 그림은 질량이 같은 두 액체 A, B를 동일하게 가열하였을 때 시간에 따른 A, B의 온도를 나타낸 것이다.

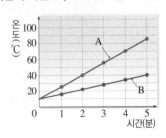

이에 대한 설명으로 옳은 것을 보기에서 모두 고른 것은?

> **보기**
> ㄱ. 비열은 B가 A보다 크다.
> ㄴ. 5분 동안 A와 B가 받은 열량은 같다.
> ㄷ. 같은 열량을 가했을 때 온도 변화가 큰 것은 A이다.

① ㄱ　　　② ㄴ　　　③ ㄱ, ㄷ
④ ㄴ, ㄷ　　　⑤ ㄱ, ㄴ, ㄷ

이렇게도 실험해요 확인 문제

[05~06] 표는 질량이 같은 물질 A, B를 온도가 같아지도록 가열한 후 실온에서 같은 시간 동안 냉각시킬 때 처음 온도와 나중 온도를 나타낸 것이다.

물질	A	B
처음 온도(℃)	60	60
나중 온도(℃)	36	51

05 이에 대한 설명으로 옳은 것을 보기에서 모두 고른 것은?

> **보기**
> ㄱ. A가 B보다 온도 변화가 크다.
> ㄴ. 비열은 A가 B보다 크다.
> ㄷ. 같은 온도만큼 높이는 데 더 많은 열량이 필요한 것은 B이다.

① ㄱ　　　② ㄴ　　　③ ㄱ, ㄷ
④ ㄴ, ㄷ　　　⑤ ㄱ, ㄴ, ㄷ

06 A와 B가 같은 물질인지 아닌지를 쓰고, 그 까닭을 서술하시오.

탐구 b

여러 가지 액체의 열팽창 비교

이 탐구에서는 서로 다른 액체의 온도에 따른 부피 변화를 관찰하고, 물질에 따라 열팽창 정도가 다른 것을 비교하여 알아본다.

과정

오투실험실

❤ **유의점**
뜨거운 물을 사용할 때 화상을 입지 않도록 안전 사고에 주의한다.

❶ 삼각 플라스크에 서로 다른 색의 물감을 섞은 물과 에탄올을 각각 가득 채운다.

❷ 유리관을 꽂은 고무마개로 삼각 플라스크의 입구를 막고, 유리관에 액체의 처음 높이를 표시한다.

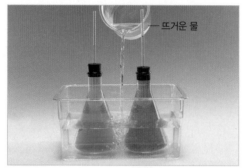

❸ 수조에 삼각 플라스크를 넣고 뜨거운 물을 천천히 붓는다.

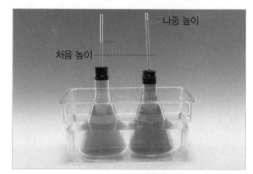

❹ 유리관에 올라온 액체의 높이 변화를 관찰하고, 비교한다.

◎ **삼각 플라스크의 열팽창**
뜨거운 물을 부으면 삼각 플라스크도 열팽창을 하지만 액체의 열팽창 정도가 훨씬 크므로 삼각 플라스크의 열팽창은 무시한다.

결과 & 해석

• 액체의 온도가 올라가면서 유리관 속 액체의 높이가 높아진다. ➡ 액체가 열팽창을 한다.
• 액체의 온도가 높아지면 입자들의 움직임이 활발해지고, 입자 사이의 거리가 멀어지므로 부피가 증가한다.
• 유리관 속 액체의 높이 변화는 물보다 에탄올이 더 크다. ➡ 물보다 에탄올의 열팽창 정도가 더 크다.

정리

1. 물질은 온도가 높아지면 부피가 늘어나는 ㉠(　　　　)을 한다.
2. 물질의 종류에 따라 열팽창 정도가 ㉡(같다, 다르다).

◎ **실험 장치의 원리**
금속 막대가 열팽창하면서 바늘 아랫부분을 오른쪽으로 밀기 때문에 바늘이 회전한다.

금속 막대　　회전축

이렇게도 실험해요

금속 막대의 열팽창 비교

과정 ❶ 그림과 같이 구리, 알루미늄, 철 막대를 열팽창 실험 장치에 연결한다.
❷ 세 금속 막대를 동시에 가열하면서 막대와 연결된 바늘의 눈금 변화를 관찰한다.

결과 알루미늄＞구리＞철 순으로 바늘이 크게 회전한다.
➡ 알루미늄＞구리＞철 순으로 열팽창 정도가 크다.

철　구리　알루미늄
막대와 연결된 바늘

01 |탐구|에 대한 설명으로 옳은 것은 ○, 옳지 <u>않은</u> 것은 ×로 표시하시오.

(1) 에탄올이 든 삼각 플라스크 주위에 뜨거운 물을 부을 때 열은 에탄올에서 물로 이동한다. ·············· (   )

(2) 삼각 플라스크 속 물과 에탄올의 입자 사이의 거리는 점점 멀어진다. ··············· (   )

(3) 삼각 플라스크도 열팽창이 일어난다. ·············· (   )

(4) 유리관에 올라온 액체의 높이 변화는 물과 에탄올이 동일하다. ·············· (   )

(5) 에탄올보다 물의 열팽창 정도가 더 크다. ······ (   )

[02~03] 그림과 같이 같은 양의 에탄올과 물이 든 삼각 플라스크를 수조에 넣고 뜨거운 물을 천천히 부었더니, 유리관 속 액체의 높이가 변하였다.

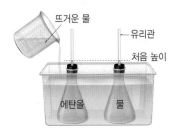

02 그림은 이 실험에서 유리관에 올라온 액체의 높이 변화를 나타낸 것이다.

(가)와 (나) 중 에탄올은 어느 것인지 고르시오.

03 이 실험에서 뜨거운 물을 천천히 부은 뒤 삼각 플라스크 속 물과 에탄올에 대한 설명으로 옳은 것은?

① 물은 온도가 낮아진다.
② 물은 입자의 움직임이 활발해진다.
③ 에탄올은 입자의 움직임이 둔해진다.
④ 물은 입자 사이의 거리가 가까워지고, 에탄올은 입자 사이의 거리가 멀어진다.
⑤ 열팽창 정도는 물과 에탄올이 같다.

04 그림은 둥근바닥 플라스크에 온도가 같은 물과 에탄올을 같은 양만큼 넣고 처음 높이를 표시한 후, 뜨거운 물이 든 수조에 넣었더니 물과 에탄올의 높이가 높아진 채로 멈춘 모습을 나타낸 것이다.

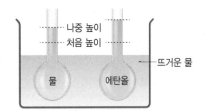

이에 대한 설명으로 옳은 것을 보기에서 모두 고른 것은?

> **보기**
> ㄱ. 수조에 넣은 후 에탄올 입자의 움직임은 활발해진다.
> ㄴ. 물과 에탄올은 열평형을 이루었다.
> ㄷ. 열팽창 정도는 물이 에탄올보다 크다.

① ㄱ   ② ㄷ   ③ ㄱ, ㄴ
④ ㄴ, ㄷ   ⑤ ㄱ, ㄴ, ㄷ

🔥 이렇게도 실험해요 **확인 문제**

[05~06] 오른쪽 그림과 같이 철, 구리, 알루미늄 막대 끝을 바늘에 연결하고 가열하였더니, 바늘이 오른쪽으로 돌아갔다.

05 이에 대한 설명으로 옳지 <u>않은</u> 것은?

① 열팽창에 의한 현상이다.
② 가열 시간이 길수록 바늘이 더 많이 돌아간다.
③ 금속 막대를 가열하면 막대의 길이가 길어진다.
④ 금속의 종류가 다르면 금속 막대가 열팽창하는 정도가 다르다.
⑤ 열팽창 정도를 비교하면 철＞구리＞알루미늄 순으로 크다.

06 세 막대를 가열할 때 바늘이 오른쪽으로 돌아간 까닭을 막대 입자 사이의 거리와 연관 지어 서술하시오.

비열에 관한 문제는 시험에서 그래프와 함께 출제되는 경우가 많아요. 그래프를 보고 비열을 구하는 공식에 값을 대입하면 쉽게 문제를 해결할 수 있어요. 여기서 잠깐에서 그래프 해석을 알아볼까요? ▶ 정답과 해설 **20**쪽

시간에 따른 온도 그래프 해석 정복하기

유형 ❶ 두 물체에 같은 열량을 가하는 경우 온도 그래프

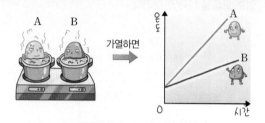

가열하면

1. A, B가 같은 물질인 경우(비열이 같은 경우)

$$열량 = \underset{일정}{비열} \times 질량 \times 온도\ 변화$$

반비례 관계

- 온도 변화는 질량에 반비례한다.
- 시간 – 온도 그래프의 기울기가 작을수록 질량이 크다.
  ➡ B의 질량 > A의 질량

2. A, B의 질량이 같은 경우

$$열량 = 비열 \times \underset{일정}{질량} \times 온도\ 변화$$

반비례 관계

- 온도 변화는 비열에 반비례한다.
- 시간 – 온도 그래프의 기울기가 작을수록 비열이 크다.
  ➡ B의 비열 > A의 비열

유형 ❷ 온도가 다른 두 물체를 접촉하는 경우 온도 그래프

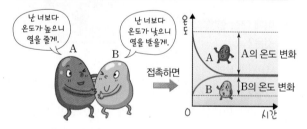

난 너보다 온도가 높으니 열을 줄게.

난 너보다 온도가 낮으니 열을 받을게.

접촉하면

A의 온도 변화

B의 온도 변화

1. A, B가 같은 물질인 경우(비열이 같은 경우)

$$열량 = \underset{일정}{비열} \times 질량 \times 온도\ 변화$$

반비례 관계

- 온도 변화는 질량에 반비례한다.
- 온도 변화는 A가 B보다 크다. ➡ B의 질량 > A의 질량

2. A, B의 질량이 같은 경우

$$열량 = 비열 \times \underset{일정}{질량} \times 온도\ 변화$$

반비례 관계

- 온도 변화는 비열에 반비례한다.
- 온도 변화는 A가 B보다 크다. ➡ B의 비열 > A의 비열

유제 ❶ 오른쪽 그림은 물질 A, B, C에 같은 열량을 가할 때 시간에 따른 온도를 나타낸 것이다.

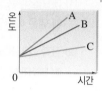

(1) A, B, C가 같은 물질인 경우, 질량이 가장 큰 것을 고르시오.

(2) A, B, C의 질량이 같은 경우, 비열이 가장 큰 것을 고르시오.

유제 ❷ 오른쪽 그림은 같은 물질 A와 B에 같은 열량을 가했을 때 시간에 따른 온도를 나타낸 것이다. A와 B의 질량 비(A : B)로 옳은 것은?

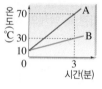

① 1 : 1   ② 1 : 2   ③ 1 : 3
④ 2 : 1   ⑤ 3 : 1

유제 ❸ 그림 (가)는 20 ℃의 물체 A에 80 ℃의 물체 B를 접촉하였을 때 시간에 따른 온도를 나타낸 것이고, 그림 (나)는 80 ℃의 물체 B에 20 ℃의 물체 C를 접촉하였을 때 시간에 따른 온도를 나타낸 것이다. (단, 열은 A와 B, B와 C 사이에서만 이동한다.

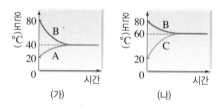

(가)   (나)

(1) A, B, C가 같은 물질인 경우, 부등호를 이용해 질량을 비교하시오.

(2) A, B, C의 질량이 같은 경우, 부등호를 이용해 비열을 비교하시오.

기출 문제로

내신쑥쑥

전국 주요 학교의 **시험에 가장 많이 나오는 문제**들로만 구성하였습니다.
모든 친구들이 '꼭' 봐야 하는 코너입니다.

➤ 정답과 해설 20쪽

A 비열

중요
01 비열에 대한 설명으로 옳지 <u>않은</u> 것을 모두 고르면? (2개)

① 어떤 물질 1 kg의 온도를 1 ℃ 높이는 데 필요한 열량을 비열이라고 한다.
② 비열의 단위는 kcal/(kg·℃)를 사용한다.
③ 같은 질량의 두 물질을 같은 열량으로 가열할 때, 비열이 큰 물질일수록 빨리 데워진다.
④ 비열은 물질의 종류에 따라 다르므로, 물질을 구별하는 특성이 된다.
⑤ 물질의 비열은 질량이 클수록 커진다.

02 온도가 7 ℃인 액체 5 kg에 10 kcal의 열량을 가하였더니, 온도가 32 ℃가 되었다. 이 액체의 비열은?

① 0.008 kcal/(kg·℃)   ② 0.0625 kcal/(kg·℃)
③ 0.08 kcal/(kg·℃)   ④ 0.625 kcal/(kg·℃)
⑤ 1 kcal/(kg·℃)

중요
03 표는 여러 가지 물질의 비열을 나타낸 것이다.

물질	물	콩기름	알루미늄	모래	철
비열 (kcal/(kg·℃))	1.00	0.47	0.21	0.19	0.11

이에 대한 설명으로 옳은 것을 보기에서 모두 고른 것은?

보기
ㄱ. 물의 비열이 가장 크다.
ㄴ. 질량이 같은 물질의 온도를 1 ℃ 높이는 데 필요한 열량은 알루미늄이 모래보다 크다.
ㄷ. 질량이 같은 물질을 같은 열량으로 가열할 때 온도 변화가 가장 큰 물질은 철이다.

① ㄱ   ② ㄴ   ③ ㄱ, ㄷ
④ ㄴ, ㄷ   ⑤ ㄱ, ㄴ, ㄷ

04 표는 질량이 같은 물질 A, B, C를 10분 동안 같은 열량으로 가열했을 때의 온도 변화를 나타낸 것이다.

물질	처음 온도(℃)	나중 온도(℃)
A	20	40
B	20	60
C	20	52

A, B, C의 비열을 옳게 비교한 것은?

① A>B>C   ② A>C>B
③ B>A>C   ④ B>C>A
⑤ C>B>A

|탐구ⓐ
05 오른쪽 그림과 같이 질량이 각각 100 g인 물과 식용유를 가열 장치 위에 올려놓고 동시에 가열하였다. 이에 대한 설명으로 옳지 <u>않은</u> 것은?

① 두 물질의 비열은 다르다.
② 같은 시간 동안 두 물질이 받은 열량은 같다.
③ 같은 시간 동안 식용유의 온도가 물보다 더 많이 변한다.
④ 두 물질을 같은 온도만큼 높이는 데 필요한 열량이 다르다.
⑤ 비열이 큰 물질일수록 같은 시간 동안 온도가 더 크게 높아진다.

중요
06 오른쪽 그림은 질량이 같은 액체 A와 B를 같은 열량으로 가열할 때, 가열 시간에 따른 온도를 나타낸 것이다. 이에 대한 설명으로 옳지 <u>않은</u> 것은?

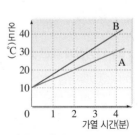

① 4분 동안 A와 B가 얻은 열량은 같다.
② 같은 시간 동안 온도 변화 비(A : B)는 3 : 4이다.
③ A와 B의 비열 비(A : B)는 3 : 2이다.
④ 그래프의 기울기가 클수록 비열이 작다.
⑤ A와 B는 서로 다른 물질이다.

07 그림은 낮에 해안가에서 바람이 부는 과정을 나타낸 것이다.

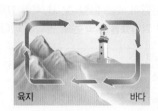

육지　　　　바다

이에 대한 설명으로 옳은 것을 모두 고르면? (2개)

① 태양의 열에너지가 전도에 의해 바다와 육지에 전달된다.
② 바다의 온도가 육지의 온도보다 빨리 높아진다.
③ 육지와 바다의 비열이 다르기 때문에 나타나는 현상이다.
④ 바다에서 육지로 바람이 부는 것은 대류에 의해 나타나는 현상이다.
⑤ 밤에도 바람이 같은 방향으로 분다.

08 비열에 의한 현상이나 비열을 활용한 예에 대한 설명으로 옳지 <u>않은</u> 것은?

① 자동차의 냉각수로 물을 사용한다.
② 찜질 팩 안에 물을 넣어서 사용한다.
③ 음식의 따뜻함을 오랫동안 유지하기 위해 뚝배기에서 조리한다.
④ 사람의 몸에는 물이 많아서 체온을 일정하게 유지하는 데 도움을 준다.
⑤ 난방용 온수관은 온도가 잘 변하지 않아 오랫동안 바닥을 따뜻하게 유지한다.

B 열팽창

09 열팽창에 대한 설명으로 옳지 <u>않은</u> 것은?

① 물질을 가열하면 부피가 증가하는 현상이다.
② 열에 의해 물질을 이루는 입자 사이의 거리가 멀어지기 때문에 나타나는 현상이다.
③ 물질을 가열해도 물질을 이루는 입자의 수와 입자의 크기는 변하지 않는다.
④ 같은 물질이면 고체, 액체 상태에 관계없이 열팽창 정도가 같다.
⑤ 물질의 열팽창 정도는 물질의 종류에 따라 다르다.

|탐구b
10 오른쪽 그림은 같은 양의 에탄올과 물이 든 삼각 플라스크를 수조에 넣고 뜨거운 물을 부었더니, 유리관 속 액체의 높이가 변한 모습을 나타낸 것이다. 이에 대한 설명으로 옳지 <u>않은</u> 것은?

나중 높이　나중 높이
에탄올　물
뜨거운 물

① 물질의 온도가 높아지면 부피가 증가한다.
② 에탄올과 물 모두 유리관을 따라 올라간다.
③ 부피가 변한 정도는 물이 에탄올보다 크다.
④ 물질의 열팽창 정도는 에탄올이 물보다 크다.
⑤ 에탄올과 물 모두 입자의 움직임이 활발해진다.

11 그림은 실온에 두었던 부피가 같은 식용유, 물, 에탄올을 동일한 유리병에 각각 넣고 뜨거운 물에 충분히 담가 두었더니, 유리관으로 올라온 액체의 높이가 각각 달라진 모습을 나타낸 것이다.

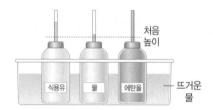

처음 높이

식용유　물　에탄올

뜨거운 물

세 액체의 열팽창 정도를 옳게 비교한 것은?

① 식용유>물>에탄올　② 식용유>에탄올>물
③ 물>식용유>에탄올　④ 물>에탄올>식용유
⑤ 에탄올>식용유>물

12 그림과 같이 두 금속 A, B를 붙여서 만든 바이메탈을 가열하였더니 A 방향으로 휘어졌다. 이에 대한 설명으로 옳은 것은?

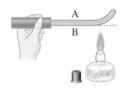

A
B

① A와 B는 같은 종류의 금속이다.
② 열팽창 정도는 A가 B보다 크다.
③ 이 바이메탈을 냉각시키면 A가 B보다 많이 수축한다.
④ 이 바이메탈을 냉각시키면 A 쪽으로 휘어진다.
⑤ 이러한 장치는 온도에 따라 자동으로 작동되거나 전원이 차단되는 제품에 사용된다.

⌣중요

13 그림은 전기 주전자 내부의 회로에서 바이메탈을 이용한 모습을 나타낸 것이다.

▲ 온도가 높을 때

▲ 온도가 낮을 때

이에 대한 설명으로 옳은 것을 보기에서 모두 고른 것은?

┌─ 보기 ┐
ㄱ. 바이메탈은 A와 B의 열팽창 정도가 다른 것을 활용한 장치이다.
ㄴ. 온도가 높아지면 A는 B보다 입자 사이의 거리가 더 많이 멀어진다.
ㄷ. 바이메탈의 온도가 특정 온도보다 높아지면 전기 주전자의 가열 장치가 작동한다.

① ㄱ   ② ㄴ   ③ ㄱ, ㄷ
④ ㄴ, ㄷ   ⑤ ㄱ, ㄴ, ㄷ

14 열팽창으로 설명할 수 있는 현상으로 옳지 <u>않은</u> 것을 모두 고르면? (2개)

① 여름철에 전깃줄이 늘어진다.
② 냄비의 손잡이는 주로 플라스틱으로 만든다.
③ 에펠탑의 높이는 여름철이 겨울철보다 높다.
④ 프라이팬은 빠르게 뜨거워지면서 음식을 익힌다.
⑤ 여름철 폭염에 기차선로가 휘어지는 것을 막기 위해 이음새 부분에 틈을 만든다.

15 오른쪽 그림과 같이 다리를 설치할 때에는 다리의 이음새 부분에 틈을 만들어 두어야 한다. 이에 대한 설명으로 옳은 것을 보기에서 모두 고른 것은?

┌─ 보기 ┐
ㄱ. 이음새의 틈은 겨울보다 여름에 크다.
ㄴ. 열팽창에 의해 다리가 휘는 것을 막기 위함이다.
ㄷ. 이와 같은 원리로 가스관을 설치할 때는 중간에 구부러진 부분을 만든다.

① ㄱ   ② ㄴ   ③ ㄱ, ㄷ
④ ㄴ, ㄷ   ⑤ ㄱ, ㄴ, ㄷ

서술형 문제

⌣중요

16 표는 물질 A~D의 비열을 나타낸 것이다.

물질	A	B	C	D
비열 (kcal/(kg·°C))	1.00	0.40	0.21	0.09

(1) 같은 질량의 물질 A~D를 각각 같은 열량으로 가열할 때 A~D의 온도 변화를 부등호를 이용해 비교하고, 그 까닭을 서술하시오.

(2) 질량이 200 g인 물질 B를 10분 동안 가열하여 온도를 20 °C 높였을 때 가해 준 열량은 얼마인지 풀이 과정과 함께 구하시오.

17 다음은 여행 잡지의 글 중 일부를 나타낸 것이다.

... 여행을 다닐 때 목적지의 기후를 미리 아는 것은 중요하다. 가까이 있는 도시일지라도 주변 환경에 따라 기후가 다르게 나타날 수도 있다. 왼쪽 사진 속 도시는 바닷가에 있는 해안 도시이고, 오른쪽 사진 속 도시는 바다와 거리가 먼 내륙 도시이다. 두 도시는 낮 동안 태양으로부터 같은 양의 열을 받지만 일교차는 많이 다르다.

▲ 해안 도시   ▲ 내륙 도시

일교차가 큰 도시는 어디인지 고르고, 그 까닭을 서술하시오.

18 오른쪽 그림은 종이와 알루미늄박을 겹쳐 붙이고 직사각형으로 길게 자른 뒤, 스탠드에 걸고 가열한 모습을 나타낸 것이다. (가)와 (나) 중 어느 쪽이 종이인지 쓰고, 그 까닭을 서술하시오. (단, 열팽창 정도는 알루미늄이 종이보다 크다.)

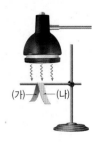

(가)   (나)

01 그림은 질량이 같은 세 물질 A, B, C를 같은 열량으로 가열했을 때, 가열한 시간에 따른 온도를 나타낸 것이다. A∼C의 비열을 옳게 비교한 것은?

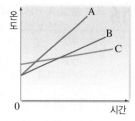

① A＞B＞C
② A＝B＞C
③ B＞A＞C
④ C＞A＝B
⑤ C＞B＞A

02 표는 물질 A, B, C의 질량과 A, B, C를 같은 열량으로 5분 동안 가열했을 때 온도 변화를 나타낸 것이다.

물질	질량(g)	처음 온도(℃)	나중 온도(℃)
A	100	20	40
B	100	20	60
C	200	20	60

이에 대한 설명으로 옳은 것은?

① 비열은 A가 가장 작다.
② A의 비열은 B의 2배이다.
③ A의 질량을 2배로 하면 B의 비열과 같아진다.
④ 5분 동안 받은 열량이 가장 큰 것은 C이다.
⑤ B와 C의 비열은 같다.

03 그림은 무게와 처음 온도가 같은 뜨거운 금속 A와 B를 얼음 위에 올려놓았더니 A와 B가 얼음을 녹이며 파고들다가 정지한 모습을 나타낸 것이다.

이에 대한 설명으로 옳은 것을 보기에서 모두 고른 것은? (단, 외부와 열 출입은 없다.)

보기
ㄱ. 얼음 위에 정지한 A와 B의 온도는 같다.
ㄴ. A에서 얼음으로 이동한 열량은 B에서 얼음으로 이동한 열량보다 많다.
ㄷ. 비열은 B가 A보다 크다.

① ㄱ
② ㄷ
③ ㄱ, ㄴ
④ ㄴ, ㄷ
⑤ ㄱ, ㄴ, ㄷ

04 그림과 같이 둥근바닥 플라스크에 온도가 20 ℃인 물을 넣고 가열하였더니, 유리관 속 물의 높이가 낮아졌다가 다시 높아졌다.

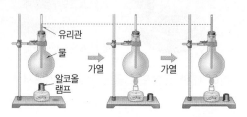

이와 같은 현상이 나타난 까닭을 옳게 설명한 것은?

① 가열을 시작할 때 물이 증발하여 양이 줄어들므로
② 물을 가열하면 부피가 수축한 후 다시 팽창하므로
③ 둥근바닥 플라스크 내부의 압력이 잠시 낮아지므로
④ 물을 가열하면 대류 현상에 의해 물이 아래로 내려가므로
⑤ 물이 팽창하기 전 둥근바닥 플라스크가 먼저 팽창하므로

05 그림 (가)는 바이메탈을 이용하여 만든 화재경보기의 구조를, 그림 (나)는 철수와 영희가 어떤 화재경보기의 문제점에 대해 대화를 나누는 모습을 나타낸 것이다.

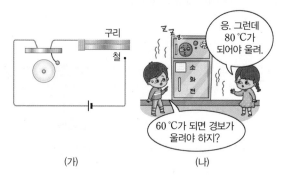

(가)   (나)

이를 해결할 수 있는 방법으로 옳은 것은? (단, 열팽창 정도는 알루미늄＞구리＞철 순이다.)

① 철 대신 구리를 사용한다.
② 구리 대신 철을 사용한다.
③ 철 대신 알루미늄을 사용한다.
④ 구리 대신 알루미늄을 사용한다.
⑤ 문제가 없으므로 바꾸지 않아도 된다.

01 그림은 어떤 물질의 상태가 시간이 지나며 변화한 모습을 입자 모형으로 나타낸 것이다.

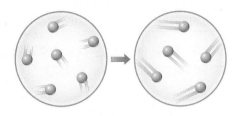

이에 대한 설명으로 옳은 것은?

① 물질은 열을 잃었다.
② 물질의 질량이 커졌다.
③ 물질의 온도가 높아졌다.
④ 입자의 움직임이 둔해졌다.
⑤ 입자 사이의 거리가 가까워졌다.

02 다음은 온도가 서로 다른 물체 A, B, C, D 중 2개씩 골라 접촉하였을 때 열이 이동한 방향을 나타낸 것이다.

$$B \rightarrow C \quad D \rightarrow B \quad C \rightarrow A$$

A~D의 처음 온도를 옳게 비교한 것은?

① A>B>C>D
② A>C>B>D
③ B>C>D>A
④ B>D>A>C
⑤ D>B>C>A

03 온도와 열에 대한 설명으로 옳은 것을 보기에서 모두 고른 것은?

> **보기**
> ㄱ. 온도가 높은 물체는 입자의 움직임이 활발하고, 입자 사이의 거리가 멀다.
> ㄴ. 열은 온도가 높은 물체에서 온도가 낮은 물체로 이동한다.
> ㄷ. 물체가 열을 얻으면 입자 사이의 거리가 가까워진다.

① ㄱ
② ㄷ
③ ㄱ, ㄴ
④ ㄴ, ㄷ
⑤ ㄱ, ㄴ, ㄷ

04 표는 온도가 다른 두 물체 A, B를 접촉시킨 상태로 시간에 따라 온도를 측정한 결과를 나타낸 것이다.

시간(분)	0	1	2	3	4
A의 온도(℃)	70	58	49	40	40
B의 온도(℃)	10	22	31	40	40

이에 대한 설명으로 옳지 않은 것은? (단, 열은 A와 B 사이에서만 이동한다.)

① 열은 A에서 B로 이동한다.
② 3분일 때 A와 B는 열평형을 이룬다.
③ 이동하는 열의 양은 2분일 때가 1분일 때보다 더 많다.
④ A 입자의 움직임은 1분일 때가 4분일 때보다 더 활발하다.
⑤ 5분일 때 B의 온도는 40 ℃이다.

05 뜨거운 물을 차가운 컵에 넣고 가만히 두었을 때 나타나는 현상으로 옳은 것은?

① 물의 온도는 높아진다.
② 컵의 온도는 낮아진다.
③ 컵에서 물로 열이 이동한다.
④ 컵 입자의 움직임이 둔해진다.
⑤ 물 입자 사이의 거리가 가까워진다.

06 그림은 금속 막대 위에 촛농으로 나무 막대 (가)~(라)를 세워 놓고 한쪽 끝을 알코올램프로 가열하는 모습을 나타낸 것이다.

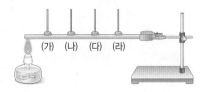

이에 대한 설명으로 옳은 것을 모두 고르면? (2개)

① 가장 먼저 떨어지는 나무 막대는 (라)이다.
② (가)~(라) 중 (가) 부분 입자의 움직임이 가장 먼저 활발해진다.
③ 열은 (가)에서 (라) 방향으로 전달된다.
④ 금속 막대의 입자가 직접 이동하여 열을 전달한다.
⑤ 금속 막대의 종류가 달라져도 나무 막대가 떨어지는 데 걸리는 시간은 변함없다.

07 오른쪽 그림은 손잡이가 플라스틱으로 된 주전자의 모습을 나타낸 것이다. 이와 같이 주전자와 손잡이의 재질이 다른 까닭을 옳게 설명한 것은?

① 플라스틱이 금속보다 단단하기 때문이다.
② 플라스틱을 이루는 입자는 움직이지 않기 때문이다.
③ 금속이 플라스틱보다 열팽창 정도가 크기 때문이다.
④ 플라스틱은 금속보다 열을 느리게 전달하기 때문이다.
⑤ 플라스틱은 금속보다 열을 빠르게 전달하기 때문이다.

08 촛불을 이용하여 물을 끓일 때, 물의 흐름을 가장 적절하게 나타낸 것은?

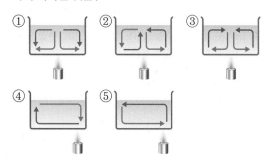

09 그림은 추운 겨울에 사용하는 난방용 난로의 모습을 나타낸 것이다.

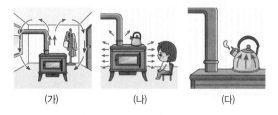

(가)~(다)에서 열이 이동하는 방식을 옳게 짝 지은 것은?

	(가)	(나)	(다)
①	전도	대류	복사
②	전도	복사	대류
③	대류	전도	복사
④	대류	복사	전도
⑤	복사	대류	전도

10 오른쪽 그림과 같이 질량이 500 g인 물을 10분 동안 가열하면서 물의 온도를 측정한 결과가 표와 같았다.

시간(분)	0	5	10
온도(℃)	20	25	30

10분 동안 물이 얻은 열량은? (단, 외부와 열 출입은 없고, 물의 비열은 1 kcal/(kg·℃)이다.)

① 1 kcal ② 5 kcal ③ 10 kcal
④ 15 kcal ⑤ 50 kcal

11 표는 질량이 같은 두 물질 A, B를 같은 열량으로 가열할 때 온도 변화를 나타낸 것이다.

물질	처음 온도(℃)	나중 온도(℃)
A	10	25
B	10	40

이에 대한 설명으로 옳은 것을 보기에서 모두 고른 것은?

보기
ㄱ. 비열은 A가 B보다 크다.
ㄴ. 같은 열량을 가했을 때 온도 변화가 큰 것은 A이다.
ㄷ. 같은 온도만큼 높이는 데 더 많은 열량이 필요한 것은 B이다.

① ㄱ ② ㄷ ③ ㄱ, ㄴ
④ ㄴ, ㄷ ⑤ ㄱ, ㄴ, ㄷ

12 그림은 질량이 같은 두 물체 A, B를 접촉할 때 시간에 따른 온도를 나타낸 것이다.

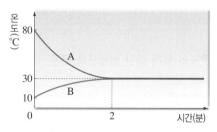

이에 대한 설명으로 옳지 <u>않은</u> 것은? (단, 열은 A와 B 사이에서만 이동한다.)

① 0~2분 동안 열은 A에서 B로 이동한다.
② 열평형이 되었을 때의 온도는 30 ℃이다.
③ 온도 변화는 A가 B보다 크다.
④ A가 잃은 열량은 B가 얻은 열량과 같다.
⑤ 비열은 A가 B보다 크다.

13 (가) 비열이 큰 물질을 활용한 예와 (나) 비열이 작은 물질을 활용한 예를 옳게 짝 지은 것은?

	(가)	(나)
①	뚝배기	찜질 팩
②	찜질 팩	자동차 냉각수
③	프라이팬	뚝배기
④	자동차 냉각수	난방용 온수관
⑤	난방용 온수관	자동차 냉각수

14 그림 (가)는 길이가 같은 철, 구리, 알루미늄 막대를 동시에 가열하는 열팽창 실험 장치의 모습을, 그림 (나)는 2분 뒤 각 금속 막대와 연결된 바늘이 회전한 모습을 나타낸 것이다.

 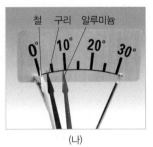

(가)   (나)

철, 구리, 알루미늄의 열팽창 정도를 옳게 비교한 것은?

① 철 > 구리 > 알루미늄   ② 구리 > 철 > 알루미늄

③ 구리 > 알루미늄 > 철   ④ 알루미늄 > 철 > 구리

⑤ 알루미늄 > 구리 > 철

15 네 개의 둥근바닥 플라스크에 같은 부피의 네 가지 액체를 넣고 뜨거운 물에 넣었더니, 각각의 부피가 그림과 같이 증가하였다.

물   글리세린   식용유   알코올   뜨거운 물

이에 대한 설명으로 옳은 것을 모두 고르면? (2개)

① 열팽창 정도가 가장 큰 액체는 물이다.

② 액체의 종류에 관계없이 열팽창 정도는 같다.

③ 충분한 시간이 지나면 네 액체의 온도는 모두 같아진다.

④ 열팽창 정도는 알코올 > 식용유 > 글리세린 > 물 순으로 크다.

⑤ 네 가지 액체를 차가운 물에 넣었을 때 부피가 가장 많이 줄어드는 것은 물이다.

16 오른쪽 그림은 전기다리미 내부의 구조를 나타낸 것이다. 이에 대한 설명으로 옳지 않은 것은?

바이메탈

① 온도가 높아지면 바이메탈이 위로 휘어진다.

② 바이메탈은 열팽창 정도가 비슷한 금속을 붙여 만든다.

③ 바이메탈의 온도가 높아질 때 열팽창 정도가 큰 금속이 더 길어진다.

④ 바이메탈을 이용하여 온도에 따라 전원을 연결하거나 차단하는 스위치를 만든다.

⑤ 바이메탈이 휘어진 경우 온도가 낮아지면 휘어졌던 바이메탈이 원래 상태로 되돌아온다.

17 열팽창과 관련이 있는 현상을 모두 고르면? (2개)

① 컵 속의 따뜻한 물이 시간이 지나면 식는다.

② 계곡물에 수박을 넣어 두면 수박이 시원해진다.

③ 전깃줄은 겨울철보다 여름철에 더 많이 늘어진다.

④ 철로 만든 에펠탑의 높이는 여름철이 겨울철보다 높다.

⑤ 뚝배기보다 금속 냄비에서 물을 끓일 때 물이 더 빨리 끓는다.

18 오른쪽 그림은 추운 겨울날 기차선로의 틈을 나타낸 것이다. 기차선로에 틈을 두는 까닭으로 가장 적절한 것은?

① 기차선로가 눈에 잘 띄게 하기 위한 것이다.

② 눈이 녹은 물이나 빗물이 잘 빠지도록 하기 위한 것이다.

③ 기차가 덜컹거리지 않고 조용히 달리도록 하기 위한 것이다.

④ 여름에 기차선로가 열팽창하여 휘는 것을 방지하기 위한 것이다.

⑤ 금속의 비열을 크게 하여 온도가 잘 변하지 않게 하기 위한 것이다.

🖊 서술형 문제

19 그림은 온도가 다른 두 물체 A, B를 접촉한 모습을 나타낸 것이다. 이때 A의 온도가 B의 온도보다 높다.

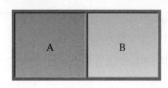

A를 구성하는 입자의 움직임과 배치가 어떻게 변하는지 서술하시오.

20 오른쪽 그림과 같이 차가운 물을 넣은 플라스크를 뜨거운 물을 넣은 플라스크 위에 뒤집어서 올려놓았다. 플라스크 사이의 투명 필름을 제거한 후 시간이 지났을 때 차가운 물과 뜨거운 물의 변화를 열이 이동하는 방식을 포함하여 서술하시오.

차가운 물
투명 필름
뜨거운 물

21 그림은 물이 든 냄비를 가스레인지로 가열할 때 열이 이동하는 방식을 나타낸 것이다.

(가) 냄비 속 물이 끓는다.

(나) 냄비가 옆면까지 전체적으로 뜨거워진다.

(다) 가스레인지의 불 가까이에 있으면 따뜻함이 느껴진다.

(1) (가), (나), (다)에 알맞은 열의 이동 방식을 쓰시오.

(2) (가)와 (나)에서 열이 이동하는 방식의 차이점을 입자와 관련지어 서술하시오.

22 표는 여러 가지 물질의 비열을 나타낸 것이다.

물질	물	식용유	모래
비열(kcal/(kg·°C))	1	0.4	0.19

(1) 질량이 2 kg인 식용유의 온도를 15 °C만큼 높이기 위해서 가해야 하는 열량은 몇 kcal인지 풀이 과정과 함께 구하시오.

(2) 오른쪽 그림과 같은 찜질 팩에 넣기 가장 적절한 물질을 표에서 고르고, 그 까닭을 서술하시오.

23 다음은 해안 지역에서 낮에 해풍이 부는 까닭을 설명한 것이다.

모래의 비열이 물보다 작으므로 낮에는 육지의 온도가 바다의 온도보다 빨리 높아진다. 이때 육지의 따뜻한 공기는 올라가고 바다의 차가운 공기는 내려오면서 바다에서 육지로 해풍이 분다.

육지   바다

해안 지역에서 밤에는 바람이 어느 방향으로 불지 그 까닭과 함께 서술하시오.

24 그림은 열팽창 정도가 다른 세 금속 A, B, C를 사용하여 만든 바이메탈에 열을 가했을 때, 바이메탈이 휜 모습을 나타낸 것이다.

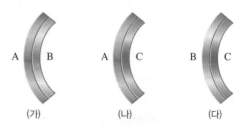

A B   A C   B C

(가)   (나)   (다)

A, B, C의 열팽창 정도를 부등호를 이용해 비교하고, 그 까닭을 서술하시오.

비주얼 씽킹으로 대단원 정리하기

❶ ☐☐는 입자의 움직임이 활발한 정도를 나타낸다.

☐ 온도와 입자　　↻ 66쪽 Ⓐ

온도가 높은 물체와 온도가 낮은 물체를 접촉시켜 놓으면 온도가 같아지는 ❷ ☐☐☐ 상태가 된다.

☐ 열평형　　↻ 66쪽 Ⓑ

난 온도가 높아서 움직임이 아주 활발해!

이렇게 붙어 앉아 있으니 우리가 서로 같아지는 기분이야.

내 안에서도 따뜻해지고 있어.

나도 따뜻해.

손잡이가 따뜻해지고 있어.

열이 이동하는 방식으로는 ❸ ☐☐, ❹ ☐☐, ❺ ☐☐가 있다.

☐ 열이 이동하는 방식　　↻ 68쪽 Ⓒ

❻ ☐☐이 큰 물질은 온도가 잘 변하지 않는다.

☐ 비열　　↻ 80쪽 Ⓐ

물질의 온도가 높아질 때 물질의 ❼ ☐☐ 또는 ❽ ☐☐가 증가하는 것을 열팽창이라고 한다.

☐ 열팽창　　↻ 82쪽 Ⓑ

우린 비열이 작아서 너무 뜨거워졌어. 나갈래!

우린 비열이 커서 온도가 잘 변하지 않아~

온도가 높아지니 키가 크는 것 같아! 에탄올, 넌 아주 쭉쭉 큰다?

정답 | ❶ 온도 ❷ 열평형 ❸ 전도 ❹ 대류 ❺ 복사 ❻ 비열 ❼ 길이 ❽ 부피

열	팽	창	비	열	바	열
고	체	입	물	대	이	량
보	전	자	질	류	메	액
온	도	냉	각	수	탈	체
가	열	화	상	카	메	라
스	평	금	속	해	륙	풍
관	형	복	사	열	기	체

● 다음 설명이 뜻하는 용어를 골라 용어 전체에 동그라미(○)로 표시하시오.

가로

① 물질의 차갑고 따뜻한 정도를 숫자로 나타낸 것은?

② 난로에 가까이 가면 손이 따뜻해질 때 열이 이동한 방식은?

③ 고체, 액체, 기체 중 전도로 열이 이동하는 물질의 상태는?

④ 프라이팬이 빠르게 뜨거워지는 것은 ○○이 작은 물질을 활용한 예이다.

⑤ 해안 지방에서 바다와 육지의 기온 차이 때문에 낮과 밤에 방향이 바뀌어 부는 바람은?

세로

⑥ 물질을 구성하는 미세한 크기의 물체는?

⑦ 온도가 다른 물질 사이에서 이동하는 열의 양을 일컫는 말은?

⑧ 화재경보기는 열팽창 정도가 다른 금속을 붙여 놓은 ○○○○을 활용한 예이다.

⑨ 냉장고에 음식물을 보관하는 것은 ○○○을 활용한 예이다.

IV

물질의
상태 변화

01 물질을 구성하는 입자의 운동 … 102

02 물질의 상태와 상태 변화 … 110

03 상태 변화와 열에너지 … 124

다른 학년과의
연계는?

초등학교 4학년

• 물의 상태 변화: 물은 세 가지 상태로 존재하며, 온도에 따라 상태 변화 한다. 물이 얼음으로 상태 변화 할 때 무게는 변하지 않지만, 부피는 늘어난다. 물이 수증기로 상태가 변하는 현상에는 증발과 끓음이 있다.

초등학교 5학년

• 온도와 열: 물질의 온도가 변하는 원인은 온도가 높은 곳에서 온도가 낮은 곳으로 열이 이동하기 때문이며, 열의 이동은 물질의 온도를 변하게 하는 원인이다.

중학교 1학년

• 입자 운동: 물질을 구성하는 입자는 가만히 정지해 있지 않고, 스스로 끊임없이 운동한다.
• 물질의 상태 변화: 물질은 고체, 액체, 기체로 존재하며, 상태가 서로 변할 수 있다.
• 상태 변화와 열에너지: 물질이 상태 변화 할 때는 열에너지를 흡수하거나 방출한다.

중학교 2학년

• 물질의 특성: 물질의 특성은 특정한 조건에서 항상 일정한 값을 가지며, 물질의 양에 따라 달라지지 않는다. 물질의 특성에는 녹는점(어는점), 끓는점 등이 있다.

이 단원에서는 물질을 구성하는 입자의 운동, 물질의 상태 변화, 상태 변화가 일어날 때 열에너지의 출입을 알아본다.
이 단원을 들어가기 전에 이전 학년에서 배운 개념을 확인해 보자.

다음 내용에서 빈칸을 완성해 보자.

초4

1. 물의 세 가지 상태

구분	얼음	물	수증기
상태	고체	액체	❶ ☐☐
모양	일정하다.	❷ ☐☐☐☐☐☐.	일정하지 않다.
부피	❸ ☐☐☐☐.	일정하다.	일정하지 않다.

2. 물의 상태 변화

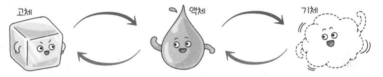

물이 얼거나 얼음이 녹을 때의 변화	• 물이 얼어 얼음이 되면 ❹ ☐☐는 늘어나지만 무게는 변하지 않는다. • 얼음이 녹아 물이 되면 부피는 줄어들지만 ❺ ☐☐는 변하지 않는다.
물이 수증기로 변하는 현상	• ❻ ☐☐: 물 표면에서 물이 수증기로 변하는 현상 [예] 땅을 말리는 것, 젖은 빨래가 마르는 것 등 • ❼ ☐☐: 물 표면과 물속에서 물이 수증기로 변하는 현상 [예] 국을 끓이는 것, 찻물을 끓이는 것 등
수증기가 물로 변하는 현상	• ❽ ☐☐: 수증기가 물로 변하는 현상 [예] 거미줄에 이슬이 맺히는 것, 안경에 김이 서리는 것 등

초5

3. 온도와 열

온도	• 정의: 물질의 차갑거나 따뜻한 정도를 숫자와 단위로 나타낸 것(단위: ℃) • 온도계를 이용하여 물질의 온도를 측정한다. • 물질이 뜨거울수록 물질의 온도가 ❾ ☐아진다.
열	• 온도가 높은 부분에서 온도가 낮은 부분으로 이동한다. • 열의 이동은 물질의 ❿ ☐☐를 변하게 하는 원인이다.

물질을 구성하는 입자의 운동

A 확산 현상

1 입자 운동 물질을 구성하는 입자는 가만히 정지해 있지 않고 스스로 끊임없이 모든 방향으로 운동한다.
➡ 입자 운동의 증거가 되는 현상: 확산, 증발[1]

2 확산 물질을 구성하는 입자가 스스로 운동하여 퍼져 나가는 현상[2] |탐구ⓐ 104쪽
① 액체와 기체에서의 확산

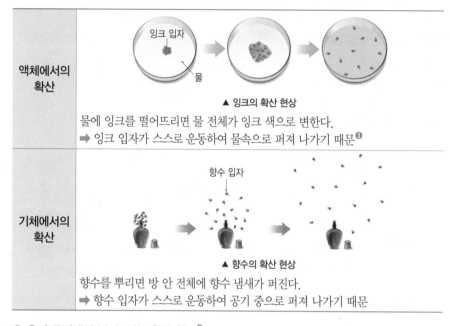

액체에서의 확산	잉크 입자 / 물
	▲ 잉크의 확산 현상

물에 잉크를 떨어뜨리면 물 전체가 잉크 색으로 변한다.
➡ 잉크 입자가 스스로 운동하여 물속으로 퍼져 나가기 때문[3]

기체에서의 확산	향수 입자
	▲ 향수의 확산 현상

향수를 뿌리면 방 안 전체에 향수 냄새가 퍼진다.
➡ 향수 입자가 스스로 운동하여 공기 중으로 퍼져 나가기 때문

② 우리 주변에서 볼 수 있는 확산 현상[4]
- 전기 모기향을 피워 모기를 쫓는다.
- 마약 탐지견이 냄새로 마약을 찾는다.
- 방 안에 방향제를 놓아두면 좋은 향기가 난다.
- 냉면에 식초를 떨어뜨리면 국물 전체에서 신맛이 난다.
- 빵 가게나 꽃 가게 앞을 지나면 가게 밖에서도 빵 냄새나 꽃향기가 난다.

B 증발 현상

1 증발 물질을 구성하는 입자가 스스로 운동하여 액체 표면에서 기체로 변하는 현상[5][6]
① 아세톤의 증발: 아세톤을 떨어뜨린 거름종이가 점점 가벼워진다. |탐구ⓐ 104쪽
➡ 액체 아세톤이 기체로 되면서 아세톤 입자가 공기 중으로 날아갔기 때문
② 우리 주변에서 볼 수 있는 증발 현상
- 젖은 빨래가 마른다.
- 물걸레로 닦아 둔 교실 바닥이 마른다.
- 손등에 바른 알코올이 잠시 후 사라진다.
- 오징어나 고추 등을 오래 보관하기 위해 말린다.
- 잠자리의 머리맡에*자리끼를 놓으면 밤새 물이 증발하면서 방 안의 습도를 조절한다.

아세톤 입자

▲ 아세톤의 증발 현상

플러스 강의

❶ 입자 운동의 증거가 되는 현상이 아닌 것
- 뜨거운 프라이팬 위에서 버터가 녹는다. ➡ 열에 의한 현상
- 난로 주변이 따뜻하다. ➡ 복사에 의한 현상

❷ 확산이 잘 일어나는 조건

온도	높을수록
입자의 질량	작을수록
물질의 상태	고체＜액체＜기체
일어나는 곳	액체 속＜기체 속＜진공 속

❸ 물에 잉크를 떨어뜨렸을 때 물 입자의 운동
잉크 입자뿐만 아니라 물 입자도 스스로 운동한다.

❹ 주유소에서 라이터를 사용하면 안 되는 까닭
- 바닥에 떨어진 기름 입자는 스스로 운동하면서 액체 표면에서 기체로 증발한다.
- 기체 상태의 기름 입자는 스스로 운동하여 공기 중으로 확산한다.
- 공기 중에 기름 입자가 있기 때문에 라이터를 사용하면 화재 위험이 매우 높다.

❺ 증발과 끓음의 비교

구분	증발	끓음
공통점	액체 → 기체로 변하는 현상	
발생 장소	액체 표면	액체 전체 (표면+내부)
발생 온도	모든 온도	액체가 끓기 시작하는 온도 이상

❻ 증발이 잘 일어나는 조건

온도	높을수록
습도	낮을수록
바람	잘 불수록
표면적	넓을수록

용어 돋보기

*자리끼_밤에 자다가 마시기 위하여 잠자리의 머리맡에 준비하여 두는 물

A 확산 현상

• 물질을 구성하는 입자는 가만히 정지해 있지 않고 스스로 끊임없이 □□한다.
• □□: 물질을 구성하는 입자가 스스로 운동하여 퍼져 나가는 현상

B 증발 현상

• 증발: 물질을 구성하는 입자가 스스로 운동하여 액체 □□에서 □로 변하는 현상

A 1 입자 운동에 대한 설명으로 옳은 것은 ○, 옳지 않은 것은 ×로 표시하시오.

(1) 입자는 스스로 움직일 수 있다. ································ (   )
(2) 입자는 한 방향으로만 움직인다. ····························· (   )
(3) 입자는 가만히 정지해 있다가 자극을 받으면 움직인다. ········· (   )
(4) 입자 운동의 증거가 되는 현상에는 확산과 증발이 있다. ········· (   )

2 (   ) 안에 알맞은 말을 쓰시오.

> 향수를 뿌리면 방 안 전체로 향수 냄새가 퍼지는 까닭은 향수 ㉠(   )
> 가 스스로 운동하여 ㉡(   ) 중으로 퍼져 나가기 때문이다.

3 확산에 대한 설명으로 옳은 것은 ○, 옳지 않은 것은 ×로 표시하시오.

(1) 입자가 스스로 운동하기 때문에 일어나는 현상이다. ············ (   )
(2) 기체 상태에서만 일어나는 현상이다. ·························· (   )
(3) 진공 속에서는 확산이 일어나지 않는다. ······················ (   )
(4) 바람이 불 때만 일어나는 현상이다. ·························· (   )

B 4 증발에 대한 설명으로 옳은 것은 ○, 옳지 않은 것은 ×로 표시하시오.

(1) 입자가 스스로 운동하기 때문에 일어나는 현상이다. ············ (   )
(2) 기체가 액체로 변하는 현상이다. ····························· (   )
(3) 액체 표면뿐만 아니라 내부에서도 일어난다. ·················· (   )
(4) 가열하지 않아도 일어난다. ································· (   )

암기꽝 입자의 운동

입자가 운동하는 **확증**을 잡았어!
산 발

입자

5 확산에 해당하는 현상은 '확산', 증발에 해당하는 현상은 '증발'이라고 쓰시오.

(1) 물걸레로 닦아 둔 교실 바닥이 마른다. ······················ (   )
(2) 마약 탐지견이 냄새로 마약을 찾아낸다. ···················· (   )
(3) 빨랫줄에 널어놓은 젖은 빨래가 마른다. ···················· (   )
(4) 손등에 바른 알코올이 잠시 후 사라진다. ···················· (   )
(5) 냉면에 식초를 떨어뜨리면 국물 전체에서 신맛이 난다. ········ (   )
(6) 방 안에 방향제를 놓아두면 방 전체에서 좋은 향기가 난다. ····· (   )

탐구 a 입자의 운동

이 탐구에서는 확산과 증발 현상을 관찰하고 물질을 구성하는 입자가 스스로 운동하고 있음을 추론해 본다.

과정 & 결과

실험 1 잉크의 확산

❶ 페트리 접시에 물을 반 정도 넣는다.
❷ 과정 ❶의 페트리 접시에 잉크를 한 방울 떨어뜨리고 잉크의 모습을 관찰한다.

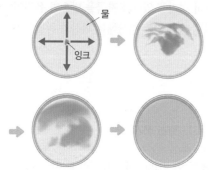

결과 물 전체가 잉크 색으로 변한다. ➡ 잉크를 떨어뜨린 지점을 중심으로 잉크가 사방으로 퍼져 나간다.

실험 2 향수의 확산

❶ 학급 구성원들은 자리에 앉아 눈을 감는다.
❷ 향수병을 가진 사람은 교실 한 지점에서 향수를 뿌리고, 눈을 감은 사람들은 향수 냄새를 맡는 즉시 손을 든다.

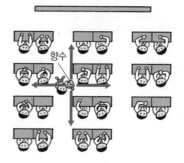

결과 향수를 뿌린 지점에 가까운 사람부터 차례대로 손을 든다. ➡ 향수를 뿌린 지점을 중심으로 향수가 사방으로 퍼져 나간다.

실험 3 아세톤의 증발

❶ 전자저울 위에 거름종이를 올린 페트리 접시를 놓고 영점을 맞춘다.

거름종이
아세톤
아세톤 입자

❷ 거름종이에 아세톤을 몇 방울 떨어뜨린 다음 질량 변화를 관찰한다.

◎ 주위에서 아세톤 냄새가 나는 까닭
액체에서 떨어져 나와 기체로 변한 아세톤 입자가 공기 중으로 확산하기 때문

결과 아세톤이 점점 마르면서 전자저울의 숫자가 작아지다가 0이 된다. ➡ 아세톤 입자가 스스로 운동하여 증발하기 때문

정리

입자가 스스로 (   )하기 때문에 확산과 증발이 일어난다.

이렇게도 실험해요

과정 ❶ 만능 지시약 종이를 빨대 길이의 $\frac{2}{3}$ 정도로 잘라 빨대 속에 넣고 빨대의 한쪽을 마개로 막는다.
❷ 다른 마개에 솜을 넣고 솜에 암모니아수를 한 방울 떨어뜨린 다음, 빨대의 반대쪽 끝을 막으면서 변화를 관찰한다.

결과 만능 지시약 종이는 암모니아 입자가 닿은 부분부터 색깔이 점차 변한다. ➡ 암모니아 입자가 만능 지시약 종이 쪽으로 스스로 이동하여 확산하기 때문

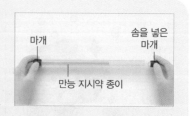

마개
솜을 넣은 마개
만능 지시약 종이

[01~02] 다음은 |탐구 **a**에 대한 문제이다.

01 실험 **❶**과 실험 **❷**에 대한 설명으로 옳은 것은 ○, 옳지 **않은** 것은 ×로 표시하시오.

(1) 실험 **❶**에서 잉크를 떨어뜨린 지점을 중심으로 잉크가 사방으로 퍼져 나간다. ·· (   )

(2) 실험 **❶**에서 잉크를 페트리 접시의 오른쪽 위에 떨어뜨리면 잉크는 퍼져 나가지 않고 떨어뜨린 상태를 유지한다. ·· (   )

(3) 실험 **❷**에서 향수를 뿌린 지점과 관계없이 모든 사람들이 동시에 손을 든다. ·································· (   )

(4) 실험 **❷**에서 향수를 뿌린 지점에 가까운 사람부터 손을 들어 점차 손을 드는 사람이 늘어난다. ·········· (   )

(5) 실험 결과 잉크 입자와 향수 입자가 스스로 운동하고 있음을 알 수 있다. ······································ (   )

02 실험 **❸**에 대한 설명으로 옳은 것은 ○, 옳지 **않은** 것은 ×로 표시하시오.

(1) 거름종이에 떨어뜨린 아세톤은 액체에서 기체로 변한다. ··· (   )

(2) 시간이 지날수록 아세톤의 질량이 감소하는 까닭은 아세톤 입자가 사라지기 때문이다. ·················· (   )

(3) 주위에서 아세톤 냄새가 나는 까닭은 증발한 아세톤 입자가 공기 중으로 확산했기 때문이다. ·········· (   )

03 오른쪽 그림과 같이 물이 반 정도 들어 있는 페트리 접시에 푸른색 잉크를 한 방울 떨어뜨렸다. 충분한 시간이 지난 뒤의 실험 결과를 옳게 나타낸 것은?

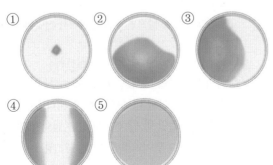

04 그림과 같이 교실의 한 지점에서 학급 구성원 중 **1**명이 향수를 뿌리고 다른 사람들은 모두 눈을 감은 상태로 향수 냄새를 맡은 즉시 손을 드는 실험을 하였다.

이에 대한 설명으로 옳은 것을 보기에서 모두 고르시오.

보기
ㄱ. 모두 냄새를 맡지 못해 손을 드는 학생이 없다.
ㄴ. A 학생, B 학생, C 학생 순으로 손을 든다.
ㄷ. A 학생과 B 학생은 손을 들었지만, C 학생은 손을 들지 않는다.

05 오른쪽 그림과 같이 전자저울 위에 거름종이를 올린 페트리 접시를 놓고 영점을 맞춘 다음, 거름종이에 아세톤을 몇 방울을 떨어뜨렸다. 시간이 지남에 따라 전자저울의 숫자는 어떻게 변하는가?

아세톤

거름종이

① 변하지 않는다.   ② 점점 커진다.
③ 점점 작아진다.   ④ 커지다가 작아진다.
⑤ 작아지다가 커진다.

🖋 이렇게도 실험해요 **확인 문제**

06 (   ) 안에 알맞은 말을 고르시오.

빨대 한쪽에는 만능 지시약 종이를 넣은 다음 마개로 막고, 다른 쪽은 암모니아수를 묻힌 솜을 넣은 다음 마개로 막았더니 암모니아수를 묻힌 솜과 ㉠(가까이 / 멀리) 있는 부분부터 차례대로 만능 지시약 종이의 색깔이 변하였다. 이 실험에서 암모니아 입자가 스스로 운동하여 ㉡(확산 / 증발)하였음을 확인할 수 있다.

기출 문제로

내신쑥쑥

전국 주요 학교의 **시험**에 **가장 많이 나오는** 문제들로만 구성하였습니다.
모든 친구들이 '꼭' 봐야 하는 코너입니다.

A 확산 현상

01 입자 운동에 대한 설명으로 옳지 <u>않은</u> 것은?

① 입자는 모든 방향으로 운동한다.

② 입자는 기체 속에서만 운동한다.

③ 입자는 끊임없이 스스로 운동한다.

④ 확산과 증발은 입자의 운동으로 일어나는 현상이다.

⑤ 화장실에 방향제를 놓아두면 좋은 향기가 나는 까닭은 입자가 운동하기 때문이다.

02 확산에 대한 설명으로 옳은 것은?

① 한 방향으로 일어난다.

② 액체의 표면에서 액체가 기체로 변하는 현상이다.

③ 물질을 구성하는 입자가 열을 가했을 때 퍼져 나가는 현상이다.

④ 물질을 구성하는 입자가 스스로 끊임없이 움직이기 때문에 나타난다.

⑤ 고추를 오래 보관하기 위해 말리는 것은 확산을 이용한 예이다.

중요
03 그림은 향수를 뿌렸을 때 향수 입자가 공기 중으로 퍼져 나가는 현상을 모형으로 나타낸 것이다.

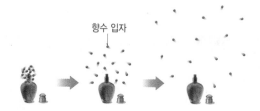

향수 입자

이에 대한 설명으로 옳지 <u>않은</u> 것은?

① 향수 입자는 스스로 운동한다.

② 멀리서도 향수 냄새를 맡을 수 있다.

③ 온도가 높을수록 향수 입자가 잘 확산한다.

④ 공기가 없으면 향수 입자는 확산할 수 없다.

⑤ 이와 같은 현상은 액체 속에서도 일어난다.

|탐구**a**
04 오른쪽 그림과 같이 물이 반 정도 들어 있는 페트리 접시에 푸른색 잉크를 한 방울 떨어뜨렸다. 이에 대한 설명으로 옳은 것을 보기에서 모두 고른 것은?

잉크
물

보기
ㄱ. 잉크의 확산 현상을 알아보는 실험이다.
ㄴ. 잉크 입자가 모든 방향으로 퍼져 나간다.
ㄷ. 잉크를 떨어뜨린 지점과 관계없이 물 전체가 잉크 색으로 변한다.

① ㄷ   ② ㄱ, ㄴ   ③ ㄱ, ㄷ

④ ㄴ, ㄷ   ⑤ ㄱ, ㄴ, ㄷ

|탐구**a**
05 그림과 같이 빨대 한쪽에는 만능 지시약 종이를 넣은 다음 마개로 막고, 다른 쪽은 암모니아수를 묻힌 솜을 넣은 다음 마개로 막았다.

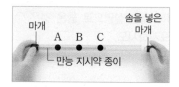

마개   A B C   솜을 넣은 마개
만능 지시약 종이

이에 대한 설명으로 옳지 <u>않은</u> 것은?

① C → B → A 순으로 만능 지시약 종이의 색깔이 변한다.

② 암모니아 입자는 오른쪽에서 왼쪽으로만 운동한다.

③ 암모니아 입자가 스스로 운동한다는 것을 알 수 있는 실험이다.

④ 만능 지시약 종이의 색깔이 변하는 것은 암모니아 입자가 만능 지시약 종이 쪽으로 이동했기 때문이다.

⑤ 마약 탐지견이 냄새로 마약을 찾는 것도 이 실험과 같은 원리로 설명할 수 있다.

중요
06 다음 현상과 같은 종류의 현상이 <u>아닌</u> 것은?

냉면에 식초를 넣으면 국물 전체에서 신맛이 난다.

① 전기 모기향을 피워 모기를 쫓는다.

② 마약 탐지견이 냄새로 마약을 찾는다.

③ 손등에 알코올을 바르면 잠시 후 사라진다.

④ 향수를 뿌리면 방 안 전체에 향수 냄새가 퍼진다.

⑤ 물에 잉크를 떨어뜨리면 물 전체가 잉크 색으로 변한다.

B 증발 현상

07 증발에 대한 설명으로 옳지 <u>않은</u> 것은?

① 액체 표면에서 일어난다.

② 입자의 운동에 의해 일어난다.

③ 액체가 기체로 변하는 현상이다.

④ 낮은 온도에서는 일어나지 않는다.

⑤ 비 오는 날보다 맑은 날에 더 잘 일어난다.

08 다음 ㉠~㉤에 들어갈 말로 옳은 것은?

> 교실 바닥을 물걸레로 닦은 후 시간이 지나면 교실 바닥에 있던 물이 점차 ㉠(　　　). 이는 물 ㉡(　　　)에서 물 입자가 ㉢(　　　)가 되어 ㉣(　　　) 중으로 날아가기 때문이며, 이 현상을 ㉤(　　　)이라고 한다.

① ㉠ – 늘어난다　　　　② ㉡ – 내부

③ ㉢ – 고체　　　　　④ ㉣ – 공기

⑤ ㉤ – 확산

|탐구ⓐ

09 그림과 같이 전자저울 위에 거름종이를 올린 페트리 접시를 놓고 영점을 맞춘 다음, 거름종이에 아세톤을 몇 방울 떨어뜨렸다. 이에 대한 설명으로 옳지 <u>않은</u> 것은?

① 액체 아세톤이 기체로 변한다.

② 전자저울의 숫자는 변하지 않는다.

③ 기체 상태가 된 아세톤 입자는 모든 방향으로 운동한다.

④ 아세톤 입자는 스스로 운동하여 공기 중으로 퍼져 나간다.

⑤ 시간이 지나면 조금 떨어진 곳에서도 아세톤 냄새를 맡을 수 있다.

10 그림은 아세톤을 떨어뜨린 거름종이에서 일어나는 현상을 모형으로 나타낸 것이다.

이에 대한 설명으로 옳지 <u>않은</u> 것은?

① 액체가 증발하는 현상이다.

② 액체가 기체로 변하는 현상이다.

③ 액체의 내부에서 일어나는 현상이다.

④ 입자가 스스로 운동하기 때문에 일어나는 현상이다.

⑤ 오징어를 말릴 수 있는 까닭을 이 실험과 같은 원리로 설명할 수 있다.

11 다음은 자리끼에 대한 설명이다.

> 자리끼는 밤에 자다가 깼을 때 마시기 위해 잠자리의 머리맡에 준비해 두는 물이다. 자리끼는 갈증을 해결하기 위해 준비한 것이지만, <u>그릇에 담겨 있던 물이 방 안의 습도를 조절하는 역할도 한다.</u>

밑줄 친 내용과 같은 원리로 일어나는 현상을 보기에서 모두 고른 것은?

> **보기**
> ㄱ. 젖은 빨래가 마른다.
> ㄴ. 고추를 오래 보관하기 위해 말린다.
> ㄷ. 물걸레로 닦아 둔 교실 바닥이 마른다.
> ㄹ. 빵 가게 안에 들어가지 않아도 멀리서 빵 냄새가 난다.

① ㄱ, ㄷ　　　② ㄴ, ㄹ　　　③ ㄷ, ㄹ

④ ㄱ, ㄴ, ㄷ　　　⑤ ㄴ, ㄷ, ㄹ

중요

12 물질을 구성하는 입자가 스스로 운동하기 때문에 나타나는 현상을 보기에서 모두 고른 것은?

> **보기**
> ㄱ. 난로 주변이 따뜻하다.
> ㄴ. 뜨거운 프라이팬 위에서 버터가 녹는다.
> ㄷ. 손등에 알코올을 바르면 잠시 후 사라진다.
> ㄹ. 방 안에 방향제를 놓아두면 방 안 전체에서 좋은 향기가 난다.

① ㄱ, ㄴ   ② ㄱ, ㄴ   ③ ㄷ, ㄹ
④ ㄱ, ㄷ, ㄹ   ⑤ ㄴ, ㄷ, ㄹ

13 다음 두 가지 현상에 대한 설명으로 옳은 것은?

> (가) 잉크를 물속에 떨어뜨리면 물 전체에 잉크가 퍼진다.
> (나) 젖은 빨래가 마른다.

① (가)에서 잉크 입자는 아래 방향으로만 퍼진다.
② (가)에서 더운물보다 찬물에서 잉크가 더 빨리 퍼진다.
③ (나)에서 낮보다는 밤에 젖은 빨래가 더 잘 마른다.
④ (가)는 증발, (나)는 확산의 예이다.
⑤ (가)와 (나)의 현상은 입자가 스스로 운동하기 때문에 나타난다.

14 그림 (가)는 전기 모기향으로 모기를 쫓는 모습, (나)는 바닷가에서 오징어를 오래 보관하기 위해 햇빛에 말리는 모습, (다)는 마약 탐지견이 냄새로 마약을 찾는 모습이다.

(가)   (나)   (다)

(가)~(다)에 이용되는 과학 원리를 옳게 짝 지은 것은?

	(가)	(나)	(다)
①	확산	확산	확산
②	확산	증발	확산
③	증발	확산	확산
④	증발	확산	증발
⑤	증발	증발	증발

📝 서술형 문제

15 다음은 우리 생활 주변에서 일어나는 두 가지 현상을 나타낸 것이다.

> • 물걸레로 닦아 둔 교실 바닥이 마른다.
> • 향수를 뿌리면 멀리서도 향수 냄새가 난다.

이와 같은 현상이 나타나는 공통적인 원인을 입자와 관련지어 서술하시오.

_____

16 주유소 근처에서는 독특한 기름 냄새가 난다. 주유소에서 라이터를 사용하면 안 되는 까닭을 다음 용어를 모두 사용하여 서술하시오.

> 입자, 기체, 공기, 확산

_____

중요

17 그림과 같이 전자저울 위에 거름종이를 올린 페트리 접시를 놓고 영점을 맞춘 다음, 거름종이에 아세톤을 몇 방울 떨어뜨렸다.

아세톤   거름종이

(1) 시간이 지남에 따라 전자저울의 숫자에는 어떤 변화가 나타나는지 서술하시오.

_____

(2) (1)과 같은 변화가 나타나는 까닭을 서술하시오.

_____

01 그림과 같이 페트리 접시에 일정 간격으로 페놀프탈레인 용액을 묻힌 솜을 놓고 가운데에 암모니아수를 한 방울 떨어뜨렸다.

이에 대한 설명으로 옳은 것을 보기에서 모두 고른 것은? (단, 페놀프탈레인 용액은 암모니아와 만나면 붉은색으로 변한다.)

> 보기
> ㄱ. 암모니아 입자가 스스로 움직인다.
> ㄴ. 암모니아 입자는 한 방향으로 운동한다.
> ㄷ. 암모니아수에서 가장 먼 쪽의 솜부터 색깔이 변한다.
> ㄹ. 페놀프탈레인 용액을 붉은색으로 변하게 하는 것은 암모니아 입자이다.

① ㄱ, ㄴ ② ㄱ, ㄷ ③ ㄱ, ㄹ
④ ㄴ, ㄷ ⑤ ㄷ, ㄹ

02 물이 담긴 비커에 붉은색 잉크를 몇 방울 떨어뜨렸더니 시간이 지난 뒤 물 전체가 붉은색으로 변하였다. 이때 비커 안의 상태를 모형으로 옳게 나타낸 것은?

03 그림은 물에서 일어나는 두 가지 현상에서 물 입자의 운동을 모형으로 나타낸 것이다.

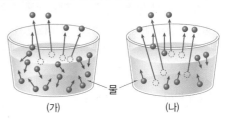

이에 대한 설명으로 옳지 않은 것은?

① (가)는 증발, (나)는 끓음 모형이다.
② (가)와 (나)는 모두 액체가 기체로 변하는 현상이다.
③ (가)는 물 표면에서만 일어나고, (나)는 물 내부에서만 일어난다.
④ (가)는 입자의 운동에 의해 일어나고, (나)는 가열에 의해 일어난다.
⑤ (가)는 모든 온도에서 일어나고, (나)는 특정 온도 이상에서만 일어난다.

04 오른쪽 그림과 같이 전자저울 위에 거름종이를 올린 페트리 접시를 놓고 영점을 맞춘 다음, 거름종이에 향수를 뿌리고 질량 변화를 관찰하였다. 이에 대한 설명으로 옳은 것을 보기에서 모두 고른 것은?

> 보기
> ㄱ. 질량이 점점 줄어든다.
> ㄴ. 향기는 모든 방향으로 퍼져 나간다.
> ㄷ. 기온이 높을 때보다 낮을 때 질량이 빨리 변한다.
> ㄹ. 습도가 높은 날보다 건조한 날 질량이 빨리 변한다.

① ㄱ, ㄴ ② ㄴ, ㄷ ③ ㄷ, ㄹ
④ ㄱ, ㄴ, ㄹ ⑤ ㄴ, ㄷ, ㄹ

02 물질의 상태와 상태 변화

A 물질의 세 가지 상태

1 물질의 세 가지 상태 물질은 고체, 액체, 기체의 세 가지 상태로 구분할 수 있다.

① 물질의 상태에 따른 특징❶ ⟶ **여기서잠깐** 118쪽

구분	고체	액체	기체
모양과 부피	모양 일정 부피 일정	모양 변함 부피 일정	모양 변함 부피 변함
성질	단단하다.	흐르는 성질이 있다.	흐르는 성질이 있다.
압축되는 정도	압축되지 않는다.	압축되지 않는다.	압축된다.
예	얼음, 플라스틱, 나무, 돌, 철, 소금❷ 등	물, 주스, 우유, 간장, 식초, 식용유 등	수증기, 공기, 산소, 질소, 이산화 탄소 등

② 물질의 상태에 따라 특징이 다른 까닭: 물질의 상태에 따라 입자 사이의 상대적 거리, 입자 배열의 불규칙한 정도, 입자의 운동성 등이 다르기 때문

2 물질의 상태에 따른 입자 배열

① 입자 모형: 눈으로 볼 수 없는 입자를 간단한 모형을 이용하여 나타낸 것

② 물질의 상태에 따른 입자 모형과 특징

구분	고체	액체	기체❸
입자 모형			
입자의 운동성	매우 둔하게 운동한다.	비교적 활발하게 운동한다.	매우 활발하게 운동한다.
입자 배열	규칙적이다.	불규칙하다.	매우 불규칙하다.
입자 사이의 거리	매우 가깝다.	비교적 가깝다.	매우 멀다.

B 물질의 상태 변화

1 상태 변화 물질이 한 가지 상태에서 다른 상태로 변하는 것❹

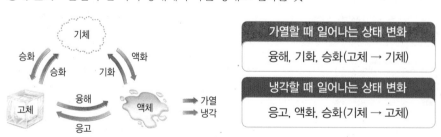

가열할 때 일어나는 상태 변화
융해, 기화, 승화(고체 → 기체)

냉각할 때 일어나는 상태 변화
응고, 액화, 승화(기체 → 고체)

2 물질의 상태가 변할 때 물질의 성질 변화 변하지 않는다. ➡ 물질을 구성하는 입자의 종류와 수는 변하지 않기 때문 | **탐구a** 114쪽

➕ 플러스 강의

❶ 입자 사이에 서로 잡아당기는 힘
- 고체: 매우 강하다.
- 액체: 고체보다 약하다.
- 기체: 거의 작용하지 않는다.

❷ 가루 물질의 상태
가루 물질은 모양이 일정하지 않고 흘러내리므로 액체의 성질을 지닌다고 생각할 수 있다. 하지만 가루 물질은 알갱이 하나하나의 모양이 변하지 않으므로 고체이다.

▲ 모양이 다른 그릇에 담은 소금

❸ 기체 물질의 모양과 부피가 쉽게 변하는 까닭
기체 상태일 때 입자는 매우 활발하게 움직이면서 공간을 가득 채운다. 또한 입자 배열이 매우 불규칙하고, 입자 사이의 거리가 가장 멀기 때문에 담는 그릇에 따라 모양이 쉽게 변하고, 압력을 가하면 부피가 쉽게 변한다.

❹ 상태 변화의 원인
물질의 상태는 온도와 압력에 따라 변하는데, 주로 온도에 의해 변한다.

A 물질의 세 가지 상태

- ☐☐: 담는 그릇이 바뀌어도 모양과 부피가 모두 일정한 상태
- ☐☐: 담는 그릇에 따라 모양은 변하지만 부피는 일정한 상태
- ☐☐: 담는 그릇에 따라 모양과 부피가 모두 변하는 상태
- 물질의 상태와 입자 배열: ☐☐가 가장 규칙적이고, ☐☐는 고체보다 불규칙하며, ☐☐는 매우 불규칙하다.

B 물질의 상태 변화

- 가열할 때 일어나는 상태 변화: ☐☐, ☐☐, 승화(☐☐ → ☐)
- 냉각할 때 일어나는 상태 변화: ☐☐, ☐☐, 승화(☐☐ → ☐)

A 1 물질의 세 가지 상태의 특징에 대한 설명으로 옳은 것은 ◯, 옳지 않은 것은 ✕로 표시하시오.

(1) 고체는 쉽게 압축된다. ·· (　　　)

(2) 액체는 흐르는 성질이 있다. ··· (　　　)

(3) 기체는 담는 그릇에 따라 모양과 부피가 일정하다. ····························· (　　　)

(4) 액체와 기체는 흐르는 성질이 있다. ·· (　　　)

(5) 고체와 액체는 담는 그릇에 따라 부피가 변한다. ·································· (　　　)

2 25 ℃에서 고체 상태, 액체 상태, 기체 상태인 물질을 보기에서 각각 모두 고르시오.

> **보기**
> ㄱ. 철　　　　ㄴ. 식초　　　　ㄷ. 산소　　　　ㄹ. 설탕
> ㅁ. 우유　　　ㅂ. 식용유　　　ㅅ. 플라스틱　　ㅇ. 이산화 탄소

(1) 고체: _____　(2) 액체: _____　(3) 기체: _____

[3~4] 그림은 물질의 세 가지 상태를 입자 모형으로 나타낸 것이다.

(가)　　　　　　(나)　　　　　　(다)

3 (가)~(다)는 물질의 세 가지 상태 중 각각 어떤 상태를 나타내는지 쓰시오.

4 다음 설명에 해당하는 입자 모형을 (가)~(다)에서 고르시오.

(1) 입자 배열이 가장 규칙적이다. ·· (　　　)

(2) 입자 사이의 거리가 매우 멀다. ··· (　　　)

(3) 입자 운동이 비교적 활발하지만 거의 압축되지 않는다. ··················· (　　　)

가열할 때 일어나는 상태 변화

암기꽝

융기네 **고기** 가열하자.
해화　체체
♪　승　♪♪
화

B [5~6] 오른쪽 그림은 물질을 가열하거나 냉각할 때 일어나는 상태 변화를 나타낸 것이다.

기체
A　D
B　C
고체　E　액체
F

5 A~F에 알맞은 상태 변화의 종류를 쓰시오.

6 A~F에서 가열할 때 일어나는 상태 변화와 냉각할 때 일어나는 상태 변화를 각각 모두 고르시오.

(1) 가열할 때 일어나는 상태 변화: _____

(2) 냉각할 때 일어나는 상태 변화: _____

02 물질의 상태와 상태 변화

플러스 강의

화보 4.3

3 상태 변화의 종류와 예

가열	**융해(고체 → 액체)** **고체에서 액체로 변하는 현상**	냉각	**응고(액체 → 고체)** **액체에서 고체로 변하는 현상**
	• 아이스크림이 녹아 흘러내린다. • 용광로에서 철이 녹아 쇳물이 된다. • 뜨거운 프라이팬 위에서 버터가 녹는다. • 초에 불을 붙이면 녹아서 촛농이 흘러내린다.❶		• 냉동실에 넣어 둔 물이 언다. • 고깃국을 식히면 기름이 굳는다. • 겨울철 처마 끝에 고드름이 생긴다. • 양초를 타고 흘러내리던 촛농이 굳는다.
가열	**기화(액체 → 기체)** **액체에서 기체로 변하는 현상**	냉각	**액화(기체 → 액체)** **기체에서 액체로 변하는 현상**
	• 젖은 빨래가 마른다. • 물이 끓어 수증기가 된다.❷ • 손등에 바른 알코올이 마른다. • 어항 속의 물이 점점 줄어든다.		• 이른 새벽 풀잎에 이슬이 맺힌다. • 얼음물이 담긴 컵 표면에 물방울이 맺힌다. • 추운 겨울 밖에 있다가 따뜻한 실내에 들어가면 안경이 뿌옇게 변한다.
가열	**승화(고체 → 기체)** **고체에서 기체로 변하는 현상**	냉각	**승화(기체 → 고체)** **기체에서 고체로 변하는 현상**
	• 드라이아이스의 크기가 점점 작아진다. • 냉동실에 넣어 둔 얼음이 점점 작아진다. • 영하의 날씨에 그늘에 있는 눈사람의 크기가 작아진다.		• 나뭇잎에 서리가 내린다. • 추운 겨울 유리창에 성에가 생긴다. • 겨울철 높은 산에서 수증기가 나무에 얼어붙어*상고대가 생긴다.

C 상태 변화와 입자 배열의 변화

1 물질의 상태 변화에 따른 입자 배열의 변화

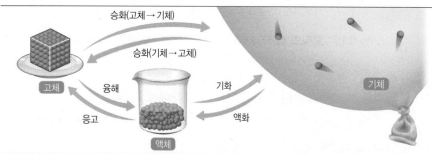

구분	융해, 기화, 승화(고체 → 기체)	응고, 액화, 승화(기체 → 고체)
입자의 운동성	활발해진다.	둔해진다.
입자 배열	불규칙적으로 변한다.	규칙적으로 변한다.
입자 사이의 거리	멀어진다. ➡ 부피 증가(물은 예외)	가까워진다. ➡ 부피 감소(물은 예외)

2 물질의 상태가 변할 때 물질의 질량과 부피 변화 |탐구b 116쪽

① 물질의 질량 변화: 변하지 않는다. ➡ 물질을 구성하는 입자의 종류와 수는 변하지 않기 때문

② 물질의 부피 변화: 변한다. ➡ 물질을 구성하는 입자의 배열이 달라지기 때문❸❹❺

일반적인 물질	• 융해, 기화, 승화(고체 → 기체): 입자 사이의 거리가 멀어져 부피가 증가한다. • 응고, 액화, 승화(기체 → 고체): 입자 사이의 거리가 가까워져 부피가 감소한다. ➡ 고체 < 액체 ≪ 기체 순으로 부피가 증가한다.
물	• 예외적으로 물이 얼음으로 응고할 때는 부피가 증가한다. ➡ 물 < 얼음 ≪ 수증기 순으로 부피가 증가한다.

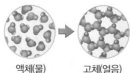

❶ 양초의 상태 변화
• 양초에 불이 붙으면 고체 양초가 녹아 촛농이 된다. ➡ 융해
• 촛농이 심지를 타고 올라가 심지 끝에서 기체가 되어 탄다. ➡ 기화
• 촛농이 아래로 흘러내리다 굳는다. ➡ 응고

❷ 김

김(액체)

물이 끓을 때 나오는 하얀 김은 수증기가 액화하여 생긴 액체 상태의 물방울이다.

❸ 액체 양초와 물의 상태 변화에 따른 부피 변화
• 액체 양초가 응고하면 부피가 약간 감소하여 윗부분이 오목하게 들어간다.
• 물이 응고하면 부피가 약간 증가하여 윗부분이 볼록하게 올라온다.

양초   얼음

❹ 물이 응고할 때의 부피 변화
물이 응고할 때 입자들이 빈 공간이 많은 구조로 배열하므로 입자 사이의 거리가 멀어져 부피가 증가한다.

액체(물)   고체(얼음)

❺ 물질의 상태가 변할 때 변하지 않는 것과 변하는 것
• 변하지 않는 것: 입자의 종류, 입자의 수 ➡ 물질의 성질과 질량
• 변하는 것: 입자의 운동, 입자의 배열, 입자 사이의 거리 ➡ 물질의 부피

용어 돋보기

*상고대_나무나 풀에 내려 눈처럼 된 서리

B 물질의 상태 변화

· □□: 고체에서 액체로 변하는 현상

· □□: 액체에서 고체로 변하는 현상

· 기화: □□에서 □□로 변하는 현상

· 액화: □□에서 □□로 변하는 현상

· □□: 고체에서 기체 또는 기체에서 고체로 변하는 현상

7 다음 현상과 관계있는 상태 변화의 종류를 쓰시오.

(1) 풀잎에 이슬이 맺힌다. ·· (   )

(2) 물이 끓어 수증기가 된다. ······································ (   )

(3) 겨울철 처마 끝에 고드름이 생긴다. ························· (   )

(4) 추운 겨울 유리창에 성에가 생긴다. ························· (   )

(5) 용광로에서 철이 녹아 쇳물이 된다. ························· (   )

(6) 냉동실에 넣어 둔 얼음이 점점 작아진다. ·················· (   )

C 상태 변화와 입자 배열의 변화

· 입자 운동이 활발해지는 상태 변화: □□, □□, 승화(□□ → □□)

· 상태 변화가 일어날 때 변하지 않는 것: 입자의 종류와 수가 변하지 않으므로 물질의 □□과 □□은 변하지 않는다.

· 상태 변화가 일어날 때 변하는 것: 입자 배열이 달라져 입자 사이의 거리가 달라지므로 물질의 □□가 변한다.

[8~9] 그림은 물질의 상태 변화를 입자 모형으로 나타낸 것이다.

8 다음 설명에 해당하는 물질의 상태 변화를 A~F에서 모두 고르시오. (단, 물은 제외한다.)

(1) 입자 사이의 거리가 멀어진다. ································· (   )

(2) 입자 배열이 규칙적으로 변한다. ······························ (   )

(3) 일반적으로 부피가 가장 크게 감소한다. ·················· (   )

9 다음 현상에서 나타나는 상태 변화를 A~F에서 고르시오.

(1) 아이스크림이 녹아 흘러내린다. ································ (   )

(2) 드라이아이스의 크기가 점점 작아진다. ··················· (   )

(3) 얼음물이 담긴 컵 표면에 물방울이 맺힌다. ············· (   )

암기꿀 물질의 상태가 변할 때 변하지 않는 것과 변하는 것

상태가 변할 때
같은 **질량** 다른 **부피**

액체
50 g

고체
50 g

10 물질의 상태가 변할 때 변하는 것은 ○, 변하지 않는 것은 ×로 표시하시오.

(1) 물질의 성질 ··················· (   )   (2) 물질의 질량 ··················· (   )

(3) 물질의 부피 ··················· (   )   (4) 입자의 배열 ··················· (   )

(5) 입자의 수 ····················· (   )   (6) 입자의 종류 ··················· (   )

(7) 입자 사이의 거리 ··········· (   )   (8) 입자 운동의 활발함 ········ (   )

탐구 ⓐ 여러 가지 물질의 상태 변화

이 탐구에서는 여러 가지 물질의 상태 변화를 관찰하고, 상태 변화가 일어날 때 물질의 성질 변화를 알아본다.

과정&결과

* **드라이아이스**_기체 이 산화 탄소를 승화시켜 고체 상태로 만든 것으로, 대표적인 승화성 물질이다.

실험 ❶ 얼음과*드라이아이스의 상태 변화

❶ 두 개의 비닐 주머니에 핀셋으로 얼음 조각과 드라이아이스 조각을 각각 넣는다.
❷ 비닐 주머니에서 공기를 최대한 빼고 입구를 막은 다음, 비닐 주머니 안의 얼음과 드라이아이스 조각이 각각 어떻게 변하는지 관찰한다.

결과

얼음	드라이아이스
얼음이 녹는다. ➡ 고체인 얼음이 액체인 물로 변한다.	드라이아이스의 크기가 작아지고, 비닐 주머니가 부풀어 오른다. ➡ 고체 이산화 탄소인 드라이아이스가 기체로 변한다.

◎ 드라이아이스를 넣은 비닐 주머니가 부풀어 오른 까닭
드라이아이스가 승화하면서 입자 배열이 매우 불규칙적으로 되고 입자 사이의 거리가 멀어져 부피가 증가하기 때문

실험 ❷ 물의 상태 변화

얼음
시계 접시
뜨거운 물

시계 접시
푸른색 염화 코발트 종이

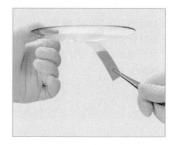

* **염화 코발트 종이**_염화 코발트 종이는 건조할 때는 푸른색을 띠지만, 물을 흡수하면 푸른색에서 붉은색으로 변한다.

❶ 뜨거운 물이 들어 있는 비커 위에 시계 접시를 올려놓고 얼음을 담은 다음, 비커 안쪽과 시계 접시 아랫면의 변화를 관찰한다.

❷ 시계 접시의 아랫면에 맺힌 액체에 푸른색*염화 코발트 종이를 대어 보고 색 변화를 관찰한다.

결과 푸른색 염화 코발트 종이가 붉은색으로 변한다.

◎ 과정 ❶에서 일어나는 상태 변화
비커 속 물이 기체인 수증기로 변했다가 시계 접시 아랫면에서 액체인 물로 변한다.

◎ 과정 ❷의 결과로 알 수 있는 사실
푸른색 염화 코발트 종이가 붉은색으로 변했으므로 시계 접시의 아랫면에 맺힌 액체는 물이다. ➡ 물질의 상태가 변해도 물질의 성질은 변하지 않음을 알 수 있다.

정리

물질의 상태가 변해도 입자의 종류는 변하지 않으므로 물질의 (   )은 변하지 않는다.

이렇게도 실험해요

과정 ❶ 초콜릿을 잘게 부숴 맛을 본 다음, 비닐 주머니에 넣는다.
❷ 비닐 주머니를 뜨거운 물에 담가 초콜릿을 완전히 녹인 뒤 나무젓가락으로 찍어 맛을 본다.
❸ 비닐 주머니의 한쪽 끝을 조금 잘라 초콜릿을 틀에 붓고 굳혀서 맛을 본다.

결과 초콜릿을 녹이기 전과 녹인 뒤의 맛이 같다. ➡ 고체에서 액체로 상태 변화가 일어나도 초콜릿의 성질은 변하지 않는다.

초콜릿

[01~02] 다음은 |탐구ⓐ에 대한 문제이다.

01 실험❶에 대한 설명으로 옳은 것은 ○, 옳지 않은 것은 ×로 표시하시오.

(1) 얼음 조각은 시간이 지나면서 녹아 물로 상태가 변한다. ······················· ( )

(2) 드라이아이스 조각은 시간이 지나면서 크기가 작아진다. ······················· ( )

(3) 얼음의 상태 변화가 일어나면 입자의 종류가 변한다. ······················· ( )

(4) 드라이아이스를 넣은 비닐 주머니가 부풀어 오른 까닭은 입자의 크기가 변했기 때문이다. ······· ( )

02 실험❷에 대한 설명으로 옳은 것은 ○, 옳지 않은 것은 ×로 표시하시오.

(1) 비커 속 물은 기화한다. ······· ( )

(2) 시계 접시 아랫면에서 수증기가 승화한다. ····· ( )

(3) 시계 접시 아랫면에 푸른색 염화 코발트 종이를 대어 보면 붉은색으로 변한다. ····· ( )

(4) 실험 결과로 물의 상태가 변해도 물의 성질이 변하지 않음을 알 수 있다. ····· ( )

03 그림과 같이 비닐 주머니에 얼음 조각과 드라이아이스 조각을 각각 넣은 다음, 비닐 주머니에서 공기를 최대한 빼고 입구를 막았다.

(가) (나)

(가)와 (나)에서 일어나는 상태 변화의 종류를 그림에서 찾아 기호를 쓰시오.

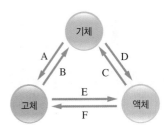

04 그림과 같이 뜨거운 물이 들어 있는 비커 위에 얼음이 담긴 시계 접시를 올려놓았다.

얼음
시계 접시
뜨거운 물

(1) 시계 접시 아랫면에 푸른색 염화 코발트 종이를 가져다 대면 색깔은 어떻게 변하는지 쓰시오.

_____

(2) (1)과 같은 변화로 알 수 있는 사실을 서술하시오.

_____

🖊 이렇게도 실험해요 **확인 문제**

05 오른쪽 그림과 같이 초콜릿을 잘게 부숴 맛을 본 다음, 비닐 주머니에 넣고 뜨거운 물에 담가 초콜릿을 완전히 녹여 맛을 본 뒤, 비닐 주머니의

초콜릿

한쪽 끝을 조금 잘라 초콜릿을 틀에 붓고 서서히 굳혔다. 이에 대한 설명으로 옳은 것을 보기에서 모두 고른 것은?

┌ **보기** ─────────────────────
│ ㄱ. 초콜릿이 담긴 비닐 주머니를 뜨거운 물에 넣으면 초콜릿은 기화한다.
│ ㄴ. 녹인 초콜릿을 틀에 넣어 굳히면 초콜릿이 응고한다.
│ ㄷ. 초콜릿을 녹이기 전과 녹인 후의 맛이 다르다.
│ ㄹ. 이 실험으로 고체에서 액체로 상태 변화가 일어나도 초콜릿의 성질은 변하지 않는다는 것을 알 수 있다.
└───────────────────────

① ㄱ, ㄴ   ② ㄴ, ㄷ   ③ ㄴ, ㄹ
④ ㄱ, ㄴ, ㄹ   ⑤ ㄴ, ㄷ, ㄹ

탐구 b

상태 변화에 따른 질량과 부피 변화

이 탐구에서는 물질의 상태가 변할 때 질량과 부피의 변화를 알아본다.

과정 & 결과

오투실험실

❶ 비닐 주머니에 아세톤을 1 mL 정도 넣고 비닐 주머니에서 공기를 최대한 뺀 뒤 입구를 막는다.

❷ 비닐 주머니를 감압 장치에 넣고 장치 속 공기를 뺀다.

감압 장치

아세톤을 넣은 비닐 주머니

227.3 g

❸ 감압 장치를 전자저울 위에 올려 놓고 질량을 측정한다.

결과 227.3 g

뜨거운 물

❹ 뜨거운 물이 담긴 수조에 감압 장치를 넣고 변화를 관찰한다.

결과 비닐 주머니가 부풀어 오르고, 액체 아세톤이 사라진다.

227.3 g

❺ 아세톤의 상태가 모두 변하면 감압 장치 표면에 묻은 물기를 잘 닦은 뒤 질량을 측정한다.

결과 227.3 g

◎ **아세톤이 들어 있는 비닐 주머니를 감압 장치에 넣고 공기를 빼는 까닭**
아세톤이 들어 있는 비닐 주머니를 감압 장치에 넣고 공기를 빼면 공기의 영향을 줄여 질량을 정확하게 측정할 수 있기 때문

해석

아세톤이 기화할 때 아세톤 입자의 종류와 수는 변하지 않고 입자 배열만 달라지기 때문에 질량은 변하지 않고 부피는 늘어난다.

아세톤 입자

▲ 뜨거운 물에 넣기 전　　　▲ 뜨거운 물에 넣은 후

정리

물질의 상태가 변할 때 입자의 종류와 수는 변하지 않으므로 물질의 ㉠(　　　)은 변하지 않고, 입자 ㉡(　　　)이 변해 입자 사이의 ㉢(　　　)가 달라지므로 물질의 부피가 변한다.

이렇게도 실험해요

과정 ❶ 고체 비누 조각을 비커에 넣고 가열해 녹인 뒤, 비누의 높이를 표시하고 질량을 측정한다.

❷ 비누가 굳은 뒤 높이를 표시하고 질량을 측정한다.

결과 비누가 굳은 뒤 비누의 부피는 줄어들었지만, 비누가 굳기 전과 굳은 후 비누의 질량은 같다.

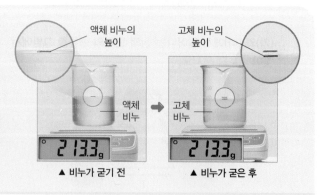

액체 비누의 높이

고체 비누의 높이

액체 비누

고체 비누

213.3 g　　213.3 g

▲ 비누가 굳기 전　　　▲ 비누가 굳은 후

01 탐구 b에 대한 설명으로 옳은 것은 ○, 옳지 않은 것은 ×로 표시하시오.

(1) 과정 ❹에서 아세톤은 기화한다. ·················· (　　)

(2) 과정 ❹에서 아세톤 입자의 운동이 활발해진다.
··· (　　)

(3) 과정 ❹에서 아세톤 입자의 배열이 규칙적으로 된다.
··· (　　)

(4) 과정 ❹에서 아세톤 입자 사이의 거리가 멀어진다.
··· (　　)

(5) 아세톤의 상태 변화가 일어나도 질량은 일정하다.
··· (　　)

(6) 아세톤의 상태 변화가 일어나면 부피가 감소한다.
··· (　　)

02 그림과 같이 아세톤이 들어 있는 비닐 주머니를 감압 장치에 넣고 장치 속 공기를 뺀 뒤 감압 장치의 질량을 측정한 다음, 뜨거운 물이 담긴 수조에 감압 장치를 넣어 아세톤이 모두 기화하였을 때 다시 질량을 측정하였다.

감압 장치
아세톤을 넣은 비닐 주머니
뜨거운 물

(1) 아세톤이 들어 있는 비닐 주머니를 넣은 감압 장치를 뜨거운 물에 넣기 전과 넣은 후 비닐 주머니의 변화를 두 가지 쓰시오.

_____

(2) 처음 측정한 감압 장치의 질량과 아세톤이 모두 기화한 다음 측정한 감압 장치의 질량은 어떤 차이가 있는지 쓰시오.

_____

(3) (2)와 같이 답한 까닭을 다음 용어를 모두 사용하여 서술하시오.

> 상태 변화, 종류, 수

_____

03 다음은 아세톤의 상태 변화에 대한 실험이다.

[실험 과정]
(가) 비닐 주머니에 아세톤 1 mL를 넣고 공기를 최대한 뺀 뒤 입구를 막는다.
(나) 비닐 주머니를 감압 장치에 넣고 장치 속 공기를 뺀다.
(다) 감압 장치를 전자저울 위에 올려놓고 질량을 측정한다.
(라) 뜨거운 물이 담긴 수조에 감압 장치를 넣고 변화를 관찰한다.
(마) 아세톤의 상태가 모두 변하면 감압 장치 표면에 묻은 물기를 잘 닦은 뒤 질량을 측정한다.

이에 대한 설명으로 옳은 것은?

① 이 실험에서 아세톤의 액화와 승화를 관찰할 수 있다.
② 이 실험으로 물질의 상태가 변할 때 입자 배열이 변하지 않는다는 것을 알 수 있다.
③ 이 실험으로 물질의 상태가 변할 때 물질의 성질이 달라진다는 것을 알 수 있다.
④ 이 실험으로 물질의 상태가 변할 때 물질의 질량이 변하지 않는다는 것을 알 수 있다.
⑤ 이 실험으로 물질의 상태가 변할 때 물질의 부피가 변하지 않는다는 것을 알 수 있다.

🖊️ 이렇게도 실험해요 **확인 문제**

04 그림과 같이 고체 비누 조각을 가열하여 액체로 만든 뒤 질량을 측정하고 부피를 관찰한 다음, 비누를 굳혀 고체로 만든 뒤 다시 질량을 측정하고 부피를 관찰하였다.

액체 비누
고체 비누

액체 비누가 고체 상태로 될 때 질량과 부피 변화를 옳게 짝 지은 것은?

	질량	부피		질량	부피
①	증가	감소	②	일정	증가
③	증가	증가	④	일정	감소
⑤	감소	증가			

우리 주위에 있는 물질은 상태에 따라 고체, 액체, 기체로 구분할 수 있어요.
물질의 세 가지 상태의 특징을 여기서 잠깐에서 알아볼까요?

> 정답과 해설 28쪽

고체와 액체의 모양과 부피 변화

○ 고체의 모양과 부피 변화

그림과 같이 플라스틱 블록을 모양이 다른 컵에 옮긴다.
➡ 컵의 모양이 달라져도 플라스틱 블록의 모양과 부피가 변하지 않는다.

플라스틱
블록

[해석] 고체는 담는 그릇이 달라져도 ㉠( )과 ㉡( )가 변하지 않는다.

○ 액체의 모양과 부피 변화

그림과 같이 주스를 모양이 다른 컵에 옮긴다.
➡ 컵의 모양에 따라 주스의 모양이 변하지만, 부피는 변하지 않는다.

주스

[해석] 액체는 담는 그릇에 따라 ㉢( )은 변하지만 ㉣( )는 변하지 않는다.

액체와 기체의 압축되는 정도 비교

○ 액체의 압축되는 정도

그림과 같이 주사기에 주스를 절반 정도 넣고 주사기 끝을 고무마개로 막은 다음 피스톤을 누른다.
➡ 주사기의 피스톤은 거의 눌리지 않는다.

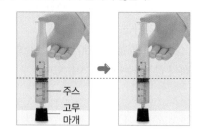

주스
고무
마개

[해석] 액체는 압력을 가해도 거의 압축되지 않는다.

○ 기체의 압축되는 정도

그림과 같이 주사기에 공기를 절반 정도 넣고 주사기 끝을 고무마개로 막은 다음 피스톤을 누른다.
➡ 주사기의 피스톤이 많이 눌린다.

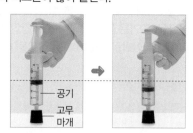

공기
고무
마개

[해석] 기체는 담는 그릇에 따라 모양과 부피가 변하며, 압력을 가하면 압축된다. ➡ [까닭] 공기 입자들은 서로 떨어진 채 골고루 퍼져 있어 입자 사이에 빈 공간이 있으므로 피스톤을 누르면 입자 사이의 거리가 ㉤( )져 압축된다.

물질의 세 가지 상태의 특징

구분	고체	액체	기체
특징	담는 그릇이 달라져도 모양과 부피가 변하지 않는다.	• 담는 그릇에 따라 모양은 변하지만 부피는 변하지 않는다. • 압력을 가해도 거의 압축되지 않는다.	• 담는 그릇에 따라 모양과 부피가 변한다. • 압력을 가하면 압축된다.
입자 배열	㉥	㉦	㉧

[해석] 물질을 구성하는 입자의 배열, 즉 입자 사이의 상대적 거리, 입자 배열의 불규칙한 정도, 입자의 운동성 등이 다르기 때문에 물질의 세 가지 상태의 특징이 다르다.

기출 문제로
내신 쑥쑥

전국 주요 학교의 **시험에 가장 많이 나오는** 문제들로만 구성하였습니다.
모든 친구들이 '꼭' 봐야 하는 코너입니다.

➡ 정답과 해설 28쪽

A 물질의 세 가지 상태

01 물질의 세 가지 상태에 대한 설명으로 옳지 <u>않은</u> 것은?

① 고체는 담는 그릇에 관계없이 모양과 부피가 일정하다.

② 액체는 담는 그릇에 따라 모양과 부피가 변한다.

③ 액체와 기체는 흐르는 성질이 있다.

④ 입자 배열이 가장 규칙적인 상태는 고체이다.

⑤ 입자 사이의 거리가 가장 먼 상태는 기체이다.

[02~03] 그림은 물질의 세 가지 상태를 입자 모형으로 나타낸 것이다.

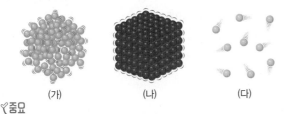

(가)　　　　　(나)　　　　　(다)

중요
02 이에 대한 설명으로 옳은 것은? (단, 물은 제외한다.)

① (가)는 입자 사이의 거리가 매우 멀다.

② (나)는 입자가 운동하지 않는다.

③ (다)는 입자 배열이 규칙적이다.

④ 입자 사이의 거리는 (나)<(가)<(다) 순이다.

⑤ 입자 운동의 활발한 정도는 (다)<(가)<(나) 순이다.

03 (가)~(다)에 해당하는 물질의 예를 옳게 짝 지은 것은?

	(가)	(나)	(다)
①	얼음	나무	플라스틱
②	얼음	수증기	간장
③	나무	주스	얼음
④	주스	간장	수증기
⑤	주스	나무	수증기

04 오른쪽 그림과 같이 고무공을 눌렀다 놓으면 공이 찌그러졌다 다시 펴진다. 고무공 안에 들어 있는 물질에 대한 설명으로 옳지 <u>않은</u> 것은?

고무공

① 기체 상태이다.

② 입자가 매우 활발하게 운동한다.

③ 입자 배열이 매우 불규칙적이다.

④ 입자 사이의 거리가 매우 가깝다.

⑤ 담는 그릇에 따라 모양과 부피가 변한다.

B 물질의 상태 변화

[05~06] 그림은 물질을 가열하거나 냉각할 때 일어나는 상태 변화를 나타낸 것이다.

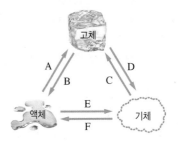

05 A~F에 해당하는 상태 변화의 종류를 옳게 짝 지은 것은?

① A – 승화　　　　② C – 융해

③ D – 응고　　　　④ E – 기화

⑤ F – 승화

중요
06 (가)~(다)에 해당하는 상태 변화를 옳게 짝 지은 것은?

> (가) 고깃국을 식히면 기름이 굳는다.
> (나) 냉동실에 넣어 둔 얼음이 조금씩 작아진다.
> (다) 겨울철 높은 산에서 수증기가 나무에 얼어붙어 상고대가 생긴다.

	(가)	(나)	(다)			(가)	(나)	(다)
①	A	B	C		②	A	C	E
③	A	D	C		④	E	D	B
⑤	F	B	D					

07 그림 (가)는 용광로에서 철이 녹아 쇳물이 되는 모습이고, (나)는 풀잎에 이슬이 맺힌 모습이다.

(가)　　　　　　　　　(나)

(가)와 (나)에서 볼 수 있는 상태 변화의 종류를 옳게 짝지은 것은?

	(가)	(나)		(가)	(나)
①	응고	융해	②	응고	액화
③	융해	승화	④	융해	액화
⑤	융해	기화			

08 다음 현상에서 일어나는 상태 변화와 같은 종류의 상태 변화가 일어나는 것을 보기에서 모두 고른 것은?

> 드라이아이스의 크기가 작아진다.

보기
ㄱ. 추운 겨울 유리창에 성에가 생긴다.
ㄴ. 뜨거운 프라이팬 위에서 버터가 녹는다.
ㄷ. 냉동실에 넣어 둔 얼음이 조금씩 작아진다.
ㄹ. 영하의 날씨에 그늘에 있는 눈사람의 크기가 작아진다.

① ㄱ, ㄷ　　　② ㄴ, ㄹ　　　③ ㄷ, ㄹ
④ ㄱ, ㄴ, ㄷ　　　⑤ ㄴ, ㄷ, ㄹ

탐구a

09 그림과 같이 25 °C, 1기압에서 비닐 주머니에 얼음 조각과 드라이아이스 조각을 각각 넣고 입구를 막았다.

(가)　　　　　　　　　(나)

시간이 지남에 따라 두 비닐 주머니에서 일어나는 변화에 대한 설명으로 옳은 것은?

① (가)에서는 융해, (나)에서는 응고가 일어난다.
② (나) 비닐 주머니 속 입자의 수가 점점 많아진다.
③ (가)와 (나) 모두 입자 배열이 규칙적으로 변한다.
④ (가)와 (나) 모두 비닐 주머니의 부피는 변화가 없다.
⑤ (가)와 (나) 모두 상태 변화가 일어나도 질량은 변하지 않는다.

탐구a

10 다음은 물의 상태가 변할 때 나타나는 현상을 관찰하는 실험이다.

> (가) 유리 막대로 물을 찍어 푸른색 염화 코발트 종이에 대어 본다.
> (나) 뜨거운 물이 들어 있는 비커 위에 얼음이 담긴 시계 접시를 올려놓는다.
> (다) 시계 접시 아랫면에 맺힌 액체에 푸른색 염화 코발트 종이를 대어 본다.

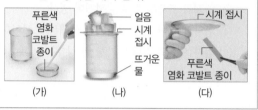

(가)　　　　(나)　　　　(다)

이에 대한 설명으로 옳은 것은?

① (가)에서 염화 코발트 종이의 색 변화는 없다.
② (나)에서 비커 속 물은 융해한다.
③ (나)에서 시계 접시 아랫면에 물이 생긴다.
④ (다)의 시계 접시 아랫면에 맺힌 액체는 얼음이 녹아서 생긴 물이다.
⑤ 물질의 상태가 변하면 물질을 구성하는 입자의 종류가 변함을 알 수 있다.

C 상태 변화와 입자 배열의 변화

11 그림은 물질의 상태에 따른 입자의 운동을 나타낸 것이다.

(가)　　　　　　　　　(나)

입자의 운동 상태가 (가)에서 (나)로 변하는 것과 같은 현상은?

① 나뭇잎에 서리가 내린다.
② 물이 끓어 수증기가 된다.
③ 아이스크림이 녹아 흘러내린다.
④ 이른 새벽 풀잎에 이슬이 맺힌다.
⑤ 추운 겨울 밖에 있다가 따뜻한 실내에 들어가면 안경이 뿌옇게 변한다.

중요

12 그림은 물질의 상태 변화를 입자 모형으로 나타낸 것이다.

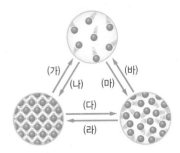

(가)~(바)에 대한 설명으로 옳지 <u>않은</u> 것은?

① (가)에서 물질의 부피가 증가한다.
② (나)에서 입자 사이의 거리가 가까워진다.
③ (다)에서 입자 운동이 활발해진다.
④ (라)에서 입자 배열이 불규칙적으로 된다.
⑤ (마)에서 물질의 질량은 일정하다.

중요

13 입자의 배열이 처음보다 불규칙적으로 되는 상태 변화에 해당하는 것은?

① 젖은 빨래가 마른다.
② 냉동실에 넣어 둔 물이 언다.
③ 이른 새벽 풀잎에 이슬이 맺힌다.
④ 얼음물이 담긴 컵 표면에 물방울이 맺힌다.
⑤ 겨울철 높은 산에서 나무에 상고대가 생긴다.

14 다음 현상에서 공통적으로 나타나는 변화로 옳은 것은?

• 양초의 촛농이 굳는다.
• 얼음물이 담긴 컵 표면에 물방울이 맺힌다.

① 부피가 증가한다.
② 질량이 감소한다.
③ 입자의 수가 감소한다.
④ 입자 사이의 거리가 멀어진다.
⑤ 입자 배열이 규칙적으로 된다.

탐구 b

15 오른쪽 그림과 같이 액체 아세톤을 넣고 입구를 막은 비닐 주머니를 감압 장치에 넣고 공기를 뺀 다음, 뜨거운 물이 담긴 수조에 넣었더니 비닐 주머니가 부풀어 올랐다. 이 실험에서 일어나는 아세톤의 변화로 옳은 것을 보기에서 모두 고른 것은?

뜨거운 물   아세톤

보기
ㄱ. 아세톤이 기화한다.
ㄴ. 아세톤 입자 사이의 거리가 멀어진다.
ㄷ. 아세톤 입자의 수가 증가하여 부피가 증가한다.

① ㄴ   ② ㄱ, ㄴ   ③ ㄱ, ㄷ
④ ㄴ, ㄷ   ⑤ ㄱ, ㄴ, ㄷ

16 오른쪽 그림과 같이 고체 비누 조각을 가열하여 액체로 만든 뒤 질량을 측정하고 부피를 관찰한 다음, 액체 비누를 굳힌 뒤 다시 질량을 측정하고 부피를 관찰하였다. 이에 대한 설명으로 옳지 <u>않은</u> 것은?

액체 비누 → 고체 비누

① 액체 비누가 굳는 것은 응고이다.
② 비누의 부피는 액체일 때보다 고체일 때가 더 작다.
③ 비누가 액체에서 고체가 될 때 입자 배열이 규칙적으로 변한다.
④ 비누가 액체에서 고체가 될 때 입자 사이의 거리는 가까워진다.
⑤ 비누가 굳은 후 윗부분이 오목하게 들어간 것은 질량이 감소했기 때문이다.

중요

17 물질의 상태 변화가 일어날 때 변하는 것을 보기에서 모두 고른 것은?

보기
ㄱ. 물질의 성질   ㄴ. 물질의 부피
ㄷ. 물질의 질량   ㄹ. 입자의 배열
ㅁ. 입자의 종류   ㅂ. 입자 사이의 거리

① ㄱ, ㄴ, ㄷ   ② ㄱ, ㄷ, ㅁ
③ ㄴ, ㄹ, ㅂ   ④ ㄷ, ㄹ, ㅂ
⑤ ㄹ, ㅁ, ㅂ

서술형 문제

18 그림과 같이 주사기에 같은 양의 물과 공기를 각각 넣고 피스톤을 눌렀더니 물은 거의 압축되지 않았지만, 공기는 압축되었다.

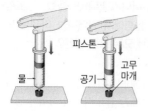

그 까닭을 입자 사이의 거리와 관련지어 서술하시오.

_____

19 더운 여름날 컵에 담긴 차가운 음료수를 마시다 보면 컵 표면에 물방울이 맺히는 현상을 관찰할 수 있다. 물방울이 생성되는 과정을 상태 변화를 이용하여 서술하시오.

_____

20 그림과 같이 장치한 뒤 시계 접시 아랫면에 맺힌 액체에 푸른색 염화 코발트 종이를 대어 보았더니 붉은색으로 변하였다.

시계 접시의 아랫면에 맺힌 액체가 무엇인지 쓰고, 액체가 생성되는 과정을 서술하시오.

_____

21 물질의 상태가 변해도 물질의 성질이 변하지 않는 까닭을 입자와 관련지어 서술하시오.

_____

22 다음은 양초에 불을 붙인 후 관찰한 내용을 적은 것이다.

> 양초에 불을 붙이면 (가) 양초가 녹아서 촛농이 되고, 촛농은 심지를 타고 올라가 심지 끝에서 (나) 기체가 되어 불이 켜진다. 시간이 흐르면 (다) 촛농이 흘러내리면서 굳는다.

(1) (가)~(다)에서 일어나는 상태 변화를 각각 쓰시오.

_____

(2) (다)에서 상태 변화가 일어날 때 입자의 운동성, 입자 사이의 거리, 입자 배열이 어떻게 변하는지 서술하시오.

_____

23 그림과 같이 비닐 주머니에 드라이아이스 조각을 넣고 입구를 막은 후 가만히 두었더니 시간이 지나면서 비닐 주머니가 부풀어 올랐다.

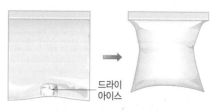

비닐 주머니가 부풀어 오른 까닭을 상태 변화, 입자 배열, 입자 사이의 거리와 관련지어 서술하시오.

01 다음 현상에 대해 학생들이 나눈 대화 중 잘못 이야기 하고 있는 학생은?

> 가을 아침에 안개가 끼었다가 해가 뜨자 안개가 서 서히 사라졌다.

> • 은유: 가을 아침에 안개가 끼는 까닭은 온도가 낮 아져 공기 중의 수증기가 액체로 변했기 때문이야.
> • 원영: 맞아. 그리고 해가 뜨면 온도가 높아지면서 공기 중의 물방울이 수증기로 변해 안개가 사라져.
> • 레이: 공기 중의 수증기가 액체로 변하면 입자 사 이의 거리는 더 가까워지겠네?
> • 서이: 입자 사이의 거리가 가까워지면서 입자의 크 기도 작아질 거야.
> • 주원: 입자 사이의 거리가 가까워지니까 물질의 부 피도 줄어들 거야.

① 은유   ② 원영   ③ 레이
④ 서이   ⑤ 주원

02 다음은 물의 상태 변화에 대한 실험이다.

> (가) 삼각 플라스크에 물을 넣고 알루미늄 포일을 씌운 다음, 가운데에 작은 구멍을 뚫고 물을 가열한다.
> (나) 물이 끓으면 알루미늄 포일 구멍 바로 윗부분과 ㉠ 하얀 김이 생긴 부분에 각각 푸른색 염화 코발트 종이를 대어 색 변화를 관찰한다.

이에 대한 설명으로 옳은 것은?

① ㉠의 하얀 김은 기체 상태이다.
② 이 실험에서 물의 승화와 액화를 관찰할 수 있다.
③ ㉠에 갖다 댄 푸른색 염화 코발트 종이의 색깔은 붉은색으로 변한다.
④ 알루미늄 포일 구멍 바로 윗부분에 갖다 댄 푸른색 염화 코발트 종이의 색깔은 변화가 없다.
⑤ 이 실험으로 물의 상태 변화가 일어날 때 물의 성 질이 달라짐을 알 수 있다.

03 오른쪽 그림과 같이 고체 아 이오딘이 들어 있는 비커 위 에 얼음이 담긴 시계 접시를 올려놓고 서서히 가열하였다. 이에 대한 설명으로 옳지 않은 것은?

① A에서 입자 배열이 불규칙적으로 변한다.
② B에서 입자 사이의 거리가 매우 가까워진다.
③ A와 B의 상태 변화가 일어날 때 입자의 수는 변하 지 않는다.
④ 이 실험에서 아이오딘은 고체 → 기체 → 고체 순 으로 상태 변화가 일어난다.
⑤ 영하의 날씨에 그늘에 있던 눈사람의 크기가 작아 지는 것은 B로 설명할 수 있다.

04 액체 상태의 금속을 부어 원하는 모양으로 응고시키기 위해 사용하는 틀은 실제 물건보다 약간 크게 만든다. 그 까닭으로 옳은 것은?

① 액체가 응고할 때 질량이 감소하기 때문
② 액체가 응고할 때 부피가 감소하기 때문
③ 액체가 응고할 때 입자의 수가 감소하기 때문
④ 액체가 응고할 때 입자의 종류가 달라지기 때문
⑤ 액체가 응고할 때 입자 배열이 불규칙적으로 되기 때문

05 아이스크림을 포장할 때 넣어 주는 드라이아이스는 밀 폐되지 않은 휴지통에 버려야 한다. 그 까닭으로 가장 적절한 것은?

① 드라이아이스가 승화하여 성질이 변하기 때문
② 드라이아이스가 응고하여 질량이 증가하기 때문
③ 드라이아이스가 승화하여 부피가 급격하게 증가하 기 때문
④ 드라이아이스가 융해하여 입자 배열이 불규칙적으 로 되기 때문
⑤ 드라이아이스가 기화하여 입자 사이에 서로 잡아 당기는 힘이 줄어들기 때문

03 상태 변화와 열에너지

A 상태 변화와 열에너지

1 열에너지를 방출하는 상태 변화   응고, 액화, 승화(기체 → 고체)❶ |탐구ⓐ 128쪽

① 물질을 냉각할 때의 온도 변화: 물질을 냉각하면 온도가 낮아지는데, 상태 변화가 일어날 때는 온도가 일정하게 유지된다. ➡ 상태 변화 하는 동안 방출하는 열에너지가 온도가 낮아지는 것을 막아 주기 때문❷ ⹊여기서잡깐 132쪽

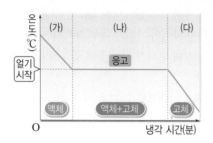

- (가), (다): 온도가 서서히 낮아진다. ➡ 열에너지를 잃기 때문
- (나): 온도가 일정하다. ➡ 상태 변화 하면서 열에너지를 방출하여 물질의 온도가 낮아지는 것을 막아 주기 때문
- (나)는 액체와 고체 상태가 함께 존재한다.

② 열에너지를 방출하는 상태 변화와 입자 배열: 물질을 냉각하면 열에너지를 방출한다.❸

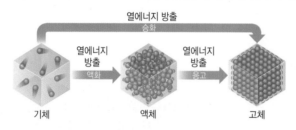

열에너지의 출입	입자의 운동성	입자 배열	입자 사이의 거리
방출한다.	둔해진다.	규칙적으로 변한다.	가까워진다.

2 열에너지를 흡수하는 상태 변화❹   융해, 기화, 승화(고체 → 기체) |탐구ⓑ 130쪽

① 물질을 가열할 때의 온도 변화: 물질을 가열하면 온도가 높아지는데, 상태 변화가 일어날 때는 온도가 일정하게 유지된다. ➡ 가해 준 열에너지가 물질의 상태를 변화시키는 데 사용되기 때문 ⹊여기서잡깐 132쪽

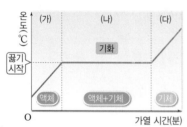

- (가), (다): 온도가 서서히 높아진다. ➡ 열에너지를 얻기 때문
- (나): 온도가 일정하다. ➡ 상태 변화 하면서 가해 준 열에너지를 흡수하기 때문
- (나)는 액체와 기체 상태가 함께 존재한다.

② 열에너지를 흡수하는 상태 변화와 입자 배열: 물질을 가열하면 열에너지를 흡수한다.❺

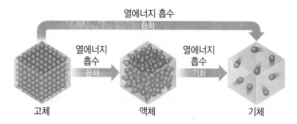

열에너지의 출입	입자의 운동성	입자 배열	입자 사이의 거리
흡수한다.	활발해진다.	불규칙적으로 변한다.	멀어진다.

➕ 플러스 강의

❶ 열에너지

물체의 온도를 높이거나 물질의 상태를 변하게 하는 원인이 되는 에너지의 한 형태로, 온도가 다른 두 물체 사이에서 이동하는 에너지이다.

❷ 상태 변화가 일어나는 온도에 영향을 주지 않는 조건

- 같은 물질인 경우 물질의 양에 관계없이 얼기 시작하는 온도와 끓기 시작하는 온도는 일정하다.
- 물질의 양이 많을수록 얼기 시작하거나 끓기 시작하는 데 걸리는 시간은 길어진다.
- 가열하는 불의 세기가 세면 끓기 시작하는 데 걸리는 시간은 줄어들지만, 끓기 시작하는 온도에는 영향을 주지 않는다.

❸ 상태 변화 시 물질이 방출하는 열에너지의 종류

응고, 액화, 승화(기체 → 고체)가 일어날 때 물질이 방출하는 열에너지를 각각 응고열, 액화열, 승화열이라고 한다.

❹ 물질을 가열하거나 냉각할 때의 온도 변화

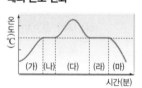

- (가): 고체, (다) 액체, (마): 고체
- (나): 고체+액체
  ➡ 융해가 일어난다.
- (라): 액체+고체
  ➡ 응고가 일어난다.

❺ 상태 변화 시 물질이 흡수하는 열에너지의 종류

융해, 기화, 승화(고체 → 기체)가 일어날 때 물질이 흡수하는 열에너지를 각각 융해열, 기화열, 승화열이라고 한다.

➡ 정답과 해설 **31**쪽

A 상태 변화와 열에너지

• 열에너지를 방출하는 상태 변화:
□□, □□, 승화(□□ →
□□)

• 열에너지를 흡수하는 상태 변화:
□□, □□, 승화(□□ →
□□)

A

1 오른쪽 그림은 물질의 상태 변화 과정을 나타낸
것이다. A~F를 열에너지를 방출하는 상태 변화
와 열에너지를 흡수하는 상태 변화로 구분하
시오.

(1) 열에너지 방출: _____

(2) 열에너지 흡수: _____

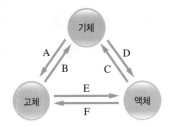

2 오른쪽 그림은 어떤 액체 물질을 냉각할 때 시간에 따
른 온도 변화를 나타낸 것이다.

(1) (가)~(다) 구간의 물질의 상태를 쓰시오.

(2) 물질의 상태 변화가 일어나는 구간을 쓰시오.

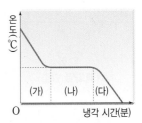

3 오른쪽 그림은 물질의 상태 변화에 따른 입자
배열의 변화를 나타낸 것이다. (　) 안에
알맞은 말을 고르시오.

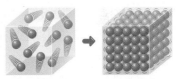

> 물질이 ㉠(고체, 기체)에서 ㉡(고체, 기체)로 상태가 변할 때 물질은 열에너지
> 를 ㉢(흡수, 방출)하여 입자 운동이 ㉣(활발해, 둔해)지고, 입자가 ㉤(규칙적,
> 불규칙적)으로 배열된다.

4 오른쪽 그림은 물을 가열할 때 시간에 따른 온
도 변화를 나타낸 것이다. 이에 대한 설명으로
옳은 것은 ○, 옳지 <u>않은</u> 것은 ×로 표시하
시오.

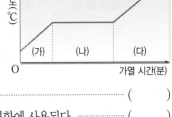

(1) (가) 구간에서는 물이 존재한다. ⋯⋯⋯⋯⋯⋯⋯⋯⋯⋯⋯⋯⋯⋯⋯⋯⋯⋯⋯⋯⋯ (　　)

(2) (나) 구간에서는 가해 준 열에너지가 상태 변화에 사용된다. ⋯⋯⋯⋯⋯⋯⋯ (　　)

(3) (다) 구간에서 상태 변화가 일어난다. ⋯⋯⋯⋯⋯⋯⋯⋯⋯⋯⋯⋯⋯⋯⋯⋯⋯⋯ (　　)

(4) (다) 구간에서는 액체와 기체 상태가 함께 존재한다. ⋯⋯⋯⋯⋯⋯⋯⋯⋯⋯⋯ (　　)

암기꽝 열에너지를 흡수하는 상태 변화

융기네 **고기**는 내가 다 **흡수**해야지.
해 화　체 체　승
　　　　　　　화

5 (　) 안에 알맞은 말을 쓰시오.

> 물질이 열에너지를 흡수하여 상태가 변할 때 입자 운동은 ㉠(활발해, 둔해)지고
> 입자 배열은 ㉡(규칙적, 불규칙적)으로 되며, 입자 사이의 거리는 ㉢(멀어, 가까
> 워)진다.

03 상태 변화와 열에너지

B 물질의 상태 변화 시 열에너지 출입 이용

1 열에너지를 방출하는 상태 변화 응고, 액화, 승화(기체 → 고체)가 일어날 때 열에너지를 방출하므로 주변의 온도가 높아진다.

응고 (응고열 방출)	• 이글루 안에 물을 뿌려 내부를 따뜻하게 한다. • 액체 파라핀에 손을 담갔다가 꺼내면*파라핀이 응고하면서 손이 따뜻해진다. • 추운 겨울철 과일이 어는 것을 막기 위해 과일 저장 창고에 물이 든 그릇을 놓아둔다. • 사과 농장에서는 한파에 대비하여 사과꽃에 물을 뿌려 냉해를 막는다.
액화 (액화열 방출)	• 증기 난방으로 실내를 따뜻하게 한다. • 소나기가 내리기 전 날씨가 후텁지근하다. • 커피 기계의 스팀 분출 장치로 우유를 데운다. • 추울 때 입 근처에 손을 대고 입김을 불면 손에 따뜻함이 느껴진다.
승화(기체 → 고체) (승화열 방출)	• 겨울철 눈이 내릴 때 날씨가 포근해진다.

2 열에너지를 흡수하는 상태 변화 융해, 기화, 승화(고체 → 기체)가 일어날 때 열에너지를 흡수하므로 주변의 온도가 낮아진다.

융해 (융해열 흡수)	• 더운 여름날 얼음 조각 옆에 있으면 시원하다. • 미지근한 음료수에 얼음을 넣으면 시원해진다. • 아이스박스에 얼음을 채워 음식물을 시원하게 보관한다. • 신선 식품을 포장할 때 얼음 팩을 함께 넣으면 식품을 신선하게 유지할 수 있다.
기화❶❷ (기화열 흡수)	• 여름날 도로에 물을 뿌리면 시원하다. • 알코올을 묻힌 솜으로 손등을 문지르면 시원해진다. • 열이 날 때 물수건으로 몸을 닦으면 체온이 낮아진다. • 휴대용 버너를 사용한 후 연료 통을 만져 보면 차갑다. • 무더운 여름철에 안개처럼 물을 뿌려 주는 장치 주변에 있으면 시원해진다. • 더운 사막에서 시원한 물을 마시기 위해 양가죽으로 만든 주머니에 물을 보관한다. ❸
승화(고체 → 기체) (승화열 흡수)	• 아이스크림을 포장할 때 드라이아이스를 함께 넣어 두면 아이스크림이 잘 녹지 않는다.❹

3 에어컨의 원리 액체*냉매가 기화하면서 열에너지를 흡수하므로 실내가 시원해진다. ❺

실내기(증발기)	실외기(응축기)
• 냉매의 기화 (액체 냉매 → 기체 냉매) • 열에너지 흡수 • 찬바람이 나옴	• 냉매의 액화 (기체 냉매 → 액체 냉매) • 열에너지 방출 • 더운 바람이 나옴

플러스 강의

❶ 동물의 체온 조절 방법
• 개는 더운 여름철 혀를 내밀어 입 속 수분을 증발시켜 체온을 조절한다.
• 돼지는 물이나 진흙탕 속에서 몸을 뒹군 후 몸에 묻은 물을 증발시켜 체온을 조절한다.

❷ 항아리 냉장고의 원리

큰 항아리 안에 작은 항아리를 넣고 두 항아리 사이 빈 공간에 젖은 흙을 넣어 두면 물이 기화하면서 주변에서 열에너지를 흡수하여 주변의 온도를 낮춘다.

❸ 양가죽으로 만든 주머니에 담긴 물이 시원한 까닭
양가죽으로 만든 물주머니에는 매우 작은 구멍이 있다. 이 구멍으로 스며 나온 물이 기화하면서 주변에서 열에너지를 흡수하기 때문에 주변의 온도가 낮아져 물주머니에 들어 있는 물이 시원해진다.

❹ 드라이아이스의 상태 변화에 의한 현상
드라이아이스가 기체로 승화하면 주변에 흰 안개가 생기는데 이는 공기 중의 수증기가 액화하여 생성된 물방울이다.

❺ 냉난방 에어컨
실외기와 실내기의 역할을 바꿔 냉난방 기능을 모두 사용할 수 있다.

용어 톡보기
* 파라핀_석유에서 얻을 수 있는 밀랍 형태의 반투명한 고체 물질로 양초, 크레파스 등의 원료로 사용함
* 냉매_에어컨이나 냉장고에 넣어 액화와 기화를 반복하면서 열에너지를 이동시키는 물질

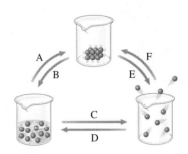

B 물질의 상태 변화 시 열에너지 출입 이용

• 물질의 상태가 변할 때 열에너지를 방출하면 주변의 온도가 □아진다.

• 물질의 상태가 변할 때 열에너지를 흡수하면 주변의 온도가 □아진다.

B

[6~7] 오른쪽 그림은 물질의 상태 변화 과정을 나타낸 것이다.

6 A~F에서 주변의 온도가 낮아지는 상태 변화를 모두 고르시오.

7 다음 현상에서 일어나는 상태 변화를 A~F에서 각각 고르시오.

(1) 추운 겨울 사과 농장에서는 사과꽃에 물을 뿌린다. ·············· ( )
(2) 더운 여름날 얼음 조각상 근처에 있으면 시원하다. ·············· ( )
(3) 추울 때 입 근처에 손을 대고 입김을 불면 손이 따뜻해진다. ·············· ( )
(4) 여름날 안개처럼 물을 뿌려 주는 장치 주변에 있으면 시원해진다. ······· ( )

8 상태 변화가 일어날 때 열에너지를 흡수하는 경우는 '흡수', 열에너지를 방출하는 경우는 '방출'이라고 쓰시오.

(1) 소나기가 내리기 전 날씨가 후텁지근하다. ·············· ( )
(2) 이글루 안에 물을 뿌려 내부를 따뜻하게 한다. ·············· ( )
(3) 미지근한 음료수에 얼음을 넣으면 시원해진다. ·············· ( )
(4) 알코올을 묻힌 솜으로 손등을 문지르면 시원해진다. ·············· ( )

암기꽝 열에너지를 흡수하는 상태 변화와 주변의 온도

융기네 **고기**를 흡수했더니
해화 체체
     승
     화

주변의 시선이 **싸늘**해.
(주변의 온도가 낮아지므로)

9 상태 변화가 일어날 때 주변의 온도가 높아지는 경우는 '높', 주변의 온도가 낮아지는 경우는 '낮'이라고 쓰시오.

(1) 열이 날 때 물수건으로 몸을 닦는다. ·············· ( )
(2) 아이스크림을 포장할 때 드라이아이스를 이용한다. ·············· ( )
(3) 추운 겨울철 과일이 얼지 않도록 과일 저장 창고에 물그릇을 놓아둔다. ( )
(4) 신선 식품을 포장할 때 얼음 팩을 함께 넣어 식품을 신선하게 유지한다. ( )

10 그림은 에어컨의 구조를 나타낸 것이다. ( ) 안에 알맞은 열에너지의 출입을 쓰시오.

액체 냉매가 기체로 변하면서 열에너지를 ㉠( )한다.

실내기
실외기

기체 냉매가 액체로 변하면서 열에너지를 ㉡( )한다.

탐구 a 물질을 냉각할 때의 온도 변화 측정

이 탐구에서는 액체 로르산을 냉각하면서 온도 변화를 관찰하고, 이때 열에너지의 출입을 알아본다.

오투실험실

과정

❶ 시험관에 *로르산을 $\frac{1}{3}$ 정도 넣는다.

❷ 시험관을 뜨거운 물이 담긴 비커에 넣어 스탠드와 집게로 고정한 뒤, 로르산이 모두 녹을 때까지 기다린다.

❸ 로르산이 모두 녹으면 시험관을 꺼낸 뒤, 온도계의 끝이 액체 로르산에 잠기도록 온도계를 시험관에 넣어 고정한다.

* **로르산**_코코넛오일과 같은 식물성 지방에서 얻을 수 있는 물질

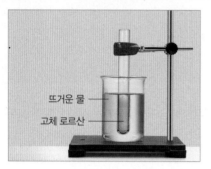

뜨거운 물
고체 로르산

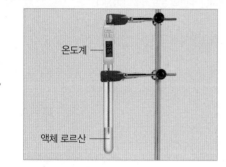

온도계

액체 로르산

❹ 30초 간격으로 로르산의 온도를 측정하고 시험관 속 로르산의 상태를 관찰한다.

◎ **고체 로르산이 녹아 액체 로르산이 되면 부피가 늘어나는 까닭**
고체 로르산이 융해하면 고체 상태일 때보다 입자 배열이 불규칙적으로 되고 입자 사이의 거리가 멀어지기 때문

결과 & 해석

• 로르산의 온도 측정 및 시험관 속 로르산의 상태 관찰 결과

시간(분)	0	0.5	1	1.5	2	2.5	3	3.5	4	4.5	5	5.5
온도(℃)	60.5	55.7	53.9	50.1	48.5	46.1	45.0	44.2	43.9	43.9	43.9	43.9
로르산의 상태	액체								액체+고체			

• 시간에 따른 온도 변화 그래프

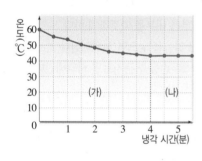

구간	로르산의 상태
(가) 온도가 낮아지는 구간	• 열에너지를 잃으므로 로르산의 온도가 서서히 낮아진다. • 로르산은 액체 상태로 존재한다.
(나) 온도가 일정한 구간	• 로르산이 어는 동안 온도가 더 이상 낮아지지 않고 일정하게 유지된다. ➡ 로르산이 어는 동안 방출하는 열에너지가 온도가 낮아지는 것을 막아 주기 때문 • 액체 로르산과 고체 로르산이 함께 존재한다.

➡ 액체 로르산의 온도가 서서히 낮아지다가, 로르산이 응고하기 시작하면서 온도가 더 이상 낮아지지 않고 일정하게 유지된다.

정리

로르산이 응고하는 동안 온도가 일정하게 유지된다. ➡ 까닭: 로르산이 액체에서 고체로 상태가 변하는 동안 (   )한 열에너지 때문에 로르산의 온도가 낮아지지 않고 일정하게 유지된다.

이렇게도 실험해요

과정 ❶ 잘게 부순 얼음과 소금을 3 : 1의 비율로 섞어 스타이로폼 컵에 넣는다.

❷ 시험관에 물을 $\frac{1}{3}$ 정도 넣고, 과정 ❶의 스타이로폼 컵 속에 시험관을 넣는다.

❸ 온도 센서를 시험관에 설치한 뒤 온도 변화를 측정한다.

온도 센서

결과 물의 온도가 서서히 낮아지다가 물이 응고하기 시작하면서 온도가 더 이상 낮아지지 않고 일정하게 유지된다. ➡ 물이 액체에서 고체로 상태가 변할 때 열에너지를 방출하기 때문에 물의 상태가 변하는 동안에는 온도가 낮아지지 않고 일정하게 유지된다.

01 탐구**ⓐ**에 대한 설명으로 옳은 것은 ○, 옳지 않은 것은 ×로 표시하시오.

(1) 그래프의 (가) 구간에서는 로르산이 액체 상태로 존재한다. ······························ ( )

(2) 그래프의 (나) 구간에서는 융해가 일어난다. ··· ( )

(3) 그래프의 (나) 구간에서는 열에너지를 흡수하므로 온도가 일정하게 유지된다. ··············· ( )

(4) 과정 ❶에서 고체 로르산이 녹아 액체로 변하면서 부피가 늘어난다. ······················ ( )

(5) 과정 ❸에서 로르산이 응고하면서 온도가 더 낮아진다. ··························· ( )

(6) 액체 로르산이 모두 고체로 상태 변화 하면 온도가 다시 낮아진다. ····················· ( )

02 표는 액체 로르산을 냉각할 때의 온도 변화를 나타낸 것이다.

시간(분)	0	1	2	3	4	5	6
온도(℃)	60.5	53.9	48.5	45.0	43.9	43.9	43.9

이에 대한 설명으로 옳지 **않은** 것은?

① 0~4분 사이에서 로르산은 온도가 낮아진다.
② 0~4분 사이에서 로르산은 액체 상태로만 존재한다.
③ 4~6분 사이에서 로르산의 상태 변화가 일어난다.
④ 4~6분 사이에서 로르산은 열에너지를 흡수한다.
⑤ 4~6분 사이에서 로르산은 액체 상태와 고체 상태가 함께 존재한다.

03 그림은 액체 로르산을 냉각할 때 시간에 따른 온도 변화를 나타낸 것이다.

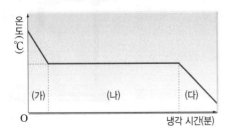

(나) 구간에서 로르산의 상태를 쓰시오.

04 오른쪽 그림은 액체 상태의 로르산이 들어 있는 시험관에 온도계를 꽂고 온도를 측정한 결과를 나타낸 것이다. 이에 대한 설명으로 옳지 **않은** 것은?

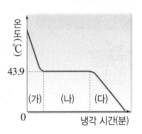

① (가) 구간에서 액체 상태의 로르산의 온도가 낮아진다.
② (나) 구간에서 로르산이 응고할 때 열에너지를 방출한다.
③ (나) 구간에서 입자의 운동은 점점 둔해진다.
④ (다) 구간에서 로르산의 입자 배열은 규칙적이다.
⑤ 로르산의 부피는 (가) 구간보다 (다) 구간에서 더 크다.

🌡️ 이렇게도 실험해요 **확인 문제**

[05~06] 그림과 같이 장치하고 물의 온도를 1분 간격으로 측정하여 표의 결과를 얻었다.

시간(분)	0	1	2	3
온도(℃)	24.0	18.0	11.0	6.0
시간(분)	4	5	6	7
온도(℃)	0.0	0.0	0.0	0.0
시간(분)	8	9	10	11
온도(℃)	0.0	−1.0	−6.0	−8.0

05 냉각 시간에 따른 시험관 속 물의 온도 변화를 그래프로 나타내시오. (단, 각 점을 연결하여 선으로 나타낸다.)

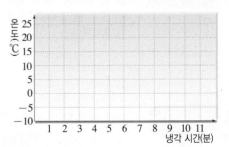

06 이 실험에서 온도가 일정한 구간이 나타나는 까닭을 서술하시오.

_____

탐구 b 물질을 가열할 때의 온도 변화 측정

이 탐구에서는 물을 가열하면서 온도 변화를 관찰하고, 이때 열에너지의 출입을 알아본다.

과정

오투실험실

*증류수_불순물을 제거
한 순수한 물

❶ 삼각 플라스크에 물(증류수)을 $\frac{1}{3}$ 정도 넣고 끓임쪽을 넣는다.

❷ 온도 센서를 삼각 플라스크 속 물에 넣어 스탠드와 집게로 고정하고 스마트 기기를 연결한다.

❸ 가열 장치로 물을 가열하면서 물의 온도를 측정하고, 삼각 플라스크 속에서 일어나는 변화를 관찰한다.

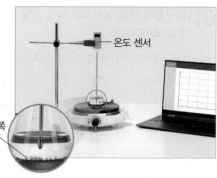
온도 센서

액체를 끓일 때 액체가 갑자기 끓어오르는 것을 막기 위해 넣는 돌이나 사기 조각 → 끓임쪽

◎ 물을 넣은 삼각 플라스크에 끓임쪽을 넣는 까닭
물을 끓일 때 물이 갑자기 끓어오르는 것을 방지하기 위해

결과 & 해석

• 물의 온도 측정 및 삼각 플라스크 속 변화 관찰 결과

시간(분)	0	2	4	6	8	10	12	14	16	18	20	22
온도(℃)	25.2	36	48.9	63.7	78.5	87.6	95.7	100	100	100	100	100
삼각 플라스크 속 변화	물이 액체 상태로 존재한다.							물이 끓기 시작하면서 물의 양이 점점 줄어든다.				

• 시간에 따른 온도 변화 그래프

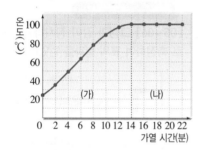

구간	물의 상태
(가) 온도가 높아지는 구간	• 열에너지를 얻으므로 물의 온도가 서서히 높아진다. • 물은 액체 상태로 존재한다.
(나) 온도가 일정한 구간	• 물이 끓는 동안 온도가 더 이상 높아지지 않고 일정하게 유지된다. ➡ 가해 준 열에너지가 모두 물의 상태 변화에 사용되기 때문 • 액체인 물과 기체인 수증기가 함께 존재한다.

➡ 물의 온도가 서서히 높아지다가, 물이 끓기 시작하면 온도가 더 이상 높아지지 않고 일정하게 유지된다.

정리

물이 기화하는 동안 온도가 일정하게 유지된다. ➡ 까닭: 물이 액체에서 기체로 상태가 변하는 동안 (　　　)한 열에너지가 물질의 상태를 변화시키는 데 사용되기 때문에 물의 온도가 높아지지 않고 일정하게 유지된다.

이렇게도 실험해요

과정 ❶ 약병에 물을 담고 온도계를 꽂아 얼린다.
❷ 과정 ❶의 약병을 미지근한 물이 담긴 비커에 넣고 온도를 측정한다.

결과 얼음의 온도가 서서히 높아지다가 얼음이 융해하기 시작하면서 온도가 더 이상 높아지지 않고 일정하게 유지된다.
➡ 얼음이 고체에서 액체로 상태가 변하면서 가해 준 열에너지를 흡수하기 때문에 물의 상태가 변하는 동안에는 온도가 높아지지 않고 일정하게 유지된다.

온도계
물을 얼린 약병

01 |탐구ⓑ에 대한 설명으로 옳은 것은 ○, 옳지 <u>않은</u> 것은 ✕로 표시하시오.

(1) 물이 갑자기 끓어오르는 것을 막기 위해 끓임쪽을 넣는다. ··· (   )

(2) 그래프의 (가) 구간에서는 물이 액체로만 존재한다. ··· (   )

(3) 그래프의 (나) 구간에서는 가해 준 열에너지가 물의 온도를 높이는 데 사용된다. ·············· (   )

(4) 그래프의 (나) 구간에서는 열에너지를 방출한다. ··· (   )

02 그림은 물을 가열할 때 시간에 따른 온도 변화를 나타낸 것이다.

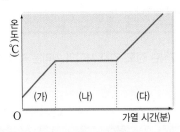

이에 대한 설명으로 옳은 것을 보기에서 모두 고른 것은?

> 보기
> ㄱ. (가) 구간에서는 물과 수증기가 함께 존재한다.
> ㄴ. (나) 구간에서는 열에너지를 흡수한다.
> ㄷ. (나) 구간에서 온도가 일정한 까닭은 가해 준 열에너지가 모두 물의 상태 변화에 사용되기 때문이다.
> ㄹ. (가) 구간과 (다) 구간에서 상태 변화가 일어난다.

① ㄱ, ㄷ   ② ㄴ, ㄷ   ③ ㄷ, ㄹ
④ ㄱ, ㄴ, ㄷ   ⑤ ㄴ, ㄷ, ㄹ

03 (   ) 안에 알맞은 말을 고르시오.

> 물을 가열하면 물의 온도가 서서히 ㉠(높아 , 낮아)진다. 그런데 물의 상태가 변하기 시작하면 온도가 일정하게 유지된다. 이는 물이 ㉡(액체, 기체) 상태에서 ㉢(액체, 기체) 상태로 변하면서 가해 준 열에너지를 ㉣(방출, 흡수)하기 때문이다. 이때 주변의 온도가 ㉤(높아 , 낮아)진다.

04 그림과 같이 장치하고 물의 온도를 2분 간격으로 측정하여 표의 결과를 얻었다.

시간(분)	0	2	4	6
온도(℃)	25.2	36	48.9	63.7
시간(분)	8	10	12	14
온도(℃)	78.5	87.6	95.7	100
시간(분)	16	18	20	22
온도(℃)	100	100	100	100

(1) 가열 시간에 따른 물의 온도 변화를 그래프로 나타내시오.(단, 각 점을 연결하여 선으로 나타낸다.)

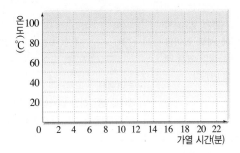

(2) (1)의 그래프에 온도 변화에 따라 구간을 나누고, 각 구간에서의 물의 상태를 쓰시오.

 이렇게도 실험해요 **확인 문제**

[05~06] 그림과 같이 장치하고 가열 시간에 따른 얼음의 온도를 측정하여 그래프와 같은 결과를 얻었다.

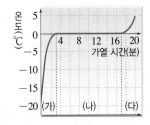

05 얼음의 상태가 변하는 동안 온도가 어떻게 변하는지 서술하시오.

06 05에서 답한 것과 같은 온도 변화가 나타나는 까닭을 열에너지 출입과 관련지어 서술하시오.

여기서 잠깐

물질을 냉각하거나 가열하면 온도가 낮아지거나 높아지다가 물질의 상태가 변해요.
상태가 변할 때 입자 배열의 변화를 여기서잠깐에서 알아볼까요?

물질을 냉각하여 상태가 변할 때 입자 배열의 변화

○ 물질이 기체 → 액체 → 고체로 상태가 변할 때

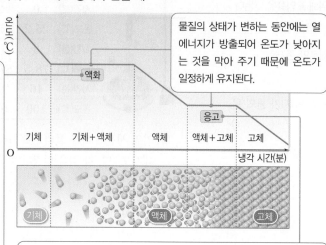

액화(기체 → 액체)
기체를 냉각하면 매우 활발하게 운동하던 입자들의 운동이 점점 둔해지고, 입자 사이의 거리가 점점 가까워지면서 입자 사이에 서로 잡아당기는 힘이 커져 액체로 변한다.

물질의 상태가 변하는 동안에는 열에너지가 방출되어 온도가 낮아지는 것을 막아 주기 때문에 온도가 일정하게 유지된다.

응고(액체 → 고체)
액체를 냉각하면 입자들의 운동이 더 둔해지고, 입자 사이의 거리가 매우 가까워지면서 입자 사이에 서로 잡아당기는 힘이 매우 커져 고체로 변한다.

[해석]
• 물질을 냉각하면 물질이 열에너지를 ㉠( )하여 온도가 낮아진다.
• 물질을 계속 냉각하면 입자 운동이 점점 ㉡( )지고, 입자 사이의 거리가 ㉢( )지며, 입자 배열이 ㉣( )으로 변한다.
• 응고, 액화, 승화(기체 → 고체)가 일어나는 동안에는 온도가 일정하게 유지된다.
[까닭] 물질의 상태가 변하는 동안에는 ㉤( )한 열에너지가 온도가 낮아지는 것을 막아 주므로 온도가 일정하게 유지된다.

유제❶ 액체를 냉각하여 고체로 상태가 변할 때 입자의 운동성, 입자 배열의 불규칙한 정도, 입자 사이의 거리는 각각 어떻게 변하는지 열에너지와 관련지어 서술하시오.

물질을 가열하여 상태가 변할 때 입자 배열의 변화

○ 물질이 고체 → 액체 → 기체로 상태가 변할 때

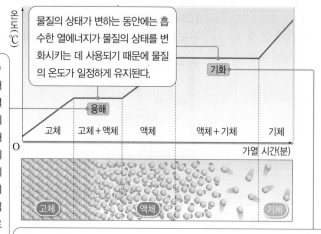

융해(고체 → 액체)
고체를 가열하면 매우 규칙적으로 배열되어 있던 입자들의 운동이 점점 활발해지고, 입자 사이의 거리가 점점 멀어지면서 입자 사이에 서로 잡아당기는 힘이 약해져 액체로 변한다.

물질의 상태가 변하는 동안에는 흡수한 열에너지가 물질의 상태를 변화시키는 데 사용되기 때문에 물질의 온도가 일정하게 유지된다.

기화(액체 → 기체)
액체를 가열하면 비교적 불규칙하게 배열되어 있던 입자들의 운동이 더 활발해지고, 입자 사이의 거리가 매우 멀어지면서 입자 사이에 서로 잡아당기는 힘이 거의 없어져 기체로 변한다.

[해석]
• 물질을 가열하면 물질이 열에너지를 ㉥( )하여 온도가 높아진다.
• 물질을 계속 가열하면 입자 운동이 점점 ㉦( )지고, 입자 사이의 거리가 ㉧( )지며, 입자 배열이 ㉨( )으로 변한다.
• 융해, 기화, 승화(고체 → 기체)가 일어나는 동안에는 온도가 일정하게 유지된다.
[까닭] 물질의 상태가 변하는 동안에는 ㉩( )한 열에너지가 상태 변화에 모두 사용되므로 온도가 일정하게 유지된다.

유제❷ 액체를 가열하여 기체로 상태가 변할 때 입자의 운동성, 입자 배열의 불규칙한 정도, 입자 사이의 거리는 각각 어떻게 변하는지 열에너지와 관련지어 서술하시오.

기출 문제로

전국 주요 학교의 **시험에 가장 많이 나오는 문제**들로만 구성하였습니다.
모든 친구들이 '꼭' 봐야 하는 코너입니다.

➤ 정답과 해설 **33쪽**

A 상태 변화와 열에너지

중요
01 물질의 상태 변화와 열에너지에 대한 설명으로 옳지 **않은** 것은?

① 상태 변화가 일어날 때 열에너지를 흡수하거나 방출한다.
② 기체에서 고체로 승화할 때 열에너지를 흡수한다.
③ 액화열은 기체에서 액체로 상태가 변할 때 방출하는 열에너지이다.
④ 고체에서 액체로 상태가 변할 때 융해열을 흡수한다.
⑤ 응고열을 방출하면 주변의 온도가 높아진다.

02 표는 어떤 액체 물질을 관찰하면서 **1분** 간격으로 온도 변화를 측정한 결과이다.

시간(분)	0	1	2	3	4	5	6
온도(℃)	60.5	53.9	48.5	45.0	43.9	43.9	43.9

이에 대한 설명으로 옳지 **않은** 것은?

① 0분~4분 구간은 액체 상태만 존재한다.
② 4분~6분 구간에서 응고가 일어난다.
③ 4분~6분 구간에서 열에너지를 흡수한다.
④ 4분~6분 구간은 액체와 고체 상태가 함께 존재한다.
⑤ 4분~6분 구간에서 온도가 일정하게 나타나는 까닭은 방출한 열에너지가 온도가 낮아지는 것을 막아 주기 때문이다.

중요
03 오른쪽 그림은 물을 냉각할 때 시간에 따른 온도 변화를 나타낸 것이다. 이에 대한 설명으로 옳은 것은?

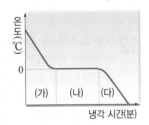

① (가) 구간에서는 융해가 일어난다.
② (나) 구간에서는 고체 상태만 존재한다.
③ (가) → (나) → (다)로 갈수록 입자 운동이 활발해진다.
④ (가) → (나) → (다)로 갈수록 입자 배열이 불규칙적으로 된다.
⑤ (다) 구간보다 (가) 구간에서 입자 사이의 거리가 더 멀다.

[04~05] 그림은 얼음을 가열하면서 시간에 따른 온도 변화를 측정하여 나타낸 것이다.

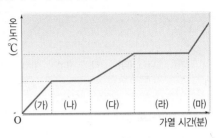

중요
04 이에 대한 설명으로 옳지 **않은** 것은?

① (가) 구간에서는 열에너지를 흡수하여 입자 운동이 활발해진다.
② (나)와 (라) 구간에서는 두 가지 상태가 함께 존재한다.
③ (다) 구간에서는 흡수한 열에너지가 모두 상태 변화에 사용된다.
④ (마) 구간에서는 입자 사이의 거리가 매우 멀다.
⑤ (가) 구간에서 (마) 구간으로 갈수록 입자 운동이 활발해진다.

05 (라) 구간에서 온도가 일정하게 유지되는 까닭을 옳게 설명한 것은?

① 열에너지를 방출하는 구간이기 때문
② 액체 상태로 존재하는 구간이기 때문
③ 가열하는 동안 열에너지 출입이 없기 때문
④ 입자 배열이 규칙적으로 변하고 있기 때문
⑤ 액체가 기체로 상태가 변하면서 가해 준 열에너지를 흡수하기 때문

06 그림은 물질의 상태 변화를 입자 모형으로 나타낸 것이다.

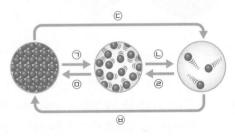

⊙~⊎ 중 열에너지를 흡수하는 과정을 모두 고른 것은?

① ⊙, ⊙, ⊙
② ⊙, ⊙, ⊙
③ ⊙, ⊙, ⊎
④ ⊙, ⊙, ⊙
⑤ ⊙, ⊙, ⊎

[07~08] 그림은 어떤 고체 물질을 가열하여 녹인 다음 다시 냉각할 때의 온도 변화를 나타낸 것이다.

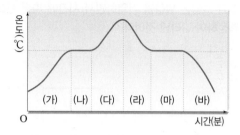

07 이에 대한 설명으로 옳은 것은?

① (가) 구간에서는 열에너지를 방출한다.
② (나) 구간에서 물질이 녹기 시작하고, (마) 구간에서 물질이 끓기 시작한다.
③ (다) 구간과 (라) 구간에서 물질의 상태는 다르다.
④ (마) 구간에서는 두 가지 상태가 함께 존재한다.
⑤ (바) 구간에서 입자 배열은 매우 불규칙적이다.

08 (나) 구간에서 열에너지의 출입과 입자 운동, 입자 배열의 변화를 옳게 짝 지은 것은?

	열에너지의 출입	입자 운동	입자 배열
①	흡수	둔해짐	규칙적으로 됨
②	흡수	활발해짐	불규칙적으로 됨
③	방출	둔해짐	규칙적으로 됨
④	방출	둔해짐	불규칙적으로 됨
⑤	방출	활발해짐	규칙적으로 됨

♥중요
09 그림은 물질의 세 가지 상태를 입자 모형으로 나타낸 것이다.

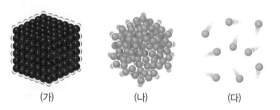

이에 대한 설명으로 옳은 것은?

① (가)가 열에너지를 흡수하면 입자 운동이 둔해진다.
② (가)에서 (나)로 상태가 변할 때 열에너지를 방출한다.
③ (나)에서 (가)로 상태가 변할 때 열에너지를 흡수한다.
④ (나)에서 (다)로 상태가 변할 때 입자 배열이 규칙적으로 된다.
⑤ (다)에서 (가)로 상태가 변할 때 입자 사이의 거리가 가까워진다.

B 물질의 상태 변화 시 열에너지 출입 이용

10 액체 파라핀에 손을 담갔다가 꺼내면 손이 따뜻해진다. 그 까닭을 옳게 설명한 것은?

① 액체 파라핀이 햇빛을 흡수하기 때문
② 액체 파라핀이 공기보다 온도가 낮기 때문
③ 액체 파라핀이 응고하면서 열에너지를 방출하기 때문
④ 액체 파라핀이 기화하면서 열에너지를 흡수하기 때문
⑤ 액체 파라핀이 공기 중으로 확산하면서 열에너지를 방출하기 때문

11 그림 (가)는 물놀이를 하고 물 밖으로 나온 모습이고, (나)는 드라이아이스를 넣어 포장한 아이스크림을 나타낸 것이다.

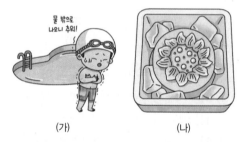

(가)   (나)

이때 몸에 묻은 물과 드라이아이스에서 일어나는 상태 변화의 공통점으로 옳은 것은?

① 열에너지를 흡수한다.
② 열에너지를 방출한다.
③ 주변의 온도가 높아진다.
④ 입자의 운동이 둔해진다.
⑤ 입자 사이의 거리가 가까워진다.

12 오른쪽 그림과 같이 사막을 여행하는 사람들은 시원한 물을 얻기 위해 양가죽으로 만든 주머니에 물을 넣어 보관한다. 그 원리에 대한 설명으로 옳지 <u>않은</u> 것은?

① 주머니의 작은 구멍으로 스며나온 물이 기화한다.
② 물이 상태 변화 할 때 열에너지를 흡수한다.
③ 물이 상태 변화 할 때 주변의 온도가 낮아진다.
④ 물이 상태 변화 할 때 입자 운동이 둔해지고, 입자 배열이 규칙적으로 변한다.
⑤ 알코올로 묻힌 솜으로 손등을 문지르면 시원해지는 것과 원리가 같다.

13 오른쪽 그림과 같이 추운 지방에 사는 이누이트 족은 이글루 안쪽에 물을 뿌려 내부를 따뜻하게 한다. 이와 원리가 같은 열에너지 이용 예를 보기에서 모두 고른 것은?

보기
ㄱ. 사과꽃에 물을 뿌려 냉해를 막는다.
ㄴ. 증기 난방으로 방 안을 따뜻하게 한다.
ㄷ. 아이스박스에 얼음을 채워 음식물을 보관한다.
ㄹ. 여름날 안개처럼 물을 뿌려 주는 장치 주변에 있으면 시원해진다.

① ㄱ   ② ㄴ   ③ ㄹ
④ ㄱ, ㄹ   ⑤ ㄴ, ㄷ

중요
14 상태 변화가 일어날 때 출입하는 열에너지의 종류가 나머지 넷과 <u>다른</u> 하나는?

① 열이 날 때 물수건으로 몸을 닦는다.
② 물놀이를 하고 물 밖으로 나오면 춥다.
③ 미지근한 음료수에 얼음을 넣으면 시원해진다.
④ 휴대용 버너를 사용한 후 연료 통을 만지면 차갑다.
⑤ 알코올을 묻힌 솜으로 손등을 문지르면 시원해진다.

15 그림은 에어컨의 구조를 나타낸 것이다.

이에 대한 설명으로 옳지 <u>않은</u> 것은?

① 실내기에서는 액화, 실외기에서는 기화가 일어난다.
② 실내기와 실외기의 역할을 바꾸면 난방기로 사용할 수 있다.
③ 실내기에서 냉매의 상태 변화가 일어날 때 열에너지를 흡수한다.
④ 실외기에서 냉매의 상태 변화가 일어날 때 열에너지를 방출한다.
⑤ 실외기에서 일어나는 상태 변화는 풀잎에 이슬이 맺히는 현상과 같은 것이다.

📝 **서술형 문제**

중요
16 오른쪽 그림은 어떤 액체 물질을 가열하면서 시간에 따른 온도 변화를 나타낸 것이다.

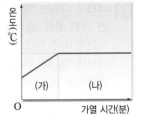

(1) (가)와 (나)에서 물질의 상태를 각각 쓰시오.

(2) (나) 구간에서 온도가 일정하게 유지되는 까닭을 서술하시오.

17 물질을 가열하거나 냉각할 때의 열에너지 출입에 대하여 다음 용어를 모두 사용하여 서술하시오.

가열, 열에너지, 흡수, 냉각, 방출

18 그림과 같이 우리 조상들은 추운 겨울이 되면 과일을 저장하는 창고에 물을 담은 커다란 그릇을 넣어 두었다.

이때 물에서 일어나는 상태 변화를 쓰고, 열에너지의 출입을 어떻게 이용했는지 서술하시오.

01 오른쪽 그림은 액체 물질인 A와 B를 냉각할 때 시간에 따른 온도 변화를 나타낸 것이다. 이에 대한 설명으로 옳은 것을 보기에서 모두 고른 것은?

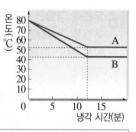

보기

ㄱ. 60 ℃에서 A는 액체 상태이다.

ㄴ. A는 B보다 높은 온도에서 언다.

ㄷ. 냉각 후 15분이 되었을 때 A와 B는 모두 고체 상태로만 존재한다.

① ㄱ   ② ㄴ   ③ ㄷ

④ ㄱ, ㄴ   ⑤ ㄴ, ㄷ

02 그림 (가)와 같이 장치하고 에탄올을 가열하면서 온도를 측정하여 (나)와 같은 결과를 얻었다.

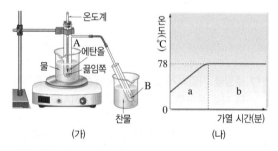

(가)   (나)

이에 대한 설명으로 옳지 않은 것은?

① 에탄올이 끓기 시작하는 온도는 78 ℃이다.

② (가)의 A에서는 기화, B에서는 액화가 일어난다.

③ (나)의 a 구간에서 에탄올은 액체 상태로 존재한다.

④ (나)의 b 구간에서 에탄올은 액체에서 기체로 상태가 변한다.

⑤ (나)의 b 구간에서 에탄올은 열에너지를 방출한다.

03 표는 1기압에서 액체 물질 A~E를 냉각했을 때 물질이 얼기 시작하는 온도와 물질을 가열했을 때 물질이 끓기 시작하는 온도를 나타낸 것이다.

물질	얼기 시작하는 온도	끓기 시작하는 온도
A	−0.5	30
B	10	75
C	−160	−25
D	0	100
E	350	1450

25 ℃에서 기체로 존재하는 물질은?

① A   ② B   ③ C   ④ D   ⑤ E

04 오른쪽 그림은 캔 음료를 시원하게 만드는 방법을 나타낸 것이다. 이에 대한 설명에서 ㉠~㉢에 알맞은 말을 옳게 짝 지은 것은?

— 에탄올에 적신 휴지

에탄올에 적신 휴지로 감싼 캔을 부채질하면 액체 상태의 에탄올이 (㉠)하면서 캔 음료의 열에너지를 (㉡)한다. 따라서 캔 음료는 열에너지를 (㉢) 온도가 낮아지므로 시원해진다.

	㉠	㉡	㉢
①	기화	방출	잃어
②	기화	흡수	잃어
③	액화	흡수	잃어
④	액화	흡수	얻어
⑤	승화	방출	얻어

05 다음은 드라이아이스 로켓을 만드는 과정이다.

(가) 플라스틱 통과 색종이를 이용하여 원하는 모양의 로켓을 만든다.

(나) 드라이아이스 조각을 플라스틱 통 안에 넣고 뚜껑을 닫는다.

(다) 뚜껑이 바닥에 닿게 한 뒤 로켓이 발사되는 모습을 관찰한다.

(가)   (나)   (다)

이에 대한 설명으로 옳은 것을 보기에서 모두 고른 것은?

보기

ㄱ. 드라이아이스의 상태가 변할 때 열에너지를 방출한다.

ㄴ. 드라이아이스의 상태가 변하면서 주변의 온도는 낮아진다.

ㄷ. 드라이아이스의 상태가 변하면서 입자 배열이 불규칙적으로 변한다.

ㄹ. 로켓이 발사되는 까닭은 플라스틱 통 안의 온도가 낮아졌기 때문이다.

① ㄱ   ② ㄱ, ㄹ   ③ ㄴ, ㄷ

④ ㄱ, ㄴ, ㄷ   ⑤ ㄴ, ㄷ, ㄹ

단원평가문제

01 확산과 증발이 일어나는 까닭으로 옳은 것은?

① 물질을 구성하는 입자의 질량이 가볍기 때문

② 물질을 구성하는 입자들이 서로 밀어내기 때문

③ 물질을 구성하는 입자의 크기가 매우 작기 때문

④ 물질을 구성하는 입자들이 스스로 운동하기 때문

⑤ 물질을 구성하는 입자들이 바람에 의해 이동하기 때문

02 확산에 대한 설명으로 옳지 <u>않은</u> 것은?

① 모든 방향으로 일어난다.

② 액체의 표면에서 액체가 기체로 변하는 현상이다.

③ 물질을 구성하는 입자가 스스로 퍼져 나가는 현상이다.

④ 물질을 구성하는 입자가 스스로 끊임없이 운동하기 때문에 나타난다.

⑤ 방 안에 방향제를 놓아두면 향기가 방 안 전체로 퍼져 나가는 현상과 관련이 있다.

03 오른쪽 그림과 같이 물이 담긴 페트리 접시에 푸른색 잉크를 한 방울 떨어뜨렸다. 물의 색깔이 변하는 방향을 화살표로 옳게 나타낸 것은?

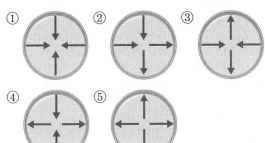

04 다음은 학생이 쓴 일기의 일부이다.

> 학교가 끝난 뒤 친구들과 집으로 가는 길에 어디에선가 내가 좋아하는 <u>빵 냄새가 났다.</u> 마침, 배가 고팠던 나는 친구들과 함께 냄새가 나는 쪽으로 향했다.

밑줄 친 내용과 가장 관계가 깊은 현상은?

① 난로 주변이 따뜻하다.

② 풀잎에 이슬이 맺힌다.

③ 물을 끓이면 물의 양이 줄어든다.

④ 전기 모기향을 피워 모기를 쫓는다.

⑤ 오징어를 오래 보관하기 위해 말린다.

05 다음 ㉠~㉣에 알맞은 말로 옳지 <u>않은</u> 것은?

> 전자저울 위에 거름종이를 올린 페트리 접시를 놓고 영점을 맞춘 다음, 거름종이에 아세톤을 몇 방울 떨어뜨렸더니 전자저울의 숫자가 점점 ㉠(   )지다가 ㉡(   )이 되었다. 이 실험에서 ㉢(   ) 입자가 스스로 ㉣(   )하여 ㉤(   )하였음을 확인할 수 있다.

① ㉠ – 작아   ② ㉡ – 0

③ ㉢ – 아세톤   ④ ㉣ – 운동

⑤ ㉤ – 확산

06 그림은 교실 바닥에 물걸레로 닦아 둔 물이 증발하는 현상을 모형으로 나타낸 것이다.

이에 대한 설명으로 옳은 것을 모두 고르면? (2개)

① 액체가 기체로 변하는 현상이다.

② 액체 전체에서 일어나는 현상이다.

③ 온도가 낮을수록 잘 일어난다.

④ 액체가 끓기 시작하는 온도에서 일어난다.

⑤ 입자가 스스로 운동하고 있음을 알 수 있는 현상이다.

07 물질의 세 가지 상태에 대한 설명으로 옳지 <u>않은</u> 것은?

① 고체는 압축되지 않는다.

② 고체는 모양과 부피가 일정하다.

③ 액체는 담는 그릇에 따라 모양이 달라진다.

④ 액체와 기체는 흐르는 성질이 있다.

⑤ 고체와 기체에 힘을 가하면 부피가 변한다.

[08~09] 그림은 물질의 세 가지 상태를 입자 모형으로 나타낸 것이다.

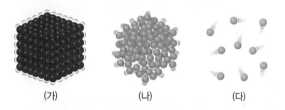

(가)   (나)   (다)

08 다음과 같은 특징을 가지는 물질의 상태를 골라 기호를 쓰시오.

• 입자 배열이 규칙적이다.
• 입자 사이의 거리가 매우 가까워 입자가 매우 둔하게 운동한다.

09 25 °C에서 (가)~(다)에 해당하는 물질의 예를 옳게 짝지은 것은?

① (가) – 공기   ② (가) – 성에

③ (나) – 설탕   ④ (다) – 안개

⑤ (다) – 드라이아이스

10 오른쪽 그림은 양초가 타고 있는 모습을 나타낸 것이다. A~C에서 일어나는 상태 변화를 옳게 짝 지은 것은?

	A	B	C
①	융해	응고	기화
②	기화	융해	응고
③	기화	융해	액화
④	액화	승화	기화
⑤	액화	융해	응고

11 그림은 물질의 상태 변화 과정을 나타낸 것이다.

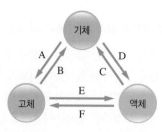

다음 현상에서 공통으로 일어나는 상태 변화를 A~F에서 고르면?

• 드라이아이스의 크기가 점점 작아진다.
• 냉동실에 넣어 둔 얼음이 조금씩 작아진다.
• 겨울철 응달에 만들어 둔 눈사람의 크기가 작아진다.

① A   ② B   ③ D

④ E   ⑤ F

12 오른쪽 그림과 같이 물을 끓이면 하얀 김이 생기는 현상과 같은 종류의 상태 변화가 일어나는 현상을 보기에서 모두 고른 것은?

보기

ㄱ. 나뭇잎에 서리가 내린다.

ㄴ. 새벽녘 안개가 자욱하게 끼어 있다.

ㄷ. 얼음물이 담긴 컵 표면에 물방울이 맺힌다.

ㄹ. 영하의 날씨에 그늘에 있는 눈사람의 크기가 작아진다.

① ㄱ, ㄴ   ② ㄱ, ㄷ   ③ ㄴ, ㄷ

④ ㄴ, ㄹ   ⑤ ㄷ, ㄹ

13 오른쪽 그림과 같이 뜨거운 물이 들어 있는 비커 위에 얼음이 담긴 시계 접시를 올려 놓았더니 시계 접시 아랫면에 액체가 생겼다. 이에 대한 설명으로 옳지 <u>않은</u> 것을 모두 고르면?(2개)

얼음
시계 접시
뜨거운 물

① A에서는 액화가 일어난다.

② B에서는 기화가 일어난다.

③ B에서 생긴 액체는 물이다.

④ A와 B에 푸른색 염화 코발트 종이를 가져다 대면 모두 붉게 변한다.

⑤ 상태 변화가 일어나도 물질의 성질이 변하지 않는다는 것을 알 수 있다.

14 그림은 물질의 상태 변화를 입자 모형으로 나타낸 것이다.

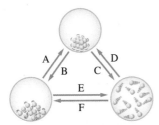

A~F에 대한 설명으로 옳지 않은 것은?

① 가열할 때 일어나는 상태 변화는 B, C, E이다.

② 냉각할 때 일어나는 상태 변화는 A, D, F이다.

③ B, C, E가 일어날 때 입자 운동이 활발해진다.

④ B, C, E가 일어날 때 입자 배열이 규칙적으로 된다.

⑤ 일반적으로 A, D, F가 일어날 때 물질의 부피가 감소한다.

15 아세톤이 들어 있는 비닐 주머니를 감압 장치에 넣어 장치 속 공기를 뺀 다음, 오른쪽 그림과 같이 뜨거운 물이 담긴 수조에 감압 장치를 넣었더니 비닐 주머니가 부풀어 올랐다.

뜨거운 물   아세톤   감압 장치

비닐 주머니가 부풀어 오른 까닭으로 옳은 것은?

① 아세톤 입자의 종류가 변하기 때문

② 아세톤 입자의 수가 많아지기 때문

③ 아세톤 입자의 운동이 느려지기 때문

④ 아세톤 입자 사이의 거리가 멀어지기 때문

⑤ 아세톤 입자 배열이 규칙적으로 변하기 때문

16 다음은 고체 비누의 상태 변화에 따른 질량과 부피 변화를 확인하는 실험을 나타낸 것이다.

> • 고체 비누 조각을 비커에 넣어 질량을 측정하고, 가열하여 액체로 만든 다음 다시 질량을 측정한다.
> • 비커에 액체 비누의 높이를 표시하고, 액체 비누가 완전히 굳은 다음 다시 비누의 높이를 확인한다.

이에 대한 설명으로 옳은 것은?

① 고체 비누가 녹으면 질량이 증가한다.

② 고체 비누가 녹으면 입자 운동이 둔해진다.

③ 고체 비누가 녹아도 비누 입자의 수는 일정하다.

④ 액체 비누가 굳으면 높이가 높아진다.

⑤ 비누의 상태 변화 과정에서 부피는 변하지 않는다.

17 물질의 상태 변화가 일어날 때 변하는 것과 변하지 않는 것을 옳게 짝 지은 것은?

(가) 질량	(나) 부피
(다) 입자의 배열	(라) 입자의 종류
(마) 물질의 성질	(바) 입자 사이의 거리

	변하는 것	변하지 않는 것
①	(가), (나), (마)	(다), (라), (바)
②	(가), (다), (마)	(나), (라), (바)
③	(가), (라), (마)	(나), (다), (바)
④	(나), (다), (바)	(가), (라), (마)
⑤	(나), (라), (바)	(가), (다), (마)

18 그림은 물질의 상태 변화를 입자 모형으로 나타낸 것이다.

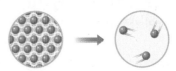

이에 대한 설명으로 옳은 것은?

① 액화가 일어나는 모형이다.

② 열에너지를 흡수하므로 주변의 온도가 낮아진다.

③ 열에너지를 흡수하여 입자 배열이 규칙적으로 된다.

④ 열에너지를 방출하여 입자 운동이 활발해진다.

⑤ 열에너지를 방출하여 입자 사이의 거리가 멀어진다.

19 오른쪽 그림은 액체 로르산을 냉각할 때 시간에 따른 온도 변화를 나타낸 것이다. (가) 구간에 대한 설명으로 옳은 것을 보기에서 모두 고른 것은?

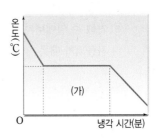

> **보기**
> ㄱ. 열에너지를 방출한다.
> ㄴ. 액체 로르산이 얼기 시작한다.
> ㄷ. 로르산은 액체 상태로 존재한다.
> ㄹ. 이 구간에서 일어나는 상태 변화는 응고이다.

① ㄱ, ㄴ   ② ㄱ, ㄷ   ③ ㄷ, ㄹ

④ ㄱ, ㄴ, ㄹ   ⑤ ㄴ, ㄷ, ㄹ

[20~22] 그림은 어떤 고체 물질 X를 가열할 때 시간에 따른 온도 변화를 나타낸 것이다.

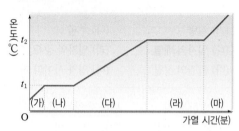

20 이에 대한 설명으로 옳지 <u>않은</u> 것은?

① t_1 °C에서 물질 X는 고체에서 액체로 상태 변화 한다.

② 가열하는 물질 X의 양을 줄이면 t_2 °C는 낮아진다.

③ t_2 °C에서 물질 X는 액체와 기체 상태가 함께 존재한다.

④ 물질 X의 입자 배열이 가장 규칙적인 것은 (가) 구간이다.

⑤ (가) 구간, (다) 구간, (마) 구간 중 물질 X의 입자 운동이 가장 활발한 것은 (마) 구간이다.

21 (나) 구간에서 온도가 일정한 까닭으로 옳은 것은?

① 가해 준 열에너지가 상태 변화에 사용되기 때문

② 가해 준 열에너지가 주변의 온도를 높이는 데 사용되기 때문

③ 가해 준 열에너지가 입자의 성질을 바꾸는 데 사용되기 때문

④ 가해 준 열에너지가 입자 사이의 거리를 좁히는 데 사용되기 때문

⑤ 가해 준 열에너지가 입자의 운동을 둔하게 하는 데 사용되기 때문

22 (나)와 (라) 구간에서 일어나는 입자 배열의 변화를 ㉠~㉂에서 각각 고르시오.

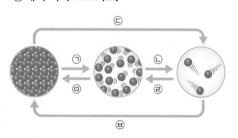

23 다음의 변화가 일어나는 상태 변화의 예로 옳은 것은?

- 부피가 감소한다.
- 열에너지를 방출한다.
- 입자 운동이 둔해진다.

① 물이 얼어 얼음이 된다.

② 풀잎에 맺힌 이슬이 사라진다.

③ 용광로에서 철이 녹아 쇳물이 된다.

④ 추운 겨울 영하의 기온에서 언 명태가 마른다.

⑤ 뜨거운 라면을 먹을 때 안경이 뿌옇게 흐려진다.

24 다음은 물질의 상태 변화를 이용한 예를 나타낸 것이다.

사과 농장에서는 한파에 대비하여 사과꽃에 물을 뿌려 냉해를 막는다.

이와 같은 상태 변화가 일어날 때 열에너지의 출입과 주변의 온도 변화를 옳게 짝 지은 것은?

	열에너지의 출입	주변의 온도 변화
①	열에너지 방출	높아짐
②	열에너지 방출	낮아짐
③	열에너지 방출	변화 없음
④	열에너지 흡수	높아짐
⑤	열에너지 흡수	낮아짐

25 다음은 항아리 냉장고에 대한 설명이다.

전기가 들어오지 않아 냉장고를 사용할 수 없는 더운 지역에서는 '항아리 냉장고'를 이용한다. 항아리 냉장고는 큰 항아리 속에 작은 항아리를 넣고 그 사이 빈 공간에 흙을 넣은 다음 흙에 물을 뿌려 만든다. ㉠젖은 흙에 있는 물이 상태 변화 하면서 항아리 속 농작물을 시원하게 보관할 수 있다.

㉠에서 일어나는 상태 변화에 대한 설명으로 옳은 것을 보기에서 모두 고른 것은?

보기

ㄱ. 주변으로 열에너지를 방출한다.

ㄴ. 입자 사이의 거리가 멀어진다.

ㄷ. 입자 배열이 규칙적으로 변한다.

① ㄱ   ② ㄴ   ③ ㄱ, ㄷ

④ ㄴ, ㄷ   ⑤ ㄱ, ㄴ, ㄷ

26 확산 현상과 증발 현상이 일어나는 공통된 까닭을 입자 운동과 관련지어 서술하시오.

27 그림은 같은 양의 물을 눈금이 새겨진 삼각 플라스크, 눈금실린더, 비커에 각각 넣었을 때의 모습을 나타낸 것이다.

이를 통해 알 수 있는 액체의 성질을 서술하시오.

28 오른쪽 그림은 고체 상태인 물질의 입자 모형을 나타낸 것이다. 이 모형을 참고하여 고체 상태의 물질이 모양과 부피가 일정한 까닭을 입자 배열, 입자 사이의 거리와 관련지어 서술하시오.

29 그림은 물과 액체 비누를 각각 비커에 넣고 완전히 응고시킨 모습을 나타낸 것이다.

얼음   비누

이와 같은 현상이 일어나는 까닭을 상태 변화에 따른 부피 변화를 이용하여 서술하시오.

30 그림은 물질의 상태 변화를 나타낸 것이다.

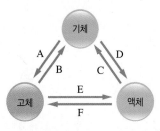

A~F 중 열에너지를 흡수하는 상태 변화를 모두 고르고, 이 과정에서 입자 운동, 입자 배열의 변화를 서술하시오.

31 그림 (가)는 물을 냉각할 때의 온도 변화를, (나)는 물을 가열할 때의 온도 변화를 나타낸 것이다.

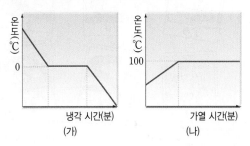

(가)   (나)

(가)와 (나)에서 온도가 일정한 구간이 나타나는 까닭을 각각 서술하시오.

32 그림은 에어컨의 구조를 나타낸 것이다.

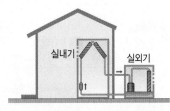

실내가 시원하게 유지되는 것과 관계 있는 에어컨의 장치를 쓰고, 실내가 시원하게 유지되는 까닭을 상태 변화와 열에너지와 관련지어 서술하시오.

● 단원의 내용을 떠올리며 빈칸을 채워보세요.
● 채울 수 없으면 해당 쪽으로 돌아가 한번 더 학습해 봐요.

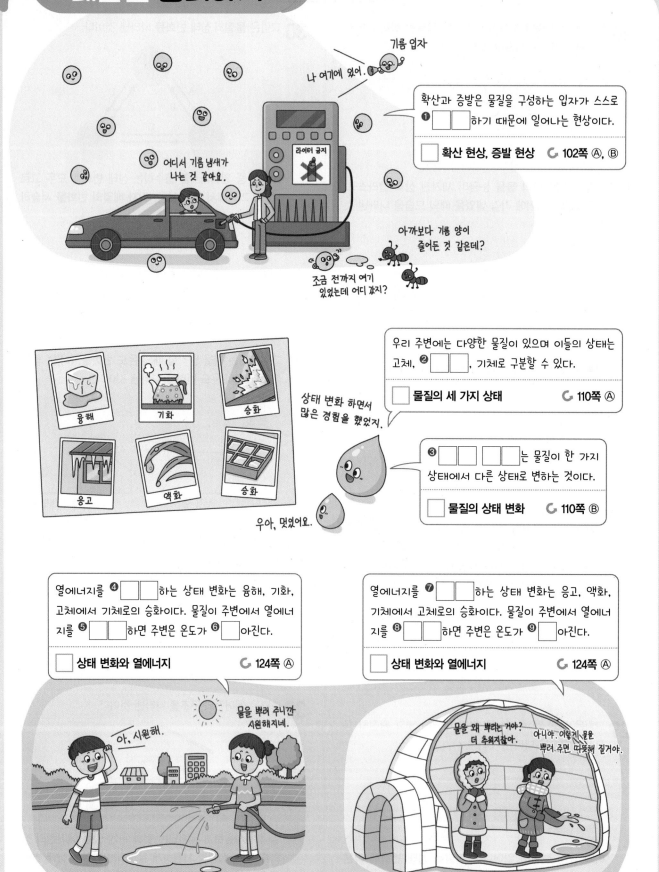

나 여기에 있어.

기름 입자

어디서 기름 냄새가
나는 것 같아요.

아까보다 기름 양이
줄어든 것 같은데?

조금 전까지 여기
있었는데 어디 갔지?

확산과 증발은 물질을 구성하는 입자가 스스로
❶ ☐☐하기 때문에 일어나는 현상이다.

☐ 확산 현상, 증발 현상　　ℂ 102쪽 Ⓐ, Ⓑ

융해 | 기화 | 승화
응고 | 액화 | 승화

상태 변화 하면서
많은 경험을 했었지.

우아, 멋졌어요.

우리 주변에는 다양한 물질이 있으며 이들의 상태는
고체, ❷ ☐☐, 기체로 구분할 수 있다.

☐ 물질의 세 가지 상태　　ℂ 110쪽 Ⓐ

❸ ☐☐☐는 물질이 한 가지
상태에서 다른 상태로 변하는 것이다.

☐ 물질의 상태 변화　　ℂ 110쪽 Ⓑ

열에너지를 ❹ ☐☐하는 상태 변화는 융해, 기화,
고체에서 기체로의 승화이다. 물질이 주변에서 열에너
지를 ❺ ☐☐하면 주변은 온도가 ❻ ☐아진다.

☐ 상태 변화와 열에너지　　ℂ 124쪽 Ⓐ

열에너지를 ❼ ☐☐하는 상태 변화는 응고, 액화,
기체에서 고체로의 승화이다. 물질이 주변에서 열에너
지를 ❽ ☐☐하면 주변은 온도가 ❾ ☐아진다.

☐ 상태 변화와 열에너지　　ℂ 124쪽 Ⓐ

아, 시원해.

물을 뿌려 주니깐
시원해지네.

물을 왜 뿌리는 거야?
더 추워지잖아.

아니야. 이렇게 물을
뿌려 주면 따뜻해 질거야.

가로 세로 용어 퀴즈!

열	응	고	냉	기	기	상
에	방	출	매	체	화	태
너	증	발	질	량	액	변
지	고	체	냉	각	체	화
확	가	열	흡	수	부	끼
산	액	상	고	대	융	입
승	화	실	외	기	해	자

● 다음 설명이 뜻하는 용어를 골라 용어 전체에 동그라미(○)로 표시하시오.

가로

① 물질을 구성하는 입자가 스스로 운동하여 액체 표면에서 기체로 변하는 현상은?

② 단단하고 담는 그릇이 바뀌어도 모양이 변하지 않는 물질의 상태는?

③ 질량과 부피 중 물질의 상태가 변할 때 입자의 배열이 달라져 변하는 것은?

④ 융해와 응고 중 열에너지를 방출하여 주변의 온도가 높아지는 것은?

⑤ 물질을 가열하면 온도가 높아지다가 상태 변화가 일어날 때는 온도가 일정하게 유지되는 까닭은 가해 준 열에너지를 ○○하여 상태 변화에 사용하기 때문이다.

세로

⑥ 빵 가게 앞을 지나갈 때 빵 냄새가 나는 까닭과 관계있는 현상은?

⑦ 물질이 한 가지 상태에서 다른 상태로 변하는 것은?

⑧ 아이스크림이 녹아 흘러내리는 것과 관계있는 상태 변화의 종류는?

⑨ 기화와 액화 중 입자 배열이 규칙적으로 변하는 것은?

⑩ 에어컨의 실내기에서는 액체 냉매가 ○○하면서 열에너지를 흡수하므로 실내가 시원해진다.

I 과학과 인류의 지속가능한 삶

진도 교재 20쪽

②기	술	양	자	컴	퓨	터	인
가	설	설	정	⑤변	⑧신	지	공
①문	제	인	식	인	재	속	지
태	양	중	심	설	생	가	능
③자	율	주	행	성	에	능	⑦전
⑥각	결	론	도	출	너	한	동
기	원	태	양	광	지	삶	기
병	리	④나	노	백	신	가	설

III 열

진도 교재 98쪽

열	쨍	창	④비	열	⑧바	⑦열
③고	체	⑥입	물	대	이	량
보	전	자	질	류	메	액
①온	도	냉	각	수	탈	체
가	⑨열	화	상	가	메	라
스	평	금	속	⑤해	륙	풍
관	형	②복	사	열	기	체

II 생물의 구성과 다양성

진도 교재 62쪽

⑤적	응	보	존	①적	혈	구	⑨원
조	직	계	⑥마	④다	양	성	핵
⑩남	원	엽	이	유	전	자	생
획	생	록	토	균	계	강	물
과	생	체	콘	②기	관	계	계
⑦기	물	환	드	신	경	세	포
관	계	경	리	③변	이	문	계
세	포	벽	아	외	래	⑧종	속

IV 물질의 상태 변화

진도 교재 143쪽

열	④응	고	냉	기	⑩기	⑦상
에	방	출	매	체	화	태
너	①증	발	질	량	액	변
지	②고	체	냉	각	체	화
⑥확	가	열	⑤흡	수	③부	피
산	⑨액	상	고	대	⑧융	입
승	화	실	외	기	해	자

시험 대비 교재

오투 친구들! 시험 대비 교재는 이렇게 활용하세요!

중단원별로 구성하였으니, 학교 시험에 대비해 단원별로 편리하게 사용하세요.

| 중단원
핵심 요약 | 잠깐
테스트 | 계산력
·암기력
강화 문제 | 중단원
기출 문제 | 서술형
정복하기 |

부록 수행평가 대비 시험지

수행평가 문제로 자주 출제되는 형식을 연습하여 수행평가에 대비하세요.

시험 대비 교재

I 과학과 인류의 지속가능한 삶

01 과학과 인류의 지속가능한 삶 ⋯⋯⋯ 02

II 생물의 구성과 다양성

01 생물의 구성 ⋯⋯⋯ 08
02 생물다양성과 분류 ⋯⋯⋯ 16
03 생물다양성보전 ⋯⋯⋯ 23

III 열

01 열의 이동 ⋯⋯⋯ 29
02 비열과 열팽창 ⋯⋯⋯ 36

IV 물질의 상태 변화

01 물질을 구성하는 입자의 운동 ⋯⋯⋯ 45
02 물질의 상태와 상태 변화 ⋯⋯⋯ 51
03 상태 변화와 열에너지 ⋯⋯⋯ 58

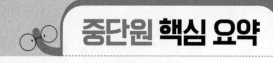
1 과학적 탐구 방법

(1) **과학적 탐구 방법의 과정**: 가설을 설정하고 탐구 과정을 통해 가설을 검증하는 방법이 이용된다.

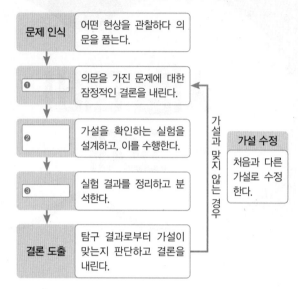

문제 인식	어떤 현상을 관찰하다 의문을 품는다.
❶	의문을 가진 문제에 대한 잠정적인 결론을 내린다.
❷	가설을 확인하는 실험을 설계하고, 이를 수행한다.
❸	실험 결과를 정리하고 분석한다.
결론 도출	탐구 결과로부터 가설이 맞는지 판단하고 결론을 내린다.

가설과 맞지 않는 경우 → 가설 수정: 처음과 다른 가설로 수정한다.

① ❹ : 문제에 대한 잠정적인 결론으로, 탐구 과정을 통해 옳은지 옳지 않은지를 확인할 수 있어야 한다.

② **탐구 설계 및 수행 시 유의점**: 실험에서 같게 할 조건과 다르게 할 조건을 정한 뒤 조건을 통제하면서 실험을 수행한다.

(2) **에이크만의 실험에서 탐구 과정**

문제 인식	각기병에 걸렸던 닭이 나은 것을 보고 의문을 가졌다.
가설 설정	'현미에 각기병을 낫게 하는 물질이 있을 것이다.'라는 가설을 세웠다.
탐구 설계 및 수행	건강한 닭을 두 무리로 나누어 한 무리는 현미만, 다른 무리는 백미만 먹이로 주었다.
자료 해석	백미를 먹은 닭은 각기병에 걸렸지만, 현미를 먹은 닭은 건강했다. 또, 각기병에 걸린 닭에게 현미를 주었더니 건강해졌다.
결론 도출	'현미에는 각기병을 낫게 하는 물질이 있다.'는 결론을 내렸다.

2 과학의 발전과 인류 문명

(1) **과학의 발전**

① 과학 원리를 이용한 기술의 발달과 ❺ 의 발명으로 과학이 크게 발전하였다.

② 과학 원리, 기술, 기기는 서로 영향을 주고받으며 발전해 왔다.

③ 과학 원리는 기술, 공학, 예술, 수학 등의 여러 분야와 융합하면서 인류 문명과 문화를 발전시켰다.

(2) **과학의 발전이 인류 문명에 미친 영향**

과학 원리 발견	태양 중심설은 지구가 우주의 중심이라고 생각했던 인류의 생각을 바꾸는 계기가 되었다.
기술 발달	• 암모니아 합성 기술로 질소 비료가 만들어져 식량 생산을 크게 증가시켰고, 인류의 식량 부족 문제를 해결하였다. • 인터넷, 인공위성 등 정보 통신 기술의 발달로 세계 여러 나라의 정보를 쉽고 빠르게 접할 수 있게 되었다.
기기 발명	❻ 을 이용한 증기 기관차가 개발되어 많은 물건을 먼 곳까지 빠르게 옮길 수 있었다.

(3) **첨단 과학기술의 활용**

① 우리 생활에 활용하고 있는 첨단 과학기술: 인공지능, 증강 현실, 첨단 바이오, 사물 인터넷, 나노 기술, 로봇 등

② 첨단 과학기술을 활용한 예: 인공지능 로봇, 자율주행 자동차, 나노 백신, 양자 컴퓨터 등

3 지속가능한 삶

(1) ❼ : 더 나은 환경을 만들어, 현세대 이후에도 모두가 행복하게 살 수 있는 풍요로운 사회가 지속될 수 있도록 고민하고 실천하는 삶

(2) **지속가능한 삶을 위한 과학기술의 역할**

화석 연료의 지나친 사용으로 에너지 부족 문제, 환경 문제가 나타나고 있다.
• 석탄, 석유 등의 지하자원이 고갈
• 대기, 해양, 토양 등의 환경이 오염
• 지구 온난화가 심해지면서 나타나는 ❽

↓ 과학기술의 역할

• 햇빛, 바람, 물, 지열, 수소 연료 전지와 같은 신재생 에너지 개발
• 이산화 탄소 배출량 줄임 예 전기 자동차
• 대기 중 이산화 탄소 제거 예 탄소 포집 장치

(3) **지속가능한 삶을 위한 활동 방안**

① 재활용품을 버릴 때는 분리배출 한다.

② 일회용 비닐봉지 대신 장바구니를 사용한다.

③ 자전거와 같은 친환경 운송 수단을 이용한다.

④ 사용하지 않는 전기 제품은 플러그를 뽑아 둔다.

⑤ 생태 습지나 환경 공원을 조성한다.

⑥ 오염 물질을 적게 배출하고 재생 가능한 에너지원을 개발 및 보급한다.

1 그림은 과학적 탐구 방법의 과정을 나타낸 것이다. ㉠, ㉡에 해당하는 단계를 쓰시오.

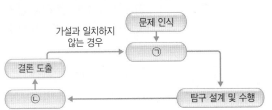

2 자연이나 일상생활에서 어떤 현상을 관찰하다 의문을 갖는 단계를 (　　　　)이라고 한다.

3 의문을 가진 문제에 대한 잠정적인 결론을 (　　　)이라고 한다.

4 탐구를 하기 전에 세운 가설과 탐구 결과가 일치하지 않을 때는 (　　　)을 수정하여 다시 탐구를 수행한다.

5 과학 원리의 발견, (　　　)의 발달, 기기의 발명은 인류 문명의 발달에 큰 영향을 미쳤다.

6 (　　　)를 합성하는 기술이 개발되어 질소 비료가 만들어지면서 인류의 식량 부족 문제가 해결되었다.

7 인공지능, 증강 현실, 첨단 바이오, 사물 인터넷, 나노 기술, 로봇 등과 같은 (　　　　)은 우리 생활 속 다양한 분야에 활용되고 있다.

8 더 나은 환경을 만들어, 현세대 이후에도 모두가 행복하게 살 수 있는 풍요로운 사회가 지속될 수 있도록 고민하고 실천하는 삶을 (　　　　)이라고 한다.

9 (　　　)의 지나친 사용으로 에너지 부족 문제, 환경오염, 기후 변화 문제가 나타나고 있다.

10 에너지 부족 문제를 해결하기 위해 과학기술을 활용하여 (　　　) 에너지를 개발하고 있다.

01 과학적 탐구에 대한 설명으로 옳은 것을 보기에서 모두 고른 것은?

> 보기
> ㄱ. 과학자만이 할 수 있다.
> ㄴ. 항상 실험실에서만 이루어진다.
> ㄷ. 탐구로 얻은 결론은 수정될 수 있다.
> ㄹ. 가설을 설정하고 그 가설을 검증하는 과정이다.

① ㄱ, ㄴ   ② ㄱ, ㄷ   ③ ㄴ, ㄷ
④ ㄴ, ㄹ   ⑤ ㄷ, ㄹ

02 그림은 과학적 탐구 방법을 나타낸 것이다.

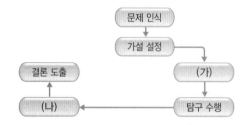

(가)와 (나)에 해당하는 것을 옳게 짝 지은 것은?

     (가)   (나)
① 가설 수정   자료 해석
② 탐구 설계   자료 해석
③ 자료 해석   탐구 설계
④ 관찰 수행   자료 해석
⑤ 주제 설정   관찰 수행

03 다음은 일상생활에서 문제를 발견하고 이를 해결하기 위한 과학적 탐구 방법을 수행하는 과정 중 일부이다.

> (가) 문제에 대한 잠정적인 결론인 (㉠)(을)를 적합하게 설정한다.
> (나) 탐구를 (㉡)하고 수행한다.
> (다) 탐구 결과로부터 (㉠)(이)가 맞는지 확인하고 (㉢)(을)를 도출한다.

㉠, ㉡, ㉢을 순서대로 옳게 나열한 것은?

① 가설, 설계, 결론　　② 가설, 결론, 설계
③ 설계, 가설, 결론　　④ 결론, 가설, 설계
⑤ 결론, 설계, 가설

04 과학적 탐구 방법에 따라 가설을 검증하는 실험을 한 결과가 가설과 일치하지 않았다. 이때 탐구의 과정이 잘못되지 않았다면 취해야 할 자세로 가장 옳은 것은?

① 탐구를 중단한다.
② 탐구 주제를 바꾼다.
③ 가설을 수정하거나 보완하여 다시 설정한다.
④ 가설이 증명될 때까지 같은 실험을 반복한다.
⑤ 가설에 맞는 것만을 가지고 다시 결론을 내린다.

05 각기병에 걸린 닭과 먹이의 관계에 대한 과학적 탐구 과정에서 결론 도출 단계에 해당하는 것은?

① 닭의 각기병 발병률이 다른 까닭에 대한 의문점이 생겼다.
② 현미에는 각기병을 낫게 하는 물질이 있을 것이다.
③ 닭을 두 무리로 나누어 각각 현미와 백미를 먹이로 주는 실험을 하였다.
④ 현미를 먹은 닭의 각기병 발병률은 백미를 먹은 닭에 비하여 매우 낮았다.
⑤ 현미에는 각기병을 예방하는 물질이 들어 있다.

06 다음은 플레밍이 최초의 항생제인 페니실린을 발견한 과정을 순서 없이 나열한 것이다.

> (가) 액체 배지가 세균의 증식을 멈추게 하였다.
> (나) 푸른곰팡이는 세균의 증식을 억제하는 물질을 만든다.
> (다) 푸른곰팡이가 세균이 증식하지 못하도록 어떤 물질을 만들 것이다.
> (라) 세균을 배양하는 배지에서 푸른곰팡이 주변에는 왜 세균이 증식하지 않았을까?
> (마) 푸른곰팡이를 액체 배지에서 배양한 후, 이 배양액이 세균의 증식에 미치는 영향을 조사하였다.

(가)~(마)를 순서대로 옳게 나열한 것은?

① (나) → (가) → (다) → (라) → (마)
② (다) → (가) → (나) → (마) → (라)
③ (다) → (나) → (가) → (라) → (마)
④ (라) → (나) → (마) → (가) → (다)
⑤ (라) → (다) → (마) → (가) → (나)

➤ 정답과 해설 **38**쪽

이 문제에서 나올 수 있는 **보기는 多**

07 과학의 발전이 인류 문명에 미친 영향으로 옳지 <u>않은</u> 것은?

① 백신과 항생제의 개발로 인류의 수명이 크게 연장되었다.

② 드론이나 기계를 이용한 농업 기술은 식량 생산량을 감소시켰다.

③ 증기 기관을 이용한 기계로 공장에서 제품을 대량으로 생산하였다.

④ 암모니아 합성 기술의 개발로 인류의 식량 부족 문제가 해결되었다.

⑤ 고속 열차의 개발로 사람들이 먼 거리를 빠르게 다닐 수 있게 되었다.

⑥ 태양 중심설은 지구가 우주의 중심이라고 생각했던 인류의 생각을 바꾸었다.

⑦ 인공위성, 인터넷 등을 통해 세계 여러 나라의 정보를 쉽고 빠르게 접할 수 있게 되었다.

08 다음은 우리 생활에 활용하고 있는 첨단 과학기술에 대한 설명이다.

> (가) 컴퓨터가 학습하고 일을 처리할 수 있게 만드는 기술이다.
> (나) 물질을 나노미터 크기로 작게 만들어 다양한 소재나 제품을 만드는 기술이다.

(가), (나)에 해당하는 첨단 과학기술을 옳게 짝 지은 것은?

	(가)	(나)
①	인공지능	나노 기술
②	나노 기술	인공지능
③	나노 기술	첨단 바이오
④	인공지능	사물 인터넷
⑤	사물 인터넷	첨단 바이오

09 첨단 과학기술을 우리 생활에 활용한 예에 대한 설명으로 옳지 <u>않은</u> 것은?

① 양자 컴퓨터: 집 밖에서 스마트폰으로 가전제품을 제어할 수 있다.

② 나노 백신: 백신을 나노 크기의 입자에 넣은 것으로, 기존 백신보다 사람의 몸에 효과적으로 작용한다.

③ 자율주행 자동차: 스스로 주행이 가능한 자동차로, 운전자가 조작하지 않아도 주변 상황에 스스로 대처할 수 있다.

④ 인공지능 로봇: 인공지능을 활용한 것으로, 센서에 감지되는 정보로 상황에 맞는 행동을 스스로 배우거나 실행할 수 있다.

⑤ 개인 맞춤형 치료제: 개인의 유전정보를 이용하여 개인에게 맞는 치료제를 개발할 수 있다.

10 인류가 마주한 에너지 부족 문제, 환경 문제를 해결하기 위한 과학기술의 역할로 옳은 것을 보기에서 모두 고른 것은?

> **보기**
> ㄱ. 석탄, 석유 등 화석 연료를 더 많이 채굴한다.
> ㄴ. 태양광 발전 등 지속가능한 에너지원을 개발한다.
> ㄷ. 전기 자동차를 개발하여 이산화 탄소 배출량을 줄인다.
> ㄹ. 탄소 포집 장치를 개발하여 대기 중 이산화 탄소를 제거한다.

① ㄱ, ㄴ   ② ㄱ, ㄹ   ③ ㄴ, ㄷ

④ ㄱ, ㄴ, ㄹ   ⑤ ㄴ, ㄷ, ㄹ

이 문제에서 나올 수 있는 **보기는 多**

11 지속가능한 삶을 위한 개인적 차원의 활동에 해당하지 <u>않는</u> 것은?

① 대중교통을 이용한다.

② 음식물 쓰레기를 줄인다.

③ 재활용품을 분리배출 한다.

④ 친환경 운송 수단을 이용한다.

⑤ 생태 습지나 환경 공원을 조성한다.

⑥ 일회용 비닐봉지를 사용하지 않는다.

⑦ 사용하지 않는 전기 제품은 플러그를 뽑아 둔다.

서술형 정복하기

1단계 단답형으로 쓰기

1 과학적 탐구 방법 중 어떤 현상을 관찰하다 생긴 의문을 해결하기 위해 의문에 대한 잠정적인 답을 설정하는 단계를 무엇이라고 하는지 쓰시오.

＿＿＿＿＿＿＿＿＿＿＿＿＿＿＿＿＿＿＿＿

2 실험 결과에 영향을 줄 수 있는 조건을 통제하면서 실험하는 것을 무엇이라고 하는지 쓰시오.

＿＿＿＿＿＿＿＿＿＿＿＿＿＿＿＿＿＿＿＿

3 첨단 과학기술 중 컴퓨터가 학습하고 일을 처리할 수 있게 만드는 기술을 무엇이라고 하는지 쓰시오.

＿＿＿＿＿＿＿＿＿＿＿＿＿＿＿＿＿＿＿＿

4 물질을 나노미터 크기로 작게 만들어 다양한 소재나 제품을 만드는 기술을 무엇이라고 하는지 쓰시오.

＿＿＿＿＿＿＿＿＿＿＿＿＿＿＿＿＿＿＿＿

5 햇빛, 바람, 물, 지열, 수소 연료 전지와 같은 지속가능한 에너지를 무엇이라고 하는지 쓰시오.

＿＿＿＿＿＿＿＿＿＿＿＿＿＿＿＿＿＿＿＿

2단계 제시된 단어를 모두 이용하여 서술하기

[6~10] 각 문제에 제시된 단어를 모두 이용하여 답을 서술하시오.

6 과학적 탐구 방법 중 결론 도출 단계를 설명하시오.

> 탐구 결과, 가설, 판단, 결론

＿＿＿＿＿＿＿＿＿＿＿＿＿＿＿＿＿＿＿＿

7 가설을 확인하는 실험을 설계할 때 정해야 하는 것을 서술하시오.

> 준비물, 실험 과정, 같게 할 조건, 다르게 할 조건

＿＿＿＿＿＿＿＿＿＿＿＿＿＿＿＿＿＿＿＿

8 증기 기관의 발명이 인류 문명의 발달에 미친 영향을 서술하시오.

> 증기 기관차, 많은 물건, 이동

＿＿＿＿＿＿＿＿＿＿＿＿＿＿＿＿＿＿＿＿

9 백신과 항생제의 개발이 인류 문명의 발달에 미친 영향을 서술하시오.

> 백신, 항생제, 질병, 예방, 치료, 수명

＿＿＿＿＿＿＿＿＿＿＿＿＿＿＿＿＿＿＿＿

10 환경오염, 기후 변화의 문제를 해결하기 위해 과학기술을 어떻게 활용하고 있는지 서술하시오.

> 신재생 에너지, 오염 물질, 발생량, 제거

＿＿＿＿＿＿＿＿＿＿＿＿＿＿＿＿＿＿＿＿

➤ 정답과 해설 **38**쪽

3단계 | 실전 문제 풀어 보기

11 다음은 지훈이가 한 실험 과정의 일부이다.

> 어느 추운 겨울날 강물은 얼고 바닷물은 얼지 않은 사실을 관찰하고, 바닷물은 왜 얼지 않는 것인지 호기심이 생겼다. 의문을 해결하기 위해 크기와 모양이 같은 그릇 3개에 물, 10 % 농도의 소금물, 20 % 농도의 소금물을 넣고 각각의 어는 온도를 측정하였다.

이 실험에서 지훈이가 설정한 가설은 무엇이었는지 서술하시오.

_____

답안 작성 tip

12 콩나물이 잘 자라는 데 필요한 요인을 알아보기 위해 표와 같이 조건을 달리하여 실험을 한 후 2주가 지났을 때 콩나물의 크기를 측정하였다.

종이컵	물 주는 횟수 (회/일)	밝기	온도(℃)	2주 후 콩나물의 크기(cm)
A	5	밝다	25	3.5
B	10	밝다	25	5.6
C	2	밝다	15	2.2
D	10	어둡다	25	4.9
E	10	어둡다	15	1.7

(1) '온도가 높을수록 콩나물이 잘 자랄 것이다.'라는 가설을 검증하기 위해서는 종이컵 A~E 중 어느 것을 비교해야 하는지 쓰시오.

_____

(2) 종이컵 B와 D를 비교하여 도출한 결론을 서술하시오.

_____

13 다음은 암모니아 합성 기술에 대한 설명이다.

> 18세기 이후 인구가 증가하면서 식량이 부족해졌다. 20세기 초 하버는 질소 기체와 수소 기체를 이용하여 암모니아를 합성하였고, 합성된 암모니아로 질소 비료가 만들어졌다.

당시 사회적 배경을 고려할 때 암모니아 합성 기술이 인류 문명에 미친 영향을 서술하시오.

_____

14 그림은 자율주행 자동차를 나타낸 것이다.

자율주행 자동차가 무엇인지 서술하고, 자율주행 자동차에 활용되는 첨단 과학기술을 한 가지 쓰시오.

_____

15 다음은 지속가능한 삶에 대한 설명이다.

> 더 나은 환경을 만들어, 현세대 이후에도 모두가 행복하게 살 수 있는 풍요로운 사회가 지속될 수 있도록 고민하고 실천하는 삶이다.

이를 위한 개인적 차원의 활동 방안과 사회적 차원의 활동 방안을 각각 한 가지씩 서술하시오.

• 개인적 차원:

• 사회적 차원:

답안 작성 tip

12. (1) 이 가설을 검증하기 위해서는 온도만 변화시키고 다른 조건은 모두 같게 해야 한다. (2) B와 D는 밝기만 다르고 다른 조건은 모두 같다.

1 세포 생물을 이루는 구조적·기능적 기본 단위
➡ 모든 생물은 세포로 이루어져 있으며, 생물의 다양한 생명활동은 세포에서 시작된다.

2 세포의 구조와 기능

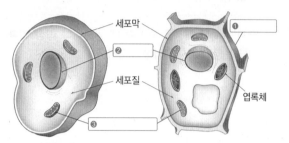

▲ 동물 세포   ▲ 식물 세포

세포 구성 요소	기능
핵	• 대부분 둥근 모양 • 유전물질 저장, 생명활동 조절 • 염색액에 염색되는 부분
세포질	• 핵과 세포막 사이를 채우는 부분 • 여러 가지 세포소기관을 포함
세포막	• 세포를 둘러싸고 있는 얇은 막 • 세포 안팎으로 물질의 출입 조절
마이토콘드리아	• 생명활동에 필요한 에너지 생성
세포벽	• 세포를 보호, 식물 세포의 모양 유지 • 식물 세포에만 있음
❹	• 광합성을 하여 양분 생성 • 식물 세포에만 있음

3 세포의 종류에 따른 세포의 특징 세포의 종류는 다양하며, 세포의 종류에 따라 세포의 모양과 크기, 기능이 다양하다.

세포의 종류	모양과 기능
신경세포	• 사방으로 길게 뻗은 모양 • 여러 방향에서 신호를 받아들이고 다른 곳으로 신호를 전달
상피세포	• 넓고 얇게 퍼진 모양 • 몸 표면이나 몸속 기관의 안쪽 표면을 넓게 덮어 보호
적혈구	• 가운데가 오목한 원반 모양 • 혈관을 따라 이동하여 온몸으로 산소를 운반

4 동물 세포와 식물 세포의 관찰

구분	동물 세포 (입안 상피세포)	식물 세포 (검정말잎 세포)
모양		
핵	있음	있음
세포벽	없음	❺
엽록체	없음	❻
세포 모양	일정하지 않음	사각형으로 일정함
염색액	❼ □ 용액	❽ □ 용액

5 생물의 구성 단계 세포 → 조직 → 기관 → 개체

세포	생물의 몸을 구성하는 기본 단위 예 상피세포, 표피세포, 잎살세포 등
❾	모양과 기능이 비슷한 세포가 모인 단계 예 상피조직, 해면조직, 표피조직 등
기관	여러 조직이 모여 고유한 모양과 기능을 갖춘 단계 예 위, 작은창자, 잎 등
개체	여러 기관이 모여 독립적인 생명활동을 하는 하나의 생물체 예 사람, 소나무 등

6 동물의 구성 단계

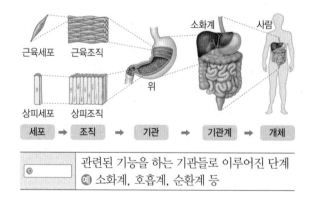

| 세포 | ➡ | 조직 | ➡ | 기관 | ➡ | 기관계 | ➡ | 개체 |

❿	관련된 기능을 하는 기관들로 이루어진 단계 예 소화계, 호흡계, 순환계 등

7 식물의 구성 단계

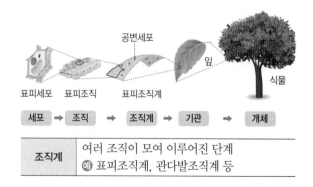

| 세포 | ➡ | 조직 | ➡ | 조직계 | ➡ | 기관 | ➡ | 개체 |

조직계	여러 조직이 모여 이루어진 단계 예 표피조직계, 관다발조직계 등

1 생물을 이루는 구조적·기능적 기본 단위를 (   )라고 한다.

[2~3] 오른쪽 그림은 동물 세포와 식물 세포의 구조를 나타낸 것이다. 각 설명에 해당하는 세포 구성 요소의 기호와 이름을 쓰시오.

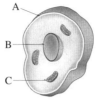 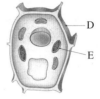

▲ 동물 세포   ▲ 식물 세포

2 생명활동을 조절하며, 유전물질을 저장하는 세포 구성 요소:

3 세포 안팎으로 물질이 드나드는 것을 조절하는 세포 구성 요소:

4 표는 동물 세포와 식물 세포를 비교한 것이다. 각 세포에 있는 것은 ○, 없는 것은 ×로 표시하시오.

구분	핵	세포질	세포막	세포벽	엽록체	마이토콘드리아
동물 세포	○	①( )	○	②( )	×	③( )
식물 세포	○	○	○	④( )	⑤( )	○

5 하나의 생물 내에서 몸의 부위에 따라 세포의 종류가 ①(같고, 다양하고), 세포의 종류에 따라 세포의 모양과 기능이 서로 ②(같다, 다르다).

6 검정말잎 세포는 입안 상피세포와 달리 ①(   )이 있어, 세포의 모양이 ②(일정한, 일정하지 않은) 것을 관찰할 수 있다.

7 세포를 관찰할 때 염색액을 사용하는 까닭은 (   )을 염색하여 뚜렷하게 관찰하기 위해서이다.

8 모양과 기능이 비슷한 상피세포가 모여 (   )조직을 이룬다.

9 식물의 구성 단계는 세포 → 조직 → ①(   ) → ②(   ) → 개체이다.

10 그림은 동물의 구성 단계를 순서 없이 나타낸 것이다. 작은 단계부터 순서대로 나열하시오.

A   B   C   D   E

01 세포에 대한 설명으로 옳지 <u>않은</u> 것은?

① 생물을 구성하는 가장 작은 단위이다.
② 맨눈으로 관찰할 수 있는 세포도 있다.
③ 하나의 생물 내에서도 세포의 종류가 다양하다.
④ 몸의 부위에 따라 세포의 모양과 크기가 다양하다.
⑤ 모든 세포는 핵, 엽록체, 세포벽의 구조로 이루어져 있다.

[02~03] 그림 (가)와 (나)는 식물 세포와 동물 세포의 구조를 순서 없이 나타낸 것이다.

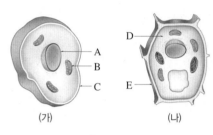

(가)   (나)

이 문제에서 나올 수 있는 **보기는 多**

02 이에 대한 설명으로 옳지 <u>않은</u> 것을 모두 고르면?(2개)

① A에는 유전물질이 들어 있다.
② B는 식물 세포에만 있다.
③ C는 세포를 둘러싼 얇은 막이다.
④ D는 생명활동에 필요한 에너지를 생산한다.
⑤ E는 식물 세포의 가장 바깥에 있는 단단한 벽이다.
⑥ (나)에서는 여러 개의 엽록체가 관찰된다.
⑦ 동물을 구성하는 세포의 구조는 (가)와 같다.
⑧ 염색액은 A를 뚜렷하게 관찰하기 위해 사용한다.
⑨ 생물의 종류에 따라 세포의 구조가 다르다는 것을 알 수 있다.

03 세포 안팎으로 물질이 드나드는 것을 조절하는 세포 구성 요소를 위 그림에서 찾아 기호와 이름을 옳게 짝 지은 것은?

① A – 핵   ② C – 세포막
③ C – 세포벽   ④ E – 세포막
⑤ E – 세포벽

04 다음 설명에 해당하는 세포소기관은?

> • 식물 세포에만 있다.
> • 광합성을 하여 양분을 생성한다.

① 핵   ② 엽록체   ③ 세포막
④ 세포벽   ⑤ 마이토콘드리아

05 식물 세포에만 있는 세포 구성 요소를 옳게 짝 지은 것은?

① 핵, 엽록체
② 핵, 세포벽
③ 핵, 세포막
④ 세포벽, 세포막
⑤ 세포벽, 엽록체

06 어떤 세포를 관찰하기 위해 다음과 같은 두 가지 방법으로 현미경 표본을 만들었다.

> (가) 받침 유리 위에 관찰하고자 하는 재료를 올려놓은 다음 물을 한 방울 떨어뜨린 후 덮개 유리를 덮었다.
> (나) 받침 유리 위에 관찰하고자 하는 재료를 올려놓은 다음 물을 한 방울 떨어뜨린 후 덮개 유리를 덮고, 덮개 유리의 한쪽에 염색액을 떨어뜨렸다.

(가)보다 (나) 방법으로 만든 현미경 표본이 관찰하기에 더 좋은 점을 옳게 설명한 것은?

① 핵이 뚜렷하게 보인다.
② 기포가 생기지 않는다.
③ 시야가 더 밝게 보인다.
④ 세포가 더 확대되어 보인다.
⑤ 더 많은 수의 세포들이 보인다.

➤ 정답과 해설 39쪽

07 그림은 검정말잎 세포를 관찰하기 위한 실험 과정을 순서 없이 나타낸 것이다.

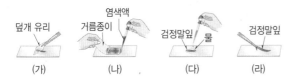

이에 대한 설명으로 옳은 것을 모두 고르면?(2개)

① (가) 과정에서 덮개 유리는 기포가 생기지 않도록 재빨리 덮는다.
② (나) 과정에서는 세포벽이 붉게 염색된다.
③ (나) 과정에서 사용하는 염색액은 아세트산 카민 용액이다.
④ (나) 과정을 거치지 않아도 세포소기관을 모두 관찰할 수 있다.
⑤ 검정말잎 세포에서는 엽록체가 관찰된다.
⑥ 검정말잎 세포는 맨눈으로 관찰할 수 있다.
⑦ 실험 순서는 (라) → (가) → (다) → (나)이다.

08 그림 (가)와 (나)는 입안 상피세포와 검정말잎 세포를 현미경으로 관찰한 결과를 순서 없이 나타낸 것이다.

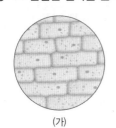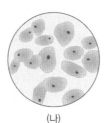

(가)　　　　　　(나)

이에 대한 설명으로 옳은 것은?

① (가)는 세포의 모양이 일정하지 않다.
② (가)는 아세트산 카민 용액으로 염색한다.
③ (나)에는 세포막이 없다.
④ (가)와 (나)에는 모두 세포벽이 있다.
⑤ (가)에는 엽록체가 없고, (나)에는 엽록체가 있다.
⑥ (가)에서는 핵이 관찰되고, (나)에서는 핵이 관찰되지 않는다.
⑦ (가)는 입안 상피세포, (나)는 검정말잎 세포이다.

09 그림 (가)와 (나)는 신경세포와 적혈구의 모양을 순서 없이 나타낸 것이다.

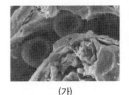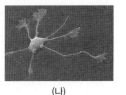

(가)　　　　　　(나)

이에 대한 설명으로 옳은 것을 보기에서 모두 고른 것은?

> **보기**
> ㄱ. (가)는 적혈구로 신호를 받아들이고 전달한다.
> ㄴ. (나)는 온몸으로 산소를 운반한다.
> ㄷ. 세포의 종류에 따라 세포의 모양과 크기, 기능이 다양하다.

① ㄱ　　　　② ㄴ　　　　③ ㄷ
④ ㄱ, ㄴ　　　⑤ ㄱ, ㄷ

10 생물의 구성 단계에 대한 설명으로 옳지 <u>않은</u> 것은?

① 세포가 모여 조직을 이룬다.
② 조직이 모여 기관을 이룬다.
③ 조직계의 예로 호흡계가 있다.
④ 기관의 예로 작은창자, 줄기가 있다.
⑤ 기관계는 동물의 구성 단계에만 있다.

11 다음은 동물의 구성 단계의 예를 순서 없이 나타낸 것이다.

> (가) 사람　　　(나) 위　　　(다) 소화계
> (라) 근육세포　(마) 근육조직

구성 단계를 작은 단계부터 순서대로 옳게 나열한 것은?

① (가) → (나) → (다) → (라) → (마)
② (다) → (나) → (라) → (마) → (가)
③ (라) → (마) → (가) → (나) → (다)
④ (라) → (마) → (나) → (다) → (가)
⑤ (마) → (라) → (나) → (다) → (가)

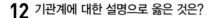

12 기관계에 대한 설명으로 옳은 것은?

① 여러 조직이 모인 것이다.
② 위, 작은창자 등이 해당한다.
③ 동물을 구성하는 기본 단위이다.
④ 모든 생물에 있는 구성 단계이다.
⑤ 관련된 기능을 하는 기관들로 이루어진다.

이 문제에서 나올 수 있는 **보기는** 多

13 그림은 동물의 구성 단계를 순서 없이 나타낸 것이다.

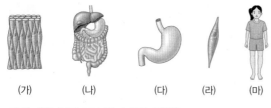

(가)   (나)   (다)   (라)   (마)

이에 대한 설명으로 옳지 <u>않은</u> 것은?

① (가)는 조직이다.
② (나)는 (다)로 이루어진다.
③ (나)는 식물에 없는 구성 단계이다.
④ 호흡계는 (다)와 같은 구성 단계이다.
⑤ 식물의 뿌리와 같은 단계에 해당하는 것은 (다)이다.
⑥ (라)는 몸을 구성하는 기본 단위이다.
⑦ (마)는 기관계가 모여 독립적인 생명활동을 하는 개체이다.
⑧ 동물의 구성 단계를 작은 단계부터 순서대로 나열하면 (라) → (가) → (다) → (나) → (마)이다.

14 식물의 구성 단계에 대한 설명으로 옳은 것은?

① 여러 기관이 모여 개체를 이룬다.
② 뿌리, 줄기, 잎은 조직에 해당한다.
③ 조직은 식물을 구성하는 기본 단위이다.
④ 조직은 모양과 기능이 비슷한 조직계가 모여 이루어진다.
⑤ 식물의 구성 단계 중 가장 넓은 범위의 단계는 조직계이다.

15 식물의 구성 단계와 그 예를 옳게 짝 지은 것은?

① 세포 – 관다발조직계
② 조직 – 장미, 백합
③ 조직계 – 표피조직
④ 기관 – 뿌리, 줄기
⑤ 개체 – 꽃

[16~17] 그림은 식물의 구성 단계를 순서 없이 나타낸 것이다.

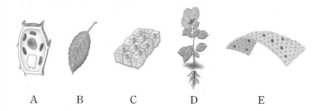

A   B   C   D   E

16 동물의 위, 작은창자와 같은 단계에 해당하는 것의 기호와 이름을 옳게 짝 지은 것은?

① A – 세포   ② B – 조직
③ B – 기관   ④ C – 조직
⑤ C – 기관

17 (가) 식물에만 있는 구성 단계와 (나) 식물의 구성 단계를 작은 단계부터 순서대로 나열한 것을 옳게 짝 지은 것은?

	(가)	(나)
①	B	A→B→C→D→E
②	C	A→C→E→B→D
③	C	C→A→E→B→D
④	E	A→C→E→B→D
⑤	E	C→A→E→B→D

18 다음 설명에 해당하는 식물의 구성 단계는?

> • 식물에서 여러 조직이 모여 이루어진 단계이다.
> • 관다발조직계, 표피조직계 등이 이 단계에 해당한다.

① 세포   ② 조직   ③ 조직계
④ 기관   ⑤ 개체

서술형 정복하기

≫ 정답과 해설 40쪽

1단계 단답형으로 쓰기

1 생물을 이루는 기본 단위를 무엇이라고 하는지 쓰시오.

2 생명활동에 필요한 에너지를 생성하는 세포소기관을 무엇이라고 하는지 쓰시오.

3 동물 세포와 식물 세포에서 공통적으로 관찰할 수 있는 세포 구성 요소를 두 가지 쓰시오.

4 입안 상피세포와 검정말잎 세포를 염색할 때 사용하는 염색액을 순서대로 쓰시오.

5 넓고 얇게 퍼진 모양으로, 몸의 표면을 넓게 덮어 보호하는 세포의 종류를 쓰시오.

2단계 제시된 단어를 모두 이용하여 서술하기

[6~10] 각 문제에 제시된 단어를 모두 이용하여 답을 서술하시오.

6 식물 세포와 동물 세포의 모양을 서술하시오.

세포벽, 세포의 모양, 일정

7 식물 세포에만 있는 세포 구성 요소 두 가지를 쓰고, 각각의 특징을 서술하시오.

세포벽, 엽록체, 세포의 모양, 광합성

8 적혈구의 모양과 기능을 서술하시오.

원반, 산소, 운반

9 생물의 구성 단계를 작은 단계부터 순서대로 나열하시오.

조직, 개체, 기관, 세포

10 동물의 구성 단계와 식물의 구성 단계의 차이점을 서술하시오.

기관계, 조직계

3단계 | 실전 문제 풀어 보기

11 오른쪽 그림은 사람의 몸을 구성하는 세포를 나타낸 것이다. 이를 통해 알 수 있는 몸의 부위에 따른 세포의 종류와 특징에 대해 서술하시오.

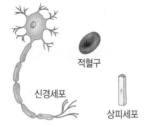

적혈구

신경세포

상피세포

_____

12 오른쪽 그림은 검정말잎 세포를 현미경으로 관찰한 결과를 나타낸 것이다. 초록색 알갱이인 A의 이름과 기능을 서술하시오.

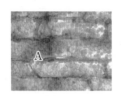

_____

답안 작성 tip

13 그림은 두 종류의 세포 구조를 나타낸 것이다.

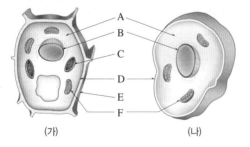

(가)   (나)

(가), (나) 중 식물 세포를 찾아 기호를 쓰고, 그렇게 생각한 까닭을 A~F 중 <u>두 가지</u>를 들어 서술하시오.

_____

14 오른쪽 그림은 검정말잎 세포를 관찰하기 위한 과정 중 일부를 나타낸 것이다. 이와 같은 과정을 거치는 까닭을 서술하시오.

염색액

거름종이

_____

15 그림은 입안 상피세포와 검정말잎 세포를 현미경으로 관찰한 결과를 나타낸 것이다.

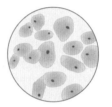 

▲ 입안 상피세포   ▲ 검정말잎 세포

검정말잎 세포가 입안 상피세포와 달리 모양이 일정하게 유지되는 까닭을 세포 구조와 관련지어 서술하시오.

_____

답안 작성 tip

16 그림은 동물의 구성 단계를 나타낸 것이다.

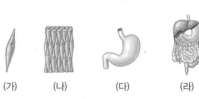

(가)   (나)   (다)   (라)   (마)

(나) 단계의 이름을 쓰고, 해당 단계의 구성상의 특징에 대해 서술하시오.

_____

답안 작성 tip

13. 식물 세포에는 동물 세포에는 없는 세포 구성 요소가 있다.   16. 동물의 구성 단계에는 세포, 조직, 기관, 기관계, 개체가 있다.

1 생물다양성 어떤 지역에 살고 있는 생물의 다양한 정도
➡ 생물다양성은 다음의 세 가지를 모두 포함한다.

❶ [　　]의 다양함	생물 종류의 다양함	같은 종류의 생물 사이에서 나타나는 특징의 다양함
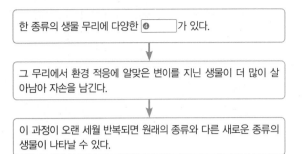		
지구에는 숲, 습지, 초원, 갯벌, 바다, 사막 등 다양한 생태계가 있다.	하나의 생태계에는 다양한 종류의 생물들이 살고 있다.	같은 종류의 생물이라도 생김새, 크기, 색깔 등의 특징이 다르다.

2 생물다양성의 결정 기준
생태계가 다양할수록, 한 생태계에 살고 있는 생물 종류가 다양할수록, 같은 종류의 생물 사이에서 나타나는 특징이 다양할수록 생물다양성이 ❷ [　　].

3 변이 같은 종류의 생물 사이에서 나타나는 특징이 서로 다른 것
⒠ • 바지락의 껍데기 무늬와 색깔이 조금씩 다르다.
　• 코스모스의 꽃 색깔이 여러 가지이다.
　• 고양이의 털 무늬가 조금씩 다르다.
　• 사람마다 피부색이 다르다.
① 변이는 생물의 생존에 영향을 줄 수 있다.
② 환경이 달라지면 생존에 유리한 변이도 달라진다.
③ 생물이 다양해진 것은 변이와 관련이 있다.

4 환경과 변이
생물은 빛, 온도, 물, 먹이 등의 환경에 ❸ [　　]하여 살아간다. ➡ 생물이 환경에 적응하면서 점점 변이의 차이가 커질 수 있다.
⒠ 올드필드쥐의 털 색깔 변이
밝은색 모래가 많은 곳에서 사는 올드필드쥐는 털 색깔이 밝은색이며, 어두운색 흙이 많은 곳에 사는 올드필드쥐의 털 색깔은 어두운색이다.
➡ 올드필드쥐의 털 색깔이 다른 것은 서로 다른 환경에 적응한 결과이다.

5 생물이 다양해지는 과정 생물의 변이와 생물이 환경에 적응하는 과정을 통해 생물이 다양해진다.

> 한 종류의 생물 무리에 다양한 ❹ [　　]가 있다.
>
> ⬇
>
> 그 무리에서 환경 적응에 알맞은 변이를 지닌 생물이 더 많이 살아남아 자손을 남긴다.
>
> ⬇
>
> 이 과정이 오랜 세월 반복되면 원래의 종류와 다른 새로운 종류의 생물이 나타날 수 있다.

6 생물분류 일정한 기준에 따라 생물을 비슷한 종류의 무리로 나누는 것 ➡ 생물을 분류하면 생물 사이의 멀고 가까운 관계를 파악할 수 있고, 생물을 체계적으로 연구할 수 있어 생물다양성을 이해하는 데 도움이 된다.

7 ❺ [　　] 생물을 분류하는 기본 단위 ➡ 자연 상태에서 짝짓기를 하여 번식 능력이 있는 자손을 낳을 수 있는 생물 무리이다.

8 생물의 분류 단계

> 종 < 속 < ❻ [　　] < 목 < 강 < 문 < 계

9 생물의 분류체계

5계	특징
❼ [　　]	• 세포에 핵이 없고, 세포벽이 있다. • 몸이 한 개의 세포로 이루어져 있고, 여러 세포가 모여 하나의 덩어리를 이루기도 한다. • 대부분 광합성을 하지 않지만, 염주말처럼 광합성을 하는 것도 있다. ⒠ 대장균, 폐렴균, 염주말, 포도상구균 등
❽ [　　]	• 핵이 있는 세포로 이루어진 생물 중 균계, 식물계, 동물계에 속하지 않는 생물 무리 • 대부분 단세포생물이지만, 다세포생물도 있다. • 기관이 발달하지 않았다. ⒠ 짚신벌레, 아메바, 미역, 다시마 등
❾ [　　]	• 운동성이 없고, 광합성을 하지 않는다. • 버섯이나 곰팡이는 균사가 얽힌 구조이다. • 스스로 양분을 만들 수 없어 대부분 죽은 생물을 분해하여 양분을 얻는다. ⒠ 느타리버섯, 표고버섯, 푸른곰팡이, 효모 등
❿ [　　]	• 다세포생물이며, 세포에 세포벽이 있다. • 광합성을 하여 스스로 양분을 만든다. • 뿌리, 줄기, 잎과 같은 기관이 발달하였다. ⒠ 우산이끼, 쇠뜨기, 고사리, 진달래 등
⓫ [　　]	• 다세포생물이며, 세포에 세포벽이 없다. • 운동성이 있다. • 다른 생물을 먹이로 삼아 양분을 얻는다. • 대부분 몸에 기관이 발달하였다. ⒠ 해파리, 지렁이, 달팽이, 나비 등

II
생물의 구성과 다양성

1 어떤 지역에 살고 있는 생물의 다양한 정도를 (   )이라고 한다.

2 생물다양성은 ①(   )가 다양할수록, 한 생태계에 살고 있는 생물 ②(   )가 많을수록, 같은 종류의 생물 사이에서 나타나는 특징이 다양할수록 크다.

3 같은 종류의 생물 사이에서 나타나는 특징이 서로 다른 것을 (   )라고 한다.

4 생물의 ①(   )와 생물이 환경에 ②(   )하는 과정을 통해 생물이 다양해진다.

5 일정한 기준에 따라 생물을 비슷한 종류의 무리로 나누는 것을 생물(   )라고 한다.

6 생물을 분류하는 기본 단위로, 자연 상태에서 짝짓기를 하여 번식 능력이 있는 자손을 낳을 수 있는 생물 무리를 (   )이라고 한다.

7 다음은 생물의 분류 단계를 나타낸 것이다. (   ) 안에 알맞은 분류 단위를 쓰시오.

> ①(   )<속<과<②(   )<강<문<③(   )

[8~9] 오른쪽 그림은 생물을 5계로 분류한 것을 나타낸 것이다.

8 원핵생물계와 나머지 4가지 계를 분류하는 분류 기준 A는 (   )의 유무이다.

9 핵이 있는 세포로 이루어진 생물 중 동물계, 식물계, 균계에 속하지 않는 생물 무리인 (가)는 (   )이다.

10 각 생물과 생물이 속하는 계를 선으로 연결하시오.

(1) 해파리, 고양이 •   • ㉠ 균계

(2) 고사리, 민들레 •   • ㉡ 식물계

(3) 느타리버섯, 푸른곰팡이 •   • ㉢ 동물계

◉ 5계 분류체계

◎ 생물의 분류체계
- 생물은 원핵생물계, 원생생물계, 균계, 식물계, 동물계의 5계로 분류할 수 있다.
- 분류기준: 핵 유무, 세포벽 유무, 광합성 여부, 세포 수 등

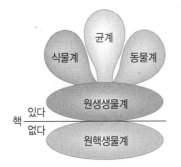

구분	핵(핵막)	세포벽	광합성	세포 수
원핵생물계	없다.	있다.		단세포
원생생물계	있다.			단세포, 다세포
균계	있다.	있다.	안 한다.	대부분 다세포
식물계	있다.	있다.	한다.	다세포
동물계	있다.	없다.	안 한다.	다세포

■ 5계 구분하기

1 5계 중 다음 특징에 해당하는 계의 이름을 각각 쓰시오.

(1) 세포에 핵이 없고, 세포벽이 있다. ┄┄┄┄┄┄┄┄┄┄┄┄┄┄ (   )

(2) 세포에 핵과 세포벽이 있으며, 몸이 균사로 이루어져 있다. ┄┄┄┄ (   )

(3) 세포에 핵과 세포벽이 있으며, 광합성을 하고, 기관이 발달하였다. ┄┄ (   )

(4) 세포에 핵이 있지만, 세포벽이 없으며, 운동성이 있고, 기관이 발달하였다. ┄ (   )

(5) 세포에 핵이 있고, 균계, 식물계, 동물계에 속하지 않는 생물 무리이다. ┄ (   )

■ 생물을 5계로 분류하기

2 다음은 여러 가지 생물을 나타낸 것이다. 5계에 해당하는 생물을 모두 골라 쓰시오.

대장균	해파리	염주말	푸른곰팡이	우산이끼
미역	지렁이	아메바	쇠뜨기	느타리버섯

(1) 원핵생물계 ┄┄┄┄┄ (   )   (2) 원생생물계 ┄┄┄┄┄ (   )

(3) 균계 ┄┄┄┄┄ (   )   (4) 식물계 ┄┄┄┄┄ (   )

(5) 동물계 ┄┄┄┄┄ (   )

■ 분류 기준에 따라 생물을 5계로 분류하기

[3~4] 오른쪽 그림은 여러 가지 기준에 따라 생물을 5계로 분류하는 과정을 나타낸 것이다.

3 5계 중 A~E에 해당하는 계를 각각 쓰시오.

(1) A ┄┄┄┄┄ (   )

(2) B ┄┄┄┄┄ (   )

(3) C ┄┄┄┄┄ (   )

(4) D ┄┄┄┄┄ (   )

(5) E ┄┄┄┄┄ (   )

세포에 핵막으로 구분된 핵이 있는가?
- 예 → 몸이 균사로 되어 있는가?
  - 예 → B
  - 아니요 → 기관이 발달하였는가?
    - 예 → 광합성을 하는가?
      - 예 → D
      - 아니요 → E
    - 아니요 → C
- 아니요 → A

4 표고버섯, 폐렴균, 짚신벌레, 해바라기, 달팽이를 위 과정에 따라 분류했을 때, A~E에 해당하는 생물을 각각 쓰시오.

(1) A ┄┄┄┄┄ (   )   (2) B ┄┄┄┄┄ (   )

(3) C ┄┄┄┄┄ (   )   (4) D ┄┄┄┄┄ (   )

(5) E ┄┄┄┄┄ (   )

01 생물다양성에 대한 설명으로 옳지 <u>않은</u> 것은?

① 생태계의 다양함은 생물다양성과 관계가 없다.
② 어떤 지역에 살고 있는 생물의 다양한 정도이다.
③ 한 생태계에 살고 있는 생물의 종류가 다양할수록 생물다양성이 크다.
④ 같은 종류의 생물 사이에서 나타나는 특징이 다양하면 생물의 멸종 위험이 줄어든다.
⑤ 갯벌, 바다, 사막 등 여러 종류의 생태계에는 각 환경에 맞는 독특한 종류의 생물이 살고 있다.

02 다음은 생물다양성에 대한 학생들의 대화 내용이다.

산림, 초원, 사막, 습지 등이 다양하게 나타나는 것은 생태계의 다양함에 해당해.

사람마다 눈동자 색이 다른 것은 생물 종류의 다양함에 해당하지.

같은 종류의 생물 사이에서 나타나는 특징의 다양함은 생물다양성에 포함되지 않아.

제시한 의견이 옳은 학생을 모두 고른 것은?

① A
② B
③ A, C
④ B, C
⑤ A, B, C

03 변이에 대한 설명으로 옳은 것은?

① 변이는 자손에게 전해지지 않는다.
② 변이는 생물의 생존에 영향을 주지 않는다.
③ 환경이 변하면 생존에 유리한 변이도 달라진다.
④ 서로 다른 종류의 생물에서 나타나는 각각의 특징이다.
⑤ 변이가 다양하면 급격한 환경 변화에 의해 멸종할 위험이 높다.

이 문제에서 나올 수 있는 **보기는** 多

04 변이에 해당하는 것을 모두 고르면? (2개)

① 사람의 피부색이 다르다.
② 당나귀와 말은 생김새가 비슷하다.
③ 얼룩말의 털 무늬가 조금씩 다르다.
④ 개는 새끼를 낳고, 개구리는 알을 낳는다.
⑤ 단풍나무와 떡갈나무의 잎 모양이 다르다.
⑥ 메뚜기 다리는 6개이고, 거미 다리는 8개이다.
⑦ 우산이끼와 버섯이 양분을 얻는 방식이 다르다.
⑧ 숲에 사는 생물과 강에 사는 생물의 종류가 다르다.

05 다음은 원래 목이 짧았던 갈라파고스땅거북 무리에서 목이 긴 갈라파고스땅거북이 나타난 과정에 대한 설명이다.

(가) 갈라파고스땅거북 무리는 목이 짧았지만, 다른 거북보다 목이 조금 더 긴 변이를 지닌 거북도 있었다.
(나) 거북들은 환경이 다른 섬으로 흩어져 살게 되었는데, 일부 거북 무리는 키가 큰 선인장이 자라는 환경에서 살게 되었다.
(다) 키가 큰 선인장이 자라는 환경에서 목이 조금 더 긴 거북은 목이 짧은 거북보다 더 많이 살아남아 자손을 남겼다.
(라) 이 과정이 오랜 세월 반복되어 오늘날과 같이 목이 긴 종류가 나타났다.

이에 대한 설명으로 옳은 것을 보기에서 모두 고른 것은?

┌─ 보기 ─────────────────────
ㄱ. 갈라파고스땅거북 무리에는 목의 길이가 조금씩 다른 변이가 있었다.
ㄴ. 환경에 적합한 변이를 지닌 거북이 더 많이 살아남아 자손을 남겼다.
ㄷ. 목이 긴 종류가 나타나는 데 직접적인 영향을 미친 요인은 빛이다.
└────────────────────────

① ㄱ
② ㄴ
③ ㄱ, ㄴ
④ ㄱ, ㄷ
⑤ ㄱ, ㄴ, ㄷ

▶ 정답과 해설 41쪽

06 생물이 다양해지는 과정에 대한 설명으로 옳은 것을 보기에서 모두 고른 것은?

┌─ 보기 ─────────────────────────┐
ㄱ. 생물은 빛, 온도, 물, 먹이 등의 환경에 적응하여 살아간다.
ㄴ. 환경에 알맞은 변이를 지닌 생물이 더 많이 살아남아 자손을 남긴다.
ㄷ. 생물의 변이와 생물이 환경에 적응하는 과정을 통해 생물이 다양해진다.
└─────────────────────────────┘

① ㄱ   ② ㄴ   ③ ㄱ, ㄷ
④ ㄴ, ㄷ   ⑤ ㄱ, ㄴ, ㄷ

07 다음은 노새와 풍진개에 대한 설명이다.

┌───────────────────────────────┐
• 암말과 수탕나귀 사이에서 태어난 노새는 자라서 새끼를 낳을 수 없다.
• 진돗개와 풍산개 사이에서 태어난 풍진개는 자라서 새끼를 낳을 수 있다.
└───────────────────────────────┘

이에 대한 설명으로 옳은 것을 보기에서 모두 고른 것은?

┌─ 보기 ─────────────────────────┐
ㄱ. 말과 당나귀는 다른 종이다.
ㄴ. 진돗개와 풍산개는 같은 종이다.
ㄷ. 같은 종 사이에서 태어난 자손은 번식 능력이 있다.
└─────────────────────────────┘

① ㄱ   ② ㄴ   ③ ㄱ, ㄷ
④ ㄴ, ㄷ   ⑤ ㄱ, ㄴ, ㄷ

08 생물의 분류 단계를 작은 단위부터 순서대로 옳게 나열한 것은?

① 종 < 과 < 속 < 강 < 목 < 계 < 문
② 종 < 속 < 과 < 목 < 강 < 문 < 계
③ 계 < 문 < 목 < 강 < 과 < 속 < 종
④ 계 < 문 < 강 < 목 < 속 < 과 < 종
⑤ 계 < 문 < 강 < 목 < 과 < 속 < 종

09 생물의 분류 단계에 대한 설명으로 옳지 않은 것은?

① 가장 큰 분류 단위는 계이다.
② 여러 개의 속이 모여 하나의 과를 이룬다.
③ 하나의 강에는 여러 개의 목이 속해 있다.
④ 같은 강에 속하는 생물은 같은 문에 속한다.
⑤ 동물과 식물은 생물을 문 단위로 분류한 것이다.

10 그림은 생물을 5계로 분류한 것을 나타낸 것이다.

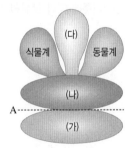

이에 대한 설명으로 옳지 않은 것은?

① 분류 기준 A는 핵의 유무이다.
② (가)는 원핵생물계이다.
③ (나)는 원생생물계이다.
④ (나)에는 단세포생물도 있고, 다세포생물도 있다.
⑤ (다)는 균계이다.
⑥ 식물계와 (다)에 속하는 생물은 광합성을 한다.

11 생물을 5계로 분류하였을 때, 각 계에 속하는 생물의 예를 옳게 짝 지은 것은?

① 원핵생물계 – 대장균
② 원생생물계 – 고사리
③ 균계 – 지렁이
④ 식물계 – 표고버섯
⑤ 동물계 – 소나무

12 미역과 다시마의 공통적인 특징으로 옳지 <u>않은</u> 것은?

① 다세포생물이다.
② 세포에 핵이 있다.
③ 기관이 발달하였다.
④ 원생생물계에 속한다.
⑤ 광합성을 하여 양분을 만든다.

13 그림은 대장균, 갈매기, 느타리버섯, 진달래, 짚신벌레를 여러 가지 기준에 따라 분류하는 과정을 나타낸 것이다.

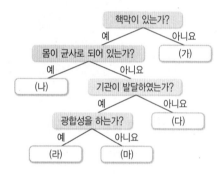

이에 대한 설명으로 옳지 <u>않은</u> 것은?

① (가)는 대장균이다.
② (나)는 느타리버섯이다.
③ (다)는 아메바와 같은 계에 속한다.
④ (라)의 세포에는 세포벽이 있다.
⑤ (마)는 뿌리, 줄기, 잎이 발달하였다.

14 원핵생물계, 균계, 식물계의 공통점으로 옳은 것은?

① 광합성을 한다.
② 다세포생물이다.
③ 세포에 세포벽이 있다.
④ 몸이 균사로 이루어져 있다.
⑤ 핵막으로 구분된 핵이 있다.

15 표는 5계의 특징을 비교하여 나타낸 것이다.

구분	핵	세포벽	광합성
(가)	없다.	있다.	
원생생물계	있다.		
균계	있다.	A	B
(나)	있다.	있다.	한다.
(다)	있다.	없다.	안 한다.

이에 대한 설명으로 옳지 <u>않은</u> 것은?

① (가)는 원핵생물계이다.
② (나)는 식물계, (다)는 동물계이다.
③ A는 '있다.', B는 '안 한다.'이다.
④ 표고버섯은 (나)에 속한다.
⑤ (나)와 (다)에 속하는 생물은 다세포생물이다.

16 다음은 여러 생물을 (가)와 (나) 두 가지 계로 분류한 결과를 나타낸 것이다.

포도상구균, 대장균	아메바, 다시마
(가)	(나)

이에 대한 설명으로 옳은 것을 보기에서 모두 고른 것은?

> **보기**
> ㄱ. (가)는 원핵생물계, (나)는 원생생물계이다.
> ㄴ. (가)는 세포에 핵이 없는 생물 무리이다.
> ㄷ. 짚신벌레는 (나)에 속한다.

① ㄱ   ② ㄴ   ③ ㄱ, ㄷ
④ ㄴ, ㄷ   ⑤ ㄱ, ㄴ, ㄷ

17 다음은 여러 생물을 (가)와 (나) 무리로 분류한 결과를 나타낸 것이다.

염주말, 미역, 해바라기	폐렴균, 고양이, 기는줄기뿌리곰팡이
(가)	(나)

생물을 (가)와 (나)로 분류한 기준으로 옳은 것은?

① 핵 유무   ② 운동성 유무
③ 광합성 여부   ④ 세포벽 유무
⑤ 기관의 발달 정도

서술형 정복하기

≫ 정답과 해설 42쪽

1단계 단답형으로 쓰기

1 어떤 지역에 살고 있는 생물의 다양한 정도를 무엇이라고 하는지 쓰시오.

2 같은 종류의 생물 사이에서 나타나는 특징이 서로 다른 것을 무엇이라고 하는지 쓰시오.

3 생물을 분류하는 기준이 될 수 있는 생물 고유의 특징을 두 가지 쓰시오.

4 생물의 분류 단계를 작은 단위부터 순서대로 나열하시오.

5 생물을 5계로 분류하였을 때, 계의 이름을 쓰시오.

2단계 제시된 단어를 모두 이용하여 서술하기

[6~10] 각 문제에 제시된 단어를 모두 이용하여 답을 서술하시오.

6 생물다양성이 커지는 조건을 서술하시오.

생태계, 생물의 종류, 특징

7 생물이 다양해지는 과정을 서술하시오.

변이, 적응, 환경

8 생물을 분류하는 기본 단위인 종의 뜻을 서술하시오.

짝짓기, 번식, 자손

9 균계의 특징을 두 가지 서술하시오.

운동성, 광합성

10 미역과 무궁화의 공통점과 차이점을 한 가지씩 서술하시오.

광합성, 기관

3 단계　실전 문제 풀어 보기

11 그림은 여러 바지락의 껍데기 무늬와 색깔을 나타낸 것이다.

(1) 바지락의 껍데기 무늬와 색깔이 조금씩 다른 것처럼 같은 종류의 생물 사이에서 나타나는 특징이 서로 다른 것을 무엇이라고 하는지 쓰시오.

(2) 바지락의 껍데기 무늬와 색깔 외에 (1)에 해당하는 예를 한 가지 서술하시오.

답안 작성 tip

12 다음은 환경과 생물다양성의 관계에 대한 설명이다.

> 같은 종류의 생물이라도 (가) 같은 환경에서 살아갈 때 각각의 환경에 적합한 생물이 살아남을 수 있으며, (나) 자손에게 자신의 특징을 전달한다. 이 과정이 오랜 세월 반복되면 (다) 같은 종류의 생물들 간에 차이가 커져서 (라) 서로 다른 특징을 지닌 무리로 나누어질 수 있다.

(1) (가)~(라) 중 틀린 문장을 찾아 기호를 쓰시오.

(2) (1)의 문장에서 틀린 부분을 옳게 바꾸어 서술하시오.

답안 작성 tip

13 다음은 말과 당나귀에 대한 설명이다.

> 말과 당나귀는 생김새가 비슷하고 짝짓기를 하여 자손을 낳을 수 있다. 그러나 암말과 수탕나귀 사이에서 태어난 노새는 번식 능력이 없다.

(1) 말과 당나귀가 같은 종인지 다른 종인지 쓰시오.

(2) (1)과 같이 생각한 까닭을 종의 뜻과 관련지어 서술하시오.

14 그림은 폐렴균, 돌고래, 쇠뜨기, 송이버섯, 짚신벌레를 여러 가지 기준에 따라 분류하는 과정을 나타낸 것이다.

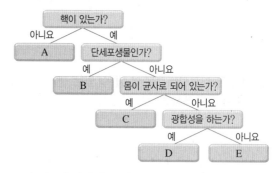

(1) A~E에 해당하는 생물을 쓰시오.

(2) 그림에서 제시한 분류 기준 외에 D에 해당하는 생물의 특징을 한 가지 서술하시오.

15 동물계와 식물계의 차이점을 두 가지 서술하시오.

답안 작성 tip
12. 살아가는 환경이 다를 때 각 환경에 적응하면서 특징이 달라진다.　**13.** 종의 뜻과 관련지어 생각해 본다.

1 ❶ 유지 생물다양성이 클수록 생태계평형이 잘 유지된다.

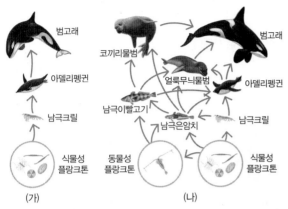

범고래
코끼리물범
범고래
아델리펭귄
얼룩무늬물범
아델리펭귄
남극크릴
남극이빨고기
남극크릴
남극은암치
식물성 플랑크톤
동물성 플랑크톤
식물성 플랑크톤
(가)
(나)

생물다양성이 작은 생태계(가)	❷ 이 단순하다. ➡ 어떤 생물이 사라지면 생태계가 쉽게 파괴된다. 에 아델리펭귄이 멸종되면 범고래도 함께 멸종될 가능성이 높다.
생물다양성이 큰 생태계(나)	❸ 이 복잡하다. ➡ 어떤 생물이 사라져도 먹이 관계를 대체하는 생물이 있어 생태계가 안정을 유지한다. 에 아델리펭귄이 멸종되어도 범고래는 다른 먹이를 잡아먹고 살 수 있다.

2 생물다양성이 주는 혜택

① 생활에 필요한 재료를 제공한다.

식량	벼, 보리, 밀 등
섬유	목화(면섬유), 누에고치(비단) 등
종이	닥나무(한지)
❹	주목나무(항암제의 원료), 푸른곰팡이(항생제의 원료) 등

② 생물의 생김새나 생활 모습을 보고 아이디어를 얻어 유용한 도구를 발명한다. 에 도로 반사판, 소형 비행기 등

③ 생물다양성이 보전된 생태계는 맑은 공기, 깨끗한 물, 비옥한 토양 등을 제공하며, 휴식과 여가 활동을 위한 공간이 된다.

3 생명의 가치

① 생물은 그 자체로 소중한 가치를 지닌다.

② 모든 생물은 생태계 구성원으로서 지구에서 살아갈 권리가 있다.

③ 생물다양성은 지구상의 모든 생명의 생존과 미래를 결정하는 중요한 요인이다.

➡ 생물다양성을 보전하는 것은 그 자체로 중요하다.

4 생물다양성 감소 원인 생물다양성이 빠르게 감소하는 원인은 대부분 인간의 활동과 관계가 깊다.

❺	인간이 자연을 개발하면서 서식지를 파괴하면 서식지를 잃은 생물이 사라진다. 에 열대우림 파괴, 도로 건설 ➡ 대책: 지나친 개발 자제, 보호 구역 지정, 생태통로 설치
❻	인간이 생물을 무분별하게 잡는 것이다. 에 대륙사슴, 코뿔소, 고래 등의 남획 ➡ 대책: 불법 포획 및 거래 단속 강화, 법률 강화, 멸종 위기 생물 지정
❼	외래종(원래 살던 곳을 벗어나 새로운 곳에서 자리를 잡고 사는 생물)은 토종 생물을 위협하고, 먹이그물에 변화를 일으켜 생태계평형을 파괴할 수 있다. 에 가시박, 큰입배스, 뉴트리아 가시박 큰입배스 뉴트리아 ➡ 대책: 무분별한 유입 방지, 외래종 유입 경로 관리 및 감시와 퇴치
❽	환경이 오염되면 환경오염에 약한 생물들이 사라진다. ➡ 대책: 환경 정화 시설 설치, 쓰레기 배출량 줄이기
❾	기후 변화로 서식 환경이 달라지면, 기존 서식지에 살던 생물이 사라진다. 에 수온 상승, 해수면 상승 등 ➡ 대책: 다회용품 사용, 신재생 에너지 사용

5 생물다양성 유지 방안

① 국제적 차원: 국제 사회에서 여러 가지 협약을 맺고 실행한다. 에 생물다양성 협약, 람사르 협약 등

② ❿ 차원

생태통로 건설	도로 건설로 나누어진 서식지를 연결한다.
국립 공원 지정	야생 동식물이 많이 살고 있는 지역을 국립 공원으로 지정하여 관리한다.
멸종 위기 생물 복원 사업	멸종 위기 생물을 복원하는 사업을 한다. 에 반달가슴곰·따오기·여우 복원 사업 등
종자 은행 설립	우리나라 고유의 우수한 종자를 보관하고 배양하여 보급한다.

③ 개인적 차원: 자연환경 보호하기, 재활용품 분리배출 하기, 일회용품 대신 다회용품 사용하기, 플라스틱 사용 줄이기, 나무 심기 등

Ⅱ 생물의 구성과 다양성

➤ 정답과 해설 **43**쪽

1 생태계를 이루는 생물의 종류와 수가 크게 변하지 않고 안정된 상태를 유지하는 것을 (   )이라고 한다.

2 생물다양성이 클수록 먹이그물이 (단순, 복잡)하여 생태계평형이 잘 유지된다.

[3~4] 그림은 두 종류의 생태계 (가)와 (나)를 나타낸 것이다.

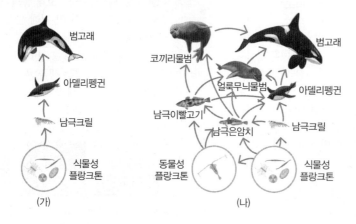

3 (가) 생태계가 (나) 생태계보다 생물다양성이 (크, 작)다.

4 (가) 생태계가 (나) 생태계보다 생물이 멸종할 가능성이 (낮, 높)다.

5 인간이 생물을 무분별하게 잡는 것을 (   )이라고 한다.

6 (   )는 도로 건설, 토지 개발 등이 원인이 된다.

7 큰입배스, 뉴트리아, 가시박과 같은 (   )은 토종 생물을 위협하여 생물다양성을 감소시킨다.

8 끊어진 생태계를 연결하는 (   )를 설치하는 것은 생물다양성을 유지하기 위한 방안 중 하나이다.

9 멸종 위기 생물 복원 사업, 국립 공원 지정 등은 생물다양성을 유지하기 위한 (사회적, 개인적) 차원의 활동이다.

10 자연환경 보호하기, 재활용품 분리배출 하기 등은 생물다양성을 유지하기 위한 (사회적, 개인적) 차원의 활동이다.

01 생물다양성에 대한 설명으로 옳지 <u>않은</u> 것은?

① 생물다양성이 클수록 먹이그물이 복잡해진다.

② 생물다양성이 클수록 생태계평형이 잘 유지된다.

③ 생물다양성이 클수록 생물이 멸종될 가능성이 낮아진다.

④ 먹이그물이 복잡할수록 생태계가 안정적으로 유지된다.

⑤ 먹이그물이 복잡한 생태계에서 어떤 생물이 사라지면 생태계가 쉽게 파괴된다.

02 그림은 두 종류의 생태계 (가)와 (나)를 나타낸 것이다.

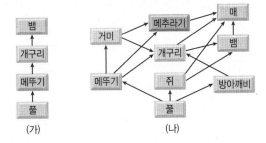

(가)   (나)

이에 대한 설명으로 옳은 것을 보기에서 모두 고른 것은?

보기
ㄱ. (가)에서 개구리가 멸종되면 뱀도 함께 멸종될 가능성이 높다.
ㄴ. (가)는 (나)보다 생물다양성이 크다.
ㄷ. (나)는 (가)보다 안정적으로 유지될 것이다.

① ㄱ   ② ㄴ   ③ ㄱ, ㄷ
④ ㄴ, ㄷ   ⑤ ㄱ, ㄴ, ㄷ

03 생물다양성이 주는 혜택에 대한 설명으로 옳지 <u>않은</u> 것은?

① 식량을 얻는다.

② 의복 재료를 얻는다.

③ 의약품의 원료를 얻는다.

④ 야생 동물이 농작물에 피해를 입힌다.

⑤ 생물의 생김새나 생활 모습에서 아이디어를 얻어 유용한 도구를 발명할 수 있다.

04 생물다양성이 주는 혜택의 예를 <u>잘못</u> 짝 지은 것은?

① 목화 – 면섬유

② 누에고치 – 비단

③ 주목나무 – 항암제 원료

④ 가시박 – 항생제 원료

⑤ 수목원 – 휴식과 안정

05 생물다양성을 보전해야 하는 까닭으로 옳은 것을 보기에서 모두 고른 것은?

보기
ㄱ. 생물은 그 자체로 소중하기 때문이다.
ㄴ. 생태계평형을 유지하는 데 중요하기 때문이다.
ㄷ. 생물다양성이 보전된 생태계에서 많은 혜택을 얻을 수 있기 때문이다.

① ㄱ   ② ㄴ   ③ ㄱ, ㄷ
④ ㄴ, ㄷ   ⑤ ㄱ, ㄴ, ㄷ

06 생물다양성을 감소시키는 인간의 활동이 <u>아닌</u> 것은?

① 숲을 없애고 주택 단지를 건설한다.

② 뿔을 얻기 위해 대륙사슴을 사냥한다.

③ 바다로 유해한 화학 물질을 흘려보낸다.

④ 목재를 얻고, 농경지를 만들기 위해 열대우림의 많은 나무를 벤다.

⑤ 보호 구역을 지정하고 일반인이 보호 구역에 함부로 들어가지 못하게 한다.

07 생물다양성 감소 원인 중 기온과 수온 상승에 영향을 미쳐 기존 서식지에 살던 생물을 사라지게 하는 것은?

① 남획 ② 환경오염
③ 기후 변화 ④ 서식지파괴
⑤ 외래종 유입

08 그림은 우리나라에 서식하고 있는 외래종인 큰입배스와 가시박을 나타낸 것이다.

▲ 큰입배스

▲ 가시박

이와 같은 외래종에 대한 설명으로 옳은 것을 보기에서 모두 고른 것은?

> 보기
> ㄱ. 생태계의 안정성을 높인다.
> ㄴ. 천적이 없어 대량으로 번식할 수 있다.
> ㄷ. 먹이그물을 복잡하게 만드는 데 기여한다.
> ㄹ. 토종 생물의 생존을 위협하여 토종 생물을 사라지게 한다.

① ㄱ, ㄴ ② ㄱ, ㄷ ③ ㄴ, ㄷ
④ ㄴ, ㄹ ⑤ ㄴ, ㄷ, ㄹ

09 그림은 끊어진 생태계를 연결하는 생태통로를 나타낸 것이다.

생물다양성을 감소시키는 원인 중 생태통로의 건설과 가장 관계가 깊은 것은?

① 남획 ② 환경오염
③ 기후 변화 ④ 서식지파괴
⑤ 외래종 유입

10 생물다양성을 감소시키는 여러 원인과 그에 대한 대책을 잘못 연결한 것은?

① 남획 – 멸종 위기 생물 지정
② 서식지파괴 – 보호 구역 지정
③ 기후 변화 – 신재생 에너지 사용
④ 환경오염 – 쓰레기 배출량 줄이기
⑤ 외래종 유입 – 환경 정화 시설 설치

11 생물다양성을 유지하기 위한 개인적 차원의 활동으로 옳은 것을 모두 고르면?(2개)

① 곤충 채집을 하지 않는다.
② 멸종 위기 생물을 지정하고 복원한다.
③ 습지 보호를 위해 람사르 협약을 맺는다.
④ 희귀한 동물을 애완용으로 기르지 않는다.
⑤ 종자 은행을 설립하여 우리나라 고유의 우수한 종자를 보관한다.

이 문제에서 나올 수 있는 **보기는** 多

12 생물다양성을 유지하기 위한 방안에 대한 설명으로 옳지 **않은** 것은?

① 멸종 위기 생물을 지정 및 복원한다.
② 동물원에서 하는 동물 공연을 자주 관람한다.
③ 생태통로를 건설하여 끊어진 생태계를 연결한다.
④ 개인적으로 나무심기, 쓰레기 줍기 등의 활동을 한다.
⑤ 생물다양성보전 캠페인을 진행하고, 생물다양성 관련 교육을 제공한다.
⑥ 야생 동식물이 많이 살고 있는 지역을 국립 공원으로 지정하여 관리한다.
⑦ 종자 은행을 설립하여 우리나라 고유의 우수한 종자를 보관하고 배양하여 보급한다.
⑧ 국제적으로 생물다양성 협약과 같은 생물다양성 보전을 위한 여러 협약을 맺고 실행한다.

1 단계 단답형으로 쓰기

1 생태계를 이루는 생물의 종류와 수가 크게 변하지 않고 안정된 상태를 유지하는 것을 무엇이라고 하는지 쓰시오.

_____

2 생물들의 먹이 관계가 그물처럼 복잡하게 연결되어 있는 것을 무엇이라고 하는지 쓰시오.

_____

3 생물다양성을 감소시키는 원인을 <u>세 가지</u>만 쓰시오.

_____

4 인간이 생물을 무분별하게 잡는 것을 무엇이라고 하는지 쓰시오.

_____

5 원래 살던 곳을 벗어나 새로운 곳에서 자리를 잡고 사는 생물을 무엇이라고 하는지 쓰시오.

_____

2 단계 제시된 단어를 모두 이용하여 서술하기

[6~9] 각 문제에 제시된 단어를 모두 이용하여 답을 서술하시오.

6 생물다양성과 먹이그물의 관계를 서술하시오.

> 생물다양성, 먹이그물, 단순, 복잡, 생태계

_____

7 먹이그물이 복잡한 생태계에서 어떤 생물이 사라져도 생태계가 안정을 유지할 수 있는 까닭을 서술하시오.

> 먹이 관계, 대체

_____

8 생물다양성을 감소시키는 기후 변화에 대한 대책을 <u>두 가지</u> 서술하시오.

> 다회용품, 에너지

_____

9 생물다양성을 유지하기 위한 개인적 차원의 활동을 <u>두 가지</u> 서술하시오.

> 플라스틱, 분리배출

_____

II
생물의 구성과 다양성

3단계 실전 문제 풀어 보기

답안 작성 tip

10 그림은 두 종류의 생태계 (가)와 (나)를 나타낸 것이다.

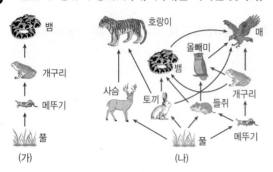

(1) 생물다양성이 더 큰 생태계를 쓰시오.

_____

(2) 개구리가 멸종했을 때 뱀도 같이 멸종할 가능성이 높은 생태계를 쓰시오.

_____

(3) (2)와 같이 생각한 까닭을 서술하시오.

_____

답안 작성 tip

11 그림은 항암제의 원료를 얻을 수 있는 주목나무를 나타낸 것이다.

이와 같이 사람은 생물다양성이 보전된 생태계에서 여러 가지 혜택을 얻을 수 있다. 생물다양성이 주는 혜택을 <u>두 가지</u> 서술하시오.

_____

답안 작성 tip

12 그림은 도로 위에 설치된 생태통로를 나타낸 것이다.

(1) 생태통로를 설치하는 것은 생물다양성 감소 원인인 서식지파괴, 남획, 외래종 유입, 환경오염, 기후 변화 중 어떤 것에 대한 대책인지 쓰시오.

_____

(2) 생태통로를 설치하는 것 외에 (1)에 대한 대책을 <u>한 가지</u> 서술하시오.

_____

13 그림은 생물다양성을 유지하기 위해 사회적 차원에서 멸종 위기 생물인 따오기를 복원하는 것을 나타낸 것이다.

(1) 생물다양성을 유지하기 위해 사회적 차원에서 할 수 있는 활동을 <u>두 가지</u> 서술하시오.(단, 멸종 위기 생물 지정 및 복원은 제외한다.)

_____

(2) 생물다양성을 유지하기 위해 개인적 차원에서 할 수 있는 활동을 <u>두 가지</u> 서술하시오.

_____

답안 작성 tip
10. 어떤 생물이 멸종되었을 때 먹이 관계에서 그 생물을 대체하는 생물이 있는지 살펴본다.　**11.** 사람은 생물에서 다양한 재료와 아이디어, 생태계 서비스 등을 얻는다.　**12.** 생태통로는 끊어진 생태계를 연결하는 통로이다.

1 온도와 입자

(1) **물질과 입자**: 물질은 매우 작고 끊임없이 움직이는 **❶**□□□로 구성되어 있다.

(2) **온도**: 물질을 구성하는 입자의 움직임이 활발한 정도를 나타낸다.

① **온도와 입자의 움직임**: 물체의 온도가 높을수록 입자의 움직임이 **❷**□□□하고, 물체의 온도가 낮을수록 입자의 움직임이 **❸**□□□하다.

② **온도와 입자 사이의 거리**: 물체의 온도가 높을수록 입자 사이의 거리가 멀고, 물체의 온도가 낮을수록 입자 사이의 거리가 가깝다.

▲ 온도가 높은 물체   ▲ 온도가 낮은 물체

구분	온도가 높은 물체	온도가 낮은 물체
입자의 움직임	활발하다.	둔하다.
입자 사이의 거리	멀다.	가깝다.

2 열평형

(1) **❹**□□□: 온도가 다른 두 물체를 접촉한 뒤 시간이 지났을 때 두 물체의 온도가 같아진 상태

① **두 물체 사이의 열의 이동**: 두 물체의 온도가 같아질 때까지 온도가 높은 물체에서 온도가 낮은 물체로 **❺**□□□이 이동한다.

② **입자의 움직임**: 온도가 높은 물체는 입자의 움직임이 점점 둔해지고, 온도가 낮은 물체는 입자의 움직임이 점점 활발해진다.

③ **입자 사이의 거리**: 온도가 높은 물체는 입자 사이의 거리가 점점 **❻**□□□지고, 온도가 낮은 물체는 입자 사이의 거리가 점점 **❼**□□□진다.

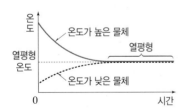

구분	온도가 높은 물체	온도가 낮은 물체
❽	낮아진다.	높아진다.
열	잃는다.	얻는다.
입자의 움직임	둔해진다.	활발해진다.
입자 사이의 거리	가까워진다.	멀어진다.

(2) **열평형 현상을 이용한 예**

• 접촉식 온도계로 온도를 측정한다.
• 한약 팩을 뜨거운 물에 넣어 데운다.
• 수박을 차가운 물속에 담가 시원하게 만든다.

3 열이 이동하는 방식

(1) **❾**□□□: 고체에서 물체를 구성하는 입자의 움직임이 이웃한 입자에 차례로 전달되어 열이 이동하는 방식

▲ 고체에서 열의 전도

예
• 뜨거운 국에 숟가락을 넣어 두면 숟가락 전체가 뜨거워진다.
• 프라이팬의 한쪽만 가열해도 프라이팬 전체가 뜨거워진다.

① **열이 전도되는 정도**: 물질의 **❿**□□□에 따라 열이 전도되는 정도가 다르다.

금속	금속이 아닌 물질
열을 빠르게 전달한다.	열을 느리게 전달한다.
예 구리, 스테인리스 등	예 나무, 플라스틱 등

② **열이 전도되는 정도 차이를 이용한 예**: 냄비, 주전자, 프라이팬 등

바닥 부분: 열을 빠르게 전달하는 금속으로 만든다.

손잡이: 열을 느리게 전달하는 나무, 플라스틱 등으로 만든다.

(2) **⓫**□□□: 액체나 기체 물질을 구성하는 입자가 직접 이동하면서 열이 이동하는 방식

▲ 액체에서 열의 대류

예
• 난방할 때 난방기를 아래쪽에 설치하면 실내 전체가 따뜻해진다.
• 냉방할 때 냉방기를 위쪽에 설치하면 실내 전체가 시원해진다.
• 주전자로 물을 끓일 때 아래쪽만 가열해도 물이 골고루 데워진다.

(3) **⓬**□□□: 물질을 거치지 않고 열이 직접 이동하는 방식

▲ 열의 복사

예
• 난로에 가까이 있으면 따뜻함을 느낄 수 있다.
• 열화상 카메라로 물체를 촬영하면 물체의 온도 분포를 알 수 있다.
• 그늘보다 햇볕 아래가 더 따뜻하다.

Ⅲ
열

1 물질을 구성하는 입자의 움직임이 활발한 정도를 수치로 나타낸 것을 ( )라고 한다.

2 오른쪽 그림 (가)~(다)는 동일한 물질에서 입자가 움직이는 모습을 나타낸 것이다. (가)~(다) 중 온도가 가장 높은 것과 온도가 가장 낮은 것을 골라 순서대로 쓰시오.

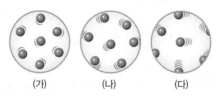

(가)   (나)   (다)

3 온도가 다른 두 물체를 접촉한 뒤 어느 정도 시간이 지났을 때, 두 물체의 온도가 같아진 상태를 ( )이라고 한다.

4 온도가 다른 두 물체를 접촉하면 열은 온도가 ①(높은, 낮은) 물체에서 ②(높은, 낮은) 물체로 이동한다.

5 오른쪽 그림은 90 ℃의 뜨거운 물과 10 ℃의 찬물을 접촉하였을 때, 시간에 따른 온도를 나타낸 것이다. 이에 대한 설명으로 옳은 것은 ○, 옳지 <u>않은</u> 것은 ×로 표시하시오. (단, 열은 뜨거운 물과 찬물 사이에서만 이동한다.)

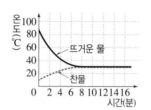

(1) 뜨거운 물 입자의 움직임은 둔해지고, 찬물 입자의 움직임은 활발해진다. ····································· ( )

(2) 입자 사이의 거리는 뜨거운 물은 점점 멀어지고, 찬물은 점점 가까워진다. ( )

(3) 열평형에 도달하는 데까지 걸린 시간은 4분이다. ···························· ( )

(4) 찬물이 잃은 열의 양과 뜨거운 물이 얻은 열의 양은 같다. ··················· ( )

[6~8] 그림 (가)~(다)는 열이 이동하는 방식을 간단히 나타낸 것이다.

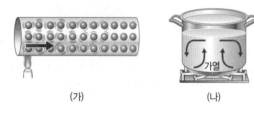

(가)   (나)   (다)

6 (가)와 같이 고체에서 입자의 움직임이 이웃한 입자에 차례로 전달되어 열이 이동하는 방식을 ( )라고 한다.

7 (나)와 같이 액체나 기체 상태의 입자가 직접 이동하여 열을 전달하는 방식을 ( )라고 한다.

8 (다)와 같이 물질을 거치지 않고 열이 직접 이동하는 방식을 ( )라고 한다.

9 주전자를 만들 때 바닥 부분은 ①(금속, 플라스틱)으로 만들고 손잡이 부분은 ②(금속, 플라스틱)으로 만든다.

10 따뜻한 공기는 ①(위로 올라가고, 아래로 내려가고), 차가운 공기는 ②(위로 올라가므로, 아래로 내려가므로), 난방기를 방의 ③(위쪽, 아래쪽)에 설치하면 방 전체가 따뜻해지고, 냉방기를 방의 ④(위쪽, 아래쪽)에 설치하면 방 전체가 시원해진다.

➤ 정답과 해설 44쪽

01 온도와 열에 대한 설명으로 옳은 것을 보기에서 모두 고른 것은?

보기
ㄱ. 온도는 물질을 구성하는 입자의 움직임이 활발한 정도를 나타낸다.
ㄴ. 온도가 낮을수록 입자의 움직임이 활발하고, 입자 사이의 거리가 멀다.
ㄷ. 두 물체가 접촉해 있을 때 열은 입자의 움직임이 둔한 물체에서 활발한 물체로 이동한다.

① ㄱ   ② ㄴ   ③ ㄱ, ㄷ
④ ㄴ, ㄷ   ⑤ ㄱ, ㄴ, ㄷ

02 그림은 온도가 서로 다른 물 입자 (가)와 (나)의 움직임을 나타낸 것이다.

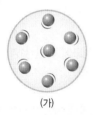 

(가)   (나)

이에 대한 설명으로 옳은 것을 보기에서 모두 고른 것은?

보기
ㄱ. (가)의 온도가 (나)의 온도보다 낮다.
ㄴ. (나)가 열을 잃으면 (가)와 같은 상태가 된다.
ㄷ. 물에 잉크를 떨어뜨리면 잉크는 (가)에서가 (나)에서보다 빠르게 퍼진다.

① ㄱ   ② ㄷ   ③ ㄱ, ㄴ
④ ㄴ, ㄷ   ⑤ ㄱ, ㄴ, ㄷ

03 다음은 온도가 다른 네 물체 A, B, C, D 중 두 개씩 골라 접촉시켰을 때 열이 이동한 방향을 나타낸 것이다.

B→D   C→B   A→C

A∼D 중 온도가 가장 높은 물체와 온도가 가장 낮은 물체를 순서대로 옳게 짝 지은 것은?

① A, C   ② A, D   ③ B, C
④ C, A   ⑤ D, C

04 오른쪽 그림은 온도가 다른 두 물체 A와 B 입자의 움직임을 나타낸 것이다. 이에 대한 설명으로 옳지 않은 것은? (단, A, B는 같은 물질로 이루어져 있다.)

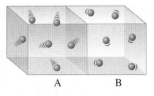

A   B

① 입자 사이의 거리는 A가 B보다 멀다.
② 두 물체를 접촉시키면 A는 온도가 낮아진다.
③ 두 물체를 접촉시키면 B는 온도가 높아진다.
④ 두 물체를 접촉시키면 열은 B에서 A로 이동한다.
⑤ 충분한 시간이 지난 뒤 A와 B 입자의 움직임이 활발한 정도는 같아진다.

05 서로 다른 두 물질을 접촉했을 때, 열평형을 이루는 두 물질을 옳게 짝 지은 것은?

① 20 ℃의 물 100 g과 30 ℃의 물 100 g
② 20 ℃의 물 100 g과 30 ℃의 물 200 g
③ 20 ℃의 물 100 g과 20 ℃의 알코올 200 g
④ 30 ℃의 물 200 g과 40 ℃의 금속 1 kg
⑤ 30 ℃의 물 200 g과 0 ℃의 얼음 100 g

이 문제에서 나올 수 있는 **보기는** 多

06 그림은 온도가 다른 두 물체 A, B를 접촉할 때, A에서 B로 열이 이동하는 모습을 나타낸 것이다.

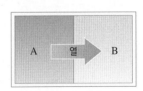

A   열   B

이에 대한 설명으로 옳지 않은 것을 모두 고르면? (단, 열은 A와 B 사이에서만 이동한다.) (2개)

① 처음 온도는 A가 B보다 높다.
② A의 온도는 점점 낮아진다.
③ A 입자의 움직임은 점점 둔해진다.
④ B 입자 사이의 거리는 점점 가까워진다.
⑤ 시간이 충분히 지나면 A와 B의 온도는 같아진다.
⑥ A가 잃은 열의 양과 B가 얻은 열의 양은 같다.
⑦ 시간이 지나도 A에서 B로 이동하는 열의 양은 일정하다.

Ⅲ
열

07 그림은 수조에 차가운 물을 넣고 그 안에 따뜻한 물이 담긴 비커를 넣은 모습을 나타낸 것이다.

이에 대한 설명으로 옳은 것을 모두 고르면? (단, 열은 수조와 비커의 물 사이에서만 이동한다.) (2개)

① 처음에는 차가운 물이 따뜻한 물보다 입자의 움직임이 활발하다.
② 차가운 물은 열을 잃는다.
③ 따뜻한 물은 열을 얻는다.
④ 차가운 물은 입자의 움직임이 활발해진다.
⑤ 따뜻한 물은 입자 사이의 거리가 멀어진다.
⑥ 열은 차가운 물에서 따뜻한 물로 이동한다.
⑦ 차가운 물이 얻은 열의 양과 따뜻한 물이 잃은 열의 양은 같다.

08 오른쪽 그림은 물이 든 비커를 물이 담긴 수조 안에 넣었을 때 두 물의 온도를 시간에 따라 나타낸 것이다. 이에 대한 설명으로 옳은 것을 보기에서 모두 고른 것은?

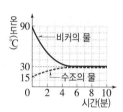

보기
ㄱ. 열평형 온도는 30 ℃이다.
ㄴ. 열은 비커의 물에서 수조의 물로 이동한다.
ㄷ. 수조의 물은 입자 사이의 거리가 점점 가까워진다.

① ㄱ ② ㄷ ③ ㄱ, ㄴ
④ ㄴ, ㄷ ⑤ ㄱ, ㄴ, ㄷ

09 열평형 현상을 이용한 예로 옳지 <u>않은</u> 것을 모두 고르면? (2개)

① 한약 팩을 데우기 위해 뜨거운 물에 담근다.
② 생선을 신선하게 유지하기 위해 얼음 위에 놓는다.
③ 여름철에 음식이 상하지 않도록 냉장고에 보관한다.
④ 프라이팬의 한쪽만 가열해도 프라이팬 전체가 뜨거워진다.
⑤ 주전자로 물을 끓일 때 아래쪽만 가열해도 물이 골고루 데워진다.

10 그림은 금속 막대의 한쪽 끝부분인 A 부분을 가열하고 있는 모습을 나타낸 것이다.

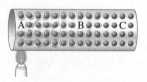

이에 대한 설명으로 옳지 <u>않은</u> 것은?

① 입자의 움직임이 이웃한 입자에 차례로 전달되어 열이 이동한다.
② 열을 받은 금속 막대의 입자는 움직임이 활발해진다.
③ 대류의 방식으로 열이 이동한다.
④ B 부분이 C 부분보다 먼저 온도가 높아진다.
⑤ 다른 금속으로 바꾸어 실험하면 열이 전달되는 정도가 달라진다.

11 열이 이동하는 방식 중 전도에 대한 설명으로 옳은 것을 보기에서 모두 고른 것은?

보기
ㄱ. 주로 고체에서 열이 이동하는 방식이다.
ㄴ. 금속은 플라스틱보다 열을 빠르게 전달한다.
ㄷ. 물체를 이루는 물질의 종류에 따라 열이 전도되는 정도가 다르다.

① ㄱ ② ㄷ ③ ㄱ, ㄴ
④ ㄴ, ㄷ ⑤ ㄱ, ㄴ, ㄷ

12 오른쪽 그림은 바닥 부분은 금속으로 만들고, 손잡이는 나무로 만든 프라이팬으로 요리를 하는 모습을 나타낸 것이다. 이에 대한 설명으로 옳은 것은?

① 금속은 열을 잘 전달하지 않는다.
② 나무는 열을 전혀 전달하지 않는다.
③ 나무는 금속보다 열을 더 빠르게 전달한다.
④ 손잡이를 나무로 만드는 까닭은 열을 빠르게 전달하기 때문이다.
⑤ 프라이팬 바닥 부분의 일부분만 가열해도 바닥 부분 전체의 온도가 높아진다.

13 오른쪽 그림은 주전자 속의 물을 끓이는 모습을 나타낸 것이다. 이에 대한 설명으로 옳지 <u>않은</u> 것은?

① 물에서는 대류에 의해 열이 이동한다.
② 위로 올라가는 물은 온도가 높다.
③ 아래로 내려오는 물은 입자 사이의 거리가 가깝다.
④ 주로 액체나 기체에서 열이 이동하는 방식이다.
⑤ 물 입자의 움직임이 이웃한 입자로 전달되어 열이 이동하는 방식이다.

14 오른쪽 그림은 백열전구에 손을 가까이 하면 따뜻함을 느끼는 모습을 나타낸 것이다. 이에 대한 설명으로 옳은 것을 보기에서 모두 고른 것은?

> **보기**
> ㄱ. 전도에 의해 열이 이동하는 방식이다.
> ㄴ. 물질을 거치지 않고 열이 이동하는 방식이다.
> ㄷ. 열화상 카메라로 물체를 촬영하면 물체의 온도 분포를 알 수 있는 것과 같은 현상이다.

① ㄱ   ② ㄴ   ③ ㄱ, ㄷ
④ ㄴ, ㄷ   ⑤ ㄱ, ㄴ, ㄷ

15 그림은 열을 전달하는 방법을 책을 교실 뒤로 전달하는 방법에 비유한 것이다.

(가) 책을 던진다.
(다) 책을 직접 들고 간다.
(나) 책을 뒤로 건네 준다.

(가)~(다)가 나타내는 열이 이동하는 방식을 옳게 짝 지은 것은?

	(가)	(나)	(다)
①	전도	대류	복사
②	대류	전도	복사
③	대류	복사	전도
④	복사	전도	대류
⑤	복사	대류	전도

16 그림은 추운 겨울에 난방용 난로를 사용하는 모습을 나타낸 것이다.

(가)   (나)   (다)

이에 대한 설명으로 옳은 것을 보기에서 모두 고른 것은?

> **보기**
> ㄱ. (가)는 대류에 의해 열이 이동하는 방식이다.
> ㄴ. (나)는 주로 고체에서 열이 이동하는 방식이다.
> ㄷ. (다)는 물질을 거치지 않고 열이 이동하는 방식이다.

① ㄱ   ② ㄴ   ③ ㄱ, ㄷ
④ ㄴ, ㄷ   ⑤ ㄱ, ㄴ, ㄷ

17 오른쪽 그림은 모닥불에서 열이 이동하는 모습을 나타낸 것이다. 이에 대한 설명으로 옳지 <u>않은</u> 것은?

① ㉠의 원리를 이용하여 냉방기는 위쪽에 설치한다.
② ㉠은 주로 액체나 기체에서 열이 이동하는 방식이다.
③ ㉡은 전도를 나타낸다.
④ 태양열은 ㉢과 같은 방식으로 지구에 전달된다.
⑤ ㉢은 입자가 직접 이동하여 열을 전달하는 방식이다.

이 문제에서 나올 수 있는 **보기는 多**

18 열이 이동하는 방식 중 대류와 관계있는 현상을 모두 고르면? (3개)

① 난로는 실내에서 낮은 곳에 설치한다.
② 고구마를 알루미늄박으로 감싸서 익힌다.
③ 열화상 카메라로 건물의 온도를 측정한다.
④ 모닥불에서 피어오르는 연기가 위로 올라간다.
⑤ 뜨거운 물을 담은 유리컵을 만지면 손이 따뜻하다.
⑥ 물을 주전자에 넣고 주전자 바닥을 가열하면 주전자 속 물 전체의 온도가 높아진다.

서술형 정복하기

1단계 단답형으로 쓰기

1 물체의 차갑고 따뜻한 정도를 수치로 나타낸 것을 무엇이라고 하는지 쓰시오.

_____

2 온도가 다른 두 물체를 접촉한 뒤 시간이 지나면 두 물체의 온도가 같아지는데, 이러한 상태를 무엇이라고 하는지 쓰시오.

_____

3 차가운 물과 뜨거운 물을 접촉했을 때, 차가운 물 입자의 움직임은 어떻게 변하는지 쓰시오.

_____

4 고체에서 입자의 움직임이 이웃한 입자에 차례로 전달되어 열이 이동하는 방식을 무엇이라고 하는지 쓰시오.

_____

5 액체나 기체 물질을 구성하는 입자가 직접 이동하면서 열이 이동하는 방식을 무엇이라고 하는지 쓰시오.

_____

6 열이 물질을 거치지 않고 직접 이동하는 방식을 무엇이라고 하는지 쓰시오.

_____

2단계 제시된 단어를 모두 이용하여 서술하기

[7~9] 각 문제에 제시된 단어를 모두 이용하여 답을 서술하시오.

7 그림은 온도가 다른 두 물체 (가)와 (나)의 입자 모형을 나타낸 것이다.

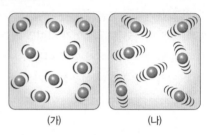

(가)　　　　(나)

두 물체를 접촉했을 때 열이 어떻게 이동하는지 서술하시오. (단, (가)와 (나)는 같은 물질로 이루어져 있다.)

> 입자의 움직임, 온도, 열

_____

8 오른쪽 그림은 온도가 다른 두 물체 A, B를 접촉했을 때 시간에 따른 A와 B의 온도를 나타낸 것이다. 두 물체를 접촉했을 때 A와 B 입자의 움직임이 어떻게 변하는지 서술하시오.

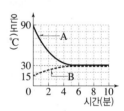

> 열평형, 온도, 입자의 움직임

_____

9 그림은 냉방기를 위쪽에, 난방기를 아래쪽에 설치한 모습을 나타낸 것이다.

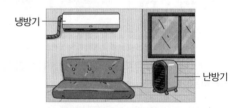

열이 이동하는 방식을 고려하여 냉방기와 난방기를 이렇게 설치한 까닭을 서술하시오.

> 대류, 따뜻한 공기, 차가운 공기

_____

➤ 정답과 해설 **45**쪽

3단계 실전 문제 풀어 보기

답안 작성 **tip**

10 오른쪽 그림은 질량이 같고 온도가 다른 물이 들어 있는 비커 A, B에 잉크를 떨어뜨렸더니 잉크가 B에서 더 빨리 퍼지는 모습을 나타낸 것이다.

(1) A, B 중 온도가 더 높은 물이 들어 있는 비커를 고르시오.

_____

(2) B에서 잉크가 더 빨리 퍼져나가는 까닭을 서술하시오.

_____

11 온도가 다른 네 물체 A, B, C, D 중 두 개씩 짝을 지어 접촉시켰더니 다음과 같이 열이 이동하였다.

> A → D   B → C   C → A

A~D의 온도를 부등호를 이용해 비교하고, 그렇게 생각한 까닭을 서술하시오.

_____

답안 작성 **tip**

12 그림과 같이 100 °C로 가열한 금속을 열량계 속의 차가운 물에 넣었더니 물의 온도가 점점 높아지다가 35 °C에서 멈추었다.

물의 온도가 35 °C가 되었을 때 금속의 온도를 쓰고, 그렇게 생각한 까닭을 서술하시오.

_____

13 그림은 여름에 수박을 먹기 전에 차가운 물에 넣어둔 모습을 나타낸 것이다.

이렇게 하는 까닭을 서술하시오.

_____

14 그림은 캠핑장에서 볼 수 있는 열이 이동하는 여러 가지 방식을 나타낸 것이다.

(가)~(다)에서 일어나는 열의 이동 방식을 쓰고, 일어나는 변화를 각각 서술하시오.

_____

답안 작성 **tip**

15 오른쪽 그림과 같이 냄비의 바닥 부분은 금속으로 만들고 냄비 손잡이와 집게의 손잡이는 플라스틱으로 만든다. 그 까닭을 서술하시오.

답안 작성 **tip**

10. 온도에 따른 입자의 움직임은 잉크가 퍼지는 빠르기에 영향을 미친다.   12. 금속과 물은 열평형에 도달한다.   15. 전도가 잘 되어야 하는 부분과 전도가 잘 되지 않아야 하는 부분을 나누어 서술한다.

III 열

중단원 핵심 요약

1 열량 ⓪[ ]가 다른 물질 사이에서 이동하는 열의 양 [단위: cal(칼로리), kcal(킬로칼로리)]

(1) **1 kcal**: 물 1 kg의 온도를 1 ℃ 높이는 데 필요한 열량

(2) 열량, 질량, 온도 변화의 관계

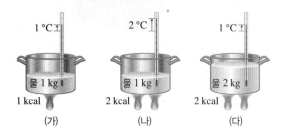

질량이 같은 물질에 다른 열량을 가할 때	질량이 다른 물질에 같은 열량을 가할 때
(가)와 (나) 비교 ➡ 열량이 클수록 온도 변화가 크다.	(나)와 (다) 비교 ➡ 질량이 클수록 온도 변화가 작다.

2 비열 어떤 물질 ❷[ ] kg의 온도를 1 ℃ 높이는 데 필요한 열량 [단위: kcal/(kg·℃)]

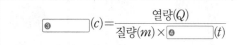

$$❸[\quad](c) = \frac{열량(Q)}{질량(m) \times ❹[\quad](t)}$$

질량이 같은 물질에 같은 열량을 가할 때	비열이 같은 물질에 같은 열량을 가할 때
온도 변화가 큰 물질일수록 비열이 작다.	온도 변화가 큰 물질일수록 질량이 ❺[ ].

(1) **비열의 특징**

① 비열은 물질마다 다르므로 물질을 구별하는 특성이다.

② **비열과 온도 변화**: 비열이 ❻[ ] 물질일수록 온도가 잘 변하지 않는다.

(2) **물의 비열**

① **물의 특징**: 물은 비열이 ❼[ ] kcal/(kg·℃)로 다른 물질에 비해 매우 커서 온도가 잘 변하지 않는다.

② 물의 비열이 커서 나타나는 현상

⦿ • 사람의 몸에 있는 물은 체온을 일정하게 유지하는 데 도움을 준다.

• 낮에는 모래가 바닷물보다 뜨거워 해풍이 불고, 밤에는 모래가 바닷물보다 차가워 육풍이 분다.

▲ 낮에 부는 해풍　　　▲ 밤에 부는 육풍

3 비열의 활용 온도 변화가 작아야 할 때는 비열이 ❽[ ] 물질을 활용하고, 온도가 빠르게 변해야 할 때는 비열이 ❾[ ] 물질을 활용한다.

⦿ • 자동차 냉각수는 비열이 큰 물을 사용하여 엔진이 지나치게 뜨거워지는 것을 막는다.

• 비열이 작은 난방용 온수관은 빠르게 따뜻해지면서 바닥에 열을 전달한다.

• 비열이 큰 뚝배기는 음식을 따뜻하게 오래 유지하고, 비열이 작은 프라이팬은 빠르게 뜨거워지면서 음식을 익힌다.

4 열팽창 물질의 온도가 높아질 때 물질의 길이 또는 부피가 증가하는 현상

(1) **입자의 움직임과 열팽창**: 물질의 온도가 높아지면 물질을 구성하는 입자의 움직임이 활발해지고, 입자 사이의 거리가 ❿[ ] 부피가 팽창한다.

움직임이 활발해짐 ➡ 거리가 멀어짐

(2) **물질의 상태와 열팽창**: 물질의 상태에 따라 열팽창 정도가 다르고, 고체보다 액체의 열팽창 정도가 크다.

(3) **물질의 종류와 열팽창**: 물질의 종류에 따라 열팽창 정도가 다르다. ⦿ 에탄올이 물보다 열팽창 정도가 크다.

5 열팽창의 활용

(1) **바이메탈**: 열팽창 정도가 다른 두 금속을 붙여 놓은 장치 ➡ 열을 가했을 때 열팽창 정도가 ⓫[ ] 금속 쪽으로 휘어진다.

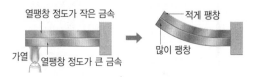

열팽창 정도가 작은 금속 ── 적게 팽창

가열　열팽창 정도가 큰 금속　많이 팽창

(2) **열팽창과 우리 생활**

⦿ • 가스관, 송유관은 중간에 구부러진 부분을 만들어 열팽창에 의한 사고를 예방한다.

• 다리나 기차선로의 이음새에 틈을 만들어 열팽창으로 휘는 것을 막는다.

• 철근은 콘크리트와 열팽창 정도가 비슷하여 건물이 열팽창의 영향을 적게 받는다.

• 유리로 된 조리 도구는 열팽창 정도가 작은 내열 유리를 사용하여 열팽창으로 변형되는 것을 막는다.

➤ 정답과 해설 46쪽

MEMO

1 온도가 다른 두 물체를 접촉했을 때 이동하는 열의 양을 (　　　　)이라고 한다.

2 어떤 물질 1 kg의 온도를 1 ℃만큼 높이는 데 필요한 열량을 ①(　　　　)이라고 한다. 물의 비열은 ②(　　　　) kcal/(kg·℃)로, 물 1 kg의 온도를 1 ℃ 높이는 데 1 kcal의 열량이 필요하다.

3 질량이 같은 두 물질에 같은 열량을 가했을 때, 비열이 큰 물질일수록 온도 변화가 ①(크다, 작다). 또한, 비열이 같은 물질에 같은 열량을 가했을 때, 물질의 질량이 클수록 온도 변화가 ②(크다, 작다).

4 질량이 10 kg인 20 ℃의 물을 50 ℃로 만들기 위해 물에 가해 주어야 하는 열량은 몇 kcal인지 구하시오.

5 사람의 몸에 있는 (　　　　)은 비열이 커서 체온을 일정하게 유지하는 데 도움을 준다.

6 비열을 활용한 현상으로 옳은 것은 ○, 옳지 않은 것은 ×로 표시하시오.

　(1) 자동차 냉각수는 물을 이용하여 엔진이 지나치게 뜨거워지는 것을 막는다. (　　　)
　(2) 냄비의 손잡이는 열을 느리게 전달하는 플라스틱으로 만든다. ·················· (　　　)
　(3) 프라이팬은 빠르게 뜨거워지면서 음식을 익힌다. ····························· (　　　)
　(4) 음식을 냉장고 속에 넣어 차게 보관한다. ·································· (　　　)

7 물체의 온도가 높아질 때 물체의 길이 또는 부피가 증가하는 현상을 (　　　　)이라고 한다.

8 물질의 온도가 높아지면 물질을 구성하는 입자의 움직임이 ①(둔, 활발)해지고, 입자 사이의 거리가 ②(가까워져, 멀어져) 부피가 ③(수축, 팽창)한다.

9 오른쪽 그림과 같이 바이메탈은 ①(열이 전도되는, 열팽창) 정도가 큰 금속 A와 정도가 작은 금속 B를 붙여 놓은 장치이다. 이 바이메탈을 가열하면 ②(A, B) 쪽으로 휘어진다.

10 열팽창과 관련 있는 현상에 대한 설명으로 옳은 것은 ○, 옳지 않은 것은 ×로 표시하시오.

　(1) 가스관이나 송유관은 최대한 구부러진 부분이 생기지 않도록 일자로 만들어 휘는 것을 막는다. ·· (　　　)
　(2) 다리나 기차선로는 이음새에 틈을 만든다. ···························· (　　　)
　(3) 철근은 콘크리트와 열팽창 정도가 비슷하게 만든다. ·················· (　　　)

비열 관계식 적용하기

- 열량(Q): 온도가 다른 물질 사이에서 이동하는 열의 양 [단위: cal(칼로리), kcal(킬로칼로리)]
- 비열(c): 어떤 물질 1 kg의 온도를 1 ℃ 높이는 데 필요한 열량 [단위: kcal/(kg·℃)]
- 비열(c), 열량(Q), 질량(m), 온도 변화(t)의 관계

$$비열 = \frac{열량}{질량 \times 온도\ 변화} \Rightarrow 열량 = 비열 \times 질량 \times 온도\ 변화,\ Q = cmt$$

■ 비열 구하기

1 질량이 2 kg인 액체에 10 kcal의 열을 가했더니, 이 액체의 온도가 5 ℃ 높아졌다. 이 액체의 비열은 몇 kcal/(kg·℃)인지 구하시오.

2 질량이 400 g인 어떤 물질에 1.2 kcal의 열을 가했더니, 이 물질의 온도가 10 ℃ 높아졌다. 이 물질의 비열은 몇 kcal/(kg·℃)인지 구하시오.

3 온도가 20 ℃인 어떤 금속 400 g에 0.24 kcal의 열을 가했더니, 이 금속의 온도가 26 ℃가 되었다. 이 금속의 비열은 몇 kcal/(kg·℃)인지 구하시오.

■ 열량 구하기

4 비열이 1 kcal/(kg·℃)인 물 1 kg의 온도를 20 ℃ 높이는 데 필요한 열량은 몇 kcal인지 구하시오.

5 비열이 0.11 kcal/(kg·℃)인 철 100 g의 온도를 10 ℃ 높이는 데 필요한 열량은 몇 kcal인지 구하시오.

6 온도가 15 ℃이고 비열이 0.4 kcal/(kg·℃)인 액체 600 g이 있다. 이 액체의 온도를 45 ℃까지 높이는 데 필요한 열량은 몇 kcal인지 구하시오.

➤ 정답과 해설 46쪽

■ 질량 구하기

7 비열이 0.2 kcal/(kg·°C)인 금속에 1.5 kcal의 열을 가하였더니, 금속의 온도가 30 °C 높아졌다. 이 금속의 질량은 몇 kg인지 구하시오.

8 온도가 20 °C이고 비열이 1 kcal/(kg·°C)인 물에 1 kcal의 열을 가하였더니, 물의 온도는 30 °C가 되었다. 물의 질량은 몇 g인지 구하시오.

■ 온도 변화 및
온도 구하기

9 비열이 1 kcal/(kg·°C)인 물 10 kg에 200 kcal의 열을 가했을 때, 물의 온도는 몇 °C 높아지는지 구하시오.

10 비열이 0.4 kcal/(kg·°C)인 물질 100 g에 0.5 kcal의 열을 가했을 때, 물질의 온도는 몇 °C 높아지는지 구하시오.

11 비열이 1 kcal/(kg·°C)인 5 °C의 물 1 kg에 15 kcal의 열을 가하면, 물의 온도는 몇 °C가 되는지 구하시오.

12 비열이 0.2 kcal/(kg·°C)인 액체 700 g에 7 kcal의 열을 가하였더니, 액체의 온도가 60 °C가 되었다. 열을 가하기 전 액체의 온도는 몇 °C인지 구하시오.

01 그림은 같은 용기에 물 1 kg을 각각 넣고 각각 1 kcal 와 2 kcal의 열량을 가할 때 온도가 각각 1 ℃, 2 ℃ 높아지는 모습을 나타낸 것이다.

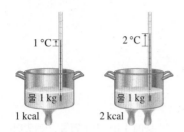

이를 통해 알 수 있는 사실로 옳은 것은?

① 물체의 질량이 클수록 온도 변화가 크다.
② 물체의 질량이 클수록 온도 변화가 작다.
③ 물체의 비열이 클수록 온도 변화가 크다.
④ 물체의 비열이 클수록 온도 변화가 작다.
⑤ 물체에 가해 준 열량이 클수록 온도 변화가 크다.

02 100 g으로 질량이 같은 두 금속 A, B의 온도를 10 ℃ 높이는 데 각각 0.4 kcal와 0.1 kcal의 열량이 필요하다. 이때 A의 비열은 B의 비열의 몇 배인가?

① $\frac{1}{4}$배 ② $\frac{1}{2}$배 ③ 1배
④ 2배 ⑤ 4배

[03~04] 그림은 전열기를 이용하여 물과 미지의 액체 A를 같은 크기의 열량으로 각각 가열하는 모습을 나타낸 것이다. 물과 A의 질량은 각각 200 g이며, 1분 뒤 물의 온도는 20 ℃ 가 높아졌고 A의 온도는 50 ℃가 높아졌다.

03 물의 비열이 1 kcal/(kg·℃)일 때, 1분 동안 물이 얻은 열량은?

① 1 kcal ② 2 kcal ③ 4 kcal
④ 20 kcal ⑤ 40 kcal

04 A의 비열은?

① 0.1 kcal/(kg·℃) ② 0.2 kcal/(kg·℃)
③ 0.3 kcal/(kg·℃) ④ 0.4 kcal/(kg·℃)
⑤ 0.5 kcal/(kg·℃)

05 다음은 커피 한 잔을 만들기 위한 조건들이다.

• 물의 질량: 300 g
• 끓는 물의 온도: 100 ℃
• 물의 비열: 1 kcal/(kg·℃)

20 ℃의 물을 이용하여 커피 한 잔을 만들기 위해 필요한 열량은?

① 6 kcal ② 8 kcal ③ 16 kcal
④ 24 kcal ⑤ 32 kcal

06 표는 질량이 같은 물과 콩기름을 같은 가열 장치 위에 올려놓고 가열했을 때 온도 변화를 측정한 것이다.

구분	처음 온도(℃)	나중 온도(℃)
물	20	40
콩기름	20	62

이에 대한 설명으로 옳지 않은 것은?

① 물의 비열이 콩기름의 비열보다 크다.
② 물과 콩기름이 얻은 열량은 같다.
③ 같은 시간 동안 온도 변화는 콩기름이 물보다 크다.
④ 식을 때는 물의 온도가 콩기름보다 빠르게 낮아진다.
⑤ 온도를 80 ℃까지 높이기 위해서는 콩기름보다 물에 더 많은 열량이 필요하다.

07 오른쪽 그림은 두 물질 A, B를 같은 세기의 불꽃으로 가열할 때, 시간에 따른 온도를 나타낸 것이다. 이에 대한 설명으로 옳은 것을 보기에서 모두 고른 것은?

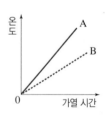

┌─ 보기 ─────────────
ㄱ. 같은 열량을 가했을 때 온도 변화는 A가 B보다 크다.
ㄴ. A와 B의 질량이 같다면 비열은 A가 B보다 작다.
ㄷ. A와 B의 비열이 같다면 질량은 A가 B보다 크다.
└────────────────

① ㄱ ② ㄷ ③ ㄱ, ㄴ
④ ㄴ, ㄷ ⑤ ㄱ, ㄴ, ㄷ

➤ 정답과 해설 47쪽

08 그림 (가)는 90 ℃의 물이 담긴 비커를 15 ℃의 물 2 kg이 담긴 수조에 넣은 모습을 나타낸 것이고, 그림 (나)는 비커와 수조에 담긴 물의 온도를 시간에 따라 나타낸 것이다.

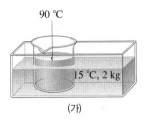 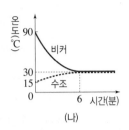

(가)   (나)

비커에 담긴 물의 질량은? (단, 외부와 열 출입은 없다.)

① 0.3 kg   ② 0.4 kg   ③ 0.5 kg

④ 0.6 kg   ⑤ 0.7 kg

이 문제에서 나올 수 있는 보기는 多

09 비열에 의한 현상이나 비열을 이용한 예로 옳지 <u>않은</u> 것을 모두 고르면? (2개)

① 낮에는 모래가 바닷물보다 뜨겁다.
② 찜질 팩 안에 물을 넣어서 사용한다.
③ 생선을 얼음 위에 놓아 신선하게 유지한다.
④ 프라이팬을 이용하여 계란을 빠르게 익힌다.
⑤ 난로에 가까이 있으면 따뜻함을 느낄 수 있다.
⑥ 화력 발전소에서 냉각수로 바닷물을 사용한다.
⑦ 사막 지역은 해안 지역보다 낮과 밤의 온도 차이가 크다.

10 그림은 해안가에서 낮과 밤에 부는 바람을 나타낸 것이다.

(가)   (나)

이에 대한 설명으로 옳지 <u>않은</u> 것은?

① (가)는 해풍이다.
② (나)는 육풍이다.
③ 육지의 비열이 바다보다 커서 발생하는 현상이다.
④ (가)에서 육지의 공기는 바다의 공기보다 온도가 높다.
⑤ (나)에서 육지의 공기는 바다의 공기보다 온도가 낮다.

[11~12] 그림은 처음 온도가 같은 다섯 종류의 액체를 유리관에 넣고 뜨거운 물에 넣었을 때, 액체가 유리관을 따라 올라간 높이를 나타낸 것이다. (단, 처음 높이는 모두 같았다.)

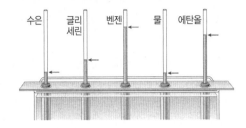

11 위 실험의 결과를 옳게 설명한 것은?

① 물질의 종류에 따라 비열이 다르다.
② 물질의 종류에 따라 질량이 다르다.
③ 물질의 종류에 따라 열팽창 정도가 다르다.
④ 물질의 종류에 따라 열이 이동하는 방식이 다르다.
⑤ 물질의 종류에 따라 열을 흡수하는 정도가 다르다.

12 위 실험에서 다섯 종류의 액체 중 열팽창 정도가 가장 큰 액체는?

① 수은   ② 글리세린   ③ 벤젠

④ 물   ⑤ 에탄올

13 그림은 길이가 같은 철, 구리, 알루미늄 막대를 열팽창 실험 장치로 동시에 가열했을 때, 금속 막대와 연결된 바늘이 움직인 모습을 나타낸 것이다.

이에 대한 설명으로 옳은 것을 보기에서 모두 고른 것은?

보기
ㄱ. 금속 막대를 가열하면 막대의 길이가 길어진다.
ㄴ. 금속 막대를 이루는 입자 사이의 거리가 멀어져서 나타나는 현상이다.
ㄷ. 열팽창 정도는 알루미늄>구리>철 순으로 크다.

① ㄱ   ② ㄷ   ③ ㄱ, ㄴ

④ ㄴ, ㄷ   ⑤ ㄱ, ㄴ, ㄷ

14 열팽창에 대한 설명으로 옳은 것을 모두 고르면? (2개)

① 열팽창 정도는 물질의 종류에 따라 다르다.

② 온도 변화가 클수록 열팽창 정도는 작아진다.

③ 입자의 움직임이 활발해지면 물체의 부피가 수축한다.

④ 부피가 달라져도 물체를 이루는 입자 수는 변하지 않는다.

⑤ 액체는 물질의 종류와 관계없이 일정하게 열팽창이 일어난다.

⑥ 일반적으로 고체의 열팽창 정도가 액체의 열팽창 정도보다 크다.

15 오른쪽 그림은 종이와 알루미늄박을 겹쳐 붙이고 직사각형으로 길게 자른 뒤, 스탠드에 걸고 가열하였더니 양쪽 끝이 벌어진 모습을 나타낸 것이다. 이에 대한 설명으로 옳은 것을 보기에서 모두 고른 것은? (단, 열팽창 정도는 알루미늄이 종이보다 크다.)

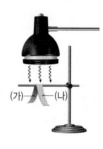
(가)──∧──(나)

보기
ㄱ. 종이와 알루미늄박을 붙이고 가열하면 열팽창 정도가 큰 쪽으로 휘어진다.

ㄴ. (가)는 알루미늄박이다.

ㄷ. 스탠드에 종이와 알루미늄박을 반대 방향으로 걸면 양쪽 끝이 오므라진다.

① ㄱ   ② ㄷ   ③ ㄱ, ㄴ

④ ㄴ, ㄷ   ⑤ ㄱ, ㄴ, ㄷ

16 오른쪽 그림은 구리와 납을 붙인 바이메탈의 모습을 나타낸 것이다. 이 바이메탈을 가열할 때와 냉각할 때 휘어지는 방향을 옳게 짝 지은 것은? (단, 열팽창 정도는 납이 구리보다 크다.)

구리
납
→A
→B
→C

	가열	냉각		가열	냉각
①	A	B	②	A	C
③	B	B	④	C	A
⑤	C	B			

17 그림은 전기다리미 내부에 장착된 온도 조절기의 모습을 나타낸 것이다.

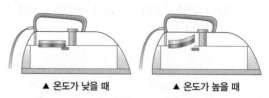
▲ 온도가 낮을 때   ▲ 온도가 높을 때

이에 대한 설명으로 옳지 <u>않은</u> 것은?

① 바이메탈을 이용한다.

② 열팽창의 원리에 의해 작동한다.

③ 금속마다 열팽창 정도가 다른 것을 이용한다.

④ 온도 조절기에 사용된 두 금속의 종류가 같아도 된다.

⑤ 온도가 높아지면 온도 조절기 내부에 있는 두 금속의 부피가 팽창한다.

18 열팽창에 의한 현상 중 여름철에 나타나는 현상으로 옳은 것을 보기에서 모두 고른 것은?

보기
ㄱ. 전깃줄이 팽팽해진다.

ㄴ. 다리의 이음새가 좁아진다.

ㄷ. 기차선로 틈이 좁아진다.

ㄹ. 에펠탑의 높이가 겨울보다 높아진다.

① ㄱ, ㄷ   ② ㄱ, ㄹ   ③ ㄴ, ㄹ

④ ㄱ, ㄴ, ㄷ   ⑤ ㄴ, ㄷ, ㄹ

19 오른쪽 그림과 같이 음료수가 담긴 페트병에는 빈 공간이 존재한다. 페트병에 음료수를 가득 채워 넣지 않는 까닭으로 옳은 것은?

① 뚜껑을 쉽게 열기 위해서

② 페트병마다 음료수를 일정하게 담기 위해서

③ 페트병이 열팽창하여 터지는 것을 방지하기 위해

④ 음료수가 열팽창하여 페트병이 터지는 것을 방지하기 위해

⑤ 열을 잘 전달하지 않는 공기로 음료수를 시원하게 유지하기 위해

1 단계 | 단답형으로 쓰기

1 물 1 kg의 온도를 1 ℃ 높이는 데 필요한 열량을 쓰시오.

_____

2 물질 1 kg의 온도를 1 ℃ 높이는 데 필요한 열량을 무엇이라고 하는지 쓰시오.

_____

3 열이 이동할 때 온도 변화가 작아야 하는 경우는 비열이 큰 물질을 활용해야 하는지, 비열이 작은 물질을 활용해야 하는지 쓰시오.

_____

4 뜨거운 상태를 오랫동안 유지해야 하는 음식은 뚝배기와 금속 냄비 중 어디에 요리해야 하는지 쓰시오.

_____

5 물질의 온도가 높아질 때 물질의 길이 또는 부피가 증가하는 현상을 무엇이라고 하는지 쓰시오.

_____

6 열팽창 정도가 다른 두 금속을 붙인 것으로, 전기다리미나 화재경보기에 이용되는 것은 무엇인지 쓰시오.

_____

2 단계 | 제시된 단어를 모두 이용하여 서술하기

[7~10] 각 문제에 제시된 단어를 모두 이용하여 답을 서술하시오.

7 질량이 5 kg이고 온도가 25 ℃인 물체 A에 100 kcal의 열을 가했더니 A의 온도가 75 ℃가 되었다. A의 비열을 풀이 과정과 함께 구하시오.

> 질량, 온도 변화, 열량

_____

8 오른쪽 그림은 뚝배기로 찌개를 끓인 모습을 나타낸 것이다. 금속 냄비로 찌개를 끓일 때 불을 끄면 바로 찌개가 끓는 상태를 멈추지만, 뚝배기로 끓이면 불을 꺼도 끓는 상태를 어느 정도 유지하는 까닭을 서술하시오.

> 금속 냄비, 뚝배기, 비열

_____

9 오른쪽 그림과 같이 포개어져 있는 그릇 두 개가 잘 빠지지 않고 있을 때, 그릇을 쉽게 빼기 위한 방법을 서술하시오.

> 안쪽 그릇, 바깥쪽 그릇, 차가운 물, 뜨거운 물

_____

10 오른쪽 그림은 다리를 설치할 때 다리의 이음새 부분에 만들어 둔 틈을 나타낸 것이다. 이와 같이 틈을 만드는 까닭을 서술하시오.

> 온도, 입자 사이의 거리, 열팽창

_____

3단계 실전 문제 풀어 보기

답안 작성 **tip**

11 표는 여러 가지 물질의 비열을 나타낸 것이다.

물질	금	철	모래	콩기름	물
비열 (kcal/(kg·°C))	0.03	0.11	0.19	0.47	1.00

(1) 각 물질 1 kg에 같은 열량을 가했을 때 온도 변화가 큰 순서대로 쓰시오.

(2) 콩기름 10 kg의 온도를 10 °C 높이는 데 필요한 열량은 몇 kcal인지 풀이 과정과 함께 구하시오.

(3) 한여름에 바닷가에 놀러 가면 낮에 해변의 모래는 뜨겁지만 바닷물은 뜨겁지 않다. 표를 참고하여 그 까닭을 서술하시오.

답안 작성 **tip**

12 그림은 물 500 g과 어떤 액체 500 g을 같은 세기의 열로 가열할 때 시간에 따른 온도를 나타낸 것이다.

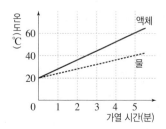

(1) 물과 액체의 비열 비(물 : 액체)를 풀이 과정과 함께 구하시오.

(2) 물의 비열이 1 kcal/(kg·°C)일 때, 5분 동안 액체에 가해 준 열량은 몇 kcal인지 풀이 과정과 함께 구하시오.

13 오른쪽 그림과 같이 같은 양의 에탄올과 물이 든 삼각 플라스크를 수조에 넣고 뜨거운 물을 부었더니, 유리관 속 액체의 높이는 에탄올이 물보다 더 크게 변하였다. 그 까닭을 서술하시오.

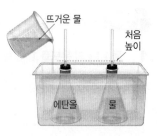

답안 작성 **tip**

14 그림은 바이메탈을 이용한 화재경보기의 모습을 나타낸 것이다.

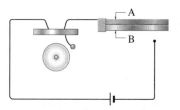

화재가 났을 때 경보가 울리려면 A와 B 중 열팽창 정도가 큰 금속은 무엇이어야 하는지 쓰고, 화재경보기의 작동 원리를 바이메탈의 특성을 이용하여 서술하시오.

15 그림은 어느 지역의 여름과 겨울의 모습을 순서 없이 나타낸 것이다.

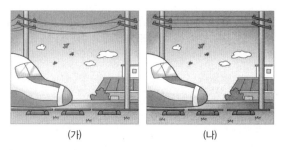

(가)　　　　　(나)

(1) 열팽창 현상과 관련하여 두 그림에서 다른 곳 두 가지를 쓰시오.

(2) (가), (나) 중 여름의 모습을 나타낸 것을 쓰고, 그 까닭을 서술하시오.

답안 작성 **tip**

11~12. 열량과 비열은 '열량＝비열×질량×온도 변화($Q=cmt$)'의 관계를 이용하여 구할 수 있다.　**14.** 바이메탈을 가열하면 열팽창 정도가 큰 금속이 열팽창 정도가 작은 금속 쪽으로 휘어진다.

1 입자 운동 물질을 구성하는 입자는 가만히 정지해 있지 않고 스스로 끊임없이 모든 방향으로 ❶[   ]한다.

2 확산 물질을 구성하는 입자가 스스로 ❷[   ]하여 퍼져 나가는 현상

(1) 액체에서의 확산 – 잉크의 확산: 물에 잉크를 떨어뜨리면 ❸[   ]가 잉크 색으로 변한다.
➡ 잉크 입자가 스스로 운동하여 물속으로 퍼져 나가기 때문

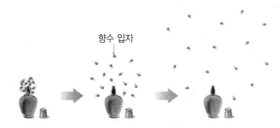

잉크 입자

물

(2) 기체에서의 확산 – 향수의 확산: 향수를 뿌리면 방 안 전체에 향수 냄새가 퍼진다.
➡ 향수 입자가 스스로 운동하여 ❹[   ] 중으로 퍼져 나가기 때문

향수 입자

(3) 우리 주변에서 볼 수 있는 확산 현상
① 전기 모기향을 피워 모기를 쫓는다.
② 마약 탐지견이 냄새로 마약을 찾는다.
③ 방 안에 방향제를 놓아두면 좋은 향기가 난다.
④ 냉면에 식초를 떨어뜨리면 국물 전체에서 신맛이 난다.
⑤ 빵 가게나 꽃 가게 앞을 지나면 가게 밖에서도 빵 냄새나 꽃향기가 난다.

(4) 잉크의 확산 실험

❶ 페트리 접시에 물을 반 정도 넣는다.
❷ 과정 ❶의 페트리 접시에 잉크를 한 방울 떨어뜨리고 잉크의 모습을 관찰한다.
[결과] 잉크를 떨어뜨린 지점을 중심으로 잉크가 사방으로 퍼져 나가 물 전체가 잉크 색으로 변한다.
➡ 잉크 입자가 스스로 운동하여 물속으로 ❺[   ] 하기 때문

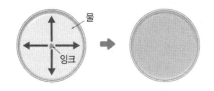

물

잉크

3 증발 물질을 구성하는 입자가 스스로 운동하여 액체 ❻[   ]에서 기체로 변하는 현상

(1) 아세톤의 증발: 아세톤을 떨어뜨린 거름종이가 점점 가벼워진다.
➡ 액체 아세톤이 ❼[   ]로 되면서 아세톤 입자가 공기 중으로 날아갔기 때문

아세톤 입자

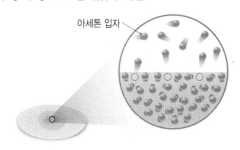

(2) 우리 생활에서 볼 수 있는 증발 현상
① 젖은 빨래가 마른다.
② 물걸레로 닦아 둔 교실 바닥이 마른다.
③ 손등에 바른 알코올이 잠시 후 사라진다.
④ 오징어나 고추 등을 오래 보관하기 위해 말린다.
⑤ 잠자리의 머리맡에 자리끼를 놓으면 밤새 물이 증발하면서 방 안의 습도를 조절한다.

(3) 아세톤의 증발 실험

❶ 전자저울 위에 거름종이를 올린 페트리 접시를 놓고 영점을 맞춘다.
❷ 거름종이에 아세톤을 몇 방울 떨어뜨린 다음 질량 변화를 관찰한다.
[결과] 아세톤이 점점 마르면서 전자저울의 숫자가 작아지다가 0이 된다.
➡ 아세톤 입자가 스스로 운동하여 ❽[   ]하기 때문

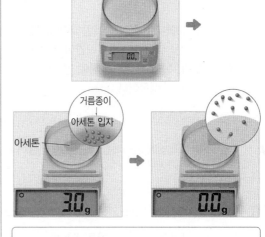

거름종이
아세톤 입자
아세톤

◎ 확산 현상과 증발 현상이 일어나는 까닭
입자가 스스로 운동하기 때문

1 입자 운동과 관련된 설명이나 입자 운동에 의한 현상으로 옳은 것은 ○, 옳지 <u>않은</u> 것은 ×로 표시하시오.

(1) 입자는 스스로 끊임없이 운동한다. ……………………………………… (   )

(2) 젖은 빨래가 마른다. ………………………………………………………… (   )

(3) 난로 주변이 따뜻하다. ……………………………………………………… (   )

(4) 방 안에 방향제를 놓아두면 좋은 향기가 난다. ………………………… (   )

2 입자 운동의 증거가 되는 현상을 <u>두 가지</u> 쓰시오.

3 물질을 구성하는 입자가 스스로 운동하여 퍼져 나가는 현상을 무엇이라고 하는지 쓰시오.

4 물이 반 정도 들어 있는 페트리 접시에 푸른색 잉크를 한 방울 떨어뜨리면 잉크를 떨어뜨린 지점을 중심으로 잉크가 ①(   )으로 퍼져 나간다. 이는 잉크 입자가 모든 방향으로 ②(   )하기 때문이다.

5 향수를 뿌리면 방 안 전체에 향수 냄새가 퍼진다. 이는 향수 입자가 스스로 운동하여 공기 중으로 (   )하기 때문이다.

6 주유소 근처에서는 독특한 기름 냄새가 난다. 이는 기름 입자가 스스로 (   )하여 공기 중으로 확산하기 때문이다.

7 물질을 구성하는 입자가 스스로 운동하여 액체 표면에서 기체로 변하는 현상을 무엇이라고 하는지 쓰시오.

8 전자저울 위에 거름종이를 올린 페트리 접시를 놓고 영점을 맞춘 다음, 거름종이에 아세톤을 몇 방울 떨어뜨렸더니 시간이 지나면서 아세톤이 점점 마르고 전자저울의 숫자가 줄어들었다. 이는 거름종이 위에 떨어뜨린 아세톤 입자가 스스로 운동하여 공기 중으로 (   )하기 때문이다.

9 잠자리의 머리맡에 자리끼를 놓으면 밤새 물이 (   )하면서 방 안의 습도를 조절한다.

10 확산에 해당하는 현상은 '확산', 증발에 해당하는 현상은 '증발'이라고 쓰시오.

(1) 전기 모기향을 피워 모기를 쫓는다. ……………………………………… (   )

(2) 오징어나 고추 등을 오래 보관하기 위해 말린다. ……………………… (   )

(3) 빵 가게 앞을 지나면 가게 밖에서도 빵 냄새가 난다. …………………… (   )

01 입자 운동에 대한 설명으로 옳은 것을 보기에서 모두 고른 것은?

> **보기**
> ㄱ. 입자는 스스로 운동한다.
> ㄴ. 입자는 모든 방향으로 운동한다.
> ㄷ. 입자는 운동하지 않고 가만히 정지해 있다.

① ㄱ ② ㄱ, ㄴ ③ ㄱ, ㄷ
④ ㄴ, ㄷ ⑤ ㄱ, ㄴ, ㄷ

02 다음 현상이 일어나는 공통적인 원인은?

> • 빵 가게 앞을 지나면 가게 안으로 들어가지 않아도 빵 냄새가 난다.
> • 물걸레로 닦아 둔 교실 바닥이 마른다.

① 입자가 스스로 운동하기 때문
② 입자 사이에 빈 공간이 없기 때문
③ 입자는 시간이 지나면 사라지기 때문
④ 입자는 지구 중력의 영향을 받기 때문
⑤ 입자는 다른 종류의 입자로 변할 수 있기 때문

03 물질을 구성하는 입자가 스스로 끊임없이 운동한다는 사실을 알 수 있는 현상을 보기에서 모두 고른 것은?

> **보기**
> ㄱ. 꽃 가게 앞을 지나갈 때 꽃향기가 난다.
> ㄴ. 뜨거운 프라이팬 위에서 버터가 녹는다.
> ㄷ. 잠자리의 머리맡에 자리끼를 놓으면 방 안의 습도를 조절할 수 있다.

① ㄱ ② ㄴ ③ ㄷ
④ ㄱ, ㄷ ⑤ ㄴ, ㄷ

04 확산에 대한 설명으로 옳은 것은?

① 바람이 불 때만 일어나는 현상이다.
② 액체 상태에서만 일어나는 현상이다.
③ 온도가 낮을수록 확산이 잘 일어난다.
④ 입자가 스스로 운동하기 때문에 일어난다.
⑤ 고추를 오래 보관하기 위해 말리는 것과 관련이 있다.

05 오른쪽 그림은 향수를 뿌렸을 때 향수 냄새가 퍼지는 현상을 입자 모형으로 나타낸 것이다. 이에 대한 설명으로 옳은 것은?

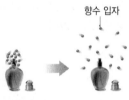

향수 입자

① 향수 입자는 자극을 받으면 운동한다.
② 향수 입자는 한쪽 방향으로 퍼져 나간다.
③ 공기가 없으면 향수 냄새는 퍼지지 못한다.
④ 온도가 낮으면 향수 입자가 더 빨리 퍼져 나간다.
⑤ 시간이 지나면 멀리서도 향수 냄새를 맡을 수 있다.

06 다음 ㉠~㉤에 들어갈 말로 옳지 않은 것은?

> 물에 잉크를 떨어뜨리면 시간이 지남에 따라 물 ㉠( )이/가 잉크 색으로 ㉡( ). 이는 ㉢( ) 입자가 스스로 ㉣( )하여 물속으로 ㉤( ) 때문이다.

① ㉠ – 일부 ② ㉡ – 변한다
③ ㉢ – 잉크 ④ ㉣ – 운동
⑤ ㉤ – 퍼져 나가기

Ⅳ 물질의 상태 변화

07 확산의 예를 보기에서 모두 고른 것은?

> **보기**
> ㄱ. 마약 탐지견이 냄새로 마약을 찾는다.
> ㄴ. 꽃 가게 앞을 지나갈 때 꽃향기가 난다.
> ㄷ. 손등에 바른 알코올이 잠시 후 사라진다.

① ㄱ   ② ㄴ   ③ ㄱ, ㄴ
④ ㄴ, ㄷ   ⑤ ㄱ, ㄴ, ㄷ

[08~09] 오른쪽 그림과 같이 전자저울 위에 거름종이를 올린 페트리 접시를 놓고 영점을 맞춘 다음 거름종이에 아세톤 몇 방울을 떨어뜨렸다.

아세톤 →
거름종이

08 위 실험에 대한 설명으로 옳은 것을 보기에서 모두 고른 것은?

> **보기**
> ㄱ. 아세톤 입자가 스스로 운동하여 증발한다.
> ㄴ. 전자저울의 숫자는 점점 작아지다가 0이 된다.
> ㄷ. 공기 중에 존재하는 아세톤 입자가 점점 많아진다.
> ㄹ. 실험실 습도가 높으면 실험 결과가 더 빨리 나타난다.

① ㄷ   ② ㄱ, ㄹ   ③ ㄴ, ㄷ
④ ㄱ, ㄴ, ㄷ   ⑤ ㄴ, ㄷ, ㄹ

09 위 실험으로 알 수 있는 사실로 옳은 것은?

① 입자는 눈으로 볼 수 있다.
② 입자는 액체 속에서만 운동한다.
③ 입자는 한 방향으로만 이동한다.
④ 입자는 스스로 운동하여 증발한다.
⑤ 입자는 퍼져 나가면서 크기가 커진다.

10 오른쪽 그림은 아세톤을 떨어뜨린 거름종이에서 일어나는 현상을 모형으로 나타낸 것이다. 이에 대한 설명으로 옳은 것을 보기에서 모두 고른 것은?

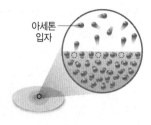

아세톤 입자

> **보기**
> ㄱ. 액체가 증발하는 현상이다.
> ㄴ. 액체가 기체로 변하는 현상이다.
> ㄷ. 액체의 표면에서 일어나는 현상이다.

① ㄱ   ② ㄱ, ㄴ   ③ ㄱ, ㄷ
④ ㄴ, ㄷ   ⑤ ㄱ, ㄴ, ㄷ

11 확산과 증발에 대한 설명으로 옳은 것을 보기에서 모두 고른 것은?

> **보기**
> ㄱ. 확산은 액체나 기체 속뿐만 아니라 진공 속에서도 일어난다.
> ㄴ. 증발은 액체 표면뿐만 아니라 내부에서도 일어나는 현상이다.
> ㄷ. 확산과 증발은 온도가 높을수록 잘 일어난다.

① ㄱ   ② ㄱ, ㄴ   ③ ㄱ, ㄷ
④ ㄴ, ㄷ   ⑤ ㄱ, ㄴ, ㄷ

12 다음 현상과 같은 종류의 현상으로 옳은 것을 보기에서 모두 고른 것은?

> 전기 모기향을 피워 모기를 쫓는다.

> **보기**
> ㄱ. 젖은 빨래가 마른다.
> ㄴ. 오징어를 오래 보관하기 위해 말린다.
> ㄷ. 빵 가게 앞을 지나면 가게 밖에서도 빵 냄새가 난다.
> ㄹ. 냉면에 식초를 떨어뜨리면 국물 전체에서 신맛이 난다.

① ㄱ, ㄴ   ② ㄱ, ㄹ   ③ ㄴ, ㄷ
④ ㄴ, ㄹ   ⑤ ㄷ, ㄹ

1단계 단답형으로 쓰기

1 물질을 구성하는 입자가 가만히 정지해 있지 않고 스스로 끊임없이 운동하는 것을 무엇이라고 하는지 쓰시오.

_____

2 확산과 증발이 일어나는 것은 입자가 스스로 무엇을 하기 때문인지 쓰시오.

_____

3 입자가 스스로 운동하여 액체 표면에서 기체로 변하는 현상을 무엇이라고 하는지 쓰시오.

_____

4 따뜻한 물에 티백을 넣으면 차가 우러나며 고르게 퍼져 나간다. 이는 어떤 현상의 예인지 쓰시오.

_____

5 비가 온 뒤 운동장에 고인 물이 시간이 지나면 사라진다. 이는 어떤 현상의 예인지 쓰시오.

_____

2단계 제시된 단어를 모두 이용하여 서술하기

[6~10] 각 문제에 제시된 단어를 모두 이용하여 답을 서술하시오.

6 확산과 증발이 일어나는 까닭을 서술하시오.

> 입자, 운동

_____

7 확산의 정의를 서술하시오.

> 입자, 운동

_____

8 방 안에 방향제를 놓아두면 방 전체에 좋은 향기가 나는 까닭을 서술하시오.

> 입자, 운동, 공기

_____

9 증발의 정의를 서술하시오.

> 입자, 운동, 표면, 기체

_____

10 젖은 빨래가 마르는 까닭을 서술하시오.

> 입자, 운동, 공기, 증발

_____

IV 물질의 상태 변화

11 오른쪽 그림과 같이 물이 반 정도 들어 있는 페트리 접시에 푸른색 잉크를 한 방울 떨어뜨렸다. 시간이 지남에 페트리 접시 안의 물이 어떻게 변하는지 쓰고, 그 까닭을 서술하시오.

잉크
물

_____

12 그림과 같이 빨대 한쪽에는 만능 지시약 종이를 넣은 다음 마개로 막고, 다른 쪽은 암모니아수를 묻힌 솜을 넣은 다음 마개로 막았다.

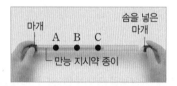

마개
A B C
만능 지시약 종이
솜을 넣은 마개

이 실험에서 A∼C의 색깔이 변하는 순서를 차례대로 쓰고, 만능 지시약의 색깔이 변하는 까닭을 입자 운동과 관련지어 서술하시오.

_____

13 오른쪽 그림과 같이 전자저울 위에 거름종이를 올린 페트리 접시를 놓고 영점을 맞춘 다음, 거름종이에 아세톤을 몇 방울 떨어뜨렸다. 시간이 지남에 따라 아세톤의 질량이 어떻게 변하는지 쓰고, 그 까닭을 서술하시오.

아세톤 →
거름종이

14 오른쪽 그림과 같이 삼각 플라스크에 아세톤을 몇 방울 넣고 마개로 막은 다음, 전자저울 위에 올려 놓고 질량 변화를 측정하였다.

아세톤

(1) 시간이 지나면 삼각 플라스크 바닥에 있던 액체 아세톤이 모두 사라진다. 그 까닭을 서술하시오.

_____

(2) 마개를 제거한 뒤, 실험 과정을 반복하였을 때 삼각 플라스크의 질량 변화를 쓰고, 그 까닭을 서술하시오.

_____

15 다음은 우리 주위에서 일어나는 현상이다.

> (가) 냉면에 식초를 떨어뜨리면 국물 전체에서 신 맛이 난다.
> (나) 물걸레로 닦아 둔 교실 바닥이 마른다.

(가)와 (나)의 원리로 실생활에서 나타나는 현상을 한 가지씩 서술하시오.

_____

16 다음 현상을 확산과 증발로 구분하여 기호를 쓰고, 확산과 증발의 공통점을 입자와 관련지어 서술하시오.

> (가) 물티슈를 꺼내 두었더니 물이 모두 말랐다.
> (나) 주유소 근처에서는 독특한 기름 냄새가 난다.
> (다) 물에 잉크를 넣으면 물 전체가 잉크 색으로 변한다.

• 확산: _____

• 증발: _____

• 공통점: _____

답안 작성 tip
14. 삼각 플라스크에 마개를 씌운 것과 씌우지 않은 것의 차이를 생각해 보고, 확산과 증발과 관련지어 본다. **15.** 확산과 증발로 구분하고, 해당 현상의 예를 찾는다.

1 물질의 세 가지 상태

구분	❶	액체	❷
모양	일정하다.	변한다.	변한다.
부피	일정하다.	일정하다.	변한다.
성질	단단하다.	흐르는 성질이 있다.	흐르는 성질이 있다.
압축되는 정도	압축되지 않는다.	압축되지 않는다.	압축된다.

2 물질의 상태에 따른 입자 배열

구분	고체	❸	기체
입자 모형			
입자의 운동성	매우 둔하게 운동한다.	비교적 활발하게 운동한다.	매우 활발하게 운동한다.
입자 배열	규칙적이다.	불규칙하다.	매우 ❹ 하다.
입자 사이의 거리	매우 가깝다.	비교적 가깝다.	매우 멀다.

3 상태 변화 물질이 한 가지 상태에서 다른 상태로 변하는 것

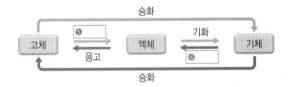

(1) 가열할 때 일어나는 상태 변화: 융해, 기화, 승화(고체 → 기체)

융해	• 용광로에서 철이 녹아 쇳물이 된다. • 뜨거운 프라이팬 위에서 버터가 녹는다.
❼	• 물이 끓어 수증기가 된다. • 어항 속의 물이 점점 줄어든다.
승화 (고체 → 기체)	• 드라이아이스의 크기가 점점 작아진다. • 영하의 날씨에 그늘에 있는 눈사람의 크기가 작아진다.

(2) 냉각할 때 일어나는 상태 변화: 응고, 액화, 승화(기체 → 고체)

❽	• 고깃국을 식히면 기름이 굳는다. • 겨울철 처마 끝에 고드름이 생긴다.
액화	• 이른 새벽 풀잎에 이슬이 맺힌다. • 얼음물이 담긴 컵 표면에 물방울이 맺힌다.
승화 (기체 → 고체)	• 나뭇잎에 서리가 내린다. • 추운 겨울 유리창에 성에가 생긴다.

4 물질의 상태가 변할 때 물질의 성질 변화

(1) 물의 상태 변화: 물의 상태가 변해도 물의 성질은 변하지 않는다.

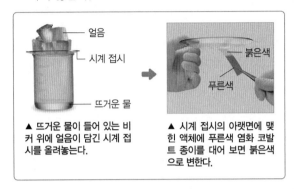

▲ 뜨거운 물이 들어 있는 비커 위에 얼음이 담긴 시계 접시를 올려놓는다.

▲ 시계 접시의 아랫면에 맺힌 액체에 푸른색 염화 코발트 종이를 대어 보면 붉은색으로 변한다.

(2) 물질의 성질 변화: 변하지 않는다. ➡ 입자의 종류와 수는 변하지 않기 때문

5 상태 변화와 입자 배열의 변화

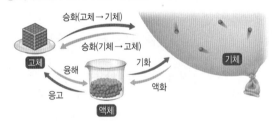

구분	가열할 때	냉각할 때
입자의 운동성	활발해진다.	둔해진다.
입자 배열	불규칙적으로 변한다.	규칙적으로 변한다.
입자 사이의 거리	멀어진다.	가까워진다.

6 물질의 상태가 변할 때 물질의 질량과 부피 변화

(1) 아세톤의 상태 변화에 따른 질량과 부피 변화: 아세톤이 기화할 때 질량은 변하지 않고, 부피는 늘어난다.

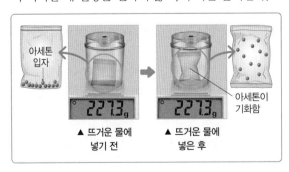

아세톤 입자

227.3g

▲ 뜨거운 물에 넣기 전

227.3g

아세톤이 기화함

▲ 뜨거운 물에 넣은 후

(2) 물질의 질량 변화: ❾ ➡ 입자의 종류와 수는 변하지 않기 때문

(3) 물질의 부피 변화: 변한다. ➡ 입자의 ❿ 이 달라지기 때문

➤ 정답과 해설 **50**쪽

1 25 ℃에서 주사기에 넣고 눌렀을 때 쉽게 압축되는 물질을 보기에서 모두 고르시오.

> 보기
> ㄱ. 돌 ㄴ. 식용유 ㄷ. 산소 ㄹ. 이산화 탄소

2 25 ℃에서 오른쪽 그림의 모형으로 나타낼 수 있는 물질을 보기에서 모두 고르시오.

> 보기
> ㄱ. 철 ㄴ. 물 ㄷ. 소금 ㄹ. 질소

3 다음 물질들의 상태를 각각 쓰시오.

(1) 눈 (2) 이슬 (3) 서리 (4) 수증기

4 다음 현상에서 일어나는 상태 변화의 종류를 쓰시오.

(1) 냉동실에 넣어 둔 물이 언다. ···························· ( )
(2) 냉동실에 넣어 둔 얼음이 조금씩 작아진다. ··········· ( )

5 다음 현상에서 공통적으로 일어나는 상태 변화의 종류를 쓰시오.

> • 이른 새벽 풀잎에 이슬이 맺힌다. • 얼음물이 담긴 컵 표면에 물방울이 맺힌다.

[6~8] 그림은 물질의 상태 변화를 모형으로 나타낸 것이다.

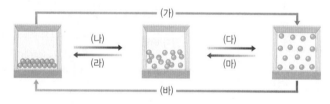

6 (가)~(바) 중 가열에 의해 일어나는 상태 변화를 모두 고르시오.

7 (가)~(바) 중 일반적으로 물질의 부피가 가장 크게 감소하는 상태 변화를 고르시오.

8 (가)~(바) 중 다음 현상과 관계있는 상태 변화를 고르시오.

> 주사를 맞기 위해 팔에 바른 알코올이 마른다.

9 대부분의 고체 물질이 액체로 융해하면 부피가 ①( )하지만, 예외적으로 얼음이 물로 융해하면 부피가 ②( )한다.

10 물질의 상태가 변해도 변하지 않는 것을 보기에서 모두 고르시오.

> 보기
> ㄱ. 물질의 성질 ㄴ. 물질의 부피 ㄷ. 입자의 수 ㄹ. 입자의 배열

이 문제에서 나올 수 있는 **보기는** 多

01 물질의 상태에 대한 설명으로 옳은 것을 모두 고르면?(2개)

① 돌, 나무, 에탄올은 실온에서 고체이다.

② 물질은 고체, 액체, 기체의 세 가지 상태로 구분할 수 있다.

③ 고체는 담는 그릇에 따라 모양과 부피가 변한다.

④ 액체는 담는 그릇에 따라 모양은 변하지만 부피는 변하지 않는다.

⑤ 기체는 담는 그릇에 관계없이 모양과 부피가 변하지 않는다.

⑥ 고체와 액체는 흐르는 성질이 없다.

⑦ 액체와 기체는 부피가 크게 변한다.

02 그림은 물질의 세 가지 상태를 모형으로 나타난 것이다.

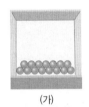 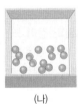 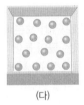

(가)   (나)   (다)

(가)~(다)의 모형에 대한 설명으로 옳은 것은?

① (가)와 (나)의 물질은 부피가 일정하다.

② (가)와 (나)의 물질은 단단하고 모양이 일정하다.

③ (가)와 (다)의 물질은 담는 그릇에 따라 모양이 변한다.

④ (나)와 (다)의 물질은 부피가 크게 변한다.

⑤ (나)와 (다)의 물질은 힘을 가해도 모양이 변하지 않는다.

03 오른쪽 그림과 같이 주사기에 같은 양의 물과 공기를 각각 넣고 피스톤을 눌렀더니 물은 압축되지 않았지만 공기는 압축되었다. 공기가 압축된 까닭으로 옳은 것은?

① 공기는 부피가 없기 때문

② 공기는 흐르는 성질이 있기 때문

③ 공기를 구성하는 입자의 크기가 작기 때문

④ 공기를 구성하는 입자의 수가 감소하기 때문

⑤ 공기를 구성하는 입자 사이의 거리가 멀기 때문

04 25 °C에서 다음과 같은 성질을 나타내는 상태의 물질로만 옳게 짝 지은 것은?

- 압축이 잘 된다.
- 모양과 부피가 일정하지 않다.
- 입자 배열이 매우 불규칙적이다.

① 양초, 돌, 간장

② 물, 주스, 식용유

③ 우유, 식초, 산소

④ 소금, 설탕, 공기

⑤ 산소, 수증기, 질소

[05~06] 그림은 물질을 가열하거나 냉각할 때 일어나는 상태 변화를 나타낸 것이다.

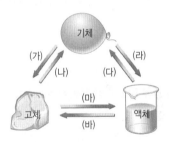

05 (가)~(바) 중 물질을 냉각할 때 일어나는 상태 변화를 모두 고르시오.

이 문제에서 나올 수 있는 **보기는** 多

06 (가)~(바)에 해당하는 현상의 예를 잘못 짝 지은 것은?

① (가) – 고깃국을 식히면 기름이 굳는다.

② (나) – 드라이아이스의 크기가 점점 작아진다.

③ (다) – 주전자의 물이 끓는다.

④ (라) – 차가운 유리창에 물방울이 맺힌다.

⑤ (마) – 용광로에서 철이 녹아 쇳물이 된다.

⑥ (바) – 냉동실에 넣어 둔 물이 언다.

07 주전자에 물을 넣고 끓이면 흰 연기 같은 김이 나온다. 이때 발생한 김에 대한 설명으로 옳은 것은?

① 물이 끓을 때 발생한 수증기이다.
② 물이 끓을 때 발생한 기포 때문에 물이 튄 것이다.
③ 물이 끓을 때 발생한 수증기가 찬 공기에 의해 액화한 것이다.
④ 물이 끓을 때 발생한 수증기가 뜨거운 공기에 의해 기화한 것이다.
⑤ 물이 끓을 때 발생한 수증기가 먼지에 섞여 흰 연기처럼 보이는 것이다.

08 얼음물이 든 유리컵의 바깥쪽 표면에 물방울이 맺히는 까닭으로 옳은 것은?

① 공기 중의 물방울이 기화하였기 때문
② 공기 중의 물방울이 액화하였기 때문
③ 공기 중의 수증기가 기화하였기 때문
④ 공기 중의 수증기가 액화하였기 때문
⑤ 컵 안에 들어 있는 얼음이 융해하였기 때문

09 ( ) 안에 알맞은 상태 변화를 쓰시오.

> 고체 양초에 불을 붙이면 액체 양초로 ㉠( ) 한 뒤 심지를 타고 올라가 기체로 ㉡( )하여 탄다. 이때 촛농의 일부는 흘러내려 다시 고체로 ㉢( )한다.

10 오른쪽 그림은 용광로에서 철을 녹여 쇳물을 만드는 모습이다. 이때 일어나는 상태 변화와 같은 종류의 상태 변화가 일어나는 현상을 모두 고르면?(2개)

① 풀잎에 이슬이 맺힌다.
② 얼음이 녹아 물이 된다.
③ 촛농이 흘러내리면서 굳는다.
④ 새벽녘 안개가 자욱하게 끼어 있다.
⑤ 뜨거운 프라이팬 위에서 버터가 녹는다.

11 오른쪽 그림과 같이 비닐 주머니에 드라이아이스 조각을 넣은 뒤 비닐 주머니에서 공기를 최대한 빼고 입구를 막았다. 이 실험에서 일어나는 드라이아이스의 상태 변화와 관련 있는 현상으로 옳은 것을 보기에서 모두 고른 것은?

> **보기**
> ㄱ. 겨울철 자동차 유리창에 김이 서린다.
> ㄴ. 냉동실에 넣어 둔 얼음이 조금씩 작아진다.
> ㄷ. 영하의 날씨에 그늘에 있는 눈사람의 크기가 작아진다.
> ㄹ. 추운 겨울 밖에 있다가 따뜻한 실내에 들어가면 안경이 뿌옇게 변한다.

① ㄴ
② ㄱ, ㄴ
③ ㄱ, ㄷ
④ ㄴ, ㄷ
⑤ ㄱ, ㄴ, ㄷ

[12~13] 오른쪽 그림과 같이 뜨거운 물이 들어 있는 비커 위에 얼음이 담긴 시계 접시를 올려놓고 변화를 관찰하였다.

12 물의 상태가 변하는 순서로 옳은 것은?

① 고체 → 액체 → 기체
② 고체 → 기체 → 고체
③ 액체 → 기체 → 액체
④ 액체 → 고체 → 기체
⑤ 기체 → 고체 → 기체

이 문제에서 나올 수 있는 **보기**는 多

13 위 실험에 대한 설명으로 옳은 것을 모두 고르면?(2개)

① A에서는 기체 → 고체의 상태 변화가 일어난다.
② B에서는 액화가 일어난다.
③ A에서의 상태 변화는 이슬이 맺히는 것과 같은 현상이다.
④ B에서의 상태 변화는 실온에서 드라이아이스의 크기가 점점 작아지는 것과 같은 현상이다.
⑤ A와 B에 푸른색 염화 코발트 종이를 갖다 대면 모두 붉은색으로 변한다.
⑥ 시계 접시의 얼음은 응고가 잘 일어나도록 도와준다.

[14~15] 그림은 물질의 세 가지 상태를 입자 모형으로 나타낸 것이다.

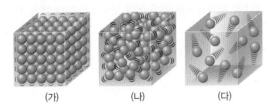

(가)　　　(나)　　　(다)

14 (가)~(다)에 대한 설명으로 옳지 <u>않은</u> 것은?

① (가) 상태일 때 입자는 매우 둔하게 운동한다.
② (다) 상태일 때 입자 사이의 거리가 가장 멀다.
③ (나)에서 (가)로 상태가 변할 때 입자 배열은 규칙적으로 변한다.
④ (다)에서 (나)로 상태가 변하는 것은 액화이다.
⑤ 이산화 탄소는 실온에서 (나)의 모형으로 나타낼 수 있다.

15 입자의 운동 상태가 (나)에서 (다)로 변하는 것과 같은 상태 변화가 일어나는 현상은?

① 나뭇잎에 서리가 내린다.
② 냉동실에 넣어 둔 물이 언다.
③ 어항 속의 물이 점점 줄어든다.
④ 아이스크림이 녹아 흘러내린다.
⑤ 라면을 먹을 때 안경에 김이 서린다.

16 부피가 감소하는 상태 변화가 일어나는 현상은?

① 초콜릿이 녹아서 손에 묻었다.
② 양초가 녹아서 촛농이 흘러내렸다.
③ 고깃국에 뜬 기름이 하얗게 굳었다.
④ 손등에 떨어뜨린 에탄올이 증발했다.
⑤ 영하의 날씨에 그늘에 있던 눈사람의 크기가 작아졌다.

17 다음 현상에서 공통으로 나타나는 변화로 옳은 것은?

> • 겨울철 처마 끝에 고드름이 생긴다.
> • 추운 겨울 유리창에 성에가 생긴다.

① 질량이 감소한다.
② 부피가 증가한다.
③ 입자 운동이 활발해진다.
④ 입자 사이의 거리가 가까워진다.
⑤ 입자 배열이 불규칙적으로 된다.

18 그림은 물질의 상태 변화를 모형으로 나타낸 것이다.

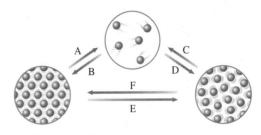

A~F에 대한 설명으로 옳은 것은?(단, 물은 제외한다.)

① 가열에 의한 상태 변화 – B, D, F
② 물질의 질량이 감소하는 상태 변화 – A, C, E
③ 입자 운동이 활발해지는 상태 변화 – A, C, E
④ 입자의 배열이 불규칙해지는 상태 변화 – B, D, F
⑤ 입자 사이의 거리가 가까워지는 상태 변화 – A, C, E

19 오른쪽 그림과 같이 아세톤이 들어 있는 비닐 주머니를 감압 장치에 넣어 장치 속 공기를 뺀 다음, 뜨거운 물에 담갔더니 비닐 주머니가 부풀어올랐다. 비닐 주머니 안의 아세톤에 대한 설명으로 옳은 것은?

감압 용기

뜨거운 물 　아세톤

① 아세톤은 액화한다.
② 입자의 수는 일정하다.
③ 입자의 운동이 둔해진다.
④ 입자 사이의 거리가 가까워진다.
⑤ 입자 배열이 규칙적으로 변한다.

20 그림과 같이 액체 비누가 응고할 때의 질량 변화를 측정하였다.

고체 비누

이 실험으로 알 수 있는 사실은?

① 상태 변화가 일어나면 입자의 수가 변한다.
② 상태 변화가 일어나면 입자의 종류가 변한다.
③ 상태 변화가 일어나도 입자 사이의 거리는 일정하다.
④ 상태 변화가 일어나도 입자의 수와 입자 배열은 변하지 않는다.
⑤ 상태 변화가 일어나면 입자 사이의 거리는 변하지만 입자의 수는 변하지 않는다.

IV 물질의 상태 변화

서술형 정복하기

1단계 단답형으로 쓰기

1 물질의 세 가지 상태 중 담는 그릇에 따라 모양은 변하지만 부피가 일정한 물질의 상태를 쓰시오.

_____

2 액체에서 기체로 상태가 변하는 현상과 기체에서 액체로 상태가 변하는 현상을 무엇이라고 하는지 순서대로 쓰시오.

_____

3 영하의 날씨에 그늘에 있는 눈사람의 크기가 점점 작아지는 것과 관련 있는 상태 변화의 종류를 쓰시오.

_____

4 고체가 액체로 상태 변화 할 때 입자의 배열은 어떻게 달라지는지 쓰시오.

_____

5 상태 변화가 일어날 때 물질의 성질, 질량, 부피 중 변하지 <u>않는</u> 것을 모두 고르시오.

_____

2단계 제시된 단어를 모두 이용하여 서술하기

[6~10] 각 문제에 제시된 단어를 모두 이용하여 답을 서술하시오.

6 고체의 특징을 서술하시오.

> 부피, 모양

_____

7 얼음물이 담긴 컵 표면에 물방울이 맺히는 원리를 상태 변화로 서술하시오.

> 수증기, 물방울, 액화

_____

8 액체가 고체로 상태 변화 할 때 입자의 변화를 서술하시오.

> 입자 운동, 입자 배열

_____

9 초콜릿을 녹이기 전과 녹인 후의 맛은 같다. 이를 통해 알 수 있는 사실을 서술하시오.

> 상태 변화, 물질의 성질

_____

10 물질의 상태 변화가 일어날 때 변하는 것과 변하지 <u>않는</u> 것을 비교하여 서술하시오.

> 입자의 배열, 물질의 부피,
> 입자의 종류와 수, 물질의 질량

_____

➤ 정답과 해설 51쪽
답안 작성 tip

3단계 **실전 문제 풀어 보기**

11 오른쪽 그림은 물질의 고체, 액체, 기체 중 한 가지 상태를 입자 모형으로 나타낸 것이다. 이 상태는 무엇인지 쓰고, 이 상태의 특징을 다음 단어를 모두 이용하여 서술하시오.

모양, 부피, 흐르는 성질, 압축

답안 작성 tip

12 다음은 물의 상태 변화에 대한 실험이다.

(가) 비커 속에 담긴 물을 유리 막대로 찍어 푸른색 염화 코발트 종이에 묻혔더니 종이가 붉은색으로 변하였다.

(나) 뜨거운 물이 들어 있는 비커 위에 얼음이 담긴 시계 접시를 올려놓았더니 시계 접시 아랫면에 액체 방울이 맺혔다.

(다) 시계 접시 아랫면에 생긴 액체 방울에 푸른색 염화 코발트 종이에 대었더니 종이가 붉은색으로 변하였다.

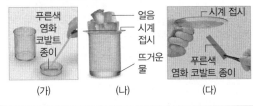

(1) 과정 (나)의 물이 담긴 비커 안에서 일어나는 상태 변화 두 가지를 쓰시오.

(2) 이 실험으로부터 알 수 있는 물질의 상태 변화와 성질의 관계를 서술하시오.

13 그림 (가)와 같이 아세톤이 들어 있는 비닐 주머니를 감압 장치에 넣어 장치 속 공기를 빼고 질량을 측정한 다음, (나)와 같이 뜨거운 물이 담긴 수조에 감압 장치를 넣어 비닐 주머니가 부풀어 오르면 감압 장치의 표면을 닦고 다시 질량을 측정하였다.

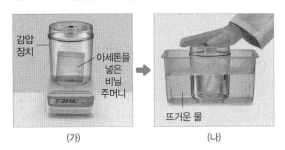

(1) (나)와 같이 비닐 주머니가 부풀어 오르는 까닭을 상태 변화와 입자 배열, 입자 사이의 거리를 이용하여 서술하시오.

(2) (가)와 (나)의 질량을 등호나 부등호로 비교하고, 그 까닭을 입자의 특징과 관련지어 서술하시오.

14 오른쪽 그림과 같이 주전자 속에서 끓고 있는 물은 하얀 김을 내면서 공기 중으로 퍼져 나간다. 이때 하얀 김이 생성되는 원리를 상태 변화와 관련지어 서술하시오.

15 추운 겨울철 나뭇잎에 서리가 생긴다. 서리가 생기는 까닭을 물질의 상태 변화와 관련지어 서술하시오.

답안 작성 tip

12. (가)와 (다)에서 푸른색 염화 코발트 종이의 색 변화가 같다는 것을 이용하여 물질의 상태가 변할 때 물질의 성질은 어떻게 되는지 생각한다.

13. 비닐 주머니 안에서 일어나는 상태 변화의 종류를 알고, 이때 물질을 구성하는 입자의 변화를 떠올린다.

Ⅳ 물질의 상태 변화

1 상태 변화와 열에너지

(1) 열에너지를 방출하는 상태 변화
① 열에너지를 방출하는 상태 변화: ❶[ ], 액화, 승화(기체 → 고체)
② 물질을 냉각할 때의 온도 변화: 온도가 낮아지다가 상태 변화가 일어날 때는 온도가 일정하게 유지된다.

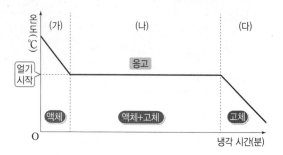

• (가), (다): 온도가 서서히 낮아진다. ➡ 열에너지를 잃기 때문
• (나): 온도가 일정하다. ➡ 상태 변화 하는 동안 ❷[ ]하는 열에너지가 온도가 낮아지는 것을 막아 주기 때문

(2) 열에너지를 흡수하는 상태 변화
① 열에너지를 흡수하는 상태 변화: 융해, ❸[ ], 승화(고체 → 기체)
② 물질을 가열할 때의 온도 변화: 온도가 높아지다가 상태 변화가 일어날 때는 온도가 일정하게 유지된다.

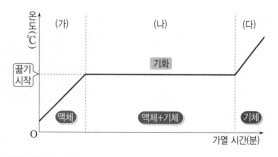

• (가), (다): 온도가 서서히 높아진다. ➡ 열에너지를 얻기 때문
• (나): 온도가 일정하다. ➡ 가해 준 열에너지가 물질의 상태를 변화시키는 데 사용되기 때문

(3) 상태 변화와 열에너지 출입

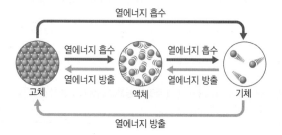

(4) 상태 변화와 입자의 운동

구분	응고, 액화, 승화(기체 → 고체)	융해, 기화, 승화(고체 → 기체)
열에너지의 출입	❹[ ]한다.	❺[ ]한다.
입자의 운동	둔해진다.	활발해진다.
입자 배열	❻[ ]적으로 변한다.	❼[ ]적으로 변한다.
입자 사이의 거리	가까워진다.	멀어진다.

2 물질의 상태 변화 시 열에너지 출입 이용

(1) 열에너지를 방출하는 상태 변화: 주변으로 열에너지를 방출하므로 주변의 온도가 높아진다.

응고	• 이글루 안에 물을 뿌려 내부를 따뜻하게 한다. • 액체 파라핀에 손을 담갔다가 꺼내면 파라핀이 응고하면서 손이 따뜻해진다.
❽[ ]	• 증기 난방으로 실내를 따뜻하게 한다. • 소나기가 내리기 전 날씨가 후텁지근하다.
승화 (기체 → 고체)	• 겨울철 눈이 내릴 때 날씨가 포근해진다.

(2) 열에너지를 흡수하는 상태 변화: 주변에서 열에너지를 흡수하므로 주변의 온도가 낮아진다.

❾[ ]	• 미지근한 음료수에 얼음을 넣으면 시원해진다. • 아이스박스에 얼음을 채워 음식물을 시원하게 보관한다.
기화	• 여름날 도로에 물을 뿌리면 시원하다. • 열이 날 때 물수건으로 몸을 닦으면 체온이 낮아진다.
승화 (고체 → 기체)	• 아이스크림을 포장할 때 드라이아이스를 넣어 두면 아이스크림이 잘 녹지 않는다.

(3) 에어컨의 원리: 액체 냉매가 기화하면서 주변에서 열에너지를 흡수하므로 실내가 시원해진다.

실내기(증발기)	실외기(응축기)
냉매의 기화 (액체 냉매 → 기체 냉매)	냉매의 액화 (기체 냉매 → 액체 냉매)
열에너지 ❿[ ]	열에너지 ⓫[ ]
찬바람이 나온다.	더운 바람이 나온다.

[1~2] 오른쪽 그림은 어떤 액체 물질의 냉각 곡선이다.

1 그림에서 (가) 온도가 변하는 구간과 (나) 온도가 일정하게 유지되는 구간의 기호를 각각 모두 쓰시오.

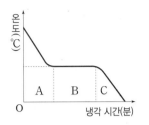

2 상태 변화에 열에너지를 이용하는 구간의 기호를 쓰시오.

[3~5] 오른쪽 그림은 어떤 고체 물질의 가열 곡선이다.

3 (다) 구간에서 물질은 어떤 상태로 존재하는지 쓰시오.

4 (가)~(마) 중 상태 변화가 일어나는 구간을 모두 고르시오.

5 (나)와 (라) 구간에서 온도가 일정한 까닭은 (흡수, 방출)한 열에너지가 모두 상태 변화에 사용되기 때문이다.

[6~7] 오른쪽 그림은 물질의 상태 변화를 나타낸 것이다.

6 A~F 중 열에너지를 방출하는 상태 변화를 모두 고르시오.

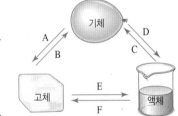

7 A~F 중 주변의 온도가 낮아지는 상태 변화를 모두 고르시오.

8 물질이 열에너지를 ①( )하면 입자 운동이 활발해져 입자 배열이 불규칙적으로 되어 입자 사이의 거리가 ②( )진다.

9 열에너지를 흡수하는 상태 변화가 일어나는 경우에는 주변의 온도가 ①(높, 낮)아지고, 열에너지를 방출하는 상태 변화가 일어나는 경우에는 주변의 온도가 ②(높, 낮)아진다.

10 다음 현상이 일어날 때 열에너지를 흡수하면 '흡수', 방출하면 '방출'이라고 쓰시오.

(1) 소나기가 내리기 전에는 날씨가 후텁지근하다. ·· ( )
(2) 수영을 하고 물 밖으로 나오면 추위를 느낀다. ·· ( )
(3) 휴대용 버너를 사용한 후 연료 통을 만져 보면 차갑다. ·································· ( )
(4) 추운 겨울철 과일이 어는 것을 막기 위해 과일 저장 창고에 물이 든 그릇을 놓아둔다.
··· ( )

01 물질의 상태 변화와 열에너지에 대한 설명으로 옳지 <u>않은</u> 것을 모두 고르면?(2개)

① 물질의 상태가 변할 때 열에너지의 출입은 없다.
② 물질이 열에너지를 흡수하면 항상 온도가 높아진다.
③ 고체에서 기체로 상태가 변할 때 열에너지를 흡수한다.
④ 액체에서 고체로 상태가 변할 때 열에너지를 방출한다.
⑤ 열에너지를 흡수하는 상태 변화가 일어나면 주변의 온도가 낮아진다.

02 오른쪽 그림은 액체 상태의 로르산을 냉각할 때 시간에 따른 온도 변화를 나타낸 것이다. 이에 대한 설명으로 옳지 <u>않은</u> 것은?

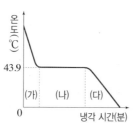

① (가) 구간에서는 액체와 고체가 함께 존재한다.
② (나) 구간의 온도에서 액체 로르산이 얼기 시작한다.
③ (나) 구간에서는 열에너지를 방출하므로 온도가 일정하다.
④ (다) 구간에서는 고체 로르산으로 존재한다.
⑤ (다) 구간에서는 열에너지를 빼앗겨 온도가 낮아진다.

03 오른쪽 그림은 물을 냉각할 때 시간에 따른 온도 변화를 나타낸 것이다. (나) 구간에서 일어나는 상태 변화와 관련된 예로 옳은 것은?

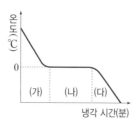

① 고깃국을 식히면 기름이 굳는다.
② 더운 여름날 마당에 물을 뿌리면 시원해진다.
③ 드라이아이스를 아이스크림 통 안에 넣어 둔다.
④ 아이스박스에 얼음을 채워 음식물을 시원하게 보관한다.
⑤ 물놀이를 한 후 물이 묻은 채 물 밖으로 나오면 추위를 느낀다.

[04~05] 그림은 어떤 고체 물질을 가열할 때 시간에 따른 온도 변화를 나타낸 것이다.

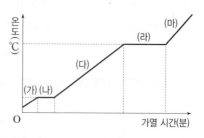

04 이에 대한 설명으로 옳지 <u>않은</u> 것은?

① (가) 구간에서는 입자 배열이 규칙적이다.
② (나) 구간에서는 액화가 일어난다.
③ (다) 구간에서는 열에너지를 흡수한다.
④ (라) 구간에서는 물질이 끓는다.
⑤ (마) 구간에서는 물질이 기체 상태이다.

05 (나) 구간의 온도가 변하지 않고 일정하게 유지되는 까닭으로 옳은 것은?

① 서서히 가열하였기 때문
② 가열 장치의 불을 껐기 때문
③ 가열하는 동안 압력이 커졌기 때문
④ 열에너지를 흡수한 만큼 방출하였기 때문
⑤ 흡수한 열에너지가 모두 상태 변화에 쓰였기 때문

06 그림은 얼음을 가열할 때 시간에 따른 온도 변화를 나타낸 것이다.

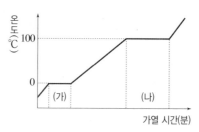

이에 대한 설명으로 옳지 <u>않은</u> 것은?

① (가) 구간에서 얼음이 녹는다.
② (나) 구간에서는 액체 상태만 존재한다.
③ 얼음이 녹은 물을 가열하면 온도가 높아진다.
④ 물이 기화하는 동안 온도는 일정하게 유지된다.
⑤ (나) 구간에서 흡수한 열에너지는 모두 상태 변화에 쓰인다.

▶ 정답과 해설 52쪽

[07~08] 그림은 어떤 고체 물질을 가열하여 녹인 다음 다시 냉각할 때 시간에 따른 온도 변화를 나타낸 것이다.

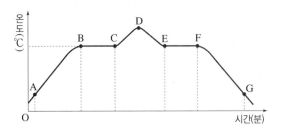

07 이에 대한 설명으로 옳은 것을 모두 고르면?

① AB 구간에서는 상태 변화가 일어난다.
② BC 구간에서는 열에너지를 방출한다.
③ CD 구간에서는 기체 상태로 존재한다.
④ DE 구간에서는 물질이 응고한다.
⑤ EF 구간에서는 열에너지를 방출한다.

08 다음은 EF 구간에서 온도가 일정하게 유지되는 까닭을 설명한 것이다. ( ) 안에 알맞은 말을 쓰시오.

> 물질이 ㉠( )할 때 입자 운동이 둔해지면서 주변으로 열에너지를 ㉡( )하므로 온도가 일정하게 유지된다.

09 그림은 어떤 물질의 상태 변화를 입자 모형으로 나타낸 것이다.

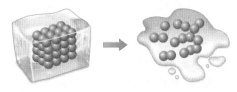

이에 대한 설명으로 옳은 것은?(단, 물은 제외한다.)

① 열에너지를 방출한다.
② 입자의 크기가 커진다.
③ 입자 운동이 활발해진다.
④ 입자 배열이 규칙적으로 변한다.
⑤ 입자 사이의 거리가 가까워진다.

10 그림은 물질의 상태에 따른 입자 배열을 모형으로 나타낸 것이다.

(가)　　　　(나)　　　　(다)

이에 대한 설명으로 옳은 것을 보기에서 모두 고른 것은?(단, 물은 제외한다.)

> 보기
> ㄱ. (가) → (다)로 상태가 변할 때 열에너지를 방출한다.
> ㄴ. (나) → (가)로 상태가 변할 때 물질이 열에너지를 흡수하여 입자 배열이 불규칙적으로 변한다.
> ㄷ. (다) → (가) → (나)로 상태가 변할 때 열에너지를 흡수한다.

① ㄱ　　　② ㄴ　　　③ ㄱ, ㄷ
④ ㄴ, ㄷ　　　⑤ ㄱ, ㄴ, ㄷ

[11~12] 그림은 물질의 상태 변화를 모형으로 나타낸 것이다.

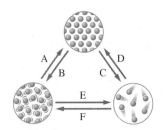

이 문제에서 나올 수 있는 **보기는 多**

11 A~F 과정에 대한 설명으로 옳은 것을 모두 고르면?(2개)

① A 과정에서는 주변의 온도가 낮아진다.
② B 과정에서는 열에너지를 방출한다.
③ C 과정에서는 부피가 증가한다.
④ D 과정에서는 물질이 열에너지를 방출하면서 입자 배열이 규칙적으로 변한다.
⑤ E 과정에서는 입자 운동이 둔해진다.
⑥ F 과정에서는 입자 사이의 거리가 점점 멀어진다.

12 다음 현상과 관련 있는 상태 변화의 기호와 열에너지의 출입 관계를 쓰시오.

> 물놀이를 하고 물 밖으로 나오면 춥게 느껴진다.

IV 물질의 상태 변화

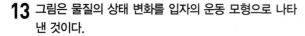

13 그림은 물질의 상태 변화를 입자의 운동 모형으로 나타낸 것이다.

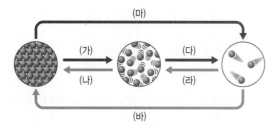

이에 대한 설명으로 옳은 것은?

① 열에너지를 흡수하는 상태 변화는 (나), (라), (바)이다.
② (가), (다), (마)가 일어날 때 입자 사이의 거리가 가까워진다.
③ 신선 식품을 포장할 때 얼음 팩을 함께 넣으면 식품을 신선하게 유지할 수 있는 까닭은 (나)와 관계 있다.
④ (라)가 일어날 때 입자의 운동은 활발해진다.
⑤ (바)가 일어날 때 입자의 운동은 둔해진다.

14 (　　　) 안에 알맞은 말을 쓰시오.

추운 겨울철 입 근처에 손을 대고 입김을 불면 수증기가 액체로 ㉠(　　　　)하면서 ㉡(　　　　)한 열에너지가 주변의 온도를 높이므로 손이 따뜻해지는 것을 느낄 수 있다.

15 다음 현상에서 일어나는 열에너지의 출입과 관련된 예를 옳게 짝 지은 것은?

사과 농장에서는 한파에 대비하여 사과꽃에 물을 뿌려 냉해를 막는다.

① 열에너지 방출 – 아이스크림이 녹는다.
② 열에너지 방출 – 어항에 있는 물의 양이 줄어든다.
③ 열에너지 방출 – 실온에 둔 액체 초콜릿이 굳는다.
④ 열에너지 흡수 – 나뭇잎에 서리가 내린다.
⑤ 열에너지 흡수 – 얼음물이 담긴 컵의 표면에 물방울이 생긴다.

16 다음과 같은 현상이 나타나는 까닭으로 옳은 것은?

더운 여름날 얼음 조각상 근처에 있으면 시원해진다.

① 얼음이 햇빛을 흡수하기 때문
② 얼음의 온도보다 공기의 온도가 낮기 때문
③ 얼음이 융해하면서 주변의 열에너지를 흡수하기 때문
④ 얼음이 승화하면서 주변의 열에너지를 흡수하기 때문
⑤ 얼음이 응고하면서 주변으로 열에너지를 방출하기 때문

17 물질이 상태 변화할 때 흡수하는 열에너지를 이용한 예를 보기에서 모두 고른 것은?

보기
ㄱ. 몸에 열이 날 때 미지근한 물수건으로 몸을 닦아 준다.
ㄴ. 아이스크림을 포장할 때 드라이아이스를 함께 넣어 준다.
ㄷ. 커피 기계의 스팀 분출 장치로 우유를 데운다.
ㄹ. 액체 파라핀에 손을 담갔다가 꺼내는 방법으로 통증 부위를 따뜻하게 찜질한다.

① ㄷ　　　　② ㄱ, ㄴ　　　　③ ㄱ, ㄹ
④ ㄴ, ㄹ　　　⑤ ㄱ, ㄴ, ㄷ

18 그림은 에어컨의 구조를 나타낸 것이다.

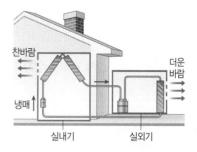

에어컨에서 일어나는 상태 변화 및 열에너지 이동에 대한 설명으로 옳은 것은?

① 실내기에서 냉매가 열에너지를 방출한다.
② 실내기에서 액체 냉매가 기체로 기화한다.
③ 실외기에서 냉매가 열에너지를 흡수한다.
④ 실외기에서 액화가 일어나 주변 온도가 낮아진다.
⑤ 냉매는 관을 따라 이동하면서 응고와 융해를 반복한다.

1단계 단답형으로 쓰기

1 오른쪽 그림은 어떤 액체 물질을 냉각할 때 시간에 따른 온도 변화를 나타낸 것이다. 상태 변화가 일어나는 구간의 기호를 쓰시오.

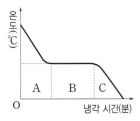

[2~3] 그림은 어떤 고체 물질을 가열할 때 시간에 따른 온도 변화를 나타낸 것이다.

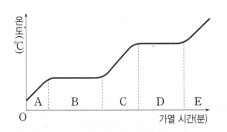

2 그림은 물질의 세 가지 상태를 입자 모형으로 나타낸 것이다. 그래프의 B와 D 구간에서 나타나는 상태 변화를 입자 모형의 기호와 화살표(→)를 이용하여 쓰시오.

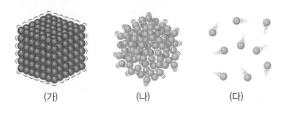

3 그래프에서 물질이 액체 상태로만 존재하는 구간의 기호를 쓰시오.

4 (가) 열에너지를 흡수하는 상태 변화와 (나) 열에너지를 방출하는 상태 변화를 모두 쓰시오.

5 물질이 기체에서 액체로 상태가 변할 때 주변의 온도 변화를 쓰시오.

2단계 제시된 단어를 모두 이용하여 서술하기

[6~10] 각 문제에 제시된 단어를 모두 이용하여 답을 서술하시오.

6 오른쪽 그림은 액체 로르산을 냉각할 때 시간에 따른 온도 변화를 나타낸 것이다. (나) 구간에서 온도가 낮아지지 않고 일정한 까닭을 서술하시오.

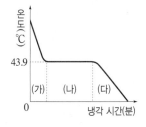

상태 변화, 열에너지, 온도

7 물질을 가열할 때 온도가 높아지다가 융해, 기화, 승화(고체 → 기체)가 일어나는 동안 물질의 온도가 일정하게 유지되는 까닭을 열에너지와 관련지어 서술하시오.

흡수, 상태 변화

8 소나기가 내리기 전에 날씨가 후텁지근해지는 까닭을 서술하시오.

수증기, 물, 상태 변화, 열에너지, 주변의 온도

9 더운 여름에 사람은 땀을 흘려 체온을 조절하지만, 땀샘이 거의 없는 개는 혀를 내밀어 체온을 조절한다. 개가 체온을 낮추는 원리를 상태 변화와 열에너지의 출입을 이용하여 서술하시오.

증발, 기화, 열에너지, 주변의 온도

10 아이스크림을 포장할 때 드라이아이스를 함께 넣는 까닭을 서술하시오.

상태 변화, 열에너지, 주변의 온도

3 단계 | 실전 문제 풀어 보기

답안 작성 tip

11 그림 (가)와 같이 장치하고 물의 온도 변화를 측정하여 (나)와 같은 결과를 얻었다.

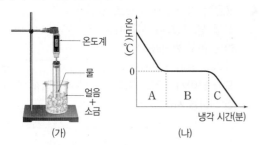

(가)   (나)

(나)의 B. 구간에서 물의 온도가 계속 낮아지지 않고 일정하게 유지되는 까닭을 상태 변화와 열에너지를 이용하여 서술하시오.

_____

12 그림은 어떤 고체 물질을 가열하여 녹인 다음 다시 냉각할 때의 온도 변화를 나타낸 것이다.

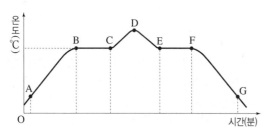

(1) BC 구간에서 온도가 일정한 까닭을 서술하시오.

_____

(2) BC 구간과 EF 구간에서 일어나는 열에너지의 출입을 각각 서술하시오.

_____

13 다음은 우리 주변에서 관찰할 수 있는 몇 가지 현상이다.

- 유리창 안쪽에 성에가 생긴다.
- 얼음물이 든 컵 표면에 물방울이 맺힌다.
- 실온에 둔 액체 초콜릿이 딱딱하게 굳는다.

이 현상에서 공통적으로 나타나는 열에너지의 출입과 주변의 온도 변화를 서술하시오.

_____

14 상태 변화가 일어날 때 (가) 열에너지 방출을 이용하는 예와 (나) 열에너지 흡수를 이용하는 예를 한 가지씩 서술하시오.

_____

답안 작성 tip

15 그림은 에어컨의 구조를 나타낸 것이다.

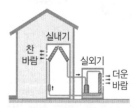

실내기와 실외기에서 일어나는 상태 변화, 열에너지의 출입, 주변의 온도 변화를 각각 서술하시오.

_____

답안 작성 tip

11. 온도가 일정한 구간에서 열에너지가 어떻게 사용되는지 떠올린다.   **15.** 에어컨의 구조와 기능을 떠올리고, 실내기와 실외기에서 일어나는 상태 변화와 열에너지 출입을 생각한다.

MEMO

MEMO

부록

● 수행평가 대비 시험지
- 세포 관찰 실험하기 68
- 계 수준에서 생물 분류하기 70
- 열평형 과정 알아보기 72
- 비열과 열팽창으로 설명하기 74
- 입자 운동을 모형으로 표현하기 76
- 과학 기사 해석하기 78

세포 관찰 실험하기

년	월	일	교시	이름

문제 1 그림은 세포를 관찰하기 위한 실험 과정을 나타낸 것이다.

입안 상피세포 관찰

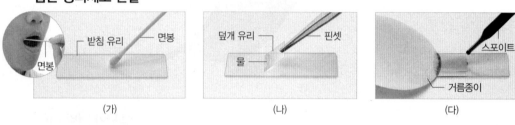

(가)   (나)   (다)

검정말잎 세포 관찰

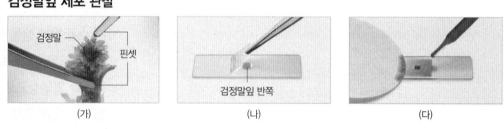

(가)   (나)   (다)

(1) (나) 과정에서 덮개 유리를 비스듬히 기울여 천천히 덮는 까닭은 무엇인지 서술하시오. (1점)

_____

(2) (다) 과정에서 염색액을 떨어뜨리는 까닭을 서술하시오. (1점)

_____

(3) 입안 상피세포와 검정말잎 세포를 관찰할 때, 각각 어떤 염색액을 사용해야 하는지 쓰시오. (2점)

• 입안 상피세포: ㉠(   ) 용액
• 검정말잎 세포: ㉡(   ) 용액

문제 2 그림은 입안 상피세포와 검정말잎 세포를 현미경으로 관찰한 결과를 나타낸 것이다.

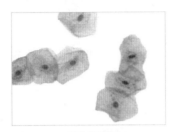
▲ 입안 상피세포

▲ 검정말잎 세포

(1) 표는 입안 상피세포와 검정말잎 세포를 관찰한 결과를 비교하여 나타낸 것이다. 빈칸에 알맞은 말을 쓰시오.

(2점)

구분	핵	세포벽	엽록체	세포 모양
입안 상피세포	있음	㉠( )	㉢( )	불규칙한 모양
검정말잎 세포	있음	㉡( )	있음	사각형

(2) 동물 세포에는 없고 식물 세포에서만 관찰할 수 있는 세포 구성 요소를 두 가지 쓰고, 각각의 특징을 90자 내외(±20자)로 서술하시오. (4점)

✅ 70~110자를 채웠는가? (1점)

✅ 핵심 내용을 포함하면서(각 세포 구성 요소의 특징을 포함하여) 작성했는가? (3점)

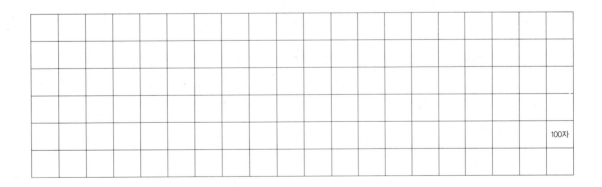

II 생물의 구성과 다양성

계 수준에서 생물 분류하기

	년	월	일	교시	이름

문제 1 그림은 여러 가지 기준에 따라 생물을 5계로 분류하는 과정을 나타낸 것이다.

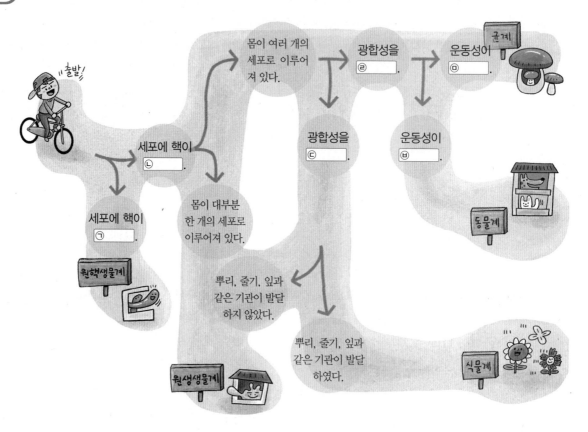

(1) 갈림길의 빈칸에 알맞은 분류 기준을 각각 쓰시오.(1점)

㉠( ), ㉡( ), ㉢( )

㉣( ), ㉤( ), ㉥( )

(2) 생물을 5계로 분류할 때, 분류 기준을 3가지 이상 쓰시오.(3점)

_____

문제 2 그림은 우리 주변에서 볼 수 있는 다양한 생물을 나타낸 것이다.

표고버섯

소나무

참새

해캄

대장균

(1) 위 생물은 어떤 계에 속하는지 각각 쓰시오.(1점)

동물계	식물계	균계	원생생물계	원핵생물계
㉠( )	㉡( )	㉢( )	㉣( )	㉤( )

(2) 동물계에 속한 생물의 공통적인 특징을 <u>4가지 이상</u> 70자 내외(±20자)로 서술하시오.(5점)

☑ 50~90자를 채웠는가? (1점)

☑ 핵심 내용을 포함하면서(동물계의 특징을 포함하여) 작성했는가?(4점)

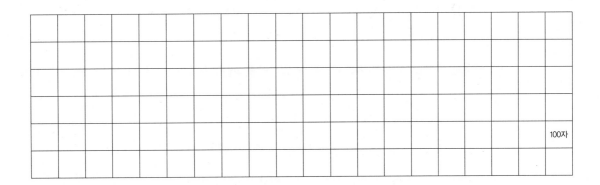
100자

열평형 과정 알아보기

	년	월	일	교시	이름

문제 1 그림 (가)는 차가운 물이 들어 있는 열량계 안에 따뜻한 물이 들어 있는 알루미늄 컵을 넣고 차가운 물과 따뜻한 물의 온도 변화를 측정하는 모습을 나타낸 것이고, 그림 (나)는 두 물의 온도를 시간에 따라 나타낸 것이다. (단, 열은 차가운 물과 따뜻한 물 사이에서만 이동한다.)

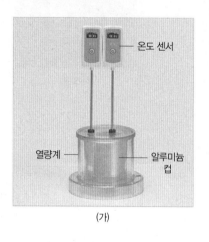

(가)

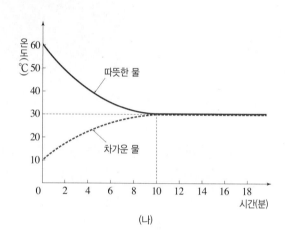

(나)

(1) 따뜻한 물과 차가운 물 사이에서 열이 이동하는 방향을 화살표로 나타내시오. (1점)

따뜻한 물 (   ) 차가운 물

(2) 따뜻한 물과 차가운 물이 열평형에 도달한 온도와 시간을 각각 쓰시오. (각 1점)

㉠ 열평형에 도달한 온도: (   ) ℃

㉡ 열평형에 도달한 시간: (   )분

(3) 열평형 과정에서 따뜻한 물과 차가운 물 입자의 움직임이 어떻게 변하는지 각각 서술하시오. (2점)

_____

_____

(4) 열평형 과정에서 따뜻한 물과 차가운 물의 입자 사이의 거리가 어떻게 변하는지 각각 서술하시오. (2점)

_____

_____

(5) 따뜻한 물과 차가운 물의 시간에 따른 온도 변화가 다른 까닭을 비열과 열량을 포함하여 서술하고, 따뜻한 물과 차가운 물의 질량을 비교하여 300자 내외(±20자)로 서술하시오. (3점)

☑ 280~320자를 채웠는가? (1점)

☑ 핵심 내용을 포함하면서(열량과 비열, 질량, 온도 변화의 관계가 들어가야 함) 작성했는가? (1점)

☑ 따뜻한 물과 차가운 물의 질량을 옳게 비교하였는가? (1점)

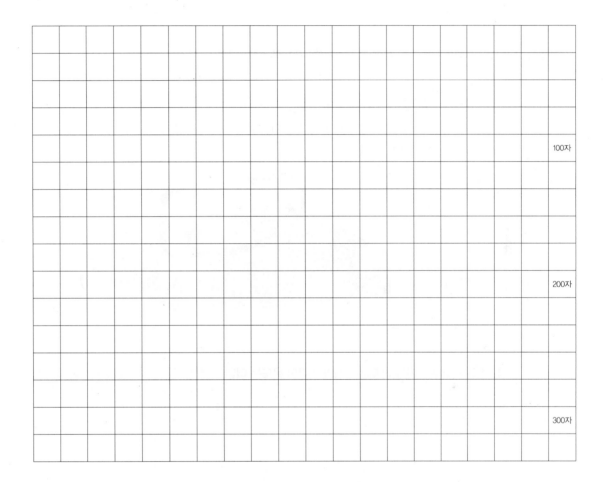

비열과 열팽창으로 설명하기

	년	월	일	교시	이름

문제 1 다음은 해안 지역에서 낮에 해풍이 부는 까닭에 대한 설명이다.

모래의 비열이 물보다 작으므로 온도 변화는 육지가 바다보다 크다. 따라서 육지의 기온이 바다의 기온보다 빨리 높아져서 육지에 가까운 따뜻한 공기는 위로 올라가고, 바다에 가까운 차가운 공기는 아래로 내려오면서 바다에서 육지로 해풍이 분다.

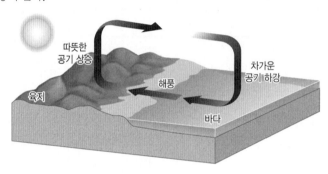

(1) 밤이 되어 온도가 낮아지면 육지와 바다의 온도는 어떻게 변하는지 까닭과 함께 서술하시오. (2점)

_____

_____

(2) 해안 지역에서 밤에는 해풍이 불지, 육풍이 불지 까닭과 함께 서술하시오. (2점)

_____

_____

문제 2 다음은 기후 변화에 따른 해수면의 변화를 다룬 기사의 일부분이다.

기후 변화로 해수면이 상승한다!

○○신문 ○○월 ○○일

... 지구 온난화로 기후 변화가 심각해지고 있다. 오른쪽 사진은 해안가 지역의 도로가 바닷물에 잠겨 더 이상 도로를 이용하기 힘든 모습을 나타낸 것이다. 이렇게 기후 변화로 나타나는 현상 중 하나가 바로 해수면 상승이다. 여러 가지 까닭으로 해수면이 상승하면서 바닷물의 높이보다 낮은 지역들은 바닷물에 잠길 위기에 처해있다. 더 심각한 문제는 지구 온난화로 높아진 바닷물의 온도는 쉽게 낮아지지 않는다는 사실이다.

해수면 상승의 까닭 중 첫 번째는 지구의 평균 기온이 높아지면서 극지방의 빙하가 녹아 바다로 흘러들기 때문이다. 또한 전문가들은 지구 온난화로 인한 해수면 상승의 까닭으로 열팽창 현상을 제시하기도 한다...

▲ 바닷물에 잠긴 해안 도로

---

(1) 육지와 바닷물의 비열을 비교하여 높아진 바닷물의 온도가 쉽게 낮아지지 않는 까닭을 서술하시오. (2점)

_____

_____

(2) 해수면이 상승하는 까닭을 열팽창 현상과 관련하여 200자 내외(±20자)로 서술하시오. (4점)

☑ 180~220자를 채웠는가? (1점)

☑ 핵심 내용을 포함하면서(바닷물이 열팽창 한다는 사실과 바닷물의 열팽창 정도와 관련하여) 작성했는가? (3점)

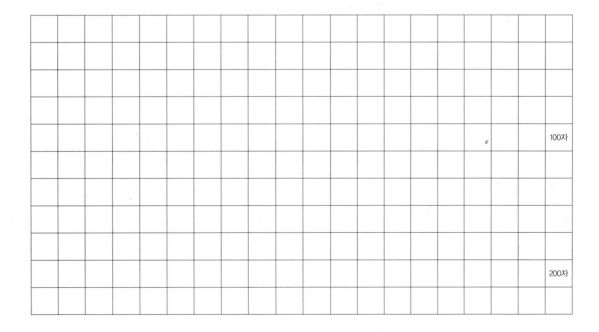

Ⅲ
열

입자 운동을 모형으로 표현하기

	년	월	일	교시	이름

문제 1 물이 반쯤 들어 있는 페트리 접시의 중앙에 푸른색 잉크를 한 방울 떨어뜨렸다.

(1) 잉크를 떨어뜨린 직후와 충분한 시간이 지난 후 페트리 접시 안에서 잉크 입자의 변화를 모형으로 나타내시오.(2점)

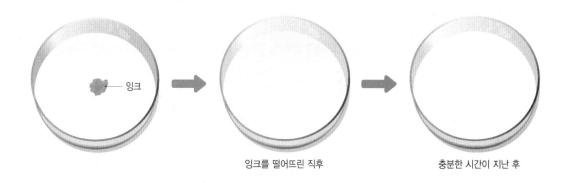

잉크를 떨어뜨린 직후   충분한 시간이 지난 후

(2) (1)과 같이 나타난 까닭을 입자 운동과 관련지어 서술하시오.(1점)

_____

_____

_____

(3) 이와 같은 원리로 일어나는 현상을 두 가지 쓰시오.(2점)

_____

_____

_____

문제 2 오른쪽 그림과 같이 전자저울 위에 거름종이를 올린 페트리 접시를 놓고 영점을 맞춘 다음, 거름종이 위에 아세톤을 몇 방울 떨어뜨렸다.

아세톤

거름종이

(1) 시간이 지나면서 페트리 접시에 떨어뜨린 아세톤 입자의 변화를 모형으로 나타내시오.(1점)

아세톤 입자   거름종이

아세톤

(2) 시간이 지남에 따라 전자저울의 숫자는 어떻게 변하는지 쓰고, 그 까닭을 서술하시오.(2점)

• 전자저울 숫자의 변화: _____

• 까닭: _____

_____

_____

(3) 이와 같은 원리로 일어나는 현상을 두 가지 쓰시오.(2점)

_____

_____

_____

Ⅳ 물질의 상태 변화

과학 기사 해석하기

	년	월	일	교시	이름

문제 1   다음은 새집 증후군에 대한 기사문이다.

> 건물을 지을 때 사용되는 접착제, 방부제 등에서 유해 물질이 나온다. 이 물질로 인해 아토피 피부염, 천식, 알레르기성 비염, 안구건조증 등이 나타나는데, 이를 새집 증후군이라고 한다.
>
> 새집 증후군을 예방하기 위해서는 우선 모든 문과 창문을 닫은 채 가구의 서랍을 전부 연다. 이 상태에서 (가) 고온으로 난방을 한 뒤 6~10시간 정도 온도를 유지한다. 그다음 (나) 창문과 문을 모두 열어 환기한다. 이 과정을 5회 반복하면 실내 유해 물질을 내보낼 수 있다. 하지만 가장 좋은 방법은 가급적 실내 공기 오염을 유발하는 물질을 사용하지 않는 것이다.

(1) (가)와 같이 고온으로 난방을 하는 까닭을 물질의 상태 변화와 관련지어 서술하시오.(2점)

_____

_____

_____

(2) (나)와 같이 창문과 문을 열어 환기를 하는 까닭을 입자의 운동과 관련지어 서술하시오.(3점)

_____

_____

_____

문제 2 다음은 에어컨 사용과 지구 온난화의 상관 관계를 다룬 기사문이다.

> 우리나라 집 100가구 중 98가구가 가지고 있는 가전제품은 바로 에어컨이다. 1993년만 해도 보유율이 6 %에 불과했지만, 현재는 보유율이 전기밥솥(97 %)과 전자레인지(96 %)보다 높다.
>
> 해를 넘길수록 '역대 최고 기온', '역대급 폭염' 소식이 들리면서 에어컨의 의존도는 점차 커지고 있다. 그러나 에어컨을 사용할수록 지구 온난화를 가속시킨다. 에어컨은 전기 에너지를 많이 소비한다. 소비되는 전기 에너지를 생산하기 위해서는 화력 발전소를 가동하여야 하며, 이때 발생하는 온실 가스가 지구 온난화에 영향을 준다. 또한 에어컨에 이용되는 액체 냉매는 이산화 탄소보다 지구 온난화에 더 나쁜 영향을 준다.
>
> 지구 온난화로 인한 폭염이 심해질수록 에어컨의 수요는 늘고, 이는 지구 온난화를 더욱 가속시킬 것이다. 상황이 이렇다 보니, 현재 폭염 때문에 에어컨을 펑펑 썼다가는 10년 뒤, 30년 뒤 우리가 살고 있는 미래에는 큰 기후 변화가 있을 것이다. 이를 대비하여 대책이 필요하다.

(1) 에어컨을 틀면 시원해지는 까닭을 냉매의 상태 변화와 열에너지와 관련지어 서술하시오.(2점)

(2) 지구 온난화를 늦추기 위해 에어컨의 보급과 사용을 조절해야 하는지에 대해 자신의 생각을 근거와 함께 200자 내외(±20자)로 서술하시오.(3점)

☑ 180~220자를 채웠는가?(1점)

☑ 근거를 제시하여 자신의 생각을 제시하였는가?(2점)

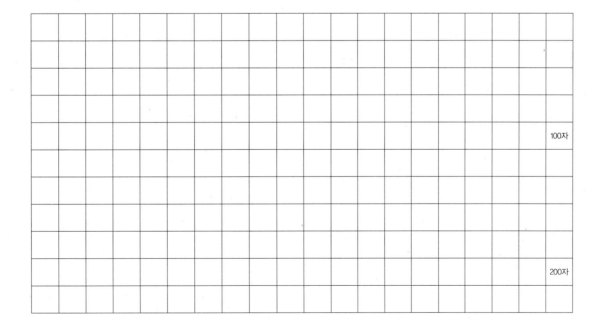

100자

200자

MEMO

생생한 과학의 즐거움! 과학은 역시!

2022 개정 교육과정

오투

중학 과학

1·1

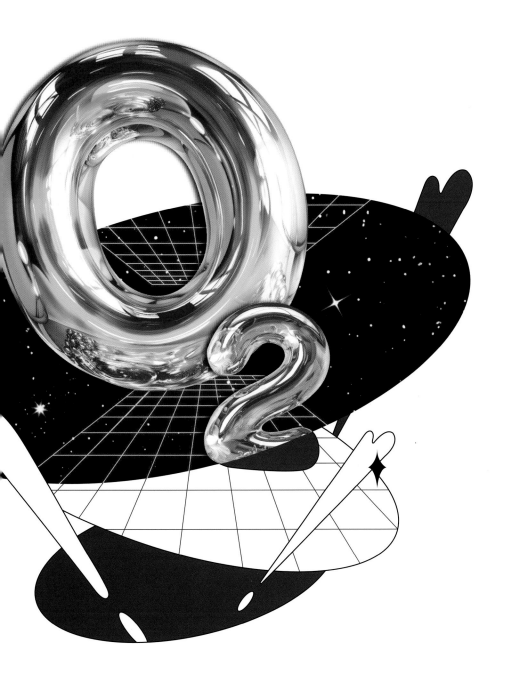

📖 **책 속의 가접 별책** (특허 제 0557442호) .
'정답과 해설'은 본책에서 쉽게 분리할 수 있도록 제작되었으므로
유통 과정에서 분리될 수 있으나 파본이 아닌 정상제품입니다.

정답과 해설

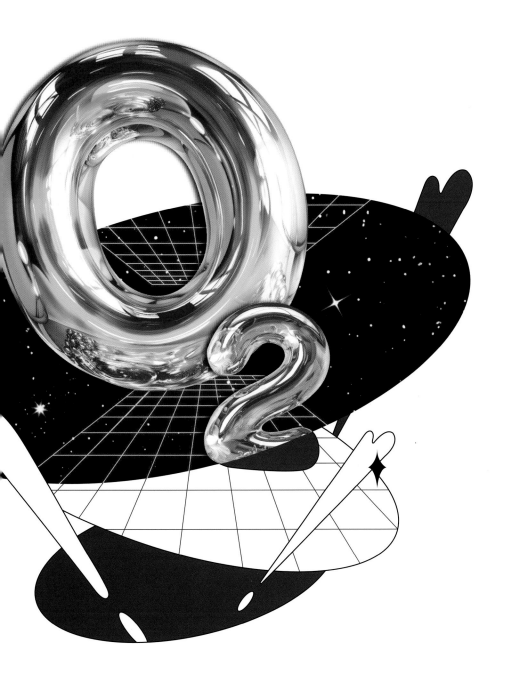

visang

오투

1-1

정답과 해설

I 과학과 인류의 지속가능한 삶

01 과학과 인류의 지속가능한 삶

확인 문제로 개념 쏙쏙
| 진도 교재 9, 11, 13쪽

Ⓐ 가설, 가설, 가설 설정, 결론 도출
Ⓑ 원리, 융합, 첨단 과학기술
Ⓒ 지속가능한 삶, 과학기술, 개인

1 ㉠ 가설 설정, ㉡ 결론 도출 **2** 가설 **3** (1) ㄴ (2) ㄷ
(3) ㄹ (4) ㄱ (5) ㅁ **4** 가설 설정 **5** (1) ㉡ (2) ㉢ (3)
㉠ **6** (1) × (2) ○ (3) ○ **7** ⑤ **8** 암모니아 **9** ③
10 지속가능한 삶 **11** ⑤ **12** (1) × (2) ○ (3) ○ (4)
× (5) ○ **13** (1) 개인 (2) 사회 (3) 개인 (4) 개인 (5) 개
인 (6) 사회

1 과학적 탐구 과정은 문제 인식 → 가설 설정 → 탐구 설계 및 수행 → 자료 해석 → 결론 도출 순으로 이루어진다.

2 가설은 의문을 가진 문제에 대한 잠정적인 결론으로, 이해하기 쉽고 간결해야 하며 탐구 과정을 통해 옳은지 옳지 않은지를 확인할 수 있어야 한다.

4 문제를 인식한 후 문제의 결론을 미리 예상해 보고 가설을 세우는 것을 가설 설정이라고 한다. 에이크만은 각기병에 걸렸던 닭이 나은 것을 보고 닭이 나은 까닭에 의문을 가졌다(문제 인식). 그리고 닭의 모이가 백미에서 현미로 바뀐 것을 알게 되어 '현미에는 각기병을 낫게 하는 물질이 있을 것이다.'라고 생각하였다(가설 설정).

6 (2) 태양 중심설은 지구가 태양 주위를 돌고 있다는 주장으로, 지구가 우주의 중심이라고 생각했던 인류의 생각을 바꾸는 계기가 되었다.
바로 알기 (1) 항생제의 개발로 인류의 수명이 크게 늘어났고, 암모니아를 합성하는 기술이 개발되어 인류의 식량 부족 문제가 해결되었다.

7 인터넷, 인공위성 등 정보 통신 기술의 발달로 세계 여러 나라의 정보를 쉽고 빠르게 접할 수 있게 되었다.

9 **바로 알기** ③ 질소와 수소에서 암모니아를 합성하는 기술을 이용하여 질소 비료가 만들어졌다. 암모니아 합성 기술로 질소 비료를 생산하여 식량 부족 문제를 해결할 수 있었지만, 암모니아 합성 기술은 첨단 과학기술과는 거리가 멀다.

11 신재생 에너지 개발은 인류가 마주한 문제를 해결하기 위한 과학기술의 역할에 해당한다.

12 **바로 알기** (1) 전기 자동차의 사용으로 화석 연료의 사용과 이산화 탄소 배출량을 줄인다.

(4) 화석 연료의 지나친 사용으로 온실 기체가 늘어나 지구 온난화가 심해지면서 기후 변화 문제가 나타나고 있다.

13 지속가능한 삶을 위한 개인적 차원의 활동으로는 대중교통 이용, 재활용품 분리배출, 친환경 운송 수단 이용, 에너지 효율이 높은 등급의 전기 제품 구입 등이 있다. 지속가능한 삶을 위한 사회적 차원의 활동으로는 생태 습지나 환경 공원 조성, 오염 물질을 적게 배출하고 재생 가능한 에너지원 개발 및 보급 등이 있다.

기출 문제로 내신 쏙쏙
| 진도 교재 14~16쪽

01 ㉠ 가설 설정, ㉡ 자료 해석 **02** ③ **03** ⑤
04 ②, ④ **05** ④ **06** (다) → (나) → (마) → (라) → (가)
07 ② **08** ④ **09** ② **10** ① **11** ④ **12** ③
13 ⑤ **14** ④ **15** ③

서술형 문제 **16** 가설을 수정하여 설정하고, 다시 탐구 설계 → 탐구 수행 → 자료 해석 → 결론 도출의 단계를 거친다.
17 (1) 현미에는 각기병을 낫게 하는 물질이 있을 것이다.
(2) 먹이의 종류를 현미, 백미로 다르게 하였다.

01 과학적 탐구 방법의 과정은 문제 인식 → 가설 설정 → 탐구 설계 및 수행 → 자료 해석 → 결론 도출 순이며, 탐구 결과 가설이 틀리면 처음의 가설을 수정하여 다시 탐구를 수행한다.

02 **바로 알기** ① 가설 설정은 문제를 해결할 수 있는 가설을 설정하는 단계, ② 자료 해석은 탐구를 수행하여 얻은 자료를 정리하고 분석하여 결과를 얻는 단계, ④ 탐구 설계 및 수행은 가설을 확인하는 탐구를 설계하고 수행하는 단계, ⑤ 결론 도출은 탐구 결과로부터 탐구의 결론을 내리는 단계이다.

03 과학적 탐구 방법 중 가설을 검증하기 위한 구체적인 실험을 설계하고, 그 설계에 따라 실험을 수행하는 단계는 '탐구 설계 및 수행' 단계이다. 이때 실험에 필요한 준비물과 실험 방법을 정하고, 실험에서 같게 할 조건과 다르게 할 조건을 정하여 실험 결과에 영향을 줄 수 있는 조건을 통제하면서 실험한다.

04 **바로 알기** ② 가설은 문제에 대해 잠정적으로 내린 결론이므로 실험 결과에 따라 수정되거나 새로운 가설로 바뀔 수 있다.
④ 탐구 설계 및 수행 단계에서 가설의 타당성을 검증하기 위한 실험 계획을 구체적으로 세운다. 자료 해석 단계에서는 실험을 통해 얻은 결과를 정리하고 분석한다.

05 (가) 결론 도출, (나) 가설 설정, (다) 문제 인식, (라) 자료 해석, (마) 탐구 설계 및 수행 단계에 해당한다.

06 과학적 탐구 과정은 문제 인식(다) → 가설 설정(나) → 탐구 설계 및 수행(마) → 자료 해석(라) → 결론 도출(가) 순으로 이루어진다.

07 바로알기 ㄱ. 과학 원리의 발견, 기술의 발달, 기기의 발명은 인류 문명에 영향을 미친다.
ㄷ. 과학 원리, 기술, 기기는 서로 영향을 주고받으며 발전해 왔다.

08 ㄴ. 인터넷, 인공위성과 같은 정보 통신 기술의 발달로 세계 여러 나라의 정보를 쉽고 빠르게 접할 수 있게 되었다.
ㄷ. 증기 기관을 이용한 증기 기관차의 개발로 많은 물건을 먼 곳까지 빠르게 옮길 수 있었다.
바로알기 ㄱ. 암모니아 합성 기술을 이용한 질소 비료의 생산으로 식량 생산이 크게 증가하여 인류의 식량 부족 문제가 해결되었다.

09 미디어 아트는 빛의 원리를 이용한 것으로, 과학과 예술이 융합하여 만들어진 것이다.

10 인공지능은 컴퓨터가 학습하고 일을 처리할 수 있게 만드는 기술이다. 인공지능을 활용하여 만들어진 인공지능 로봇은 센서에 감지되는 정보로 상황에 맞는 행동을 스스로 배우거나 실행한다.

11 바로알기 ㄷ. 자율주행 자동차는 인공지능 기술을 활용한 것으로, 스스로 주행이 가능하여 운전자가 조작하지 않아도 주변 상황에 스스로 대처할 수 있다.

12 지속가능한 삶이란 더 나은 환경을 만들어 현세대 이후에도 모두가 행복하게 살 수 있는 풍요로운 사회가 지속될 수 있도록 고민하고 실천하는 삶이다.

13 ㄱ. 화석 연료의 지나친 사용으로 에너지 자원 고갈, 환경 오염, 기후 변화 문제가 나타나고 있다.
ㄷ. 과학기술을 활용해 화석 연료를 대체할 수 있는 신재생 에너지를 개발하고 있다.

14 화석 연료를 대체할 수 있는 신재생 에너지원으로 바람, 햇빛, 물, 지열, 수소 연료 전지 등이 있다.
바로알기 ④ 석유는 화석 연료로, 신재생 에너지에 해당하지 않는다.

15 바로알기 ③ 지속가능한 삶을 위해서는 쓰임새가 같은 물건이라면 일회용품 대신 여러 번 사용할 수 있는 물건을 써야 한다.

16

채점 기준	배점
가설을 수정하고, 다시 탐구의 과정을 거친다고 옳게 서술한 경우	100 %
가설을 수정하거나 새로운 가설을 세운다고만 서술한 경우	70 %

17

	채점 기준	배점
(1)	가설을 옳게 서술한 경우	50 %
	가설을 옳게 서술하지 못한 경우	0 %
(2)	실험에서 다르게 한 조건을 옳게 서술한 경우	50 %
	현미, 백미라고만 쓴 경우	20 %

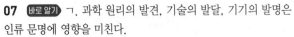

| 진도 교재 17쪽

01 ④ **02** ㄷ **03** ㄷ **04** ④

01 (가) 자료 해석, (나) 가설 설정, (다) 문제 인식, (라) 결론 도출, (마) 탐구 설계 및 수행 단계이다.
과학적 탐구 과정은 문제 인식(다) → 가설 설정(나) → 탐구 설계 및 수행(마) → 자료 해석(가) → 결론 도출(라) 순으로 이루어진다.

02 이 탐구는 푸른곰팡이 주변에 세균이 증식하지 않는 까닭을 알아보기 위한 것이므로, 가설은 이 의문점에 대한 잠정적인 결론이어야 한다. 따라서 '푸른곰팡이는 세균 증식을 억제하는 물질을 만들 것이다.'가 적당한 가설이다.

03 가설을 통해 얼음 조각의 크기에 따라 얼음이 녹는 데 걸리는 시간을 확인해야 함을 알 수 있다. 따라서 실험실의 온도를 비롯한 나머지 요인은 일정하게 유지한 상태에서 얼음 조각의 크기만 변화시키면서 얼음이 녹는 데 걸리는 시간을 측정해야 한다.

04 바로알기 ④ 증강 현실(AR)은 현실 세계에 가상의 정보가 실제 존재하는 것처럼 보이게 하는 기술이다. 현실 세계와 비슷한 가상적인 공간을 만들어 내는 기술은 가상 현실(VR)이다.

단원평가문제
| 진도 교재 18~19쪽

01 ④ **02** ① **03** ⑤ **04** ③ **05** ② **06** ① **07** ⑤
08 ①, ②
서술형 문제 **09** (1) (나) → (라) → (다) → (가) (2) 세균 A가 우유를 상하게 할 것이다. **10** (다), '염분의 농도가 진할수록 물의 어는점이 낮아질 것이다.'라는 가설을 검증해야 하므로, 설탕물이 아니라 소금물을 이용하여 실험해야 한다.

01

⑤ 결론 도출 단계에서 가설이 맞을 경우 일반화하여 과학 지식을 얻고, 가설이 틀릴 경우 가설을 수정하거나 새로운 가설을 설정하여 다시 탐구한다.
바로알기 ④ 실험 결과를 정리하고 분석하는 단계는 자료 해석(B) 단계이다. 결론 도출(C) 단계는 탐구 결과로부터 가설이 맞는지 판단하고 탐구의 결론을 내리는 단계이다.

02 과학적 탐구 방법은 자연 현상에 대한 문제 인식에서 출발한다.

03 바로알기 ⑤ 탐구를 수행할 때 실험하면서 관찰하거나 측정한 내용은 있는 그대로 기록하여야 한다.

04 ㄷ. 실험을 수행할 때 실험 결과에 영향을 줄 수 있는 조건은 통제하면서 실험해야 한다. 따라서 이 탐구에서는 먹이의 종류만 다르게 하고 나머지 조건은 모두 같게 한다.

(바로 알기) ㄴ. (나)는 일상생활에서 어떤 현상을 관찰하다 의문을 갖는 단계이므로 문제 인식 단계이다.

05 종이 헬리콥터가 바닥에 떨어지는 데 걸리는 시간과 날개 길이의 관계를 알아보기 위해서는 날개 길이를 제외한 다른 조건은 모두 같게 해야 한다. 따라서 같게 할 조건은 날개 너비, 꼬리 길이, 꼬리 너비, 클립 수 등이고, 다르게 할 조건은 날개 길이이다.

06 암모니아 합성 기술을 이용하여 질소 비료가 만들어졌으며, 질소 비료는 식량 생산을 크게 증가시켜 인류의 식량 부족 문제를 해결하였다.

07 우리 생활에 활용하고 있는 첨단 과학기술에는 인공지능, 증강 현실, 첨단 바이오, 사물 인터넷, 나노 기술, 로봇 등이 있다.

(바로 알기) ⑤ 질소와 수소에서 암모니아를 합성하는 기술이 개발되면서 암모니아를 인공적으로 생산할 수 있었다. 암모니아 합성 기술로 질소 비료를 생산하여 식량 부족 문제를 해결할 수 있었지만, 암모니아 합성 기술은 첨단 과학기술과는 거리가 멀다.

08 (바로 알기) ① 과학기술은 신재생 에너지 개발에 활용되는 등 인류의 지속가능한 삶에 긍정적인 영향도 미친다.
② 인류의 지속가능한 삶을 위해서는 화석 연료의 사용량을 줄여야 한다.

09 (1) (가) 결론 도출, (나) 가설 설정, (다) 자료 해석, (라) 탐구 설계 및 수행 단계이다.
과학적 탐구 과정은 문제 인식 → 가설 설정(나) → 탐구 설계 및 수행(라) → 자료 해석(다) → 결론 도출(가) 순으로 이루어진다.
(2) 탐구 결과 세균 A는 우유를 상하게 한다는 결론을 내렸다.

	채점 기준	배점
(1)	탐구 과정을 순서대로 옳게 나열한 경우	50 %
	탐구 과정을 순서대로 옳게 나열하지 못한 경우	0 %
(2)	가설을 옳게 서술한 경우	50 %
	가설을 옳게 서술하지 못한 경우	0 %

10 (가) 문제 인식, (나) 가설 설정, (다) 탐구 설계 및 수행, (라) 자료 해석, (마) 결론 도출 단계이다.
(다)의 탐구 설계 및 수행 단계에서는 가설을 검증하기 위해 구체적인 실험을 수행해야 한다. 그런데 가설이 '염분의 농도가 진할수록 물의 어는점이 낮아질 것이다.'이므로 (다)에서 소금물로 농도를 달리하여 실험을 수행해야 한다.

채점 기준	배점
옳지 않은 과정을 고르고, 그 까닭을 옳게 서술한 경우	100 %
옳지 않은 과정을 골랐으나, 그 까닭을 옳게 서술하지 못한 경우	30 %

II 생물의 구성과 다양성

01 생물의 구성

확인 문제로 개념 쏙쏙
진도 교재 25, 27쪽

Ⓐ 세포, 핵, 세포벽, 엽록체
Ⓑ 조직, 기관, 개체, 기관계, 조직계
1 (1) ○ (2) × (3) × (4) ○ **2** (1) D, 핵 (2) E, 마이토콘드리아 (3) B, 엽록체 (4) C, 세포막 (5) A, 세포벽
3 ㄷ, ㅁ **4** (1) ㉠ (2) ㉢ (3) ㉡ **5** (1) ㉠ 세포, ㉡ 기관
(2) ㉠ 조직, ㉡ 기관계 (3) ㉠ 조직계, ㉡ 기관 **6** (1) (가) 개체, (나) 기관계, (다) 세포, (라) 기관, (마) 조직 (2) (다) → (마) → (라) → (나) → (가) **7** (라) **8** (1) ○ (2) × (3) × (4) ○ (5) ×

1 (바로 알기) (2) 세포는 현미경으로만 볼 수 있는 작은 것부터 맨눈으로 볼 수 있는 큰 것까지 크기가 매우 다양하다.
(3) 하나의 생물 내에서도 몸의 부위에 따라 세포의 종류가 다양하다.

2 A는 세포벽, B는 엽록체, C는 세포막, D는 핵, E는 마이토콘드리아이다.

3 핵, 세포질, 세포막, 마이토콘드리아는 식물 세포와 동물 세포 모두에 있다. 세포벽(ㄷ)과 엽록체(ㅁ)는 식물 세포에만 있다.

6 (가)는 개체, (나)는 소화계, (다)는 상피세포와 근육세포, (라)는 위, (마)는 상피조직과 근육조직이다. 따라서 (가)는 개체, (나)는 기관계, (다)는 세포, (라)는 기관, (마)는 조직이다.

7 (가)는 개체, (나)는 조직계, (다)는 세포, (라)는 기관, (마)는 조직이다. 잎은 기관에 해당한다.

8 (바로 알기) (2) 식물에는 조직계가 있고, 기관계는 없다.
(3) 동물의 몸은 다양한 세포가 체계적으로 모여 유기적으로 구성되어 있다.
(5) 뿌리, 줄기, 잎은 식물의 기관이다. 식물의 조직에는 표피조직, 울타리조직 등이 있다.

탐구 ⓐ
진도 교재 28~29쪽

㉠ 메틸렌 블루, ㉡ 있음, ㉢ 있음, ㉣ 아세트산 카민
01 (1) ○ (2) × (3) × (4) ○ (5) ○ **02** (1) (가) 아세트산 카민 용액, (나) 메틸렌 블루 용액 (2) (가), 세포벽이 있어 모양이 일정하고 엽록체가 있기 때문이다. **03** ⑤ **04** 핵
05 ③ **06** ③

01 【바로 알기】 (2) 세포벽은 동물 세포인 입안 상피세포에는 없다.
(3) 검정말잎 세포는 세포벽이 있어 세포의 모양이 사각형으로 일정하게 유지된다.

02 (1) (가)는 식물 세포인 검정말잎 세포로, 아세트산 카민 용액으로 염색한다. (나)는 동물 세포인 입안 상피세포로, 메틸렌 블루 용액으로 염색한다.
(2) 검정말잎 세포는 세포벽이 있어 모양이 일정하고 엽록체가 있는 식물 세포이다.

	채점 기준	배점
(1)	(가)와 (나)의 염색액을 모두 옳게 쓴 경우	30 %
	(가)와 (나) 중 한 가지의 염색액만 옳게 쓴 경우	15 %
(2)	(가)라고 쓰고, 세포벽과 엽록체를 포함하여 옳게 서술한 경우	70 %
	(가)라고 쓰고, 세포벽과 엽록체 중 한 가지만 포함하여 서술한 경우	40 %
	(가)라고만 쓴 경우	20 %

03 입안 상피세포는 동물 세포로 세포벽이 없어 불규칙한 모양으로 보이며, 핵, 세포막, 세포질을 관찰할 수 있다. 메틸렌 블루 용액으로 염색하면 핵이 푸른색으로 염색되어 잘 보인다.

04 세포에 1개씩 있고, 유전물질을 저장하며 생명활동을 조절하고, 염색액에 염색이 잘 되는 세포소기관은 핵이다.

05 동물 세포와 식물 세포가 공통으로 가지고 있는 세포 구성 요소는 핵, 세포막, 세포질, 마이토콘드리아이다.
【바로 알기】 ①, ②, ④, ⑤ 엽록체와 세포벽은 식물 세포에만 있다.

06 ④ 염색액으로 염색하는 (나) 과정 없이 물만 떨어뜨린 경우에는 핵이 잘 관찰되지 않는다.
⑤ (라) 과정에서 덮개 유리를 비스듬히 기울여 천천히 덮어야 기포가 생기지 않는다.
【바로 알기】 ③ 검정말잎 세포는 아세트산 카민 용액으로 염색하며, 염색 후 핵이 붉은색으로 염색된다.

기출 문제로 내신쑥쑥 |진도 교재 30~32쪽

01 ④	**02** ②	**03** ③	**04** 마이토콘드리아	**05** ⑤
06 ④	**07** ③	**08** ⑤	**09** ⑤	**10** ⑤	**11** ③

12 (다), 기관계 **13** ⑤ **14** ④ **15** ③ **16** ④

서술형 문제 **17** 식물 세포, 세포벽이 있어 모양이 일정하고, 엽록체가 있기 때문이다. **18** (가), 나뭇가지처럼 사방으로 길게 뻗은 모양이기 때문에 여러 방향에서 신호를 받아들이고 다른 곳으로 신호를 전달하기에 적합하다. **19** (1) A → E → C → B → D (2) 기관계, 기관계에는 소화계 외에 호흡계, 순환계, 배설계 등이 해당한다.

01 세포는 세포를 구성하는 구조적 기본 단위이며, 생명활동이 일어나는 기능적 기본 단위이다.

【바로 알기】 ④ 세포의 종류에 따라 세포의 크기는 다양하다.

02 A는 세포질, B는 세포벽, C는 엽록체, D는 세포막, E는 핵이다.
【바로 알기】 ② 세포벽(B)은 식물 세포의 세포막 바깥을 둘러싸고 있는 두껍고 단단한 벽이다. 세포를 둘러싸고 있는 얇은 막은 세포막(D)이다.

03 식물 세포는 세포를 둘러싼 단단한 벽인 세포벽(B)이 있어 모양이 일정하게 유지된다.

04 마이토콘드리아는 생물이 살아가는 데 필요한 에너지를 만들며, 동물 세포와 식물 세포 모두에 있다.

05 【바로 알기】 ⑤ 마이토콘드리아(F)는 세포의 생명활동에 필요한 에너지를 만든다. 식물 세포의 모양을 일정하게 유지시키는 것은 세포벽(E)이다.

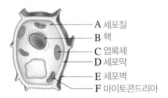

A 세포질
B 핵
C 엽록체
D 세포막
E 세포벽
F 마이토콘드리아

06 광합성을 하는 엽록체(C)와 식물 세포의 모양을 일정하게 유지시키는 세포벽(E)은 식물 세포에만 있다.

07 검정말잎 세포와 입안 상피세포를 비교하면 표와 같다.

구분	(가)	(나)
세포의 종류	검정말잎 세포	입안 상피세포
핵	있음	있음
세포벽	있음	없음
염색액	아세트산 카민 용액	메틸렌 블루 용액
세포의 모양	사각형으로 일정함	일정하지 않음

08 【바로 알기】 ① 동물 세포에는 세포벽이 없다.
② 세포의 기능에 따라 세포의 모양이 다르다.
③ 생물을 이루고 있는 세포의 모양은 다양하다.
④ 신경세포, 적혈구, 상피세포는 사람 몸을 구성하고 있는 세포로, 모두 모양과 크기가 다르다. 이처럼 사람 몸을 구성하고 있는 세포는 모양과 크기가 다양하다.

09 (가)는 적혈구, (나)는 신경세포, (다)는 상피세포이다. 각 세포는 기능에 알맞은 모양을 가진다.
【바로 알기】 ① (가)는 적혈구이다.
②, ③ 넓고 얇게 퍼진 모양으로, 우리 몸 표면이나 몸속 기관의 안쪽 표면을 덮어 보호하는 것은 상피세포(다)이다.
④ 가운데가 오목한 원반 모양으로, 산소를 운반하는 기능을 하는 것은 적혈구(가)이다.

10 (바로 알기) ⑤ 기관계는 동물에서 관련된 기능을 하는 기관들로 이루어진 단계이다. 조직계는 식물에서 여러 조직들이 모여 이루어진 단계이다.

[11~12]

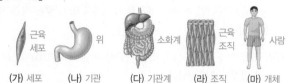

(가) 세포 (나) 기관 (다) 기관계 (라) 조직 (마) 개체

11 (바로 알기) ① 여러 조직이 모여 고유한 모양과 기능을 갖춘 단계는 기관(나)이다. 세포(가)는 생물을 구성하는 기본 단위이다.
② 신경조직은 조직(라)에 해당한다.
④ 심장은 기관(나)에 해당한다.
⑤ (마)는 개체이다.

12 식물의 구성 단계는 '세포 → 조직 → 조직계 → 기관 → 개체'이다. 식물에는 기관계(다)가 없고, 조직계가 있다.

13 소화계, 호흡계 등의 기관계가 모여 이루어지고, 독립적인 생명활동을 하는 동물의 구성 단계는 개체이다.

14 A는 세포가 모여 이루어진 조직이고, B는 여러 조직이 모여 이루어진 조직계이다. 식물의 구성 단계에서 조직(A)에 해당하는 예로는 표피조직, 물관, 체관 등이 있다. 조직계(B)에 해당하는 예로는 표피조직계, 관다발조직계 등이 있다.

15 (가)는 세포, (나)는 기관, (다)는 개체, (라)는 조직계, (마)는 조직이다. 식물의 구성 단계는 세포(가) → 조직(마) → 조직계(라) → 기관(나) → 개체(다)이다.

16 ④ (라)는 식물의 구성 단계 중 조직계로, 관다발조직계, 기본조직계가 이에 해당한다.
(바로 알기) ① (가)는 세포로, 생물의 종류에 따라 모양과 크기가 다양하다.
② (나)는 식물의 구성 단계 중 기관에 해당한다. 표피조직은 조직(마)에 해당한다.
③ 세포(가)가 모여 조직을 이룬다.
⑤ 생물을 구성하는 기본 단위는 세포(가)이다. (마)는 세포가 모여 이루어진 조직이다.

17 세포의 모양이 사각형으로 일정한 것은 세포벽이 있기 때문이며, 작은 알갱이는 광합성이 일어나는 곳인 엽록체이다. 이 세포는 세포벽과 엽록체가 있으므로 식물 세포이다.

채점 기준	배점
식물 세포라고 쓰고, 세포벽과 엽록체를 포함하여 옳게 서술한 경우	100 %
식물 세포라고 쓰고, 세포벽과 엽록체 중 한 가지만 포함하여 서술한 경우	70 %
식물 세포라고만 쓴 경우	30 %

18 (가)는 신경세포, (나)는 상피세포, (다)는 적혈구이다. 신경세포(가)는 신호를 받아들이고 신호를 전달하는 기능을 한다.

채점 기준	배점
(가)라고 쓰고, 그 까닭을 길게 뻗은 모양과 관련지어 옳게 서술한 경우	100 %
(가)라고 쓰고, 신호를 전달하는 데 적합한 까닭을 옳게 서술하지 못한 경우	30 %

19 A는 세포, B는 기관계, C는 기관, D는 개체, E는 조직이다. 기관계(B)에는 소화계, 호흡계, 순환계, 배설계 등이 있다.

	채점 기준	배점
(1)	A~E를 순서대로 옳게 나열한 경우	40 %
(2)	기관계라고 쓰고, 그에 해당하는 예 두 가지를 옳게 서술한 경우	60 %
	기관계라고 쓰고, 그에 해당하는 예를 한 가지만 옳게 서술한 경우	30 %

수준 높은 문제로 **실력탄탄** | 진도 교재 **33**쪽

01 ③, ④ **02** ② **03** ⑤ **04** ⑤

01 (가)는 세포벽과 엽록체가 있으므로 식물 세포이고, (나)는 세포벽과 엽록체가 없으므로 동물 세포이다.
(바로 알기) ③ 염색액은 핵을 뚜렷하게 관찰하기 위해 사용한다.
④ (가)는 식물을 구성하고, (나)는 동물을 구성한다.

02 검정말잎 세포(가)와 입안 상피세포(나)에는 모두 핵이 있다.
(바로 알기) ① (가)는 세포벽이 있어 세포의 모양이 일정하다.
③ 세포벽은 식물 세포인 검정말잎 세포(가)에만 있다.
④ 검정말잎 세포(가)에는 엽록체가 있고, 입안 상피세포(나)에는 엽록체가 없다.
⑤ 검정말잎 세포(가)는 아세트산 카민 용액으로, 입안 상피세포(나)는 메틸렌 블루 용액으로 염색한다.

03 ㄴ. 사람은 조직, 조직계, 기관 중 조직계가 없고, 무궁화는 조직, 조직계, 기관이 모두 있으므로 ⓛ이 없는 A가 사람이고, ⓛ은 조직계이다. B는 무궁화이며, 무궁화는 조직계(ⓛ)가 있으므로 ⓑ는 '있음'이다. 나머지 ㉠과 ㉢은 각각 조직과 기관 중 하나이며, 사람(A)은 조직과 기관이 모두 있으므로 ⓐ는 '있음'이다.
ㄷ. 조직계(ⓛ)에는 표피조직계, 기본조직계, 관다발조직계 등이 있다.
(바로 알기) ㄱ. A는 사람, B는 무궁화이다.

구분	A 사람	B 무궁화
조직 또는 기관 ㉠	있음	있음
조직계 ⓛ	없음	ⓑ 있음
기관 또는 조직 ㉢	ⓐ 있음	있음

04 A는 조직계, B는 기관, C는 세포막, D는 엽록체이다.
⑤ 엽록체(D)에서 광합성이 일어나 양분을 생성한다.
(바로 알기) ① 하나의 세포로만 이루어진 생물은 세포 단계에서 개체를 이룬다.
② 기관(B)의 예에는 뿌리, 줄기, 잎, 위, 작은창자 등이 있다.
③ 서로 다른 기능을 하는 기관(B)이 모여 개체를 이룬다.
④ 식물 세포의 모양을 일정하게 유지시키는 것은 세포벽이다.

02 생물다양성과 분류

확인 문제로 개념쏙쏙

진도 교재 35, 37, 39쪽

Ⓐ 생물다양성, 변이, 환경, 적응, 변이, 환경
Ⓑ 생물분류, 종, 원생, 균, 원핵, 식물계
1 ㉠ 종류, ㉡ 생태계　2 ㄷ, ㄹ, ㅁ　3 (1) ○ (2) ○
(3) ×　4 (1) ○ (2) × (3) ×　5 ㉠ 변이, ㉡ 환경
6 (나) → (가) → (다)　7 A: 속, B: 과, C: 목, D: 강, E: 문,
F: 계　8 (1) ○ (2) × (3) × (4) ○　9 (가) 동물계,
(나) 균계, (다) 식물계, (라) 원핵생물계, (마) 원생생물계
10 (1) ⓜ (2) ㉡ (3) ㉠ (4) ㉣ (5) ㉢　11 (1) × (2) ○
(3) ○ (4) ×　12 ②

2 〔바로 알기〕 ㄱ, ㄴ. 변이는 같은 종류의 생물 사이에서 나타나는 특징이 서로 다른 것이다. 고양이와 삵, 거미와 개미는 같은 종류의 생물이 아니다.

3 (1) 변이는 같은 종류의 생물 사이에서 나타나는 특징이 서로 다른 것이므로, 바지락의 껍데기 무늬와 색깔이 다른 것은 변이에 해당한다.
(2) 생물이 환경에 적응하면서 점점 변이의 차이가 커질 수 있다.
〔바로 알기〕 (3) 변이는 생물의 생존에 영향을 줄 수 있고, 환경이 달라지면 생존에 유리한 변이도 달라진다.

4 (1), (3) 올드필드쥐는 같은 종류의 생물이 각각 환경에 적응하면서 (가)에서는 주변 환경과 비슷한 밝은색의 털 색깔을 가지게 되었고, (나)에서는 주변 환경과 비슷한 어두운색의 털 색깔을 가지게 되었다.
〔바로 알기〕 (2) 털 색깔이 주변과 비슷하면 올드필드쥐를 잡아먹는 생물의 눈에 띄지 않아 살아남을 가능성이 높다. 어두운 환경에서는 털 색깔이 어두운 올드필드쥐가 살아남을 가능성이 높다.

6 부리 모양과 크기에 변이가 있는 한 종류의 새 무리에서 (나) 크고 딱딱한 씨앗이 많은 섬에 살기에 적합한 크고 단단한 부리를 가진 새가 더 많이 살아남아 (가) 자손을 남기는 과정이 오랜 세월 반복되어 크고 단단한 부리를 가진 새로운 종류의 새가 나타났다 (다).

8 〔바로 알기〕 (2) 분류 단계에서 가장 큰 단위는 계이다. 종은 생물을 분류하는 기본 단위이다.
(3) 문은 강보다 큰 분류 단위로, 여러 개의 강이 모여 하나의 문을 이룬다. 같은 문에 속하는 생물이라도 서로 다른 강에 속할 수 있다.

11 〔바로 알기〕 (1) 원생생물계에는 단세포생물도 있고, 다세포생물도 있다.
(4) 균계에 속하는 생물은 광합성을 하지 못하며, 대부분 죽은 생물을 분해하여 양분을 얻는다.

12 ② 원핵생물계는 세포에 핵이 없는 생물 무리이다. 원생생물계, 균계, 식물계, 동물계에 속하는 생물의 세포에는 모두 핵이 있다.

탐구 ⓐ

진도 교재 40~41쪽

㉠ 균, ㉡ 원핵생물계
01 (1) ○ (2) ○ (3) × (4) ×　**02** ⑤　**03** ③　**04** ②
05 ⑤　**06** (가) 원핵생물계, (나) 균계, (다) 동물계, (라) 원생생물계, (마) 식물계　**07** ①

01 〔바로 알기〕 (3) 짚신벌레는 세포에 핵이 있으며 원생생물계에 속한다. 세포에 핵이 없는 염주말은 원핵생물계에 속한다.
(4) 동물계에 속하는 생물은 광합성을 하지 않으며, 몸이 균사로 되어 있지 않다. 몸이 균사가 얽힌 구조로 되어 있는 버섯이나 곰팡이와 같은 생물은 균계에 속한다.

02 ⑤ 핵이 있는 생물 중 몸이 균사로 되어 있지 않고, 기관이 발달하지 않은 생물 무리를 원생생물계로 분류하였다. 식물계와 동물계는 기관이 발달하였다.

03 ③ 핵이 있고, 몸이 균사로 되어 있지 않으며, 기관이 발달한 생물 중 광합성을 하는 생물 무리를 식물계, 광합성을 하지 않는 생물 무리를 동물계로 분류하였다.

04 ② 미역, 다시마, 짚신벌레는 원생생물계에 속한다. 원생생물계에 속하는 생물은 기관이 발달하지 않았다.
〔바로 알기〕 ③, ⑤ 원생생물계에는 미역, 다시마와 같이 광합성을 할 수 있고 몸이 여러 개의 세포로 이루어진 생물도 있고, 짚신벌레와 같이 광합성을 할 수 없고 몸이 하나의 세포로 이루어진 생물도 있다.
④ 고사리는 식물계에 속한다.

05 ⑤ 몸이 핵이 있는 여러 개의 세포로 이루어졌으며, 세포벽이 없고, 기관이 발달한 생물은 동물계에 속하므로 불가사리가 이에 해당한다.
〔바로 알기〕 ① 원생생물계에 속하는 미역은 기관이 발달하지 않았다.
② 원핵생물계에 속하는 대장균은 세포에 핵이 없다.
③ 균계에 속하는 표고버섯은 세포에 세포벽이 있다.
④ 식물계에 속하는 우산이끼는 세포에 세포벽이 있다.

06 식물계에 속하는 생물은 주로 육지에서 생활하고, 원생생물계에 속하는 생물은 대부분 물속에서 생활한다.

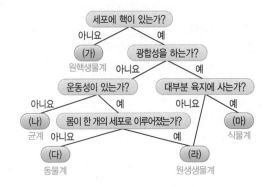

07 (가)는 대장균, (나)는 기는줄기뿌리곰팡이, (다)는 고사리, (라)는 달팽이이다.
〔바로 알기〕 ② (나)는 세포에 핵이 있고, 몸이 균사로 되어 있는 기는줄기뿌리곰팡이이다.

③ 미역은 원생생물계에 속하고, (다) 고사리는 식물계에 속한다.
④ (라)는 세포에 핵이 있고, 몸이 균사로 되어 있지 않으며, 기관이 발달하였고, 광합성을 하지 않는 달팽이이다.
⑤ 달팽이는 동물계에 속한다.

기출 문제로 내신쑥쑥

진도 교재 43~46쪽

01 ②	02 ④	03 ②	04 ②, ③	05 ④	06 ②
07 ⑤	08 ③	09 ⑤	10 ③	11 ㉠ 목, ㉡ 과,	
㉢ 속	12 ③	13 ④	14 ⑤	15 ⑤	16 ①
17 ④	18 ②	19 ④	20 ④	21 ④	

서술형 문제 22 (1) 변이 (2) 바지락의 껍데기 무늬와 색깔이 조금씩 다르다. 23 불테리어와 불도그, 종은 자연 상태에서 짝짓기를 하여 번식 능력이 있는 자손을 낳을 수 있는 생물 무리이기 때문이다. 24 (1) (가) 원핵생물계, (나) 원생생물계, (다) 균계 (2) 분류 기준 A는 핵의 유무이다. 원핵생물계(가)에 속하는 생물은 핵이 없고, 나머지 계에 속하는 생물은 핵이 있다. (3) 분류 기준 B는 광합성 여부이다. 동물계와 균계(다)에 속하는 생물은 광합성을 하지 않고, 식물계에 속하는 생물은 광합성을 한다.

01 **바로알기** ② 생물다양성은 한 생태계에 살고 있는 생물의 종류가 많을수록, 같은 종류의 생물 사이에서 나타나는 특징이 다양할수록 크다. 따라서 변이가 많이 나타날수록 생물다양성은 커진다.

02 **바로알기** ㄴ. 숲, 바다, 사막 등 여러 종류의 생태계에는 각 환경에 맞는 독특한 종류의 생물이 살고 있으므로, 생태계가 다양하면 생물의 종류도 다양하다.

03 **바로알기** ② 변이와 생물이 환경에 적응하는 과정을 통해 생물이 다양해진다.

04 ②, ③ 변이는 같은 종류의 생물 사이에서 나타나는 특징이 서로 다른 것이다.
바로알기 ① 개와 고양이는 서로 다른 종류의 생물이다.
④ 고사리와 버섯은 서로 다른 종류의 생물이다. 고사리는 광합성을 하여 양분을 얻고, 버섯은 죽은 생물의 몸을 분해하여 양분을 얻는다.
⑤ 여러 종류의 생태계에는 그 환경에 맞는 독특한 종류의 여러 생물이 살고 있다.

05 ㄱ. 사막여우는 귀가 크고 몸집이 작아 더운 사막에서 몸의 열을 쉽게 방출할 수 있다.
ㄷ. 생물의 변이와 생물이 환경에 적응하는 과정을 통해 생물이 다양해졌다.
바로알기 ㄴ. 북극여우는 귀가 작고 몸집이 커서 추운 북극에서 열의 손실을 줄일 수 있다.

06 ② 북극여우의 생김새는 낮은 온도에 적응한 결과이고, 사막여우의 생김새는 높은 온도에 적응한 결과이다.

07 한 종류의 생물 무리에는 다양한 변이가 있으며, 그 무리에서 환경에 알맞은 변이를 지닌 생물이 더 많이 살아남아 자손을 남긴다. 이 과정이 오랜 세월 반복되면 생물 무리 사이에 차이가 커져서 원래의 종류와 다른 새로운 종류의 생물이 나타난다.

08 ㄱ, ㄴ. 갈라파고스제도의 여러 섬에서 서로 다른 먹이 환경에 적응하는 과정을 통해 핀치의 부리 모양이 다양해졌다.
바로알기 ㄷ. 후천적으로 얻은 형질은 자손에게 전달되지 않는다.

09 ㄱ. 생물은 생물 고유의 특징을 기준으로 분류한다.
ㄴ. 생물을 분류하면 생물 사이의 멀고 가까운 관계를 파악할 수 있다.
ㄷ. 생물을 분류 단계에 따라 분류하면 수많은 종류의 생물을 체계적으로 연구할 수 있어 생물다양성을 이해하는 데 도움이 된다.

10 **바로알기** ③ 생김새나 서식지가 비슷하다고 해서 같은 종으로 분류하는 것은 아니다. 말과 당나귀는 생김새가 비슷하고 짝짓기를 하여 자손을 낳을 수 있지만, 그 자손인 노새가 번식 능력이 없기 때문에 같은 종이 아니다.

11 생물의 분류 단계에서 가장 큰 분류 단위는 계이고, 분류 범위를 좁혀가며 문>강>목>과>속>종으로 분류할 수 있다.

12 생물의 분류 단계는 종<속<과<목<강<문<계이다.
바로알기 ③ 속은 과보다 작은 분류 단위로, 여러 속이 모여 하나의 과를 이룬다. 즉, 같은 과에 속한 생물이라도 다른 속에 속할 수 있다.

13 ④ 호랑이와 삵은 식육목>고양이과에 함께 속하지만, 사람은 영장목>사람과에 속한다. 작은 분류 단위에 함께 속할수록 가까운 관계의 생물이다.
바로알기 ① 호랑이는 표범속, 삵은 고양이속에 속한다.
② 사람과 호랑이는 같은 포유강<척삭동물문<동물계에 속하므로 공통적인 특징이 있다.
③ 사람과는 영장목에 속한다.
⑤ 계에서 종으로 갈수록 포함하는 생물의 종류가 적어진다.

14 **바로알기** ⑤ 원생생물계에는 아메바, 짚신벌레와 같은 단세포생물도 있지만, 김, 미역, 다시마와 같은 다세포생물도 있다.

15 ⑤ 동물계에 속하는 생물은 광합성을 하지 않고, 식물계에 속하는 생물은 광합성을 한다.
바로알기 ②, ③, ④ 동물계와 식물계에 속하는 생물은 모두 핵이 있는 여러 개의 세포로 이루어져 있고, 균사가 없다.

16 **바로알기** ②, ③, ④, ⑤ 해파리는 동물계, 폐렴균은 원핵생물계, 표고버섯은 균계, 우산이끼는 식물계에 속한다.

17 포도상구균은 세포에 핵이 없고(A), 아메바는 단세포생물이다(B). 푸른곰팡이는 몸이 균사로 이루어져 있다(C). 해바라기는 광합성을 하고(D), 개구리는 광합성을 하지 않는다(E).
바로알기 ④ 해바라기(D)는 식물계에 속하고, 표고버섯은 균계에 속한다.

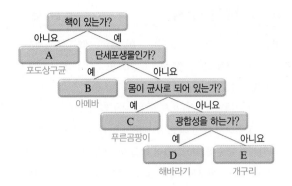

18 ② 미역, 쇠뜨기, 소나무는 광합성을 할 수 있고, 고양이와 기는줄기뿌리곰팡이는 광합성을 할 수 없다.

(바로 알기) ① 미역(원생생물계), 쇠뜨기와 소나무(식물계), 고양이 (동물계), 기는줄기뿌리곰팡이(균계)의 세포에는 모두 핵이 있다.
③ 고양이의 세포에는 세포벽이 없고, 기는줄기뿌리곰팡이의 세포에는 세포벽이 있다.
④ 기는줄기뿌리곰팡이에만 균사가 있다.
⑤ 미역, 쇠뜨기, 소나무, 고양이, 기는줄기뿌리곰팡이는 모두 다세포생물이다.

19 ㄱ. (가)는 세포에 핵이 없는 생물 무리인 원핵생물계이다.
ㄴ. 식물계(다)에 속하는 생물은 광합성을 하고, 균계(라)에 속하는 생물은 광합성을 하지 않는다.

(바로 알기) ㄷ. 식물계(다)와 균계(라)에 속하는 생물은 모두 세포에 세포벽이 있다.

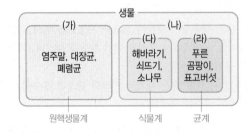

20 (바로 알기) ①, ②, ③, ⑤ 대장균은 원핵생물계, 짚신벌레는 원생생물계, 느타리버섯은 균계, 달팽이는 동물계에 속한다.

21 핵이 있는 생물 무리 중 광합성을 하지 않는 A는 균계이고, 광합성을 하는 B는 식물계이다.

(바로 알기) ④ 균계(A)와 동물계에 속하는 생물은 모두 광합성을 하지 않는다.

22

	채점 기준	배점
(1)	변이라고 옳게 쓴 경우	40 %
(2)	변이에 해당하는 예 한 가지를 옳게 서술한 경우	60 %

23

채점 기준	배점
불테리어와 불도그라고 쓰고, 그 까닭을 종의 뜻과 관련지어 옳게 서술한 경우	100 %
불테리어와 불도그라고 쓰고, 자손인 보스턴테리어가 번식 능력이 있기 때문이라고 서술한 경우	70 %
불테리어와 불도그라고만 쓴 경우	30 %

24

	채점 기준	배점
(1)	(가)~(다)에 해당하는 계의 이름을 모두 옳게 쓴 경우	20 %
	세 가지 중 하나라도 틀리게 쓴 경우	0 %
(2)	분류 기준 A와 이에 따른 각 계의 특징을 모두 옳게 서술한 경우	40 %
	분류 기준 A만 옳게 서술한 경우	20 %
(3)	분류 기준 B와 이에 따른 각 계의 특징을 모두 옳게 서술한 경우	40 %
	분류 기준 B만 옳게 서술한 경우	20 %

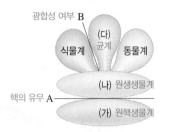

수준 높은 문제로 실력탄탄 | 진도 교재 47쪽

01 ④ **02** ⑤ **03** 캥거루, 돌고래와 캥거루는 같은 강에 속하고, 돌고래와 상어는 다른 강에 속하기 때문이다.

04 ③ **05** ⑤

01 (바로 알기) ㄷ. ㉠ 지역에는 A~F 6종류의 생물이 비교적 고르게 분포하고 있다. ㉡ 지역에는 A, B, D, E 4종류의 생물이 서식하며, B가 대부분을 차지하고 있다. 따라서 생물다양성은 ㉠이 ㉡보다 크다.

02 선인장이 많은 섬에서 가시를 피해 선인장을 먹을 수 있는 가늘고 긴 부리를 가진 새가 더 많이 살아남아 자신의 특징을 자손에게 전달하였고, 이 과정이 오랜 세월 반복되어 가늘고 긴 부리를 가진 새로운 종류의 새가 되었다.

03

채점 기준	배점
캥거루라고 쓰고, 그 까닭을 옳게 서술한 경우	100 %
캥거루라고 쓰고, 돌고래와 캥거루는 포유강에 함께 속하고, 상어는 연골어강에 속하기 때문이라고 서술한 경우도 정답 인정	100 %
캥거루라고만 쓴 경우	30 %

04 (가)는 참새만의 특징, (다)는 미역만의 특징이며, (나)는 참새와 미역의 공통점이다.

(바로 알기) ③ 참새와 미역은 모두 다세포생물이다. 즉, '몸이 여러 개의 세포로 이루어져 있다.'는 (나)에 해당한다.

05 ㄴ. 다람쥐(B)는 동물계에 속하며, 다른 생물을 먹이로 삼아 양분을 얻는다.
ㄷ. 다람쥐(B)와 우산이끼(C)는 모두 다세포생물이다.

(바로 알기) ㄱ. 세포에 핵막으로 구분된 핵이 없고, 세포벽이 있는 A는 원핵생물계에 속하는 대장균이다. 세포에 핵이 있고, 세포벽이 없는 B는 동물계에 속하는 다람쥐이다. 세포에 핵과 세포벽이 모두 있는 C는 식물계에 속하는 우산이끼이다.

확인 문제로 **개념쏙쏙** | 진도 교재 49, 51쪽

> **A** 큰, 작은, 낮
> **B** 서식지, 남획, 외래종
> **1** ㉠ 작, ㉡ 단순, ㉢ 깨진다 **2** (나) **3** ㉠ (나), ㉡ (가)
> **4** (1) ○ (2) ○ (3) ○ (4) × (5) × **5** (1) ㄹ (2) ㄴ
> (3) ㄷ (4) ㅁ (5) ㄱ **6** (1) ㉢ (2) ㉡ (3) ㉠ **7** (1) 개인
> (2) 사회 (3) 개인 (4) 사회 **8** (1) × (2) × (3) ○ (4) ○

2 생물종의 수가 많은 (나) 생태계가 생물종의 수가 적은 (가)
생태계보다 생물다양성이 크다.

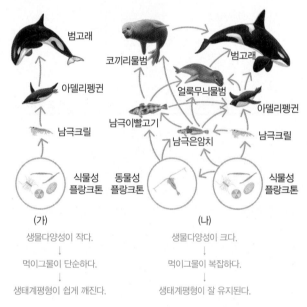

식물성 플랑크톤 동물성 플랑크톤 식물성 플랑크톤

(가) (나)

생물다양성이 작다. 생물다양성이 크다.
↓ ↓
먹이그물이 단순하다. 먹이그물이 복잡하다.
↓ ↓
생태계평형이 쉽게 깨진다. 생태계평형이 잘 유지된다.

3 생물다양성이 작은 (가) 생태계에서는 어떤 한 생물이 사라
지면 그 생물과 먹이 관계를 맺고 있는 생물이 직접 영향을 받아
생태계가 쉽게 파괴된다. 생물다양성이 큰 (나) 생태계에서는 어
떤 생물이 사라져도 먹이 관계에서 사라진 생물을 대체하는 생
물이 있어 생태계가 안정을 유지한다.

4 바로알기 (4) 생물다양성이 보전된 생태계는 휴식과 여가 활
동을 위한 공간이 된다.
(5) 주목나무에서 항암제의 원료를 얻고, 푸른곰팡이에서 항생제
의 원료를 얻는 등 의약품의 원료도 생물에서 얻을 수 있다.

6 (1) 생물의 남획을 막기 위해 생물의 불법 포획 및 거래의 단
속을 강화하고, 멸종 위기 생물을 지정하여 보호할 수 있다.
(2) 환경오염에 대한 대책으로는 쓰레기 배출량 줄이기, 환경 정
화 시설 설치 등이 있다.
(3) 서식지파괴를 막기 위해 생태통로를 설치하여 끊어진 생태계
를 연결하고, 자연을 훼손하는 지나친 개발을 자제해야 한다.

8 바로알기 (1) 일회용품 대신에 다회용품을 사용하는 것이 개
인적 차원에서 할 수 있는 생물다양성 유지 방안이다.
(2) 일부 외래종은 생물다양성을 감소하게 할 수 있으므로 외래
종이 무분별하게 유입되지 않도록 해야 한다.

기출 문제로 **내신쏙쏙** | 진도 교재 52~54쪽

01 ①	02 ④	03 ④	04 ⑤	05 ③	06 ①
07 ③	08 ③	09 ⑤	10 ⑤	11 ①	12 ④
13 ③	14 ①, ④	15 ⑤	16 ②, ③		

서술형 문제 **17** (1) (나), (나)에서는 두더지가 멸종되면 올
빼미가 두더지 대신 먹고 살 생물이 없기 때문이다. (2) 생물
다양성이 클수록 먹이그물이 복잡하여 생물이 멸종될 가능성
이 낮아지고, 생태계평형이 잘 유지되기 때문이다. **18** 일
회용품 대신 다회용품을 사용한다. 에너지를 절약한다.

01 바로알기 ② 인간은 생물로부터 생활에 필요한 재료, 휴식
및 여가 활동을 위한 공간 등의 다양한 혜택을 얻는다.
③ 생물다양성이 클수록 먹이그물이 복잡해져 생물이 멸종할 가
능성이 낮아지고, 생태계평형이 잘 유지된다.
④ 일부 외래종은 생물다양성을 감소하게 할 수 있으므로 외래
종이 무분별하게 유입되지 않도록 해야 한다.
⑤ 생물다양성이 큰 생태계에서는 어떤 한 생물이 사라져도 먹
이 관계에서 사라진 생물을 대체하는 생물이 있어 생태계평형이
잘 유지될 수 있다.

02 (가)는 생물다양성이 작은 생태계, (나)는 생물다양성이 큰
생태계이다.
바로알기 ④ 생물다양성이 작은 생태계인 (가)에서는 먹이그물이
단순하여 개구리가 멸종되면 먹이를 잃은 뱀도 함께 멸종될 가
능성이 높다.

03 인간은 생물에서 생활에 필요한 재료들을 얻고, 생물다양
성이 보전된 생태계에서 휴식과 여가 활동을 즐기며, 깨끗한 물
과 맑은 공기를 얻는다.
바로알기 ④ 울창한 숲은 대기의 이산화 탄소를 흡수하고, 생물
에게 필요한 산소를 공급한다.

04 ㄱ. 목화에서 면섬유를 누에고치에서 비단의 원료를 얻을
수 있다.
ㄴ. 주목나무와 푸른곰팡이에서 의약품의 원료를 얻을 수 있다.
ㄷ. 소형 비행기는 곤충이 나는 모습을 모방한 것이다. 이와 같
이 생물의 특징을 모방해 새로운 기술이나 장치를 개발하는 분
야를 생체 모방이라고 하며, 자동차, 항공기, 로봇, 의료 등 여러
분야에서 활용되고 있다.

05 생물다양성을 보전하기 위해서는 인간도 지구에 살고 있는
생물 중 하나이며, 모든 생물은 지구에서 함께 살아가야 할 동반
자라는 생각을 하는 것이 중요하다.

06 생물다양성이 감소하는 원인에는 외래종 유입(②), 환경오
염(③), 서식지파괴(④), 남획(⑤) 등이 있다.
바로알기 ① 생물다양성이 빠르게 감소하는 원인은 대부분 인간
의 활동과 관계가 깊다.

07 열대우림을 파괴하는 것(가)은 서식지파괴, 코뿔소를 무분
별하게 잡는 것(나)은 남획이다. 가시박(다)은 원래 살던 곳을 벗
어나 새로운 곳에서 자리를 잡고 사는 외래종으로, 토종 생물을
위협하여 생물다양성을 감소시킨다.

08 (바로알기) ③ 사람이 도토리를 채집하여 산 속의 먹이가 부족하게 되면 도토리를 먹는 작은 동물들의 개체수가 줄어들고, 이에 따라 이 동물들을 먹고 사는 동물들도 위기에 처하게 된다.

09 인간은 도로와 주택, 경작지를 만들고 목재를 채취하면서 생물의 서식지를 파괴한다.
(바로알기) ⑤ 생태통로는 끊어진 생태계를 연결하여 야생 동물이 안전하게 이동할 수 있도록 돕는다. 생태통로를 설치하는 것은 서식지를 파괴하는 자연 개발에 대한 대책 중 하나이다.

10 외래종에 대한 설명이다. 가시박, 큰입배스, 뉴트리아, 황소개구리는 모두 외래종이다.
(바로알기) ⑤ 장수하늘소는 우리나라의 천연기념물이다.

11 ① 남획은 인간이 생물을 무분별하게 잡는 것으로, 남획을 하면 특정 생물이 사라질 수 있다.

12 ㄴ, ㄷ. 외래종은 천적이 없어 수가 크게 늘어나 토종 생물의 생존을 위협하고, 먹이그물에 변화를 일으켜 생태계평형을 파괴할 수 있다.
(바로알기) ㄱ. 외래종은 오염 물질을 흡수하여 환경을 정화하는 생물이 아니라 원래 살던 곳을 벗어나 새로운 곳에서 자리를 잡고 사는 생물이다.

13 (바로알기) ① 남획에 대한 대책 – 멸종 위기 생물 지정
② 환경오염에 대한 대책 – 환경 정화 시설 설치, 쓰레기 배출량 줄이기
④ 서식지파괴에 대한 대책 – 지나친 개발 자제
⑤ 외래종 유입에 대한 대책 – 외래종 유입 경로 관리 및 감시와 퇴치

14 생태통로는 끊어진 생태계를 연결하는 통로로, 야생 동물이 안전하게 이동할 수 있도록 돕는 구조물이다. 생태통로는 서식지파괴에 대한 대책으로 설치할 수 있다.

15 (바로알기) ⑤ 생물다양성보전은 한 국가의 노력만으로 완벽하게 이루기 어렵다. 생물의 서식지는 인간이 정한 국가 경계로 구분되지 않고, 나라마다 살고 있는 생물의 종류가 다르기 때문에 생물다양성을 보전하기 위해서는 국가 간의 협력이 필요하다.

16 학교 화단 가꾸기(①)는 생물다양성 유지를 위한 개인적 차원의 활동이고, 국립 공원 지정(④), 종자 은행 설립(⑤)은 생물다양성 유지를 위한 사회적 차원의 활동이다.
(바로알기) ② 멸종 위기종을 포함하여 외국에서 들어온 외래종이나 야생 동물은 함부로 포획하거나 기르지 않는다.
③ 남획은 인간이 생물을 무분별하게 잡는 것으로, 남획을 하면 특정 생물이 사라질 수 있다.

17

	채점 기준	배점
(1)	(나)라고 쓰고, 그 까닭을 먹이 관계를 대체할 생물이 없다는 내용을 포함하여 옳게 서술한 경우	50 %
	(나)라고만 쓴 경우	20 %
(2)	생태계평형 유지를 중심으로 옳게 서술한 경우	50 %
	인간이 얻을 수 있는 혜택을 중심으로 서술한 경우	0 %

18

채점 기준	배점
개인이 실천할 수 있는 활동 두 가지를 모두 옳게 서술한 경우	100 %
한 가지만 옳게 서술한 경우	50 %

수준 높은 문제로 **실력탄탄** | 진도 교재 55쪽

01 ⑤ **02** ⑤ **03** ④ **04** ③

01 ㄴ, ㄷ. 생태계에서 여러 생물들은 먹이그물로 연결되어 있기 때문에 한 종의 개체수 변화는 다른 종의 개체수에 영향을 미친다.
(바로알기) ㄱ. DDT를 뿌린 인간의 행동이 생태계에 큰 영향을 미쳤다.

02 ㄱ. 인간은 길을 내고, 집을 지으며, 경작지를 만들고, 목재를 얻기 위해 자연을 파괴하는데, 이때 생물의 서식지가 파괴되며, 서식지를 잃은 생물은 사라지게 된다.
ㄴ. 도로에 의해 서식지가 분할될 때 실제 감소되는 면적이 작더라도 숲의 안쪽에서 살아가는 생물의 경우 서식지가 크게 줄어든다.
ㄷ. 서식지파괴에 대한 대책으로 끊어진 생태계를 연결하는 생태통로를 설치할 수 있다.

03 ㄴ. 서식지파괴로 인해 서식지 면적이 감소하면 종이 감소하므로 생물다양성이 감소한다.
ㄷ. 그림에서 보존되는 면적이 50 %로 줄어들 때 그 서식지에서 발견되는 종은 90 %로 줄어들었다.
(바로알기) ㄱ. 서식지 면적이 감소하면 종의 수가 감소한다.

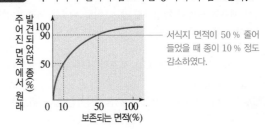

서식지 면적이 50 % 줄어들었을 때 종이 10 % 정도 감소하였다.

04 ㄱ. (가)일 때가 (나)일 때에 비해 먹이그물이 복잡하므로, (가)일 때가 (나)일 때보다 생태계평형이 더 안정적으로 유지될 것이다.
ㄴ. 이 지역의 하천 생태계에는 나일농어를 잡아먹는 포식자인 천적이 없다.
(바로알기) ㄷ. 나일농어가 유입된 후 종이 감소하여 생물다양성이 작아졌다.

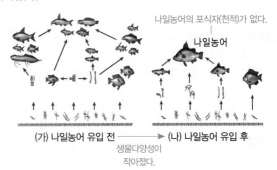

나일농어의 포식자(천적)가 없다.
나일농어

(가) 나일농어 유입 전 ——→ (나) 나일농어 유입 후
생물다양성이 작아졌다.

01 ④, ⑤	02 ③	03 ④	04 ①	05 ⑤	06 ②
07 ④	08 ⑤	09 ③	10 ④	11 ⑤	12 ②
13 ⑤	14 ③	15 ①	16 ②	17 미역: (다), 푸른곰	

17 팡이: (나), 호랑이: (마) 18 ④ 19 ④ 20 ③ 21 ②
22 ⑤ 23 ③ 24 ④ 25 ③

서술형 문제 26 B와 E, B는 식물 세포의 모양을 일정하게 유지시킨다. E는 광합성을 한다. 27 (가) 메틸렌 블루 용액, (나) 아세트산 카민 용액, 핵을 염색하여 뚜렷하게 관찰하기 위해서이다. 28 (1) 기온이 낮은 환경에 적응한 결과이다. (2) 북극여우는 귀가 작고, 몸집이 커서 기온이 낮은 환경에서 열의 손실을 줄일 수 있다. 29 종은 자연 상태에서 짝짓기를 하여 번식 능력이 있는 자손을 낳을 수 있는 생물 무리이다. 30 (1) 사자 (2) 호랑이와 사자는 같은 속에 속하지만, 호랑이와 고양이는 다른 속에 속하기 때문이다. 31 •공통점: 세포에 핵이 있다. 세포에 세포벽이 있다. 등 •차이점: 식물계에 속하는 생물은 광합성을 하고, 균계에 속하는 생물은 광합성을 하지 않는다. 식물계에 속하는 생물의 몸은 균사로 되어 있지 않고, 균계에 속하는 생물의 몸은 균사로 되어 있다. 등 32 생물에서 식량, 의약품, 섬유, 종이 등 생활에 필요한 재료를 얻는다. 생물다양성이 보전된 생태계는 휴식과 여가 활동을 위한 공간이 된다. 등

01 **바로 알기** ④ 동물 세포에는 세포벽이 없다.
⑤ 동물 세포는 모양이 일정하지 않고, 식물 세포는 세포벽이 있어 세포의 모양이 일정하다.

02 A는 핵, B는 엽록체, C는 세포막, D는 마이토콘드리아, E는 세포벽이다.
바로 알기 ③ 세포의 모양을 일정하게 유지시키는 것은 세포벽(E)이다.

03 **바로 알기** ①, ⑤ 핵, 마이토콘드리아, 세포막은 동물 세포와 식물 세포 모두에 존재하므로 '핵이 있다.', '마이토콘드리아가 있다.', '세포막이 있다.'는 ⓛ에 해당한다.
②, ③ 세포벽과 광합성을 하는 엽록체는 식물 세포에만 존재하므로 '세포벽이 있다.'와 '광합성을 한다.'는 ⓒ에 해당한다.

04 ㄱ. 입안 상피세포(가)와 검정말잎 세포(나) 모두에 핵이 있다.
바로 알기 ㄴ. 엽록체는 입안 상피세포(가)에는 없고 검정말잎 세포(나)에는 있다.
ㄷ. 세포막은 입안상피 세포(가)와 검정말잎 세포(나) 모두에 있다.

05 •식물: 세포 → 조직 → 조직계(A) → 기관(B) → 개체
•동물: 세포 → 조직 → 기관(C) → 기관계(D) → 개체
바로 알기 ① A는 조직계, C는 기관이다.
② B와 C가 같은 구성 단계이다.

③ 동물에서 관련된 기능을 하는 기관들로 이루어진 단계는 기관계(D)이다.
④ 위, 심장 등은 동물의 기관(C)에 해당한다.

06 A는 세포, B는 기관, C는 기관계, D는 조직, E는 개체이다.
바로 알기 ① D(조직)가 모여 특정한 기능을 수행하는 기관이 된다.
③ C는 기관계이다. 기관계는 식물에는 없는 단계이다.
④ D는 조직이다. 조직계는 식물에만 있는 구성 단계이다.
⑤ 동물의 구성 단계를 작은 단계부터 순서대로 나열하면 세포(A) → 조직(D) → 기관(B) → 기관계(C) → 개체(E)이다.

07 여러 조직계가 모여 고유한 모양과 기능을 갖춘 잎, 열매 등의 기관을 이룬다.

08 생물다양성은 어떤 지역에 살고 있는 생물의 다양한 정도로, 일정한 지역에 살고 있는 생물의 종류가 많을수록, 같은 종류의 생물 사이에서 나타나는 특징이 다양할수록, 생태계가 다양할수록 크다.
바로 알기 ⑤ 같은 종류의 생물 사이에서 나타나는 특징이 다양할수록 생물다양성이 크다.

09 ㄱ, ㄴ. 생물의 종류가 많고, 여러 종류의 생물이 고르게 분포할 때 생물다양성이 크다. (가)에서는 3종류의 생물 중 거미가 개체수의 대부분을 차지하지만, (나)에서는 4종류의 생물이 고르게 분포하고 있다.
바로 알기 ㄷ. (가)와 (나)에는 모두 20개체의 생물이 있다.

10 같은 종류의 생물 사이에서 나타나는 특징이 서로 다른 것을 변이라고 한다.
바로 알기 ④ 고래와 상어는 다른 종류의 생물이므로, 고래와 상어의 호흡 방법이 서로 다른 것은 변이에 해당하지 않는다.

11 한 종류의 새들 사이에서 변이가 있었으며, 한 종류였던 새들이 다른 섬으로 흩어져 살게 되면서 각 섬의 먹이 환경에 적응하여 각각 새로운 종류의 새가 되었다.

12 생물의 분류 단위는 종<속<과<목<강<문<계 순으로 커진다.
바로 알기 ② 강이 목보다 큰 분류 단위이므로, 여러 개의 목이 모여 하나의 강을 이룬다.

13 ① 포유강인 생물은 모두 척삭동물문에 속한다.
④ 과는 속보다 큰 분류 단위이므로 하나의 과에는 여러 개의 속이 포함되어 있다.
바로 알기 ⑤ 개와 고양이는 같은 목(식육목)에 속하고, 사람은 다른 목(영장목)에 속한다. 즉, 개는 사람보다 고양이와 더 가까운 관계에 있다.

14 **바로 알기** ①, ② 미역, 짚신벌레 – 원생생물계
④ 해파리 – 동물계
⑤ 폐렴균 – 원핵생물계

15 **바로 알기** ②, ④ 식물계에 속하는 생물(진달래, 우산이끼)은 광합성을 하여 스스로 양분을 만든다.
③ 아메바는 단세포생물이다.
⑤ 기는줄기뿌리곰팡이의 몸을 이루는 균사의 세포에는 세포벽이 있다.

16 5종류의 생물 중 폐렴균만 세포에 핵이 없다(A). 미역과 해바라기는 광합성을 하고, 갈매기와 표고버섯은 광합성을 하지 않는다(B). 갈매기는 운동성이 있고, 표고버섯은 운동성이 없다(C).

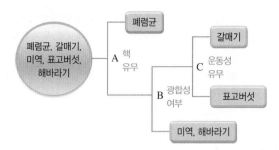

17 미역, 푸른곰팡이, 호랑이의 세포에는 모두 핵이 있다. 푸른곰팡이의 몸만 균사로 되어 있고(나), 미역은 기관이 발달하지 않았다(다). 기관이 발달한 호랑이는 광합성을 하지 않는다(마).

18 ④ 원생생물계에는 광합성을 하는 생물도 있고 다른 생물을 먹이로 삼아 양분을 얻는 생물도 있다.

（바로 알기） ① 원생생물계의 생물은 기관이 발달하지 않았다.
② 원생생물계에는 단세포생물도 있고, 다세포생물도 있다.
③ 버섯은 균계에 속한다.
⑤ 원생생물계에 속하는 생물은 세포에 핵이 있고, 세포벽이 있는 것도 있고, 없는 것도 있다.

19 ③ 원핵생물계(가)는 세포에 핵이 없는 생물 무리이다. 나머지 원생생물계(나), 식물계, 균계, 동물계는 모두 핵이 있는 생물 무리이다.
⑤ 균계는 핵이 있는 세포로 이루어진 생물 중 운동성이 없고, 스스로 양분을 만들 수 없는 생물 무리이다.

（바로 알기） ④ 원핵생물계(가)에 속하는 생물은 대부분 광합성을 하지 않지만, 염주말처럼 광합성을 하는 것도 있다.

20 ㄱ, ㄴ. 생물종의 수가 많은 (나) 생태계가 생물종의 수가 적은 (가) 생태계보다 생물다양성이 크고, 먹이그물이 복잡하다. 먹이그물이 복잡할수록 생태계평형이 잘 유지된다.

（바로 알기） ㄷ. 생물다양성이 작은 생태계(가)에서는 뒤쥐가 사라지면 먹이를 잃은 수리부엉이가 함께 사라질 확률이 높지만, 생물다양성이 큰 생태계(나)에서는 뒤쥐가 사라져도 수리부엉이가 다른 먹이를 먹고 살 수 있다.

21 （바로 알기） ② 질병을 얻는 것은 혜택이라고 볼 수 없다.

22 （바로 알기） ⑤ 우리나라 고유의 우수한 종자를 보관, 배양, 보급하는 종자 은행을 설립하는 것은 생물다양성을 보전하기 위한 활동이다.

23 （바로 알기） ③ 서식지 내에서 생물을 보전하는 것이 어려울 때 별도의 시설에서 일시 보호하여 번식시킨 후 다시 야생으로 돌려보내는 것은 생물다양성을 보전하기 위한 활동이다.

24 （바로 알기） ④ 멸종 위기 생물을 지정하여 보호하는 것은 남획을 막는 효과가 있다.

25 （바로 알기） ②, ④, ⑤ 생물다양성보전을 위한 멸종 위기 생물 복원, 법률 제정, 국립 공원 지정 등은 사회적 차원에서 할 수 있는 활동이다.

26 A는 세포질, B는 세포벽, C는 세포막, D는 핵, E는 엽록체, F는 마이토콘드리아이다.

채점 기준	배점
B, E를 쓰고, 각각의 기능을 모두 옳게 서술한 경우	100 %
B, E를 쓰고, 이중 한 가지만 기능을 옳게 서술한 경우	70 %
B, E만 쓰거나 B, E 중 한 가지와 그 기능을 옳게 서술한 경우	40 %

27 입안 상피세포(가)를 메틸렌 블루 용액으로 염색하면 핵이 푸른색으로 염색되고, 검정말잎 세포(나)를 아세트산 카민 용액으로 염색하면 핵이 붉은색으로 염색된다.

채점 기준	배점
(가), (나)에 사용하는 염색액을 모두 쓰고, 그 까닭을 옳게 서술한 경우	100 %
(가), (나)에 사용하는 염색액만 모두 옳게 쓴 경우	50 %

28 몸집이 작고 귀가 큰 사막여우는 열을 잘 방출할 수 있고, 몸집이 크고 귀가 작은 북극여우는 열의 손실을 줄일 수 있다.

	채점 기준	배점
(1)	기온(온도)이 낮은 환경에 적응했다는 내용을 포함하여 옳게 서술한 경우	40 %
	기온(온도)이라는 단어가 포함되지 않은 경우	0 %
(2)	기온이 낮은 환경에서 열의 손실을 줄일 수 있다는 내용을 포함하여 옳게 서술한 경우	60 %
	열의 손실을 줄일 수 있다는 내용을 포함하지 않은 경우	0 %

29 짝짓기를 하여 자손을 낳을 수 있어도 그 자손이 번식 능력이 없으면 같은 종이 아니다.

채점 기준	배점
종의 뜻을 옳게 서술한 경우	100 %
그 외의 경우	0 %

30 작은 분류 단위에 함께 속할수록 가까운 관계이다.

	채점 기준	배점
(1)	사자라고 옳게 쓴 경우	30 %
(2)	호랑이와 사자는 같은 속에 속하고, 호랑이와 고양이는 다른 속에 속한다는 내용을 포함하여 옳게 서술한 경우	70 %
	호랑이와 사자가 같은 속에 속하기 때문이라고만 서술한 경우	50 %

31 식물계에 속하는 생물은 광합성을 하여 스스로 양분을 만들지만, 균계에 속하는 생물은 광합성을 하지 못하여 스스로 양분을 만들 수 없다.

채점 기준	배점
공통점과 차이점을 모두 옳게 서술한 경우	100 %
공통점과 차이점 중 하나만 옳게 서술한 경우	50 %

32

채점 기준	배점
생물다양성에서 얻는 혜택을 두 가지 모두 옳게 서술한 경우	100 %
한 가지만 옳게 서술한 경우	50 %

III 열

확인 문제로 **개념쏙쏙** | 진도 교재 67, 69쪽

> Ⓐ 입자, 온도
> Ⓑ 열, 열평형, 얻은, 잃은
> Ⓒ 전도, 전도, 대류, 복사
>
> **1** (1) ○ (2) × (3) × **2** (1) ㉠ 둔하고, ㉡ 활발하다 (2)
> ㉠ 낮으면, ㉡ 높으면 **3** (다)-(가)-(나) **4** (1) (가) →
> (나) (2) D **5** (1) A에서 B (2) ㉠ 낮아, ㉡ 높아 (3) ㉠
> 둔해, ㉡ 활발해 (4) ㉠ 가까워, ㉡ 멀어 **6** (1) × (2) ○
> (3) × (4) ○ **7** O → P → Q **8** ㉠ 빠르게, ㉡ 느리게
> **9** (1) ㉠ 따뜻한, ㉡ 차가운 (2) 대류 (3) 액체, 기체
> **10** (가) 대류, (나) 전도, (다) 복사

1 바로알기 (2) 물질을 구성하는 입자는 끊임없이 움직인다.
(3) 입자의 움직임이 활발할수록 입자 사이의 거리가 멀다.

2 (1) 온도는 물질을 구성하는 입자의 움직임이 활발한 정도를
나타낸 것으로, 물체의 온도가 낮을수록 입자의 움직임이 둔하
고, 물체의 온도가 높을수록 입자의 움직임이 활발하다.
(2) 입자의 움직임이 활발할수록 입자 사이의 거리가 대체로 멀
다. 따라서 물체의 온도가 낮으면 입자 사이의 거리가 대체로 가
깝고, 물체의 온도가 높으면 입자 사이의 거리가 대체로 멀다.

3 물질을 이루는 입자의 움직임이 (다)>(가)>(나) 순으로 활
발하다. 물질의 온도가 높을수록 입자의 움직임이 활발하므로,
온도를 비교하면 (다)>(가)>(나) 순으로 높다.

4 (1) (가)는 온도가 낮아지고 (나)는 온도가 높아져서 열평형
에 도달하므로, 열은 (가) → (나)로 이동하였다.
(2) 두 물체의 온도가 같은 D가 열평형인 구간이다.

5 (1) 열은 온도가 높은 A에서 온도가 낮은 B로 이동한다.
(2) A는 열을 잃어 온도가 점점 낮아지고, B는 열을 얻어 온도
가 점점 높아진다.
(3), (4) A는 온도가 점점 낮아지므로 입자의 움직임이 점점 둔
해지고, 입자 사이의 거리가 점점 가까워진다. B는 온도가 점점
높아지므로 입자의 움직임이 점점 활발해지고, 입자 사이의 거
리가 점점 멀어진다.

6 (4) 떨어져 있는 두 물체 사이에서도 복사에 의해 물질을 거
치지 않고 열이 직접 이동할 수 있다.
바로알기 (1) 입자가 직접 이동하는 열이 이동하는 방식은 대류이다.
(3) 입자의 움직임이 이웃한 입자에 차례로 전달되어 열이 이동
하는 방식은 전도이다.

7 금속 막대의 한쪽 끝부분을 가열하면 전도에 의해 입자의 움
직임이 이웃한 입자에 차례로 전달된다. 따라서 열은 금속 막대
를 가열한 부분에서 차례로 이동하여 O → P → Q로 이동한다.

8 물체를 이루는 물질의 종류에 따라 열이 전도되는 정도가 다
르다. 금속은 열을 빠르게 전달하고, 금속이 아닌 물질은 열을
느리게 전달한다.

9 (1) 아래쪽에서 데워진 따뜻한 물은 부피가 커지면서 가벼워
져 위로 올라가고, 위쪽의 차가운 물은 상대적으로 무거워서 아
래로 내려간다.
(2) 주전자의 바닥만 가열해도 주전자 속 물이 골고루 데워지는
것은 대류에 의한 현상이다.
(3) 대류는 입자가 자유롭게 이동할 수 있는 액체와 기체에서 일
어난다.

10 (가) 냄비의 아래쪽을 가열하면 데워진 물이 위로 올라가
고, 차가운 물이 아래로 내려와서 물이 전체적으로 데워진다. ➡
대류
(나) 금속 막대 내의 입자의 움직임이 이웃한 입자에 차례로 전
달되어 열이 이동한다. ➡ 전도
(다) 모닥불의 열이 다른 물질을 거치지 않고 직접 손까지 이동
한다. ➡ 복사

🔍 탐구ⓐ

| 진도 교재 70~71쪽

> ㉠ 낮아, ㉡ 높아, ㉢ 열평형
> **01** (1) × (2) × (3) × (4) ○ (5) ○ (6) ○
> **02** (가)>(다)=(라)>(나) **03** ② **04** ② **05** ㄴ, ㄷ
> **06** 열평형에 도달할 때까지 A를 구성하는 입자의 움직임은
> 점점 둔해지고, 입자 사이의 거리는 점점 가까워진다.

01 바로알기 (1) 두 물의 온도가 같아지는 시간인 6분부터 열평
형에 도달한다.
(2) 열평형에 도달할 때까지 뜨거운 물의 온도는 낮아지고, 차가
운 물의 온도는 높아진다.
(3) 열평형 상태일 때 물의 온도는 접촉 전 차가운 물의 온도와
뜨거운 물의 온도의 사잇값이다. 외부와의 열 출입이 없는 경우
두 물의 질량이 같을 때에만 열평형 온도는 접촉 전 두 물의 온
도의 중간값이 된다.

02 (가)는 온도가 낮아지고, (나)는 온도가 높아져서 열평형에
이르면 (다), (라)의 온도가 같게 된다. 따라서 (가)의 온도가 가
장 높고, (나)의 온도가 가장 낮으며, (다), (라)의 온도는 같다.

03 뜨거운 물은 입자의 움직임이 둔해지므로 입자 사이의 거
리가 가까워지고, 차가운 물은 입자의 움직임이 활발해지므로
입자 사이의 거리가 멀어진다.

04

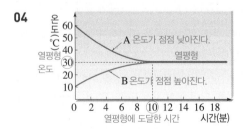

② 두 물의 온도는 10분이 되었을 때 30 ℃로 같아지고, 그 이후로는 온도가 변하지 않는다. 따라서 두 물이 열평형에 도달한 온도는 30 ℃이다.

(바로 알기) ① 처음 두 물의 온도는 각각 60 ℃와 10 ℃이므로 두 물의 온도 차이는 50 ℃이다.

③ 두 물의 온도 차이는 시간에 따라 점점 작아진다.

④ 두 물은 열평형에 도달하는 데까지 10분 걸렸다.

⑤ A는 온도가 점점 낮아지므로 입자의 움직임이 둔해지고, B는 온도가 점점 높아지므로 입자의 움직임이 활발해진다.

05 ㄴ. 4분 이후로 A와 B의 온도가 같으므로 5분일 때 A와 B는 열평형을 이루고 있다.

ㄷ. 열평형을 이룬 두 물체는 더 이상 온도가 변하지 않으므로 6분 이후에도 A와 B의 온도는 계속 같다.

(바로 알기) ㄱ. 1분일 때 A의 온도가 B의 온도보다 높으므로 열은 A에서 B로 이동하였다.

06 열이 A에서 B로 이동하여 A의 온도는 점점 낮아진다. 물체의 온도가 낮아질수록 입자의 움직임은 둔해지고, 입자 사이의 거리는 점점 가까워진다.

채점 기준	배점
A를 구성하는 입자의 움직임과 입자 사이의 거리를 모두 옳게 서술한 경우	100 %
A를 구성하는 입자의 움직임과 입자 사이의 거리 중 한 가지만 옳게 서술한 경우	50 %

---

03 열화상 카메라 사진에서 색깔이 변하는 정도는 (가) 플라스틱판보다 (나) 금속판이 더 빠르므로 (가)보다 (나)에서 열의 전도가 더 빠르게 일어난다는 것을 알 수 있다.

04 ㄱ. 고체에서 입자의 움직임이 이웃한 입자에 차례로 전달되어 열이 이동하는 방식을 전도라고 한다.

ㄴ, ㄷ. 열이 전도될 때 물체를 이루는 물질의 종류에 따라 열이 전도되는 정도가 다르며, 금속이 아닌 물체인 플라스틱에서보다 금속에서 열이 더 빠르게 전도된다.

05 ㄴ. 열변색 붙임딱지의 색깔이 변한 부분의 면적은 플라스틱판보다 금속판이 더 넓으므로 열변색 붙임딱지의 색깔은 플라스틱판보다 금속판에서 더 빠르게 변한다.

ㄷ. 뜨거운 물에서 얻은 열이 플라스틱판과 금속판을 따라 전도에 의해 이동하여 플라스틱판과 금속판의 온도가 높아진다. 이때 플라스틱판과 금속판의 온도가 높아진 부분의 열변색 붙임딱지의 색깔이 변한다.

(바로 알기) ㄱ. 플라스틱판에서도 열변색 붙임딱지의 색깔이 변하였으므로 플라스틱판에서도 열의 전도가 느리게 일어난다.

06 플라스틱판보다 금속판에서 열변색 붙임딱지의 색깔이 더 빠르게 변하였으므로 플라스틱판보다 금속판에서 열이 더 빠르게 전도된다는 것을 알 수 있다.

채점 기준	배점
모범 답안과 같이 옳게 서술한 경우	100 %
금속판에서 열이 빠르게 전도된다고만 서술한 경우	50 %

탐구b

진도 교재 72~73쪽

㉠ 전도, ㉡ 빠르게

01 (1) ○ (2) × (3) ○ (4) ○ (5) × (6) × **02** ②

03 (나) **04** ⑤ **05** ④ **06** 플라스틱판보다 금속판에서 열이 더 빠르게 전도된다. 금속이 아닌 물질보다 금속에서 열이 더 빠르게 전도된다. 등

01 (바로 알기) (2) 뜨거운 금속 추에서 판으로 열이 이동하므로 판에서 금속 추가 접촉한 부분이 가장 먼저 온도가 높아진다.

(5) 플라스틱판에서도 느리지만 전도가 일어난다.

(6) 색깔이 변하는 정도는 금속판에서가 플라스틱판에서보다 더 빠르므로 열의 전도는 금속판에서가 플라스틱판에서보다 더 빠르게 일어난다.

02

금속 추가 접촉한 부분

금속판에서 열은 금속 추에 접촉한 부분에서부터 그 주변으로 전도의 형태로 이동한다.

여기서 잠깐

진도 교재 74쪽

(유제1) ㄴ

(유제2) ③

(유제3) ㉠ 내려, ㉡ 올라, ㉢ 대류

(유제1) ㄴ. 잉크를 동시에 떨어뜨렸을 때 뜨거운 물에서 잉크가 더 많이 퍼졌으므로 차가운 물보다 뜨거운 물에서 잉크가 더 빠르게 퍼진다.

(바로 알기) ㄱ. 뜨거운 물에서보다는 느리지만, 차가운 물에서도 잉크가 퍼진다.

ㄷ. 차가운 물보다 뜨거운 물에서 잉크가 더 빠르게 퍼지는 까닭은 차가운 물보다 뜨거운 물에서 입자의 움직임이 더 활발하기 때문이다.

(유제2) ① A와 가까운 쪽이 가열되므로 열은 A에서 B 쪽으로 전달된다.

② 가열한 곳에서 가까운 쪽부터 촛농이 먼저 녹아 성냥개비가 떨어지므로 성냥개비는 A 쪽부터 떨어진다.

④ 알코올램프가 A와 가까워지면 열이 빨리 전달되어 성냥개비가 더 빨리 떨어진다.

⑤ 유리 막대는 금속 막대보다 열의 전도가 느리므로 성냥개비가 더 느리게 떨어진다.

③ 금속 막대를 따라 열이 이동하는 방식은 전도이다. 전도는 입자의 움직임이 이웃한 입자에 차례로 전달되어 열이 이동하는 방식이다. 입자가 직접 이동하는 것은 대류로, 액체나 기체에서 열이 이동하는 방식이다.

투명 필름을 빼면 차가운 물은 아래로 내려가고 뜨거운 물은 위로 올라가면서 서로 섞인다. 이처럼 입자가 직접 이동하면서 열을 전달하는 것을 대류라고 한다.

기출 문제로 내신쑥쑥

진도 교재 75~78쪽

01 ④   02 ①, ④   03 ①   04 ④   05 ④   06 ④
07 ②   08 ④   09 ①   10 ④   11 ②   12 ⑤   13 ③
14 ⑤   15 ②   16 ⑤   17 ②   18 ②, ④   19 ②
20 ①

서술형 문제 21 뜨거운 차에서 차가운 공기로 열이 이동하여 차와 공기가 열평형을 이룬다. 이때 차는 온도가 낮아지므로 입자의 움직임이 점점 둔해진다.   22 냄비는 음식이 잘 익을 수 있도록 열을 빠르게 전달하는 금속으로 만들고, 냄비의 손잡이는 안전하게 잡을 수 있도록 열을 느리게 전달하는 플라스틱으로 만든다.   23 (1) (가) 복사, (나) 대류, (다) 전도 (2) (가) 태양열이 지구에 도달한다. 양지의 눈이 그늘의 눈보다 빨리 녹는다. 등, (나) 냉방기는 위쪽에 설치하고, 난방기를 아래쪽에 설치한다. 주전자에 물을 넣고 바닥 부분을 가열하면 물 전체가 데워진다. 등, (다) 뜨거운 국 속에 넣어 둔 숟가락이 뜨거워진다. 프라이팬 바닥을 가열하여 소시지를 굽는다. 등

01 ㄴ. 물질을 구성하는 입자는 스스로 끊임없이 움직이고 있다.
ㄷ. 물질을 구성하는 입자는 너무 작아 직접 관찰하기 어렵다. 따라서 간단한 입자 모형으로 나타낸다.
ㄱ. 물질은 매우 작은 입자로 구성되어 있으며 입자는 눈으로 직접 관찰할 수 없다.

02 ① 물체의 차갑고 따뜻한 정도를 수치로 나타낸 것을 온도라고 한다.
④ 온도가 높은 물체일수록 입자의 움직임이 활발하고, 온도가 낮은 물체일수록 입자의 움직임이 둔하다.
② cal와 kcal는 열량의 단위이다. 온도의 단위는 ℃와 K 등이 있다.
③ 물체를 두드리면 입자의 움직임이 활발해져 온도가 높아진다.
⑤ 물체의 온도가 높을수록 입자의 움직임이 활발하여 입자 사이의 거리가 멀다.

03 ㄱ. 입자 모형에서 입자의 움직임은 (나)가 (다)보다 활발하므로 온도는 (나)가 (다)보다 높다.
ㄴ. 입자의 움직임은 (가) - (나) - (다) 순으로 활발하다.
ㄷ. 물체의 온도가 높을수록 물질을 구성하는 입자 사이의 거리가 대체로 멀다. 따라서 입자 사이의 거리가 가장 먼 (가)의 온도가 가장 높다.

04 온도가 높을수록 입자의 움직임이 활발하고 입자 사이의 거리가 멀다.
• A는 B보다 입자의 움직임이 둔하다. ➡ B의 온도>A의 온도
• A는 C보다 입자 사이의 거리가 가깝다. ➡ C의 온도>A의 온도
• B는 C보다 입자의 움직임이 활발하다. ➡ B의 온도>C의 온도
따라서 A~C의 온도를 비교하면 B>C>A이다.

05 ① 온도가 높은 물체에서 온도가 낮은 물체로 열이 이동한다.
② 물체가 열을 얻으면 온도가 높아지고, 열을 잃으면 온도가 낮아진다.
③ 물체가 열을 잃어 온도가 낮아지면 입자의 움직임이 둔해진다.
⑤ 온도가 높은 물체는 입자의 움직임이 활발하고, 온도가 낮은 물체는 입자의 움직임이 둔하다. 따라서 열은 입자의 움직임이 활발한 물체에서 둔한 물체로 이동한다.
④ 열은 온도가 높은 물체에서 온도가 낮은 물체로 이동한다.

06

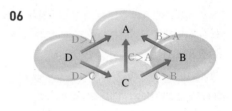

열은 온도가 높은 물체에서 온도가 낮은 물체로 이동한다. 따라서 A~D의 온도를 비교하면 D>C>B>A이다.

07

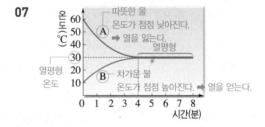

② 5분일 때 A와 B는 온도가 같으므로 열평형을 이루고 있다.
① 따뜻한 물과 차가운 물은 4분일 때 30 ℃의 온도로 열평형에 도달한다.
③ 따뜻한 물은 열을 잃고 점점 온도가 낮아진다. 따라서 따뜻한 물 입자의 움직임은 점점 둔해진다.
④ 열은 온도가 높은 물체에서 온도가 낮은 물체로 이동하므로 따뜻한 물에서 차가운 물로 이동한다.
⑤ 시간이 지날수록 A와 B의 온도 차이는 점점 작아지므로 A와 B 사이에서 이동하는 열의 양은 점점 적어진다.

08 ㄴ. (나)는 온도가 낮은 물체이므로 열평형에 도달할 때까지 온도가 점점 높아지며 입자 사이의 거리가 점점 멀어진다.
ㄷ. (가)와 (나)는 4분 이후에 온도가 같으므로 4분 이후에 열평형을 이루었다.
ㄱ. (가)는 온도가 높은 물체이므로 열평형에 도달할 때까지 온도가 점점 낮아지며 입자의 움직임이 점점 둔해진다.

09 ② 음식물의 열이 냉장고 속 공기로 이동하여 냉장고 속 공기와 열평형을 이루어 음식물이 시원해진다.
③ 몸의 열이 접촉식 체온계로 이동하여 몸과 체온계가 열평형을 이루므로 체온을 측정할 수 있다.

④ 수박의 열이 차가운 계곡물로 이동하여 수박이 계곡물과 열평형을 이루어 수박이 시원해진다.

⑤ 생선의 열이 얼음으로 이동하여 생선과 얼음이 열평형을 이루므로 생선의 신선한 상태를 유지할 수 있다.

바로 알기 ① 냄비의 손잡이를 플라스틱으로 만드는 것은 물질의 종류에 따라 열이 전도되는 정도가 다른 것을 이용한 예이다.

10

열을 잃는다.
➡ 온도가 높은 물체
➡ 온도가 낮아진다.

열을 얻는다.
➡ 온도가 낮은 물체
➡ 온도가 높아진다.

④ 열은 A와 B 사이에서만 이동하므로, A가 잃은 열의 양만큼 B가 열을 얻는다. 따라서 A가 잃은 열의 양과 B가 얻은 열의 양은 같다.

바로 알기 ① 열은 항상 온도가 높은 물체에서 온도가 낮은 물체로 이동한다. 따라서 처음에는 B가 A보다 온도가 낮다.

② A는 열을 잃어 온도가 낮아지므로 입자의 움직임이 점점 둔해진다.

③ B는 열을 얻어 온도가 높아지므로 입자 사이의 거리가 점점 멀어진다.

⑤ 시간이 지나면 A와 B는 열평형에 도달하므로 A와 B의 온도가 같아진다.

11 ㄱ. 입자의 움직임은 (나)가 (가)보다 활발하다. (가)에 열을 가하면 온도가 높아져 (나)와 같이 입자의 움직임이 활발해진다.

ㄷ. (가)와 (나)를 접촉하면 (나)에서 (가)로 열이 이동하므로 (가)의 온도는 높아지고 (나)의 온도는 낮아진다. 따라서 (가) 입자의 움직임은 활발해지고, (나) 입자의 움직임은 둔해진다.

바로 알기 ㄴ. 온도가 다른 두 물체가 접촉하면 온도가 높은 물체에서 온도가 낮은 물체로 열이 이동한다. 따라서 (가)와 (나)를 접촉하면 (나)에서 (가)로 열이 이동한다.

12 ①, ③ 복사는 다른 물질의 도움 없이 열이 직접 이동하는 방식이므로 진공에서도 복사의 방식으로 열이 이동할 수 있다.

② 고체에서는 주로 전도에 의해 입자의 움직임이 이웃한 입자에 차례로 전달되어 열이 이동한다.

④ 액체나 기체 상태의 물질에서는 대류에 의해 입자가 직접 이동하여 열이 이동한다.

바로 알기 ⑤ 대류에 의해 열이 이동할 때 온도가 높은 물질은 가벼워서 위로 올라가고, 온도가 낮은 물질은 무거워서 아래로 내려온다.

13 (가) 물을 끓이면 대류에 의해 물 전체가 뜨거워진다.

(나) 뜨거운 국의 열이 전도에 의해 숟가락의 손잡이로 이동하여 숟가락의 손잡이가 뜨거워진다.

(다) 열화상 카메라는 복사에 의해 이동하는 열을 측정한다.

14 ①, ④ 고체에서 입자의 움직임이 이웃한 입자에 차례로 전달되어 열이 이동하는 방식을 전도라고 한다.

② 고체에서는 주로 전도에 의해 열이 이동한다.

③ 금속에 열을 가하는 부분에 있는 입자의 움직임이 활발해진다. 따라서 온도가 높아진 부분의 입자가 움직임이 활발해진 것을 알 수 있다.

바로 알기 ⑤ 난로를 켜면 따뜻해진 공기가 직접 이동하여 방 전체가 따뜻해진다. 이러한 열의 이동 방식은 대류이다.

15 ② 금속이 아닌 나무에서보다 금속에서 열이 더 빠르게 전도된다.

바로 알기 ①, ③ 물체를 이루는 물질의 종류에 따라 열이 전도되는 정도가 다르다. 금속은 열을 빠르게 전달한다.

④, ⑤ 주전자와 같은 조리 도구를 만들 때 바닥 부분은 금속으로 만들어 열을 빠르게 전달하도록 한다. 반면 주전자의 손잡이는 주전자가 뜨거워져도 안전하게 잡을 수 있도록 열을 느리게 전달하는 나무나 플라스틱 등으로 만든다.

16 ㄱ. 액체에서 물질을 구성하는 입자가 열을 받아 직접 이동하면서 열이 이동하는 방식을 대류라고 한다.

ㄴ. 물이 든 냄비의 아래쪽을 가열하면 물 입자들이 직접 이동하면서 열을 전달하여 물 전체가 따뜻해진다.

ㄷ. 대류에서 위로 올라가는 물은 열을 얻어 따뜻해진 물이고, 아래로 내려오는 물은 온도가 상대적으로 낮은 물이다. 따라서 위로 올라가는 물은 아래로 내려오는 물보다 입자의 움직임이 활발하다.

17 대류에 의해 따뜻한 공기는 위로 올라가고, 차가운 공기는 아래로 내려가므로 냉방 기구는 위쪽에, 난방 기구는 아래쪽에 설치한다.

18 복사는 다른 물질의 도움 없이 열이 직접 이동하는 방식으로, 열화상 카메라는 복사에 의해 이동하는 열을 측정한다.

바로 알기 ①, ⑤ 전도에 의해 열이 전달된다.

③ 대류에 의해 열이 전달된다.

19 ㄷ. (다)는 모닥불 옆에 손을 가까이 하면 손이 따뜻해지는 것으로 물질을 거치지 않고 열이 직접 이동하는 복사에 의한 열의 이동 방식이다.

바로 알기 ㄱ. (가)는 금속 막대의 한쪽 끝이 불에 닿을 때 금속 막대의 반대쪽 끝도 뜨거워지는 것으로 전도에 의한 열의 이동 방식이다.

ㄴ. (나)는 냄비의 아래쪽을 가열하면 냄비의 물이 전체적으로 따뜻해지는 것으로 대류에 의한 열의 이동 방식이다. 대류는 주로 액체나 기체에서 열이 이동하는 방식이다.

20 ㄱ. 태양의 열은 복사에 의해 물질을 거치지 않고 집열판까지 직접 이동한다.

바로 알기 ㄴ. 태양열 온풍기에서 따뜻해진 공기는 위로 올라가서 대류의 방식으로 방 전체를 따뜻하게 한다.

ㄷ. 차가운 공기가 집열판을 지날 때 집열판에서 차가운 공기로 열이 이동하여 공기의 온도가 높아진다.

21 온도가 높은 차에서 상대적으로 온도가 낮은 공기로 열이 이동하여 열평형을 이루는데, 이때 차의 온도는 낮아진다.

채점 기준	배점
차 입자의 움직임 변화를 그 까닭과 함께 옳게 서술한 경우	100 %
차 입자의 움직임 변화만 옳게 서술한 경우	50 %

22 물질의 종류에 따라 열이 전도되는 정도가 다른 것을 이용하여 냄비와 손잡이의 재질을 다르게 만든다.

채점 기준	배점
금속과 플라스틱에서 열이 전도되는 정도와 함께 까닭을 옳게 서술한 경우	100 %
물질의 종류에 따라 열이 전도되는 정도가 다르다고만 서술한 경우	50 %

23 (가) 책을 던지는 것은 물질을 거치지 않고 열이 직접 이동하는 복사에 비유할 수 있다.
(나) 책을 직접 들고 가는 것은 입자가 직접 이동하면서 열을 전달하는 대류에 비유할 수 있다.
(다) 책을 뒤로 건네주는 것은 입자의 움직임이 이웃한 입자에 차례로 전달되어 열이 이동하는 전도에 비유할 수 있다.

	채점 기준	배점
(1)	열이 이동하는 방식을 모두 옳게 쓴 경우	40 %
(2)	(가)~(다)에 모두 옳게 서술한 경우	60 %
	(가), (나), (다)에 관련된 현상 중 한 가지당 배점	20 %

수준 높은 문제로 실력탄탄
진도 교재 79쪽

01 ① **02** ③ **03** ① **04** ③

01 ㄱ. 잉크를 동시에 떨어뜨렸을 때 잉크는 (가)에서가 (나)에서보다 더 빠르게 퍼졌으므로 입자의 움직임은 (가)에서가 (나)에서보다 더 활발하다.
바로 알기 ㄴ. (가)에서가 (나)에서보다 입자의 움직임이 더 활발하므로 (가)는 뜨거운 물이고, (나)는 차가운 물이다.
ㄷ. 차가운 물인 (나)에서보다 뜨거운 물인 (가)에서 입자 사이의 거리가 더 멀다.

02 ㄱ. 처음 5분 동안 뜨거운 달걀에서 물로 열이 이동하여 물의 온도가 높아진다. 따라서 물의 입자 사이의 거리는 멀어진다.
ㄷ. 5분이 지난 후에는 달걀과 물이 열평형에 도달하여 온도가 일정하게 유지된다.
바로 알기 ㄴ. 열량은 열의 양을 나타낸다. 열은 달걀에서 물로 이동하므로 달걀이 잃은 열의 양은 물이 얻은 열의 양과 같다.

03 ㄱ. 컵은 고체이므로 컵에 뜨거운 차를 따르면 컵에서 전도로 열이 이동하여 컵 손잡이가 뜨거워진다.
바로 알기 ㄴ. 시간이 지나면 뜨거운 차와 컵, 공기가 열평형을 이룬다. 이때 온도가 높은 차는 열을 잃어 온도가 낮아지므로 차 입자의 움직임은 점점 둔해진다.
ㄷ. 김에서는 주로 대류에 의해 열이 이동하기 때문에 김이 위로 올라온다.

04 ㄱ. 고체인 구들장에서는 열이 입자에서 이웃한 입자에게 차례로 이동한다. 이러한 열의 이동 방식은 전도이다.
ㄷ. 석빙고 안에서 뜨거워진 공기는 위로 올라가고 차가운 공기는 아래로 내려온다. 이는 대류에 의한 현상으로, 위로 올라간 뜨거운 공기는 천장에 있는 환기 구멍을 통해 밖으로 빠져나간다. 이와 같은 원리로 냉방 기구는 위쪽에 설치하는 것이 효과적이다.
바로 알기 ㄴ. (가)는 전도에 의한 열의 이동으로 주로 고체에서 열이 이동하는 방식이다.

02 비열과 열팽창

확인 문제로 개념쏙쏙
진도 교재 81, 83쪽

Ⓐ 열량, 비열, 열량, 작다, 비열, 빠르게
Ⓑ 열팽창, 종류, 바이메탈, 열팽창

1 (1) ○ (2) × (3) × (4) ○ **2** (1) (가) (2) (나)
3 0.4 kcal/(kg·℃) **4** 40 kcal **5** 철 **6** (1) 커서
(2) ㉠ 뜨겁지만, ㉡ 차갑다 (3) 큰 (4) 빠르게 **7** ㉠ 온도,
㉡ 움직임, ㉢ 거리, ㉣ 부피 **8** (1) 달라진다 (2) 크다 (3)
작다 **9** (1) > (2) > (3) < (4) A, C, B **10** (1) ○
(2) × (3) ○ (4) ×

1 바로 알기 (2) 어떤 물질에 가하는 열량이 같을 때 물질의 질량과 온도 변화는 반비례하므로 물질의 질량이 클수록 온도 변화는 작다.
(3) 어떤 물질 1 kg의 온도를 1 ℃ 높이는 데 필요한 열량을 비열이라고 한다.

2 (1) 물질에 가한 열량과 물질의 비열이 같을 때 온도 변화는 질량에 반비례한다. 따라서 질량이 작은 (가)의 물이 (나)의 물보다 온도 변화가 크다.
(2) 열량=비열×질량×온도 변화인데, 온도 변화와 비열이 같으므로 가한 열량은 질량에 비례한다. 따라서 질량이 큰 (나)의 물에 가한 열량이 (가)의 물에 가한 열량보다 크다.

3 비열$=\dfrac{열량}{질량×온도 변화}=\dfrac{16\ kcal}{4\ kg×10\ ℃}=0.4\ kcal/(kg·℃)$

4 열량=비열×질량×온도 변화
$=1\ kcal/(kg·℃)×4\ kg×10\ ℃=40\ kcal$

5 비열$=\dfrac{열량}{질량×온도 변화}$에서 비열과 온도 변화는 반비례하므로 질량이 같은 물질에 같은 열량을 가했을 때 비열이 작은 물질일수록 온도 변화가 크다. 철의 비열이 가장 작으므로 온도 변화가 가장 큰 물질은 철이다.

6 (1) 물은 같은 열량을 가하더라도 다른 물질에 비해 온도 변화가 작다. 이는 물이 다른 물질에 비해 비열이 매우 크기 때문이다.
(2) 해안가의 바닷물은 모래보다 비열이 커서 같은 열량을 가해도 온도 변화가 작다. 따라서 낮에는 비열이 작아 온도 변화가 큰 모래가 바닷물보다 뜨겁고, 밤에는 모래가 빨리 식어 바닷물보다 차갑다.
(3) 자동차 냉각수는 비열이 큰 물질이므로 온도 변화가 작다. 따라서 자동차 엔진이 지나치게 뜨거워지는 것을 막을 수 있다.
(4) 비열이 작은 물질을 활용하여 프라이팬을 만들면 빠르게 뜨거워지면서 음식을 잘 익힐 수 있다.

7 물질에 열을 가하면 온도가 높아지고, 입자의 움직임이 활발해진다. 따라서 입자 사이의 거리가 멀어지므로 물질의 부피가 증가한다.

8 (1) 물질이 열팽창하는 정도는 물질의 종류와 상태에 따라 다르다.

(2) 일반적으로 온도가 높아질 때 입자 사이의 거리가 멀어지는 정도는 고체보다 액체에서 더 크다. 따라서 고체보다 액체의 열팽창 정도가 더 크다.

(3) 물보다 에탄올의 열팽창 정도가 크다.

9 바이메탈을 가열하면 열팽창 정도가 큰 금속이 열팽창 정도가 작은 금속 쪽으로 휘어진다.

10 바로알기 (2) 불 위에 둔 냄비가 전체적으로 뜨거워지는 것은 열의 전도에 의한 현상이다.

(4) 차가운 냉장고 안에 과일을 넣으면 냉장고의 공기와 과일이 열평형을 이루어 과일이 차가워진다.

탐구 ⓐ

진도 교재 84~85쪽

ㄱ 작을, ㄴ 클

01 (1) ○ (2) × (3) × (4) × (5) ○ **02** 1.5 kcal

03 0.4 kcal/(kg·℃) **04** ⑤ **05** ③ **06** A와 B는 다른 물질이다. A와 B의 비열이 다르기 때문이다.

01 바로알기 (2) 같은 시간 동안 가열했으므로 식용유와 물이 얻은 열량은 같다.

(3) 물질의 질량과 물질에 가한 열량이 같을 때 비열과 온도 변화는 반비례한다. 온도 변화는 식용유가 물보다 크므로 비열은 식용유가 물보다 작다.

(4) 물질에 가한 열량이 같을 때 물질의 질량이 커지면 온도 변화는 작아진다.

02 열량=비열×질량×온도 변화
 $=1 \text{ kcal/(kg·℃)} × 0.05 \text{ kg} × 30\text{ ℃} = 1.5 \text{ kcal}$

03 식용유에 가한 열량도 1.5 kcal이므로 식용유의 비열은

$\dfrac{\text{열량}}{\text{질량} × \text{온도 변화}} = \dfrac{1.5 \text{ kcal}}{0.05 \text{ kg} × 75\text{ ℃}} = 0.4 \text{ kcal/(kg·℃)}$이다.

04
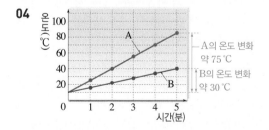

ㄱ. 비열이 클수록 온도가 잘 변하지 않으므로 온도 변화가 작은 B가 A보다 비열이 크다.

ㄴ. A와 B를 동일하게 가열하였으므로 같은 시간 동안 A와 B가 받은 열량은 같다.

ㄷ. 비열이 클수록 같은 온도만큼 높이는 데 더 많은 열량이 필요하다. 따라서 같은 열량을 가했을 때 온도 변화가 큰 것은 비열이 작은 A이다.

---

05 ㄱ. A의 온도 변화는 60 ℃−36 ℃=24 ℃이고, B의 온도 변화는 60 ℃−51 ℃=9 ℃이다. 따라서 A가 B보다 온도 변화가 크다.

ㄷ. 비열이 클수록 같은 온도만큼 높이는 데 더 많은 열량이 필요하다.

바로알기 ㄴ. 비열이 클수록 온도가 잘 변하지 않는다. A가 B보다 온도 변화가 크므로 비열은 A가 B보다 작다.

06 비열은 물질을 구분하는 특성인데, A와 B의 비열이 다르기 때문에 다른 물질인 것을 알 수 있다.

채점 기준	배점
A와 B가 다른 물질이라는 것을 까닭과 함께 옳게 서술한 경우	100 %
A와 B가 다른 물질이라고만 쓴 경우	50 %

탐구 ⓑ

진도 교재 86~87쪽

ㄱ 열팽창, ㄴ 다르다

01 (1) × (2) ○ (3) ○ (4) × (5) × **02** (나) **03** ②

04 ③ **05** ⑤ **06** 세 막대를 가열하면 막대를 이루는 입자 사이의 거리가 멀어져서 막대의 길이가 길어지므로 바늘이 오른쪽으로 돌아간다.

01 바로알기 (1) 열은 뜨거운 물에서 에탄올로, 뜨거운 물에서 삼각 플라스크 속의 물로 이동한다.

(4), (5) 같은 양의 열을 받았을 때 물보다 에탄올의 높이 변화가 더 크므로 물보다 에탄올의 부피가 더 많이 팽창한다. 따라서 물보다 에탄올의 열팽창 정도가 더 크다.

02 열팽창 정도는 에탄올이 물보다 크다. 따라서 액체의 높이 변화가 큰 (나)가 에탄올이다.

03 ② 물은 온도가 높아지므로 입자의 움직임이 활발해진다.

바로알기 ①, ③ 수조의 뜨거운 물에서 삼각 플라스크 속 물과 에탄올로 열이 이동한다. 따라서 삼각 플라스크 속 물과 에탄올 모두 온도가 높아지므로 입자의 움직임이 활발해진다.

④ 물과 에탄올 모두 입자의 움직임이 활발해지므로 입자 사이의 거리가 멀어진다.

⑤ 열팽창 정도는 물질의 종류에 따라 다르며, 에탄올이 물보다 열팽창 정도가 크다.

04 ㄱ. 에탄올이 든 둥근바닥 플라스크를 뜨거운 물에 넣었으므로 뜨거운 물에서 에탄올로 열이 이동하여 에탄올의 온도가 높아진다. 따라서 에탄올 입자의 움직임은 활발해진다.

ㄴ. 물과 에탄올의 높이가 높아진 채로 멈추었으므로 더 이상 온도가 변하지 않는다. 따라서 둥근바닥 플라스크 속 물과 에탄올이 수조의 뜨거운 물과 열평형을 이루었다.

바로알기 ㄷ. 높이가 높아진 정도는 에탄올이 물보다 높으므로 열팽창 정도도 에탄올이 물보다 크다.

05 ①, ③ 금속 막대를 가열하면 열팽창에 의해 막대의 길이가 길어지며 바늘이 오른쪽으로 돌아간다.
② 가열 시간이 길수록 막대의 온도가 높아져 열팽창하는 길이가 길어지므로 바늘이 더 많이 돌아간다.
④ 물질의 종류에 따라 열팽창하는 정도가 다르다.
바로알기 ⑤ 바늘이 많이 돌아갈수록 열팽창 정도가 크므로 열팽창 정도는 알루미늄>구리>철 순으로 크다.

06 물질의 온도가 높아지면 물질을 구성하는 입자 사이의 거리가 멀어지며 물질의 부피가 팽창한다.

채점 기준	배점
바늘이 돌아간 까닭을 막대 입자 사이의 거리와 연관 지어 옳게 서술한 경우	100 %
열팽창 때문이라고만 서술한 경우	50 %

여기서 잠깐
진도 교재 88쪽

유제① (1) C (2) C
유제② ③
유제③ (1) A>B>C (2) A>B>C

유제① (1) 물질의 종류가 같으면 비열이 같다. 가한 열량과 비열이 같은 경우 시간 – 온도 그래프의 기울기가 작을수록 질량이 크므로 C의 질량이 가장 크다.
(2) 가한 열량과 질량이 같은 경우 시간 – 온도 그래프의 기울기가 작을수록 비열이 크므로 C의 비열이 가장 크다.

유제② 가한 열량과 비열이 같은 경우 온도 변화는 질량에 반비례한다.

$$A의 질량 : B의 질량 = \frac{1}{A의 온도 변화} : \frac{1}{B의 온도 변화}$$

$$= \frac{1}{70\,℃-10\,℃} : \frac{1}{30\,℃-10\,℃} = \frac{1}{60\,℃} : \frac{1}{20\,℃} = 1:3$$

유제③
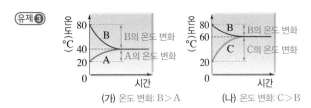
(가) 온도 변화: B>A   (나) 온도 변화: C>B

(1) A, B, C가 같은 물질이면 세 물체의 비열이 같다. 접촉한 두 물체 사이에서 온도가 높은 물체가 잃은 열량과 온도가 낮은 물체가 얻은 열량은 같으므로 물체의 질량은 온도 변화에 반비례한다. 온도 변화는 (가)에서는 B>A이고, (나)에서는 C>B이므로 C>B>A 순으로 크다. 따라서 질량을 비교하면 A>B>C이다.
(2) (가)에서 B와 C를 접촉한 순간부터 열평형에 도달할 때까지 B의 온도 변화가 A의 온도 변화보다 크므로 비열은 A>B이다. (나)에서 B와 C를 접촉한 순간부터 열평형에 도달할 때까지 C의 온도 변화가 B의 온도 변화보다 크므로 비열은 B>C이다. 따라서 비열을 비교하면 A>B>C이다.

01 ③, ⑤	02 ③	03 ⑤	04 ②	05 ⑤	06 ②
07 ③, ④	08 ⑤	09 ④	10 ③	11 ④	12 ⑤
13 ①	14 ②, ④	15 ④			

서술형 문제 **16** (1) D>C>B>A, 물질의 질량과 물질에 가한 열량이 같은 경우 비열이 작은 물질일수록 온도 변화가 크기 때문이다.   (2) 열량=비열×질량×온도 변화=0.40 kcal/(kg·℃)×0.2 kg×20 ℃=1.6 kcal이다.

17 내륙 도시, 육지가 바다보다 비열이 작아 온도 변화가 크게 나타나므로 내륙 도시의 일교차가 해안 도시보다 크다.

18 (나), 알루미늄박의 열팽창 정도가 종이보다 크므로 알루미늄박이 종이 쪽으로 휘어지기 때문이다.

01 ①, ② 비열은 어떤 물질 1 kg의 온도를 1 ℃ 높이는 데 필요한 열량으로, 단위는 kcal/(kg·℃)를 사용한다.
④ 비열은 물질마다 다르므로, 비열을 이용하여 물질을 구별할 수 있다. 즉, 비열은 물질의 특성이다.
바로알기 ③ 비열이 큰 물질일수록 1 kg의 온도를 1 ℃ 높이는 데 많은 열량이 필요하다. 따라서 비열이 큰 물질일수록 같은 열량으로 가열할 때, 온도가 잘 변하지 않아 천천히 데워진다.
⑤ 물질의 비열은 질량과 관계없이 일정한 물질의 특성이다.

02 $비열 = \frac{열량}{질량 \times 온도 변화} = \frac{10\ kcal}{5\ kg \times (32\,℃ - 7\,℃)}$

$= \frac{10\ kcal}{5\ kg \times 25\,℃} = 0.08\ kcal/(kg \cdot ℃)$

03 ㄱ. 물의 비열이 1 kcal/(kg·℃)로 가장 크다.
ㄴ. 비열은 물질 1 kg의 온도를 1 ℃ 높이는 데 필요한 열량이다. 알루미늄의 비열이 모래의 비열보다 크므로 물질의 온도를 1 ℃ 높이는 데 필요한 열량은 알루미늄이 모래보다 크다.
ㄷ. 물질의 질량과 물질에 가해 준 열량이 같을 때 비열이 작을수록 온도 변화가 크다. 따라서 온도 변화가 가장 큰 물질은 비열이 가장 작은 철이다.

04 A의 온도 변화는 20 ℃, B의 온도 변화는 40 ℃, C의 온도 변화는 32 ℃이다. 질량과 가한 열량이 같을 경우 물체의 온도 변화는 물체의 비열에 반비례한다. 온도 변화는 B>C>A 순으로 크므로 비열은 A>C>B 순으로 크다.

05 ① 물과 식용유는 다른 물질이므로 비열도 다르다.
② 물과 식용유를 같은 가열 장치 위에 올려놓고 동시에 가열하므로 같은 시간 동안 두 물질이 받은 열량은 같다.
③ 식용유의 비열이 물의 비열보다 작으므로 같은 시간 동안 식용유의 온도가 더 많이 변한다.
④ 물과 식용유의 비열이 다르므로 두 물질의 질량이 같을 때 같은 온도만큼 높이는 데 필요한 열량이 다르다. 비열이 큰 물질일수록 많은 열량이 필요하다.
바로알기 ⑤ 두 물체의 질량이 같으면 같은 열량을 가했을 때 비열이 클수록 온도 변화가 작다. 따라서 비열이 큰 물질일수록 같은 시간 동안 온도가 더 작게 높아진다.

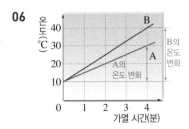

06

① A와 B를 같은 열량으로 가열하였으므로, 같은 시간 동안 A와 B가 얻은 열량은 같다.

③ A와 B의 질량이 같고 같은 열량을 가하였으므로 비열은 온도 변화에 반비례한다. 따라서 비열 비는 A : B = $\frac{1}{2}$: $\frac{1}{3}$ = 3 : 2 이다.

④ 그래프의 기울기가 클수록 온도 변화가 크므로 비열이 작다.

⑤ A와 B의 비열이 다르므로 A와 B는 서로 다른 물질이다.

바로 알기 ② 4분 동안 A의 온도 변화는 30 ℃ − 10 ℃ = 20 ℃ 이고, B의 온도 변화는 40 ℃ − 10 ℃ = 30 ℃이다. 따라서 온도 변화 비는 A : B = 2 : 3이다.

07 ③ 해풍과 육풍은 육지와 바다의 비열 차에 의한 현상이다.

④ 낮에는 온도가 높은 육지의 따뜻한 공기가 위로 올라가고, 바다의 차가운 공기가 내려오므로 바다에서 육지로 바람이 분다. 이는 기체에서 열이 이동하는 대류에 의해 나타나는 현상이다.

바로 알기 ① 태양의 열에너지가 복사에 의해 바다와 육지에 전달된다.

② 같은 열량을 가했을 때 비열이 작을수록 온도 변화가 크다. 따라서 비열이 큰 바다의 온도가 비열이 작은 육지의 온도보다 느리게 올라간다.

⑤ 밤에는 비열이 작은 육지가 빨리 식어서 바다보다 온도가 낮아진다. 따라서 밤에는 바다의 공기가 상승하고, 육지로부터 바람이 불어오는 육풍이 분다.

08 ①, ② 물은 다른 물질에 비해 비열이 매우 커서 자동차 냉각수나 찜질 팩에 활용된다.

③ 뚝배기는 프라이팬과 달리 비열이 커서 뜨거운 상태를 오랫동안 유지할 수 있다.

④ 사람의 몸에 있는 물은 비열이 커서 체온을 일정하게 유지하는 데 도움을 준다.

바로 알기 ⑤ 난방용 온수관은 비열이 낮은 물질을 활용하여 온수관이 빠르게 따뜻해지면서 바닥에 열을 전달하게 한다.

09 ①, ② 물질을 가열하면 물질의 온도가 높아지고 물질을 이루는 입자 사이의 거리가 멀어지며 부피가 증가하는데, 이를 열팽창이라고 한다.

③ 물질을 가열하면 입자의 수와 입자의 크기는 변하지 않고, 입자의 움직임이 활발해지면서 입자 사이의 거리가 멀어진다.

⑤ 물질의 열팽창 정도는 물질의 종류와 상태에 따라 다르다.

바로 알기 ④ 같은 물질이라도 물질의 상태에 따라 열팽창 정도가 다르다. 일반적으로 액체가 고체보다 열팽창 정도가 크다.

10 ①, ② 물질의 온도가 높아지면 열팽창하여 부피가 증가한다. 따라서 에탄올과 물 모두 유리관을 따라 올라간다.

④ 부피가 변한 정도는 에탄올이 물보다 크므로 열팽창 정도도 에탄올이 물보다 크다.

⑤ 에탄올과 물 모두 온도가 높아지므로 에탄올과 물 모두 입자의 움직임이 활발해진다.

바로 알기 ③ 열팽창하여 유리관을 따라 올라간 높이는 물이 에탄올보다 낮다. 따라서 부피가 변한 정도는 물이 에탄올보다 작다.

11 액체의 높이가 가장 많이 변한 에탄올이 열팽창 정도가 가장 크고, 높이가 가장 적게 변한 물이 열팽창 정도가 가장 작다. 세 액체의 열팽창 정도를 비교하면 에탄올 > 식용유 > 물이다.

12

⑤ 바이메탈은 온도가 변하면 휘어지는 특성을 활용하여 온도에 따라 자동으로 작동되거나 전원이 차단되는 제품에 사용된다.

바로 알기 ① 바이메탈은 열팽창 정도가 다른 두 금속을 붙여 놓은 장치로, 열팽창 정도가 다른 A와 B는 다른 종류의 금속이다.

② 바이메탈을 가열할 때 A 쪽으로 휘어졌으므로 B가 A보다 열팽창 정도가 크다.

③, ④ 바이메탈을 냉각시키면 A와 B는 수축한다. 이때 열팽창 정도에 따라 B가 A보다 많이 수축하여 바이메탈은 B 쪽으로 휘어진다.

13 ㄱ. 바이메탈은 열팽창 정도가 다른 두 금속을 붙여 놓은 장치로, 온도가 높아지면 열팽창 정도가 작은 금속 쪽으로 휘어진다.

바로 알기 ㄴ. 바이메탈은 온도가 높아지면 열팽창 정도가 작은 금속 쪽으로 휘어지므로 A가 B보다 열팽창 정도가 작다. 따라서 온도가 높아지면 열팽창 정도가 큰 B가 A보다 입자 사이의 거리가 더 많이 멀어진다.

ㄷ. 전기 주전자 내부의 바이메탈은 온도가 높아지면 회로의 연결이 끊어지게 되어 있다. 따라서 바이메탈의 온도가 특정 온도보다 높아지면 전기 주전자 가열 장치의 전원이 끊어진다.

14 ① 여름철에 전깃줄은 열팽창으로 길어져 늘어진다.

③ 에펠탑은 온도가 높은 여름철에 열팽창이 일어나 겨울철보다 높이가 더 높다.

⑤ 여름철에는 기차선로의 온도가 높아져 열팽창으로 휘어지는 것을 막기 위해 이음새 부분에 틈을 만든다.

바로 알기 ② 플라스틱은 열을 느리게 전달하므로 냄비가 뜨거워져도 안전하게 잡을 수 있도록 냄비의 손잡이는 플라스틱으로 만든다. 이는 전도에 의한 현상이다.

④ 프라이팬은 비열이 작은 물질로 만들어서 빠르게 뜨거워질 수 있다. 이는 비열이 작은 물질을 활용한 예이다.

15 ㄴ. 여름철 다리의 온도가 높아지면 열팽창이 일어나 다리가 휘어질 수 있다. 이를 막기 위해 다리의 이음새 부분에 틈을 만든다.

ㄷ. 가스관이나 송유관은 열팽창으로 휘어지는 것을 막기 위해 중간에 구부러진 부분을 만든다.

바로 알기 ㄱ. 여름에 온도가 높아지면 입자 사이의 거리가 멀어져서 부피가 증가하기 때문에 틈이 좁아진다.

16 비열 $=\dfrac{\text{열량}}{\text{질량} \times \text{온도 변화}}$ 이므로 물질의 질량과 가해진 열량이 같을 때 비열과 온도 변화는 반비례한다.

	채점 기준	배점
(1)	온도 변화를 옳게 비교하고, 비열과 온도 변화의 관계로 까닭을 옳게 서술한 경우	50 %
	온도 변화만 옳게 비교한 경우	20 %
(2)	열량을 풀이 과정과 함께 옳게 구한 경우	50 %
	풀이 과정 없이 열량만 옳게 구한 경우	20 %

17 일교차는 하루 중 가장 높은 기온과 가장 낮은 기온의 차이이다. 비열이 작으면 빨리 뜨거워지고, 빨리 식으므로 비열이 작은 내륙 도시의 일교차가 해안 도시보다 크다.

채점 기준	배점
내륙 도시를 쓰고, 그 까닭을 옳게 서술한 경우	100 %
내륙 도시만 쓴 경우	40 %

18 물질의 종류에 따라 열팽창 정도가 다르다. 이때 열팽창 정도가 다른 두 물질을 붙이고 가열하면 열팽창 정도가 큰 물질이 열팽창 정도가 작은 물질 쪽으로 휘어진다.

채점 기준	배점
(나)를 쓰고, 그 까닭을 옳게 서술한 경우	100 %
(나)만 쓴 경우	40 %

수준 높은 문제로 실력탄탄

진도 교재 92쪽

01 ⑤　**02** ②　**03** ③　**04** ⑤　**05** ④

01 그래프에서 온도 변화는 A>B>C 순으로 크다. 같은 질량의 물질을 같은 열량으로 가열할 때 비열이 클수록 온도 변화가 작으므로 비열은 C>B>A 순으로 크다.

02

물질	질량(g)	처음 온도(℃)	나중 온도(℃)	온도 변화(℃)
A	100	20	40	20
B	100	20	60	40
C	200	20	60	40

② A와 B의 질량이 같고, 같은 열량으로 가열했을 때 B의 온도 변화가 A의 2배이므로 비열은 A가 B의 2배이다.

바로 알기 ① 질량이 같은 A와 B를 비교하면 온도 변화가 작은 A의 비열이 더 크다. 온도 변화가 같은 B와 C를 비교하면 질량이 작은 B의 비열이 더 크다. 따라서 비열은 A>B>C 순이다.
③ 비열은 물질의 특성으로 질량에 관계없이 일정하다.
④ 같은 열량으로 가열하였으므로 5분 동안 A, B, C가 받은 열량은 같다.
⑤ B와 C의 온도 변화는 같지만, 질량은 C가 B의 2배이므로 비열은 B가 C의 2배이다.

---

03 ㄱ. A와 B가 얼음을 더 이상 녹이지 않으므로 A, B, 얼음이 모두 열평형을 이루었다. 따라서 A, B, 얼음의 온도가 모두 같다.
ㄴ. A가 B보다 얼음을 더 많이 녹였으므로 A에서 얼음으로 이동한 열량이 B에서 얼음으로 이동한 열량보다 많다.
바로 알기 ㄷ. A와 B의 질량이 같고, 온도 변화가 같을 때 이동한 열량은 A에서가 B에서보다 크므로 비열은 A가 B보다 크다.

04 가열을 시작할 때 유리관 속 물의 높이가 낮아진 까닭은 둥근바닥 플라스크가 열을 받아서 물보다 먼저 팽창하기 때문이다. 따라서 처음에는 둥근바닥 플라스크가 팽창하면서 물의 높이가 낮아지지만 고체보다 액체의 열팽창 정도가 커서, 물이 곧 더 크게 팽창하므로 물의 높이는 다시 높아진다.

05 ④ 바이메탈은 사용된 두 금속의 열팽창 정도의 차이가 많이 날수록 온도가 높아질 때 잘 휘어진다. 따라서 구리보다 철과 열팽창 정도의 차이가 많이 나는 알루미늄을 구리 대신 사용하면 바이메탈이 더 낮은 온도에서 휘어진다.
바로 알기 ①, ② 바이메탈은 서로 같은 금속을 붙이면 열팽창 정도가 같으므로 온도가 높아져도 휘어지지 않아서 회로가 연결되지 않는다.
③ 바이메탈은 열팽창 정도가 작은 금속 쪽으로 휘어진다. 철 대신 알루미늄을 사용하면 바이메탈의 온도가 높아질 때 구리 쪽으로 휘어지므로 회로가 연결되지 않는다.

단원평가문제

진도 교재 93~96쪽

01 ③　**02** ⑤　**03** ③　**04** ③　**05** ⑤　**06** ②, ③
07 ④　**08** ⑤　**09** ④　**10** ④　**11** ①　**12** ⑤　**13** ④
14 ⑤　**15** ③, ④　**16** ②　**17** ③, ④　**18** ④

서술형 문제 **19** A와 B가 열평형에 이를 때까지 A를 구성하는 입자의 움직임은 둔해지고, 입자 사이의 거리는 가까워진다.　**20** 뜨거운 물은 위로 올라가고, 차가운 물은 아래로 내려오므로 대류가 일어나 차가운 물과 뜨거운 물이 고르게 섞인다.　**21** (1) (가) 대류, (나) 전도, (다) 복사 (2) (가) 대류에서는 입자가 직접 이동하면서 열이 이동하지만, (나) 전도에서는 입자가 직접 이동하지 않고 움직임만 이웃한 입자에 차례로 전달되어 열이 이동한다.　**22** (1) 열량=비열×질량×온도 변화=0.4 kcal/(kg·℃)×2 kg×15 ℃=12 kcal이다. (2) 물, 비열이 커서 온도가 쉽게 변하지 않기 때문이다.　**23** 밤이 되어 온도가 낮아지면 육지의 온도가 바다의 온도보다 빠르게 낮아진다. 따라서 바다의 따뜻한 공기는 올라가고 육지의 차가운 공기는 내려오면서 육지에서 바다로 바람이 분다.　**24** A>B>C, 바이메탈을 가열할 때 바이메탈은 열팽창 정도가 작은 금속 쪽으로 휘어지기 때문이다.

01 ③ 입자의 움직임이 활발해졌으므로 물질의 온도가 높아졌다.
(바로 알기) ①, ④ 입자의 움직임이 활발해졌으므로 열을 얻었다.
② 물질의 온도가 변해도 물질의 질량은 변하지 않는다.
⑤ 물질의 온도가 높아지며 입자 사이의 거리가 멀어졌다.

02 열은 온도가 높은 물체에서 온도가 낮은 물체로 이동한다.
• 열이 B → C로 이동 ➡ 온도는 B>C이다.
• 열이 D → B로 이동 ➡ 온도는 D>B이다.
• 열이 C → A로 이동 ➡ 온도는 C>A이다.
따라서 A~D의 온도를 비교하면 D>B>C>A이다.

03 ㄱ. 물체를 구성하는 입자는 온도가 높을수록 움직임이 활발하고, 입자 사이의 거리가 멀다.
ㄴ. 열은 온도가 높은 물체에서 온도가 낮은 물체로 이동하고, 물체가 열을 얻으면 온도가 높아진다.
(바로 알기) ㄷ. 물체가 열을 얻으면 물체의 온도가 높아지므로 입자 사이의 거리가 멀어진다.

04

시간(분)	0	1	2	3	4
A의 온도(℃)	70	58	49	40	40
B의 온도(℃)	10	22	31	40	40

A에서 B로 열 이동
온도가 높은 물체
온도가 낮은 물체
열평형 온도

① 열은 온도가 높은 물체에서 온도가 낮은 물체로 이동한다. A의 온도가 더 높으므로 열은 A에서 B로 이동한다.
② 3분일 때 A와 B의 온도가 40 ℃로 같아지므로 3분일 때 A와 B는 열평형을 이룬다.
④ 1분일 때 A의 온도가 4분일 때 온도보다 높으므로 A 입자의 움직임은 1분일 때가 4분일 때보다 더 활발하다.
⑤ 열평형이 되면 두 물체의 온도는 더 이상 변하지 않으므로 5분일 때 A, B의 온도는 여전히 40 ℃이다.
(바로 알기) ③ 두 물체의 온도 차이가 클수록 이동하는 열의 양이 많다. 따라서 온도 차이가 큰 1분일 때가 2분일 때보다 이동하는 열의 양이 많다.

05 ⑤ 물의 온도는 낮아지므로 물 입자 사이의 거리가 가까워진다.
(바로 알기) ① 물은 열을 잃으므로 온도가 낮아진다.
② 컵은 열을 얻으므로 온도가 높아진다.
③ 온도가 높은 물에서 온도가 낮은 컵으로 열이 이동한다.
④ 컵은 온도가 높아지므로 컵 입자의 움직임이 활발해진다.

06 ②, ③ 금속 막대에서 불과 닿는 부분의 온도가 높아지면 입자의 움직임이 활발해지고, 입자의 움직임이 이웃한 입자에 차례로 전달되어 열이 이동한다. 따라서 알코올램프와 가장 가까운 곳인 (가)부터 온도가 높아져 입자의 움직임이 활발해지므로 열은 (가)에서 (라) 방향으로 전달된다.
(바로 알기) ① 가장 먼저 떨어지는 나무 막대는 (가)이다.
④ 금속에서 열은 전도의 방법으로 이동한다. 입자가 직접 이동하여 열을 전달하는 방법은 대류이다.
⑤ 물질의 종류에 따라 열이 전도되는 정도가 다르므로, 금속 막대의 종류가 달라지면 나무 막대가 떨어지는 데 걸리는 시간도 달라진다.

07 플라스틱은 금속에 비해 열이 느리게 전도되는 물질이므로 불 위에 둔 주전자의 손잡이를 잡아도 뜨겁지 않다.

08

촛불로 가열한 부분의 물은 온도가 높아져 입자의 움직임이 활발해진다. 따라서 부피가 커져 가벼워지므로 위로 올라간다. 이때 상대적으로 차가운 위쪽의 물은 무거워서 아래로 내려온다.

09 (가)는 공기의 대류에 의해 방 전체가 따뜻해지는 경우이고, (나)는 난로에서 나오는 복사열에 의해 따뜻함을 느끼는 경우이다. (다)는 전도에 의해 주전자 전체가 따뜻해지는 경우이다.

10 물의 질량은 0.5 kg이고, 10분 동안 온도 변화는 10 ℃이다. 따라서 열량＝비열×질량×온도 변화＝1 kcal/(kg·℃)× 0.5 kg×10 ℃＝5 kcal이다.

11

물질	처음 온도(℃)	나중 온도(℃)	온도 변화(℃)
A	10	25	15
B	10	40	30

ㄱ. 물질의 질량이 같고 같은 열량으로 가열할 때, 비열이 클수록 온도 변화가 작다. A와 B의 질량이 같고, 같은 열량으로 가열했을 때 온도 변화는 A가 B보다 작으므로 비열은 A가 B보다 크다.
(바로 알기) ㄴ. A의 비열이 B의 비열보다 크므로 같은 열량을 가했을 때 온도 변화가 큰 것은 B이다.
ㄷ. 비열이 클수록 같은 온도만큼 높이는 데 더 많은 열량이 필요하므로 A가 B보다 더 많은 열량이 필요하다.

12

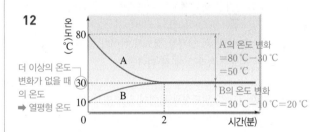

더 이상의 온도 변화가 없을 때의 온도
➡ 열평형 온도

A의 온도 변화 ＝80 ℃－30 ℃ ＝50 ℃
B의 온도 변화 ＝30 ℃－10 ℃＝20 ℃

① 열은 온도가 높은 물체에서 온도가 낮은 물체로 이동하므로 0~2분 동안 열은 A에서 B로 이동한다.
② 두 물체가 열평형에 도달하면 더 이상 온도 변화가 생기지 않는다. 따라서 열평형이 되었을 때의 온도는 30 ℃이다.
③ A의 온도 변화는 50 ℃이고, B의 온도 변화는 20 ℃이므로 온도 변화는 A가 B보다 크다.
④ 열은 A와 B 사이에서만 이동하므로 A가 잃은 열량은 B가 얻은 열량과 같다.
(바로 알기) ⑤ 두 물체의 질량과 두 물체에 가해진 열량이 같을 때, 물체의 비열과 온도 변화는 반비례한다. 온도 변화는 A가 B보다 크므로 비열은 A가 B보다 작다.

13 비열이 큰 물질을 활용한 예로는 자동차 냉각수, 찜질 팩, 뚝배기 등이 있고, 비열이 작은 물질을 활용한 예로는 난방용 온수관, 프라이팬 등이 있다.

14 막대를 가열하면 열팽창에 의해 막대의 길이가 길어지며 바늘이 오른쪽으로 회전한다. 이때 바늘이 많이 회전할수록 열팽창 정도가 크므로 열팽창 정도는 알루미늄＞구리＞철 순으로 크다.

15

③ 충분한 시간이 지나면 네 액체가 뜨거운 물과 열평형을 이루므로 네 액체의 온도는 모두 같아진다.
④ 부피 변화가 클수록 열팽창 정도가 큰 것이다. 따라서 열팽창 정도는 알코올＞식용유＞글리세린＞물 순으로 크다.
(바로 알기) ① 네 가지 액체 중 부피가 가장 크게 변한 알코올의 열팽창 정도가 가장 크다.
② 액체의 부피가 증가한 정도는 모두 다르다. 따라서 액체의 종류에 따라 열팽창 정도는 다르다.
⑤ 액체를 차가운 물에 넣으면 온도가 낮아지면서 입자 사이의 거리가 가까워져 부피가 감소한다. 열팽창 정도가 클수록 부피가 더 많이 감소하므로 부피가 가장 많이 줄어드는 것은 알코올이다.

16 ① 온도가 높아지면 바이메탈에서 아래쪽 금속이 위쪽 금속보다 더 많이 팽창하여 위로 휘어지며 회로가 끊어지게 된다.
③ 바이메탈은 온도가 높아지면 열팽창 정도가 큰 금속이 더 길어지며 열팽창 정도가 작은 금속 쪽으로 휘어진다.
④ 바이메탈이 온도에 따라 휘어지는 것을 이용하여 회로의 전원을 연결하거나 차단하는 스위치를 만들 수 있다.
⑤ 온도가 낮아지면 바이메탈이 수축하며 원래 상태로 되돌아온다.
(바로 알기) ② 바이메탈은 열팽창 정도의 차이가 많이 나는 두 금속을 붙여야 온도가 올라갈 때 잘 휘어진다.

17 (바로 알기) ①, ② 열평형과 관련이 있는 현상이다.
⑤ 두 물질의 비열 차이와 관련이 있는 현상이다.

18 기차선로의 틈은 더운 여름에 선로가 열팽창하여 휘어지는 것을 막기 위한 장치로, 기차선로의 온도가 높아지면 틈이 작아진다.

19

A에서 B로 열이 이동하여 A의 온도는 낮아지고, B의 온도는 높아진다.

채점 기준	배점
입자의 움직임과 배치 모두 옳게 서술한 경우	100 %
입자의 움직임과 배치 중 한 가지만 옳게 서술한 경우	50 %

20 투명 필름을 제거하면 뜨거운 물은 위쪽으로 올라가고, 차가운 물은 아래쪽으로 내려온다. 물을 구성하는 입자들이 대류에 의해 순환하면서 두 플라스크 속의 물이 전체적으로 고르게 섞인다.

채점 기준	배점
뜨거운 물은 위로 올라가고 차가운 물은 아래로 내려오므로 대류에 의해 차가운 물과 뜨거운 물이 고르게 섞인다라고 서술한 경우	100 %
차가운 물과 뜨거운 물이 고르게 섞인다라고만 서술한 경우	50 %

21

(가) 냄비 속 물이 끓는다. 대류

(나) 불에 닿아 있는 냄비가 뜨거워진다. 전도

(다) 가스레인지의 불 가까이에 있으면 따뜻함이 느껴진다. 복사

전도는 고체에서 물체를 구성하는 입자의 움직임이 이웃한 입자에 차례로 전달되어 열이 이동하는 방식이고, 대류는 액체나 기체 물질을 구성하는 입자가 직접 이동하면서 열이 이동하는 방식이다.

	채점 기준	배점
(1)	(가)~(다) 열의 이동 방식을 모두 옳게 쓴 경우	40 %
	(가)~(다) 열의 이동 방식 중 두 가지만 옳게 쓴 경우	20 %
(2)	전도와 대류의 차이점을 입자와 관련지어 옳게 서술한 경우	60 %
	대류는 입자가 직접 이동하면서 열이 이동한다고만 서술한 경우	30 %

22 (2) 찜질 팩은 오랫동안 온도를 유지할 수 있어야 효과적이므로 비열이 큰 물질을 사용한다.

	채점 기준	배점
(1)	풀이 과정과 함께 열량을 옳게 구한 경우	50 %
	풀이 과정 없이 열량만 옳게 구한 경우	20 %
(2)	물을 고르고, 비열이 커서 온도가 쉽게 변하지 않는다고 서술한 경우	50 %
	물만 고른 경우	20 %

23 밤이 되어 온도가 낮아지면 비열이 작은 육지가 비열이 큰 바다보다 온도가 빠르게 낮아진다.

채점 기준	배점
바람이 부는 방향을 옳게 쓰고, 그 까닭을 옳게 서술한 경우	100 %
바람이 부는 방향만 옳게 쓴 경우	40 %

24 열팽창 정도는 (가)에서는 A＞B, (나)에서는 A＞C, (다)에서는 B＞C이다. 따라서 열팽창 정도는 A＞B＞C 순으로 크다.

채점 기준	배점
A＞B＞C라고 쓰고, 바이메탈을 가열할 때 열팽창 정도가 작은 금속 쪽으로 휘어진다라고 서술한 경우	100 %
A＞B＞C라고만 쓴 경우	50 %

IV 물질의 상태 변화

01 물질을 구성하는 입자의 운동

확인 문제로 개념 쏙쏙

진도 교재 103쪽

A 운동, 확산
B 표면, 기체
1 (1) ○ (2) × (3) × (4) ○ **2** ㉠ 입자, ㉡ 공기 **3** (1) ○
(2) × (3) × (4) × **4** (1) ○ (2) × (3) × (4) ○
5 (1) 증발 (2) 확산 (3) 증발 (4) 증발 (5) 확산 (6) 확산

1 바로 알기 (2) 입자는 모든 방향으로 운동한다.
(3) 입자는 가만히 정지해 있지 않고 스스로 끊임없이 모든 방향으로 운동한다.

2 향수를 뿌리면 방 안 전체로 향수 냄새가 퍼지는 까닭은 향수 입자가 스스로 운동하여 공기 중으로 확산했기 때문이다.

3 바로 알기 (2) 확산은 물질의 상태와 상관없이 일어난다.
(3) 진공 속에서는 확산을 방해하는 다른 입자가 없으므로 확산이 더 잘 일어난다.
(4) 확산은 입자가 스스로 운동하여 나타나는 현상이므로 바람이 불지 않을 때에도 일어난다.

4 바로 알기 (2) 증발은 액체 표면에서 기체로 변하는 현상이다.
(3) 증발은 액체 표면에서만 일어난다. 액체 표면뿐만 아니라 내부에서도 액체가 기체로 변하는 현상은 끓음이다.

5 (1), (3), (4)는 증발, (2), (5), (6)은 확산의 예이다.

탐구ⓐ

진도 교재 104~105쪽

운동

01 (1) ○ (2) × (3) × (4) ○ (5) ○ **02** (1) ○ (2) ×
(3) ○ **03** ⑤ **04** ㄴ **05** ③ **06** ㉠ 가까이, ㉡ 확산

01 (1) 물이 담긴 페트리 접시에 잉크를 한 방울 떨어뜨리면 잉크를 떨어뜨린 지점을 중심으로 잉크가 사방으로 퍼져 나간다.
(4) 향수를 뿌린 지점을 중심으로 향수가 사방으로 퍼져 나가므로 향수를 뿌린 지점에 가까운 사람부터 냄새를 맡는다.
(5) 실험 ❶과 실험 ❷의 결과로 잉크 입자와 향수 입자가 스스로 운동하여 퍼져 나간다는 것을 알 수 있다.
바로 알기 (2) 잉크 입자는 모든 방향으로 퍼져 나간다. 따라서 페트리 접시의 오른쪽 위에 잉크를 떨어뜨리면 그 지점을 중심으로 잉크가 사방으로 퍼져 나간다.
(3) 향수 입자는 모든 방향으로 퍼져 나가므로 향수를 뿌린 지점에서 가까운 사람부터 냄새를 맡아 손을 들고, 점차 사방으로 손을 드는 사람이 늘어난다.

02 (1) 거름종이에 떨어뜨린 아세톤 입자가 증발하여 액체에서 기체로 변한다.
(3) 증발하여 기체로 변한 아세톤 입자는 공기 중으로 확산하여 퍼져 나가므로 주위에서 아세톤 냄새를 맡을 수 있다.
바로 알기 (2) 거름종이에 떨어뜨린 아세톤의 질량이 감소하는 까닭은 아세톤 입자가 액체에서 기체로 되어 공기 중으로 날아가기 때문이다.

03 확산은 모든 방향으로 일어난다. 따라서 잉크 입자는 물속에서 모든 방향으로 퍼져 나가 물 전체가 잉크 색으로 변한다.

04 향수 입자는 모든 방향으로 퍼져 나가므로 향수를 뿌린 지점에서 가까운 사람부터 냄새를 맡을 수 있고, 점차 사방으로 냄새를 맡는 사람이 늘어난다. 따라서 A 학생, B 학생, C 학생 순으로 손을 든다.

05 시간이 지남에 따라 아세톤이 증발하면서 전자저울의 숫자는 점점 작아진다.

06 만능 지시약 종이의 색깔이 변하는 것은 염기성 물질인 암모니아 입자가 만능 지시약 종이 쪽으로 이동했기 때문이다. 따라서 암모니아 입자가 스스로 운동하여 퍼져 나간다는 것을 알 수 있다.

기출 문제로 내신 쏙쏙

진도 교재 106~108쪽

01 ② **02** ④ **03** ④ **04** ⑤ **05** ② **06** ③ **07** ④
08 ④ **09** ② **10** ③ **11** ④ **12** ③ **13** ⑤ **14** ②
서술형 문제 **15** 입자가 스스로 운동하기 때문이다.
16 기름 입자가 스스로 운동하여 기체로 변해 공기 중으로 확산하므로 라이터를 사용하면 화재 위험이 매우 높기 때문이다. **17** (1) 전자저울의 숫자가 작아지다가 0이 된다. (2) 아세톤 입자가 스스로 운동하여 증발하기 때문이다.

01 ①, ③ 입자는 가만히 정지해 있지 않고 스스로 끊임없이 모든 방향으로 운동한다.
④, ⑤ 확산과 증발은 입자 운동의 증거가 되는 현상이며, 화장실에 방향제를 놓아두면 좋은 향기가 나는 까닭은 방향제를 구성하는 입자가 공기 중으로 확산했기 때문이다.
바로 알기 ② 입자는 기체 속뿐만 아니라 액체 속과 진공 속에서도 운동한다.

02 ④ 확산은 물질을 구성하는 입자가 스스로 운동하여 퍼져 나가는 현상이다.
바로 알기 ① 확산은 모든 방향으로 일어난다.
② 액체의 표면에서 액체가 기체로 변하는 현상은 증발이다.
③ 확산은 열을 가하지 않아도 일어난다.
⑤ 고추와 같은 식품을 오래 보관하기 위해 말리는 것은 증발을 이용한 예이다.

03 ①, ② 향수 입자는 스스로 운동하여 공기 중으로 퍼져 나가므로 멀리서도 향수 냄새를 맡을 수 있다.
③ 온도가 높을수록 확산이 잘 일어난다.

⑤ 확산은 물질의 상태와 상관없이 일어나는 현상으로 액체 속에서도 일어난다.

(바로 알기) ④ 확산은 진공 속에서도 일어나므로 공기가 없어도 향수 입자는 확산할 수 있다.

04 ㄱ. 잉크 입자가 물속에서 스스로 운동하여 물 전체로 확산하는 현상이다.

ㄴ, ㄷ. 잉크를 떨어뜨린 지점을 중심으로 잉크가 모든 방향으로 퍼져 나가므로 시간이 지나면 물 전체가 잉크 색으로 변한다.

05 ①, ③, ④ 암모니아 입자가 스스로 운동하여 모든 방향으로 퍼져 나가 만능 지시약 종이와 만나기 때문에 만능 지시약 종이의 색깔은 암모니아 입자와 가까운 쪽부터 변한다. 따라서 만능 지시약 종이는 C → B → A 순으로 점차 색깔이 변하며, 이 실험으로 암모니아 입자가 스스로 운동한다는 것을 알 수 있다.

⑤ 마약 탐지견이 냄새로 마약을 찾는 것은 확산 현상의 예이다. 따라서 제시된 실험과 같은 원리로 설명할 수 있다.

(바로 알기) ② 암모니아 입자는 모든 방향으로 운동한다.

06 냉면에 식초를 넣으면 국물 전체에서 신맛이 나는 것은 확산의 예이다.

①, ②, ④, ⑤ 확산의 예이다.

(바로 알기) ③ 손등에 알코올을 바르면 잠시 후 사라지는 것은 증발의 예이다.

07 ①, ②, ③ 증발은 액체 표면에서 액체가 기체로 변하는 현상으로, 입자가 스스로 운동하기 때문에 일어난다.

⑤ 습도가 낮을수록 증발이 잘 일어난다. 따라서 맑은 날에 증발이 더 잘 일어난다.

(바로 알기) ④ 증발은 입자의 운동에 의한 현상으로, 모든 온도에서 일어난다.

08 교실 바닥을 물걸레로 닦은 후 시간이 지나면 교실 바닥에 있던 물이 점차 줄어들다가 마른다. 이는 물 표면에서 물 입자가 기체가 되어 공기 중으로 날아가기 때문이며, 이 현상을 증발이라고 한다.

09 ①, ④ 거름종이 위의 아세톤 입자가 스스로 운동하여 액체 표면에서 기체로 변하며, 기체 상태의 아세톤은 스스로 운동하여 공기 중으로 퍼져 나간다.

③ 기체 상태가 된 아세톤 입자는 모든 방향으로 운동한다.

⑤ 기체로 변한 아세톤 입자가 공기 중으로 확산하기 때문에 조금 떨어진 곳에서도 아세톤 냄새를 맡을 수 있다.

(바로 알기) ② 아세톤 입자가 스스로 운동하여 증발하기 때문에 전자저울의 숫자는 점점 작아지다가 0이 된다.

10

아세톤 입자

액체 표면에서 아세톤 입자가 스스로 운동하여 기체로 변해 공기 중으로 날아간다.

①, ②, ④ 증발은 액체 표면에서 액체가 기체로 변하는 현상으로 입자가 스스로 운동하기 때문에 일어난다.

⑤ 오징어를 말리는 것은 증발의 예이다. 햇빛에 오징어를 말리면 물 입자가 스스로 운동하여 공기 중으로 증발하므로 오래 보관할 수 있다.

(바로 알기) ③ 증발은 액체의 표면에서 일어난다.

11 자리끼는 잠자리의 머리맡에 준비해 두는 물로, 액체인 물이 증발하여 방 안의 습도를 조절하는 역할을 한다. ㄱ, ㄴ, ㄷ은 증발의 예이다.

(바로 알기) ㄹ은 확산의 예이다.

12 증발과 확산은 입자가 스스로 운동하기 때문에 나타나는 현상이다. ㄷ은 증발의 예이고, ㄹ은 확산의 예이다.

(바로 알기) ㄱ은 복사에 의해 일어나는 현상이고, ㄴ은 열에 의해 일어나는 현상이다.

13 (가)는 확산의 예이고, (나)는 증발의 예이며, 확산과 증발은 입자가 스스로 끊임없이 운동하기 때문에 일어나는 현상이다.

(바로 알기) ① (가)에서 잉크 입자는 모든 방향으로 퍼진다.

②, ③ 확산과 증발은 온도가 높을수록 잘 일어난다. 따라서 (가)에서 잉크는 찬물보다 더운물에서 더 빨리 퍼지고, (나)에서 젖은 빨래는 밤보다 낮에 더 잘 마른다.

14 (가), (다)는 확산의 예이고, (나)는 증발의 예이다.

15 물질을 구성하는 입자는 가만히 정지해 있지 않고 스스로 끊임없이 모든 방향으로 움직인다.

채점 기준	배점
두 현상의 공통적인 원인을 입자와 관련지어 옳게 서술한 경우	100 %
그 외의 경우	0 %

16 바닥에 떨어진 기름 입자는 스스로 운동하면서 액체 표면에서 기체로 증발한다. 또한 기체 상태의 기름 입자는 스스로 운동하여 공기 중으로 확산한다. 따라서 주유소 근처에는 공기 중에 기름 입자가 있으므로 라이터를 사용하면 화재 위험이 매우 높다.

채점 기준	배점
주유소에서 라이터를 사용하면 안 되는 까닭을 제시된 용어를 모두 사용하여 옳게 서술한 경우	100 %
주유소에서 라이터를 사용하면 안 되는 까닭을 제시된 용어 중 두세 가지만 사용하여 서술한 경우	50 %

17 아세톤 입자는 스스로 운동하여 증발하므로 거름종이에 떨어뜨린 아세톤은 점점 마르고, 전자저울의 숫자는 작아지다가 0이 된다.

	채점 기준	배점
(1)	시간이 지남에 따라 나타나는 변화를 옳게 서술한 경우	50 %
(2)	변화가 나타나는 까닭을 옳게 서술한 경우	50 %

수준 높은 문제로 **실력탄탄** | 진도 교재 109쪽

| 01 ③ | 02 ③ | 03 ③ | 04 ④ |

01 ㄱ, ㄹ. 암모니아 입자가 스스로 운동하여 솜에 묻힌 페놀프탈레인 용액과 만나므로 솜이 붉은색으로 변한다.

바로알기 ㄴ. 암모니아 입자는 모든 방향으로 운동한다.
ㄷ. 암모니아수에서 가장 가까운 쪽의 솜부터 붉은색으로 변한다.

02 ③ 물에 붉은색 잉크를 떨어뜨리면 물 입자와 잉크 입자가 끊임없이 운동하여 서로 부딪쳐 섞이게 된다. 따라서 물 입자와 잉크 입자가 고르게 분포되어 물 전체가 잉크의 색인 붉은색으로 변한다.

03

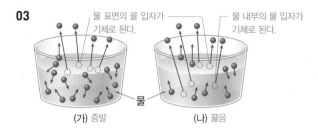

물 표면의 물 입자가 기체로 된다.　　물 내부의 물 입자가 기체로 된다.

(가) 증발　　(나) 끓음

①, ② (가)는 증발, (나)는 끓음 모형으로, 모두 액체가 기체로 변하는 현상이다.
④, ⑤ (가) 증발은 입자 운동의 증거가 되는 현상으로 모든 온도에서 일어나고, (나) 끓음은 가열할 때 액체가 끓기 시작하는 온도 이상에서 일어난다.
바로알기 ③ (가) 증발은 물 표면에서 일어나고, (나) 끓음은 물 표면과 내부, 즉 물 전체에서 일어난다.

04 ㄱ. 향수 입자는 스스로 운동하면서 액체 표면에서 기체로 증발하므로 질량이 점점 줄어든다.
ㄴ. 향수 입자는 스스로 운동하여 모든 방향으로 확산한다.
ㄹ. 증발은 습도가 낮을수록 잘 일어나므로 습도가 높은 날보다 건조한 날에 증발이 잘 일어나 질량이 빨리 줄어든다.
바로알기 ㄷ. 증발은 온도가 높을수록 잘 일어나므로 기온이 높을수록 질량이 빨리 줄어든다.

02 물질의 상태와 상태 변화

확인 문제로 개념 쏙쏙
진도 교재 111, 113쪽

A 고체, 액체, 기체, 고체, 액체, 기체
B 융해, 기화, 고체, 기체, 응고, 액화, 기체, 고체, 융해, 응고, 액체, 기체, 기체, 액체, 승화
C 융해, 기화, 고체, 기체, 성질, 질량, 부피
1 (1) × (2) ○ (3) × (4) ○ (5) × **2** (1) ㄱ, ㄹ, ㅅ (2) ㄴ, ㅁ, ㅂ (3) ㄷ, ㅇ **3** (가) 고체, (나) 액체, (다) 기체 **4** (1) (가) (2) (다) (3) (나) **5** A: 승화(기체 → 고체), B: 승화(고체 → 기체), C: 기화, D: 액화, E: 융해, F: 응고 **6** (1) B, C, E (2) A, D, F **7** (1) 액화 (2) 기화 (3) 응고 (4) 승화(기체 → 고체) (5) 융해 (6) 승화(고체 → 기체) **8** (1) B, C, E (2) A, D, F (3) D **9** (1) B (2) C (3) F **10** (1) × (2) × (3) ○ (4) ○ (5) × (6) × (7) ○ (8) ○

1 바로알기 (1) 고체는 모양과 부피가 일정하고, 압축되지 않는다.
(3) 기체는 모양과 부피가 모두 일정하지 않다.

(5) 고체와 액체는 담는 그릇에 관계없이 부피가 일정하다.

3 (가)는 입자 사이의 거리가 매우 가깝고 입자 배열이 규칙적이므로 고체 상태이고, (나)는 입자 사이의 거리가 고체보다 조금 더 멀고 고체 상태보다 입자 배열이 불규칙하므로 액체 상태이다. (다)는 입자 사이의 거리가 매우 멀고 입자 배열이 매우 불규칙하므로 기체 상태이다.

4 (3) 액체는 입자 운동이 비교적 활발하지만, 입자 사이의 거리가 가까워 거의 압축되지 않는다.

[5~6] 가열할 때 일어나는 상태 변화는 융해, 기화, 승화(고체 → 기체)이고, 냉각할 때 일어나는 상태 변화는 응고, 액화, 승화(기체 → 고체)이다.

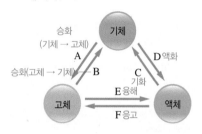

7 (1) 공기 중의 수증기가 액화하여 이슬이 맺힌다.
(2) 물이 끓어 수증기로 기화된다.
(3) 처마 끝에 맺힌 물방울이 응고하여 고드름이 생긴다.
(4) 성에는 유리창 주변에 있는 공기 중의 수증기가 차가운 유리창에 닿아 승화하여 얼어붙은 것이다.
(5) 철이 융해하여 쇳물이 된다.
(6) 얼음이 승화하여 액체를 거치지 않고 기체인 수증기로 변하기 때문에 점점 작아진다.

8 (1) 융해(B), 기화(E), 승화(고체 → 기체)(C)의 상태 변화가 일어날 때 입자 사이의 거리가 멀어진다.
(2) 응고(A), 액화(F), 승화(기체 → 고체)(D)의 상태 변화가 일어날 때 입자 배열이 규칙적으로 변한다.
(3) 일반적으로 승화(기체 → 고체)(D)의 상태 변화가 일어날 때 부피가 가장 크게 감소한다.

9 (1) 아이스크림이 융해(B)하여 흘러내린다.
(2) 드라이아이스가 기체로 승화(C)하여 크기가 작아진다.
(3) 공기 중의 수증기가 컵 표면에서 액화(F)하여 물방울이 된다.

10 (1), (2), (5), (6) 물질의 상태가 변할 때 입자의 종류와 수는 변하지 않으므로 물질의 성질과 질량도 변하지 않는다.
(3), (4), (7), (8) 물질의 상태가 변할 때 입자의 배열, 입자 사이의 거리, 입자의 운동성이 변하므로 물질의 부피가 변한다.

탐구 a
진도 교재 114~115쪽

성질
01 (1) ○ (2) ○ (3) × (4) × **02** (1) ○ (2) × (3) ○ (4) ○ **03** (가) E, (나) B **04** (1) 붉은색으로 변한다.
(2) 물의 상태가 변해도 물의 성질은 변하지 않는다. **05** ③

01 (1), (2) 얼음 조각은 융해하여 물이 되고, 드라이아이스는 승화하여 기체 이산화 탄소가 된다.

(바로 알기) (3) 얼음의 상태 변화가 일어나도 입자의 종류는 변하지 않는다.

(4) 드라이아이스를 넣은 비닐 주머니가 부풀어 오른 까닭은 드라이아이스가 승화하면서 입자 배열이 매우 불규칙적으로 되고 입자 사이의 거리가 멀어져 부피가 증가하기 때문이다. 드라이아이스의 상태 변화가 일어나도 입자의 크기는 변하지 않는다.

02 (1) 비커 속 물은 기화하여 수증기로 변한다.

(2), (3) 시계 접시 아랫면에 맺힌 액체는 수증기가 액화하여 생긴 물이다. 이는 푸른색 염화 코발트 종이가 붉은색으로 변한 것으로 알 수 있다.

03 (가)에서는 얼음이 물로 융해(E)하고, (나)에서는 고체 드라이아이스가 기체로 승화(B)한다.

04 푸른색 염화 코발트 종이는 물을 흡수하면 푸른색에서 붉은색으로 변한다.

	채점 기준	배점
(1)	실험 결과를 옳게 서술한 경우	50 %
(2)	실험 결과를 통해 알 수 있는 사실을 옳게 서술한 경우	50 %

05 ㄴ. 녹인 초콜릿을 틀에 넣어 굳히면 액체 초콜릿은 고체로 응고한다.

ㄹ. 고체 초콜릿과 액체 초콜릿의 맛이 같다. 이를 통해 초콜릿의 상태 변화가 일어나도 초콜릿의 성질은 변하지 않는다는 것을 알 수 있다.

(바로 알기) ㄱ. 초콜릿이 담긴 비닐 주머니를 뜨거운 물에 넣으면 초콜릿은 액체로 융해한다.

ㄷ. 초콜릿을 녹이기 전과 녹인 후의 맛이 같다.

탐구 b

진도 교재 116~117쪽

㉠ 질량, ㉡ 배열, ㉢ 거리

01 (1) ○ (2) ○ (3) × (4) ○ (5) ○ (6) ×　**02** (1) 비닐 주머니가 부풀어 오른다. 액체 아세톤이 사라진다. (2) 질량이 일정하다.(질량이 같다.) (3) 아세톤이 액체에서 기체로 상태 변화 해도 입자의 종류와 수는 변하지 않기 때문이다.

03 ④　**04** ④

01 (1), (5) 과정 ④에서 아세톤은 기화한다. 아세톤이 기화할 때 아세톤 입자의 종류와 수는 변하지 않고 입자 배열이 달라지기 때문에 질량은 변하지 않고 부피는 늘어난다.

(2), (4) 아세톤이 기화할 때 입자의 운동이 활발해지고, 입자 사이의 거리가 멀어진다.

(바로 알기) (3) 아세톤 입자의 배열이 불규칙적으로 된다.

(6) 아세톤의 상태 변화(기화)가 일어나면 부피가 증가한다.

02 물질의 상태가 변할 때 입자의 종류와 수는 변하지 않으므로 물질의 질량은 변하지 않는다.

	채점 기준	배점
(1)	실험 결과를 두 가지 모두 옳게 서술한 경우	30 %
	실험 결과를 한 가지만 옳게 서술한 경우	15 %
(2)	실험 결과를 옳게 서술한 경우	30 %
(3)	제시된 세 가지 용어를 모두 사용하여 옳게 서술한 경우	40 %
	제시된 용어 중 두 가지만 사용하여 서술한 경우	20 %

03 ④ 이 실험은 아세톤의 상태 변화에 대한 실험으로, 물질의 상태가 변할 때 물질의 질량이 변하지 않는다는 것을 알 수 있다.

(바로 알기) ① 아세톤의 기화를 관찰할 수 있다.

②, ⑤ 물질의 부피가 변하므로 입자 배열이 변하는 것을 알 수 있다.

③ 이 실험으로는 물질의 상태가 변할 때 물질의 성질이 변하는지는 알 수 없다.

04 액체 비누가 고체로 상태가 변해도 입자의 종류와 수가 변하지 않으므로 질량은 일정하다. 그러나 입자 배열이 규칙적으로 되고 입자 사이의 거리가 줄어들므로 부피는 감소한다.

여기서 잠깐

진도 교재 118쪽

㉠ 모양, ㉡ 부피, ㉢ 모양, ㉣ 부피, ㉤ 가까워, ㉥ 해설 참조, ㉦ 해설 참조, ㉧ 해설 참조

모범 답안

(ㅂ)

(ㅅ)

(ㅇ)

기출 문제로 내신 쑥쑥

진도 교재 119~122쪽

01 ②　02 ④　03 ⑤　04 ④　05 ④　06 ③　07 ④
08 ③　09 ⑤　10 ③　11 ②　12 ④　13 ①　14 ⑤
15 ②　16 ⑤　17 ③

서술형 문제 **18** 물은 입자 사이의 거리가 고체보다 조금 더 멀지만, 공기는 입자 사이의 거리가 매우 멀어 빈 공간이 많기 때문이다.　**19** 공기 중의 수증기가 차가운 컵 표면에 닿아 액화하여 물방울이 된다.　**20** 시계 접시의 아랫면에 맺힌 액체는 물이다. 비커의 뜨거운 물이 수증기로 변했다가 차가운 시계 접시 아랫면에 닿아 액화하여 물로 변한다.
21 물질의 상태가 변해도 물질을 구성하는 입자의 종류와 수가 변하지 않기 때문이다.　**22** (1) (가) 융해, (나) 기화, (다) 응고 (2) 액체에서 고체로 상태가 변할 때 입자 운동이 둔해지고 입자 사이의 거리가 가까워지며, 입자 배열이 규칙적으로 변한다.　**23** 드라이아이스가 승화하면서 입자 배열이 매우 불규칙적으로 되고 입자 사이의 거리가 멀어져 부피가 증가하기 때문이다.

01 ①, ③ 고체는 담는 그릇에 관계없이 모양과 부피가 일정하고, 액체와 기체는 흐르는 성질이 있다.
④, ⑤ 고체는 입자 배열이 가장 규칙적이고, 기체는 입자 사이의 거리가 가장 멀다.
바로알기 ② 액체는 담는 그릇에 따라 모양이 변하지만, 부피는 일정하다.

02 (가)는 액체, (나)는 고체, (다)는 기체의 입자 모형을 나타낸 것이다.
④ 입자 사이의 거리는 (나) 고체<(가) 액체<(다) 기체 순으로 멀다.
바로알기 ① (가) 액체는 입자 사이의 거리가 고체보다 조금 더 멀다.
② (나) 고체는 입자가 매우 둔하게 운동한다.
③ (다) 기체는 입자 배열이 매우 불규칙적이다.
⑤ 입자 운동은 (나) 고체<(가) 액체<(다) 기체 순으로 활발하다.

03 ⑤ 주스: 액체, 나무: 고체, 수증기: 기체
바로알기 ① 얼음: 고체, 나무: 고체, 플라스틱: 고체
② 얼음: 고체, 수증기: 기체, 간장: 액체
③ 나무: 고체, 주스: 액체, 얼음: 고체
④ 주스: 액체, 간장: 액체, 수증기: 기체

04 ① 고무공을 누르면 찌그러졌다가 눌렀던 공을 놓으면 다시 원래 모양으로 돌아가는 것은 고무공 안에 기체가 들어 있기 때문이다.
②, ③, ⑤ 기체는 입자가 매우 활발하게 운동하고 입자들이 매우 불규칙하게 배열되어 있으며, 담는 그릇에 따라 모양과 부피가 변한다.
바로알기 ④ 기체는 입자 사이의 거리가 매우 멀다.

05

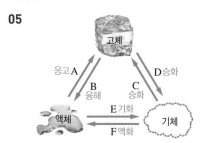

06 (가) 응고(A), (나) 승화(고체 → 기체)(D), (다) 승화(기체 → 고체)(C)

07 (가)에서는 고체인 철이 녹아 액체인 쇳물이 되므로 융해가 일어나고, (나)에서는 공기 중의 수증기가 풀잎에 닿아 물이 되므로 액화가 일어난다.

08 드라이아이스의 크기가 작아지는 것은 승화(고체 → 기체)의 예이다.
ㄷ, ㄹ. 냉동실에 넣어 둔 얼음이 조금씩 작아지는 것과 영하의 날씨에 그늘에 있던 눈사람의 크기가 작아지는 것은 승화(고체 → 기체)의 예이다.
바로알기 ㄱ. 추운 겨울 유리창에 성에가 생기는 것은 승화(기체 → 고체)의 예이다.
ㄴ. 뜨거운 프라이팬 위에서 버터가 녹는 것은 융해의 예이다.

09 (가)에서는 얼음이 물로 융해하고, (나)에서는 고체 드라이아이스가 기체로 승화한다.
⑤ 물질의 상태가 변할 때 입자의 종류와 수가 변하지 않으므로 질량은 일정하다.
바로알기 ① (나)에서는 승화(고체 → 기체)가 일어난다.
② 물질의 상태가 변해도 입자의 수는 변하지 않는다. 따라서 (나)에서 입자의 수는 일정하다.
③ (가)와 (나) 모두 입자 배열이 불규칙적으로 변한다.
④ (나) 비닐 주머니는 드라이아이스가 승화하면서 입자 배열이 매우 불규칙적으로 되고 입자 사이의 거리가 멀어져 부피가 증가한다.

10 ③ (나)에서 비커에 들어 있는 뜨거운 물이 기체인 수증기로 변했다가 차가운 시계 접시 아랫면에서 액화하여 액체인 물로 변한다.
바로알기 ① (가)에서 푸른색 염화 코발트 종이는 붉은색으로 변한다.
② (나)에서 비커 속 물은 수증기로 기화한다.
④ (다)에서 시계 접시 아랫면에 맺힌 액체는 뜨거운 물이 수증기로 변했다가 차가운 시계 접시 아랫면에 닿아 액화하여 생긴 물이다.
⑤ (가)와 (다)에서 모두 푸른색 염화 코발트 종이가 붉은색으로 변하는 것을 통해 물질의 상태가 변해도 물질의 성질은 변하지 않음을 알 수 있다.

11 (가) 액체에서 (나) 기체로 변하는 것은 기화이다.
② 물이 끓어 수증기가 되는 것은 기화의 예이다.
바로알기 ① 나뭇잎에 서리가 내리는 것은 승화(기체 → 고체)의 예이다.
③ 아이스크림이 녹아 흘러내리는 것은 융해의 예이다.
④, ⑤ 이른 새벽 풀잎에 이슬이 맺히는 것과 추운 겨울 밖에 있다가 따뜻한 실내에 들어가면 안경이 뿌옇게 변하는 것은 액화의 예이다.

12 (가) 승화(고체 → 기체), (나) 승화(기체 → 고체), (다) 융해, (라) 응고, (마) 액화, (바) 기화이다.
① (가)에서 물질의 상태가 고체에서 기체로 변할 때 물질의 부피가 증가한다.
② (나)에서 물질의 상태가 기체에서 고체로 변할 때 입자 사이의 거리가 가까워진다.
③ (다)에서 물질의 상태가 고체에서 액체로 변할 때 입자 운동이 활발해진다.
⑤ (마)에서 물질의 상태가 기체에서 액체로 변할 때 물질의 질량은 변하지 않는다.
바로알기 ④ (라)에서 물질의 상태가 액체에서 고체로 변할 때 입자 배열이 규칙적으로 된다.

13 입자 배열이 처음보다 불규칙적으로 되는 상태 변화는 융해, 기화, 승화(고체 → 기체)이다.
① 젖은 빨래가 마르는 것은 기화의 예이다.
바로알기 ②는 응고, ③과 ④는 액화, ⑤는 승화(기체 → 고체)의 예이며, 이 상태 변화가 일어나면 입자 배열이 모두 규칙적으로 변한다.

14 양초의 촛농이 굳는 것은 액체가 고체로 상태 변화하는 응고의 예이고, 얼음물이 담긴 컵 표면에 물방울이 맺히는 것은 기체가 액체로 상태 변화하는 액화의 예이다.
⑤ 물질의 상태가 액체에서 고체로 변할 때와 기체에서 액체로 변할 때 입자 배열이 규칙적으로 된다.
[바로 알기] ①, ④ 물질의 상태가 액체에서 고체로 변할 때와 기체에서 액체로 변할 때 입자 사이의 거리가 가까워지므로 부피가 감소한다.
②, ③ 물질의 상태가 변할 때 입자의 수가 변하지 않으므로 질량이 일정하다.

15 ㄱ. 액체 아세톤이 담긴 비닐 주머니를 감압 용기에 넣은 다음 뜨거운 수조에 넣으면 액체 아세톤이 기체 아세톤으로 기화한다.
ㄴ. 아세톤이 기화할 때 입자 사이의 거리가 멀어져 부피가 증가한다.
[바로 알기] ㄷ. 아세톤이 기화할 때 입자의 수는 변하지 않지만, 입자 사이의 거리가 멀어지므로 부피가 증가한다.

16 ① 액체 비누가 굳어서 고체로 상태가 변하는 것은 응고이다.
②, ③, ④ 비누가 액체에서 고체로 상태 변화하면 입자 배열이 규칙적으로 변하고, 입자 사이의 거리가 가까워지므로 부피가 작아진다.
[바로 알기] ⑤ 비누가 굳은 후 윗부분이 오목하게 들어간 것은 부피가 감소했기 때문이다.

17 ㄴ, ㄹ, ㅂ. 물질의 상태가 변할 때 입자 배열과 입자 사이의 거리가 변하므로 물질의 부피가 변한다.
[바로 알기] ㄱ, ㄷ, ㅁ. 물질의 상태가 변할 때 입자의 종류와 수는 변하지 않으므로 물질의 질량과 성질은 변하지 않는다.

18 액체는 입자 사이의 거리가 고체보다 조금 더 멀고 기체는 입자 사이의 거리가 매우 멀다.

채점 기준	배점
공기만 압축되는 까닭을 입자 사이의 거리와 관련지어 옳게 서술한 경우	100 %
그 외의 경우	0 %

19

채점 기준	배점
물방울이 생성되는 과정을 상태 변화를 이용하여 옳게 서술한 경우	100 %
그 외의 경우	0 %

20 비커 속 물이 기화하여 수증기가 되었다가 시계 접시 아랫면에서 액화하여 물이 된다.

채점 기준	배점
시계 접시의 아랫면에 맺힌 액체의 종류와 생성 과정을 모두 옳게 서술한 경우	100 %
시계 접시의 아랫면에 맺힌 액체의 종류만 옳게 쓴 경우	40 %

21

채점 기준	배점
물질의 성질이 변하지 않는 까닭을 입자의 종류와 수의 변화와 관련지어 옳게 서술한 경우	100 %
그 외의 경우	0 %

22 고체 양초가 녹는 것은 융해, 액체 양초가 기체가 되는 것은 기화, 액체 양초가 굳는 것은 응고이다.

	채점 기준	배점
(1)	(가)~(다)의 상태 변화를 모두 옳게 쓴 경우	40 %
(2)	상태 변화가 일어날 때 입자의 운동성, 입자 사이의 거리, 입자 배열의 불규칙한 정도의 변화를 모두 옳게 서술한 경우	60 %
	상태 변화가 일어날 때 입자의 운동성, 입자 사이의 거리, 입자 배열의 불규칙한 정도의 변화 중 두 가지만 옳게 서술한 경우	30 %

23 드라이아이스는 기체 이산화 탄소로 승화한다.

채점 기준	배점
상태 변화, 입자 배열, 입자 사이의 거리와 관련하여 옳게 서술한 경우	100 %
상태 변화, 입자 배열, 입자 사이의 거리 중 두 가지만 포함하여 옳게 서술한 경우	50 %

수준 높은 문제로 **실력탄탄** | 진도 교재 123쪽

01 ④ **02** ③ **03** ⑤ **04** ② **05** ③

01 안개는 대기 중의 수증기가 지표 가까이에서 물방울이 되어 떠 있는 현상이다. 따라서 안개가 끼는 것은 공기 중의 수증기가 물로 변하는 액화이고, 해가 뜨면 안개가 사라지는 것은 물이 수증기로 변하는 기화이다.
[바로 알기] ④ 입자 사이의 거리가 가까워져도 입자의 크기는 변하지 않는다.

02 물이 끓으면 알루미늄 포일 구멍 바로 윗부분에는 물이 수증기로 변하는 기화가 일어나고, ㉠에서는 수증기가 물로 변하는 액화가 일어난다.
③ ㉠에 생긴 하얀 김은 물이므로 푸른색 염화 코발트 종이의 색깔은 붉은색으로 변한다.
[바로 알기] ① ㉠의 하얀 김은 수증기가 액화한 물이므로 액체이다.
② 이 실험에서는 물의 기화와 액화를 관찰할 수 있다.
④ 구멍 바로 윗부분에 생긴 것은 수증기이므로 푸른색 염화 코발트 종이를 갖다 대면 붉은색으로 변한다.
⑤ 물의 상태가 변해도 물의 성질이 변하지 않음을 알 수 있다.

03

기체 아이오딘이 차가운 시계 접시에 닿아 냉각되어 고체 아이오딘으로 승화한다.

고체 아이오딘이 기체 아이오딘으로 승화한다.

A에서 승화(고체 → 기체), B에서 승화(기체 → 고체)가 일어난다.
① A에서는 고체에서 기체로 상태가 변하므로 입자 배열이 불규칙적으로 변한다.
② B에서는 기체에서 고체로 상태가 변하므로 입자 사이의 거리가 매우 가까워진다.

③ 물질의 상태 변화가 일어나도 물질을 구성하는 입자의 수는 일정하다.

④ 고체 아이오딘을 가열하면 기체로 상태가 변하고, 기체 아이오딘은 얼음이 담긴 차가운 시계 접시에 닿아 고체로 상태가 변한다.

[바로 알기] ⑤ 영하의 날씨에 그늘에 있던 눈사람의 크기가 작아지는 것은 승화(고체 → 기체)이므로 A로 설명할 수 있다.

04 ② 금속을 녹인 액체가 응고하면 입자 운동은 둔해지고, 입자 사이의 거리가 가까워지며, 입자 배열이 규칙적으로 되어 부피가 감소한다. 따라서 원하는 크기의 금속을 얻으려면 틀의 크기를 실제보다 크게 만들어야 한다.

05 ③ 실온에서 드라이아이스는 쉽게 승화(고체 → 기체)하므로 입자 사이의 거리가 급격하게 멀어져 부피가 크게 증가한다. 따라서 드라이아이스를 밀폐된 휴지통에 버리면 폭발의 위험이 있다.

03 상태 변화와 열에너지

확인 문제로 개념 쏙쏙

| 진도 교재 125, 127쪽

> **A** 응고, 액화, 기체, 고체, 융해, 기화, 고체, 기체
> **B** 높, 낮
>
> **1** (1) A, D, F (2) B, C, E **2** (1) (가) 액체, (나) 액체+고체, (다) 고체 (2) (나) **3** ㉠ 기체, ㉡ 고체, ㉢ 방출, ㉣ 둔해, ㉤ 규칙적 **4** (1) ◯ (2) ◯ (3) × (4) × **5** ㉠ 활발해, ㉡ 불규칙적, ㉢ 멀어 **6** B, C, E **7** (1) A (2) B (3) D (4) C **8** (1) 방출 (2) 방출 (3) 흡수 (4) 흡수 **9** (1) 낮 (2) 낮 (3) 높 (4) 낮 **10** ㉠ 흡수, ㉡ 방출

1

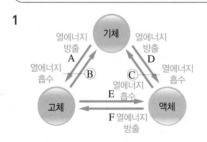

열에너지를 방출하는 상태 변화는 응고(F), 액화(D), 승화(기체 → 고체)(A)이고, 열에너지를 흡수하는 상태 변화는 융해(E), 기화(C), 승화(고체 → 기체)(B)이다.

2

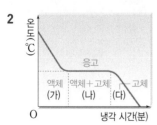

(나)에서 응고가 일어나고, 물질이 응고하는 구간에서는 액체와 고체가 함께 존재한다.

3 승화(기체 → 고체)가 일어날 때 물질은 열에너지를 방출하여 입자 운동은 둔해지고, 입자 배열은 규칙적으로 되며, 입자 사이의 거리는 가까워진다.

4

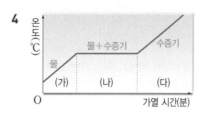

[바로 알기] (3) 온도가 일정하게 유지되는 (나) 구간에서 상태 변화(기화)가 일어난다.

(4) (다) 구간에서는 상태 변화가 모두 끝났으므로 기체(수증기)만 존재한다.

5 물질이 열에너지를 흡수하여 융해, 기화, 승화(고체 → 기체)가 일어날 때 입자 운동은 활발해지고, 입자 배열은 불규칙적으로 되며, 입자 사이의 거리는 멀어진다.

6 열에너지를 흡수하는 상태 변화인 융해(B), 기화(C), 승화(고체 → 기체)(E)가 일어나면 주변의 온도가 낮아진다.

7 (1) 물이 얼음으로 응고할 때 열에너지를 방출하기 때문에 주변의 온도가 높아져 따뜻해지므로 냉해를 막을 수 있다. ➡ A
(2) 얼음이 물로 융해할 때 열에너지를 흡수하기 때문에 주변의 온도가 낮아져 시원하다. ➡ B
(3) 수증기가 물로 액화하면서 열에너지를 방출하기 때문에 주변의 온도가 높아져 손이 따뜻해진다. ➡ D
(4) 물이 수증기로 기화할 때 열에너지를 흡수하기 때문에 주변의 온도가 낮아져 시원해진다. ➡ C

8 (1) 공기 중의 수증기가 물방울(비)로 액화하면서 열에너지를 방출하기 때문에 날씨가 후텁지근하다.
(2) 이글루 안에 뿌린 물이 얼음으로 응고하면서 열에너지를 방출하기 때문에 내부가 따뜻해진다.
(3) 얼음이 물로 융해하면서 열에너지를 흡수하기 때문에 음료수가 시원해진다.
(4) 알코올이 기체로 기화하면서 열에너지를 흡수하기 때문에 손등이 시원해진다.

9 (1) 수건에 있는 물이 따뜻한 몸에 닿아 수증기로 기화할 때 열에너지를 흡수하기 때문에 체온이 낮아진다.
(2) 고체인 드라이아이스가 기체로 승화할 때 열에너지를 흡수하기 때문에 아이스크림이 잘 녹지 않는다.
(3) 물이 얼음으로 응고할 때 열에너지를 방출하기 때문에 과일이 어는 것을 막을 수 있다.
(4) 얼음이 물로 융해할 때 열에너지를 흡수하기 때문에 식품을 신선하게 유지할 수 있다.

10 에어컨의 실내기에서는 액체 냉매가 기체로 기화하면서 열에너지를 흡수하고, 실외기에서는 기체 냉매가 액체로 액화하면서 열에너지를 방출한다.

탐구ⓐ

진도 교재 128~129쪽

방출

01 (1) ◯ (2) × (3) × (4) ◯ (5) × (6) ◯ **02** ④
03 액체+고체 **04** ⑤ **05** 해설 참조 **06** 물이 상태 변화 하는 동안 방출하는 열에너지가 온도가 낮아지는 것을 막아 주기 때문이다.

01 (4) 고체 로르산이 융해하여 액체 상태가 되면 고체 상태일 때보다 입자 배열이 불규칙적으로 되고 입자 사이의 거리가 멀어져 부피가 늘어난다.

바로 알기 (2), (3), (5) 그래프의 (나) 구간에서는 액체 로르산이 고체로 응고하면서 열에너지를 방출하므로 온도가 낮아지지 않고 일정하게 유지된다.

02 ②, ⑤ 로르산은 0~4분 사이에는 액체 상태, 4~6분 사이에는 액체와 고체 상태가 함께 존재한다.
③ 4~6분 사이에서는 온도가 일정하게 유지되므로 로르산의 상태 변화가 일어난다.

바로 알기 ④ 4~6분 사이에서 로르산은 열에너지를 방출하면서 응고한다.

03 로르산의 냉각 곡선에서 온도가 일정하게 유지되는 구간에서는 응고가 일어나는데, 이때 액체와 고체가 함께 존재한다.

04

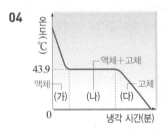

②, ③ 액체가 고체로 상태 변화(응고) 하는 동안 열에너지를 방출하며, 입자 운동이 둔해지고, 입자 배열이 규칙적으로 된다.
④ (다) 구간에서 로르산은 고체 상태이므로 입자 배열이 규칙적이다.

바로 알기 ⑤ 액체 로르산이 고체 로르산으로 상태 변화 하면 부피가 줄어든다. 따라서 (가) 구간보다 (다) 구간에서 로르산의 부피가 더 작다.

05 **모범 답안**

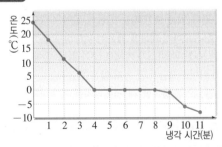

채점 기준	배점
시간, 온도 값을 정확히 점으로 찍고, 이를 선으로 연결한 경우	100 %
그 외의 경우	0 %

06	채점 기준	배점
	물의 온도가 일정한 구간이 나타나는 까닭을 옳게 서술한 경우	100 %
	그 외의 경우	0 %

탐구ⓑ

진도 교재 130~131쪽

흡수

01 (1) ◯ (2) ◯ (3) × (4) × **02** ② **03** ㉠ 높아, ㉡ 액체, ㉢ 기체, ㉣ 흡수, ㉤ 낮아 **04** (1) 해설 참조 (2) 해설 참조 **05** 온도가 일정하게 유지된다. **06** 얼음이 물로 상태가 변하는 동안 흡수한 열에너지가 얼음의 상태를 변화시키는 데 사용되므로 얼음이 녹는 동안 온도가 일정하게 유지된다.

01 (2) (가) 구간에서는 액체 상태만 존재하고, (나) 구간에서는 액체와 기체 상태가 함께 존재한다.

바로 알기 (3) (나) 구간에서는 가해 준 열에너지를 모두 상태 변화에 사용한다. 가해 준 열에너지가 물의 온도를 높이는 데 사용되는 구간은 (가) 구간이다.
(4) (나) 구간에서는 물이 수증기로 기화하므로 열에너지를 흡수한다.

02

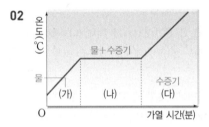

ㄴ. (나) 구간에서는 물이 열에너지를 흡수하여 수증기로 기화한다.
ㄷ. (나) 구간은 가해 준 열에너지가 모두 상태 변화에 사용되기 때문에 온도가 일정하게 유지된다.

바로 알기 ㄱ. (가) 구간에서는 물이 존재하고, (나) 구간에서는 물과 수증기가 함께 존재하며, (다) 구간에서는 수증기가 존재한다.
ㄹ. (가) 구간에서는 흡수한 열에너지를 물의 온도를 높이는 데 사용하고, (다) 구간에서는 흡수한 열에너지를 수증기의 온도를 높이는 데 사용한다. 상태 변화가 일어나는 구간은 (나) 구간이다.

04 **모범 답안**

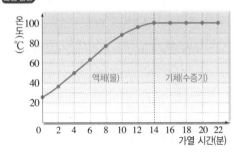

	채점 기준	배점
(1)	시간, 온도 값을 정확히 점으로 찍고, 이를 선으로 연결한 경우	50 %
(2)	각 구간에서 물의 상태를 모두 옳게 쓴 경우	50 %

05

채점 기준	배점
얼음의 상태가 변화하는 동안 온도가 어떻게 변하는지를 옳게 서술한 경우	100 %
그 외의 경우	0 %

06

채점 기준	배점
온도가 일정하게 유지되는 까닭을 열에너지 출입과 관련지어 옳게 서술한 경우	100 %
그 외의 경우	0 %

여기서 잠깐

진도 교재 132쪽

㉠ 방출, ㉡ 둔해, ㉢ 가까워, ㉣ 규칙적, ㉤ 방출, ㉥ 흡수, ㉦ 활발해, ㉧ 멀어, ㉨ 불규칙적, ㉩ 흡수

유제❶ 물질이 액체에서 고체로 상태가 변할 때는 열에너지를 방출하면서 입자의 운동이 둔해지고, 입자 배열이 점점 규칙적으로 변하며, 입자 사이의 거리가 가까워진다.

유제❷ 물질이 액체에서 기체로 상태가 변할 때는 열에너지를 흡수하면서 입자의 운동이 활발해지고, 입자 배열이 점점 불규칙적으로 변하며, 입자 사이의 거리가 멀어진다.

기출 문제로 내신쑥쑥

진도 교재 133~135쪽

01 ② 02 ③ 03 ⑤ 04 ③ 05 ⑤ 06 ① 07 ④
08 ② 09 ⑤ 10 ③ 11 ① 12 ④ 13 ① 14 ③
15 ①

서술형 문제 16 (1) (가) 액체, (나) 액체＋기체 (2) 흡수한 열에너지가 모두 상태 변화 하는 데 사용되기 때문이다.
17 물질을 가열하면 물질은 열에너지를 흡수하고, 물질을 냉각하면 물질은 열에너지를 방출한다. 18 응고, 액체인 물이 고체인 얼음으로 응고하면서 열에너지를 방출하므로 주변의 온도가 높아져 과일이 어는 것을 막을 수 있다.

01 ①, ⑤ 물질이 융해, 기화, 승화(고체 → 기체)할 때 주변에서 열에너지를 흡수하므로 주변의 온도가 낮아지고, 응고, 액화, 승화(기체 → 고체)할 때 주변으로 열에너지를 방출하므로 주변의 온도가 높아진다.
③ 물질은 기체에서 액체로 상태가 변할 때 열에너지를 방출한다.
④ 물질은 고체에서 액체로 상태가 변할 때 열에너지를 흡수한다.
바로알기 ② 물질은 기체에서 고체로 승화할 때 열에너지를 방출한다.

02 ①, ④ 0분~4분 구간은 액체 상태만 존재하고, 4분~6분 구간은 액체와 고체 상태가 함께 존재한다.
②, ⑤ 4분~6분 구간은 액체에서 고체로 응고하면서 방출한 열에너지가 온도가 낮아지는 것을 막아 주기 때문에 온도가 일정하게 유지된다.
바로알기 ③ 액체가 고체로 상태가 변할 때 열에너지를 방출한다.

03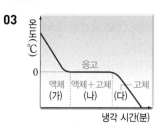

⑤ 고체 상태인 (다) 구간보다 액체 상태인 (가) 구간에서 입자 사이의 거리가 더 멀다.
바로알기 ① (가) 구간에서는 상태 변화가 일어나지 않는다.
② (나) 구간에서는 액체에서 고체로 응고하므로 액체와 고체 상태가 함께 존재한다.
③, ④ (가) → (나) → (다)로 갈수록 입자 운동이 둔해지고, 입자 배열이 규칙적으로 된다.

04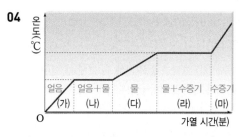

① 물질을 가열하면 열에너지를 흡수하여 입자 운동이 활발해진다.
② (가) 구간에서는 고체 상태, (나) 구간에서는 고체＋액체 상태, (다) 구간에서는 액체 상태, (라) 구간에서는 액체＋기체 상태, (마) 구간에서는 기체 상태로 존재한다.
④ (마) 구간에서 물질은 기체 상태이므로 입자 사이의 거리가 매우 멀다.
⑤ (가) 구간에서 (마) 구간으로 갈수록 입자 운동은 활발해지고, 입자 배열은 불규칙적으로 되며, 입자 사이의 거리는 가까워진다.
바로알기 ③ (다) 구간에서는 흡수한 열에너지가 온도를 높이는 데 사용된다. 흡수한 열에너지가 상태 변화에 모두 사용되는 구간은 (나) 구간과 (라) 구간이다.

05 (라) 구간은 물이 수증기로 상태 변화 하는 구간이고, 이 구간에서는 물이 기화하면서 가해 준 열에너지를 흡수하므로 온도가 높아지지 않고 일정하게 유지된다.

06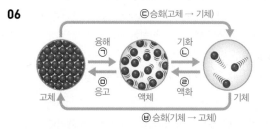

물질은 융해(㉠), 기화(㉡), 승화(고체 → 기체)(㉢)가 일어날 때 열에너지를 흡수한다.

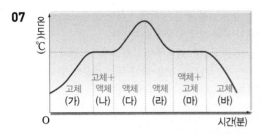

07

④ (마) 구간에서는 액체에서 고체로 상태 변화가 일어나므로 고체 상태와 액체 상태가 함께 존재한다.

바로알기 ① (가) 구간에서는 흡수한 열에너지로 고체 물질의 온도를 높인다.

② (나) 구간에서는 고체에서 액체로의 상태 변화(융해)가 일어나고, (마) 구간에서는 액체에서 고체로의 상태 변화(응고)가 일어난다.

③ (다) 구간과 (라) 구간에서 물질의 상태는 액체로 같다.

⑤ (바) 구간에서 물질은 고체 상태이므로 입자 배열이 매우 규칙적이다.

08 (나) 구간에서 고체가 액체로 상태 변화(융해) 하는 동안 열에너지를 흡수하며, 입자 운동이 활발해지고, 입자 배열이 불규칙적으로 된다.

09 (가)는 고체 상태, (나)는 액체 상태, (다)는 기체 상태의 모형이다.

⑤ (다) 기체에서 (가) 고체로 승화(기체 → 고체)가 일어날 때는 입자 사이의 거리가 가까워진다.

바로알기 ① (가) 고체가 열에너지를 흡수하면 입자 운동이 활발해진다.

② (가) 고체에서 (나) 액체로 융해할 때 열에너지를 흡수한다.

③ (나) 액체에서 (가) 고체로 응고할 때 열에너지를 방출한다.

④ (나) 액체에서 (다) 기체로 기화할 때 입자 배열이 불규칙적으로 된다.

10 액체 파라핀이 고체 파라핀으로 응고하면서 열에너지를 방출하므로 손이 따뜻해지는 것을 느낄 수 있다.

11 (가)는 몸에 묻은 물기가 마르면서 열에너지를 흡수하여 주변의 온도가 낮아지고, (나)는 고체인 드라이아이스가 기체로 변하면서 열에너지를 흡수하여 주변의 온도가 낮아진다.

12 ①, ②, ③ 주머니의 작은 구멍으로 조금씩 스며나온 물이 증발(기화)하면서 열에너지를 흡수하므로 주변의 온도가 낮아져 물을 시원하게 보관할 수 있다.

⑤ 손등에 묻은 알코올이 기화하면서 열에너지를 흡수하므로 주변의 온도가 낮아져 손등이 시원해진다. 이는 양가죽으로 만든 주머니에 물을 보관하는 것과 원리가 같다.

바로알기 ④ 물이 액체에서 기체로 상태 변화 하므로 입자 운동이 활발해지고, 입자 배열이 불규칙적으로 변한다.

13 이글루 안에 물을 뿌리면 물이 얼음으로 응고하면서 주변으로 열에너지를 방출하므로 이글루 내부가 따뜻해진다.

㉠ 사과꽃에 물을 뿌려 두면 물이 얼면서 열에너지를 방출하므로 사과의 냉해를 막을 수 있다.

㉡ 증기 난방을 이용하면 수증기가 물로 액화하면서 열에너지를 방출하므로 방 안이 따뜻해진다.

㉢ 아이스박스에 넣은 얼음이 물로 융해하면서 열에너지를 흡수하므로 음식물을 시원하게 보관할 수 있다.

㉣ 안개처럼 물을 뿌려 주는 장치에서 뿌린 물이 기화하면서 열에너지를 흡수하므로 주변이 시원해진다.

14 ①, ②, ④, ⑤ 물질이 기화하면서 열에너지를 흡수하여 주변의 온도가 낮아지는 현상이다.

바로알기 ③ 음료수에 얼음을 넣으면 얼음이 녹으면서 열에너지를 흡수하여 주변의 온도가 낮아지므로 음료수가 시원해진다.

15 에어컨의 실내기에서는 액체 상태의 냉매가 기화하면서 열에너지를 흡수하여 실내 온도를 낮추고, 실외기에서는 기체 상태의 냉매가 액화하면서 열에너지를 방출한다.

16 (2) (나) 구간에서는 액체가 기체로 상태 변화 하면서 열에너지를 흡수한다.

채점 기준	배점
(1) (가)와 (나)에서 물질의 상태를 모두 옳게 쓴 경우	40 %
(2) 온도가 일정하게 유지되는 까닭을 옳게 서술한 경우	60 %

17

채점 기준	배점
제시된 용어를 모두 사용하여 옳게 서술한 경우	100 %
제시된 용어 중 세 가지만 사용하여 서술한 경우	50 %

18 그릇에 담긴 물이 응고하면서 열에너지를 방출하므로 주변의 온도가 높아져 과일이 어는 것을 막을 수 있다.

채점 기준	배점
상태 변화를 옳게 쓰고, 열에너지 출입의 이용과 관련지어 옳게 서술한 경우	100 %
상태 변화만 옳게 쓴 경우	30 %

수준 높은 문제로 **실력탄탄** | 진도 교재 136쪽

01 ④ **02** ⑤ **03** ③ **04** ② **05** ③

01

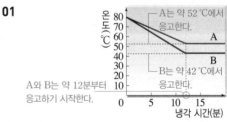

A는 약 52 ℃에서 응고한다.
A와 B는 약 12분부터 응고하기 시작한다.
B는 약 42 ℃에서 응고한다.

ㄱ. 60 ℃일 때 A는 상태 변화가 일어나기 전이므로 액체 상태로 존재한다.

ㄴ. 냉각 곡선에서 수평한 구간에서 응고가 일어나며, A가 B보다 수평한 구간의 온도가 높으므로 A가 B보다 높은 온도에서 언다.

바로알기 ㄷ. 냉각 후 약 12분부터 A와 B의 온도가 일정하게 유지되므로 냉각 후 15분이 되었을 때는 A와 B 모두 응고가 일어나고 있다. 따라서 A와 B 모두 액체 상태와 고체 상태가 함께 존재한다.

02

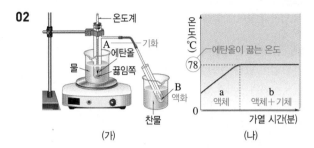

(가)　　　　　　　　(나)

① 액체 물질의 가열 곡선인 (나)에서 수평한 구간의 온도가 이 물질이 끓기 시작하는 온도이므로 78 ℃에서 에탄올이 끓기 시작한다.

② (가)의 A에서는 액체 상태의 에탄올이 열에너지를 흡수하여 기화하고, B에서는 기체 상태의 에탄올이 열에너지를 방출하여 액화한다.

③ 에탄올은 (나)의 a 구간에서 액체 상태로 존재하고, b 구간에서 액체 상태와 기체 상태가 함께 존재한다.

④ (나)의 b 구간에서 에탄올은 액체에서 기체로 상태가 변한다. 이때 에탄올은 흡수한 열에너지를 모두 상태 변화에 사용하기 때문에 온도가 일정하게 유지된다.

바로알기 ⑤ (나)의 b 구간에서 에탄올은 열에너지를 흡수하여 기화한다.

03 25 ℃ < 얼기 시작하는 온도인 경우 25 ℃에서 물질은 고체 상태로 존재하고, 얼기 시작하는 온도 < 25 ℃ < 끓기 시작하는 온도인 경우 25 ℃에서 물질은 액체 상태로 존재하며, 끓기 시작하는 온도 < 25 ℃인 경우 25 ℃에서 물질은 기체 상태로 존재한다.

물질	얼기 시작하는 온도	끓기 시작하는 온도	상태
A	−0.5	30	액체
B	10	75	액체
C	−160	−25	기체
D	0	100	액체
E	350	1450	고체

04 ② 에탄올에 적신 휴지로 캔을 감싸고 부채질을 하면 휴지에 묻은 에탄올이 증발(기화)하면서 열에너지를 흡수하여 주변의 온도가 낮아지므로 음료가 시원해진다.

05 ㄴ, ㄷ. 드라이아이스가 기체로 승화(고체 → 기체)하면서 입자 배열이 불규칙적으로 변한다. 또한 승화가 일어날 때는 열에너지를 흡수하므로 주변의 온도가 낮아진다.

바로알기 ㄱ. 드라이아이스가 승화(고체 → 기체)하므로 열에너지를 흡수한다.

ㄹ. 로켓이 발사되는 까닭은 드라이아이스가 기체로 승화하면서 부피가 증가하기 때문이다.

단원평가문제

진도 교재 137~141쪽

01 ④　**02** ②　**03** ⑤　**04** ④　**05** ⑤　**06** ①, ⑤
07 ⑤　**08** (가)　**09** ②　**10** ②　**11** ②　**12** ③
13 ①, ②　**14** ④　**15** ④　**16** ③　**17** ④　**18** ②
19 ④　**20** ②　**21** ①　**22** (나): ㉠, (라): ㉡　**23** ⑤
24 ①　**25** ②

서술형 문제 **26** 물질을 구성하는 입자가 스스로 운동하기 때문이다.　**27** 액체는 담는 그릇에 따라 모양이 변하지만 부피는 일정하다.　**28** 고체 상태에서는 입자들이 규칙적으로 배열되어 있으며, 입자 사이의 거리가 매우 가깝기 때문에 모양과 부피가 일정하다.　**29** 물이 응고할 때는 부피가 증가하여 윗부분이 볼록하게 올라오고, 비누가 응고할 때는 부피가 감소하여 윗부분이 오목하게 들어간다.　**30** B, C, E, 열에너지를 흡수하면 입자 운동이 활발해지고, 입자 배열이 불규칙적으로 변한다.　**31** (가) 상태 변화 하는 동안 방출하는 열에너지가 온도가 낮아지는 것을 막아 주기 때문이다. (나) 가해 준 열에너지가 모두 물질의 상태를 변화시키는 데 사용되기 때문이다.　**32** 실내기, 액체 냉매가 기체로 기화하면서 열에너지를 흡수하므로 실내 온도가 낮아지기 때문이다.

01 확산과 증발은 물질을 구성하는 입자가 스스로 운동하기 때문에 일어나는 현상이다.

02 ①, ③, ④ 확산은 물질을 구성하는 입자가 스스로 운동하여 모든 방향으로 퍼져 나가는 현상이다.
⑤ 방향제의 향기가 퍼져 나가는 현상은 확산의 예이다.
바로알기 ② 액체의 표면에서 액체가 기체로 변하는 현상은 증발이다.

03 물에 잉크를 떨어뜨리면 잉크 입자가 스스로 모든 방향으로 운동하여 물속으로 퍼져 나가므로 물 전체가 잉크 색으로 변한다.

04 빵 냄새가 나는 것은 냄새 입자가 스스로 운동하여 퍼져 나가는 확산 현상 때문에 나타난다.
④ 확산의 예이다.
바로알기 ① 복사에 의해 일어나는 현상이다.
② 액화의 예이다.
③ 끓음의 예이다.
⑤ 증발의 예이다.

05 전자저울의 숫자가 점점 작아지다가 0이 되는 까닭은 아세톤 입자가 스스로 운동하여 공기 중으로 증발하였기 때문이다.

06 ①, ⑤ 증발은 액체 표면에서 액체가 기체로 변하는 현상으로 입자가 스스로 운동하기 때문에 일어난다.
바로알기 ② 증발은 액체 표면에서 일어나는 현상이다.
③ 증발은 온도가 높을수록 잘 일어난다.
④ 증발은 모든 온도에서 일어난다.

정답과 해설 **35**

07 ①, ② 고체는 압축되지 않으며, 모양과 부피가 일정하다.
③ 액체는 모양이 일정하지 않다.
④ 액체와 기체는 모두 흐르는 성질이 있다.
바로 알기 ⑤ 고체는 부피가 일정하므로 힘을 가해도 부피가 변하지 않는다. 반면 기체는 힘을 가하면 부피가 크게 변한다.

08 (가)는 고체, (나)는 액체, (다)는 기체의 입자 모형이다. 입자 배열이 규칙적이며, 입자 사이의 거리가 매우 가까워 입자가 매우 둔하게 운동하는 것은 고체 상태이다.

09 **바로 알기** ① 공기 – 기체 – (다)
③ 설탕 – 고체 – (가)
④ 안개 – 액체 – (나)
⑤ 드라이아이스 – 고체 – (가)

10 ② 고체 양초에 불을 붙이면 고체 양초가 융해(B)하여 촛농이 생긴다. 촛농은 심지를 타고 올라가 기화(A)하여 타고, 촛농의 일부는 흘러내려 다시 고체로 응고(C)한다.

11

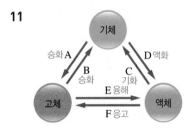

제시된 현상은 모두 고체가 기체로 상태 변화 하는 승화 현상이다.

12 물을 끓일 때 생기는 김은 수증기가 찬 공기에 의해 액화하여 생긴 작은 물방울이 모여 흰 연기처럼 보이는 것이다.
ㄴ. 새벽녘 안개가 자욱하게 끼어 있는 것은 공기 중의 수증기가 찬 공기에 의해 액화하여 생긴 것이다.
ㄷ. 공기 중의 수증기가 얼음물이 담긴 차가운 컵에 닿아 물방울로 액화하여 컵 표면에 맺힌 것이다.
바로 알기 ㄱ. 나뭇잎에 서리가 내리는 것은 공기 중의 수증기가 승화(기체 → 고체)하여 얼어붙은 것이다.
ㄹ. 눈사람의 크기가 작아지는 것은 눈이 녹지 않고 직접 수증기로 승화(고체 → 기체)하였기 때문이다.

13 ③, ④, ⑤ A에서는 물이 기화하여 수증기가 생기고, B에서는 수증기가 액화하여 물이 생기므로 A와 B에 푸른색 염화 코발트 종이를 가져다 대었을 때 모두 붉은색으로 변한다. 따라서 이 실험으로 상태 변화가 일어나도 물질의 성질이 변하지 않음을 알 수 있다.
바로 알기 ①, ② A에서는 물의 기화, B에서는 수증기의 액화가 일어난다.

14

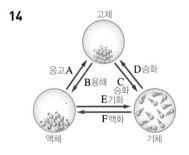

①, ③ 가열할 때 일어나는 상태 변화는 B(융해), C(승화(고체 → 기체)), E(기화)이며, 이때 입자 운동이 활발해진다.
②, ⑤ 냉각할 때 일어나는 상태 변화는 A(응고), D(승화(기체 → 고체)), F(액화)이며, 이때 일반적으로 물질의 부피가 감소한다.
바로 알기 ④ B(융해), C(승화(고체 → 기체)), E(기화)가 일어날 때 입자 운동이 활발해져 입자 배열이 불규칙적으로 된다.

15 ④ 아세톤이 들어 있는 비닐 주머니를 넣은 감압 장치를 뜨거운 물이 담긴 수조에 넣으면 아세톤이 기화한다. 이때 아세톤 입자 사이의 거리가 멀어져 부피가 증가한다.
바로 알기 ①, ② 물질의 상태가 변해도 입자의 종류와 입자의 수는 변하지 않는다.
③, ⑤ 액체 아세톤에서 기체 아세톤으로 기화할 때 입자 운동이 활발해지고, 입자 배열이 불규칙적으로 된다.

16 **바로 알기** ① 비누를 구성하는 입자의 종류와 수가 변하지 않으므로 고체 비누가 융해해도 질량은 일정하다.
② 고체 비누가 융해하면 입자 운동이 활발해진다.
④ 액체 비누가 응고하면 부피가 감소하여 높이가 낮아진다.
⑤ 고체 비누가 융해하면 부피가 증가하고, 액체 비누가 응고하면 부피가 감소한다.

17 ④ 물질의 상태가 변할 때 부피, 입자의 배열, 입자 사이의 거리는 변하고, 질량, 입자의 종류, 물질의 성질은 변하지 않는다.

18 **바로 알기** ① 고체가 기체로 승화하는 모형을 나타낸 것이다.
③, ④, ⑤ 고체가 기체로 승화할 때 열에너지를 흡수한다. 이때 입자 운동이 활발해지고 입자 배열이 불규칙적으로 되며, 입자 사이의 거리가 멀어진다.

19 ㄱ, ㄴ, ㄹ. 액체 로르산을 냉각하면 온도가 낮아지다가 온도가 일정하게 유지되는 (가) 구간에서 고체 로르산으로 응고하며, 이 구간에서는 열에너지를 방출한다.
바로 알기 ㄷ. (가) 구간에서는 응고가 일어나므로 액체 로르산과 고체 로르산이 함께 존재한다.

20

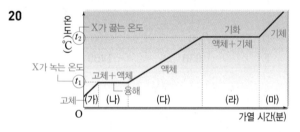

① t_1°C에서는 물질 X가 고체에서 액체로 상태 변화 하며, 이때 고체와 액체 상태가 함께 존재한다.
③ t_2°C에서는 물질 X가 액체에서 기체로 상태 변화 하며, 이때 액체와 기체 상태가 함께 존재한다.
④ (가) 구간은 고체 상태이므로 입자 배열이 가장 규칙적이다.
⑤ (마) 구간은 기체 상태이므로 입자 운동이 가장 활발하다.
바로 알기 ② 물질의 양이 변해도 상태가 변하는 온도는 변하지 않는다. 따라서 물질의 양이 변해도 물질이 끓기 시작하는 온도(t_2°C)는 변하지 않는다.

21 ① (나) 구간에서는 가해 준 열에너지가 모두 고체가 액체로 상태 변화 하는 데 사용되므로 온도가 더 이상 높아지지 않고 일정하게 유지된다.

22

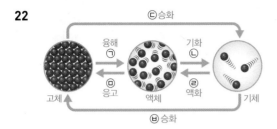

(나) 구간은 고체에서 액체로 융해(㉠)하는 구간이고, (라) 구간은 액체에서 기체로 기화(㉡)하는 구간이다.

23 열에너지를 방출하여 입자 운동이 둔해지고, 입자 사이의 거리가 가까워져 부피가 감소하는 상태 변화는 응고(물은 예외), 액화, 승화(기체 → 고체)이다.
⑤ 라면에서 올라오는 뜨거운 수증기가 안경 유리에 닿아 액화하여 안경이 뿌옇게 흐려지는 것이다.
(바로 알기) ① 물이 응고할 때 입자들이 빈 공간이 많은 구조로 배열되므로 부피가 증가한다.
② 기화, ③ 융해, ④ 승화(고체 → 기체)의 상태 변화가 일어날 때는 열에너지를 흡수하여 입자 운동이 활발해지고, 입자 사이의 거리가 멀어져 부피가 증가한다.

24 ① 사과꽃에 뿌린 물이 응고하면서 열에너지를 방출하므로 주변의 온도가 높아져 냉해를 막을 수 있다.

25 젖은 흙에 있는 물이 증발(기화)하면서 주변으로부터 열에너지를 흡수하여 주변의 온도가 낮아지므로 항아리 속 농작물을 시원하게 보관할 수 있다. 따라서 ㉠에서 일어나는 상태 변화는 기화이다.
ㄴ. 물이 기화하므로 입자 사이의 거리가 멀어진다.
(바로 알기) ㄱ. 물이 기화하므로 열에너지를 흡수한다.
ㄷ. 물에서 수증기로 상태가 변하므로 입자 배열이 불규칙적으로 변한다.

26

채점 기준	배점
두 현상의 공통된 원인을 입자 운동과 관련지어 옳게 서술한 경우	100 %
그 외의 경우	0 %

27

채점 기준	배점
액체의 모양과 부피에 대한 성질을 모두 옳게 서술한 경우	100 %
모양과 부피 중 한 가지 성질만 옳게 서술한 경우	50 %

28

채점 기준	배점
입자 배열, 입자 사이의 거리를 포함하여 옳게 서술한 경우	100 %
입자 배열과 입자 사이의 거리 중 한 가지만 포함하여 옳게 서술한 경우	50 %

29 일반적으로 액체에서 고체로 상태가 변할 때 부피가 감소한다. 그러나 예외적으로 물은 응고하여 얼음이 될 때 물 입자들이 입자 사이에 빈 공간이 많은 구조로 배열하기 때문에 부피가 증가한다.

채점 기준	배점
상태 변화에 따른 부피 변화를 이용하여 물과 액체 비누의 변화를 모두 옳게 서술한 경우	100 %
상태 변화에 따른 부피 변화를 이용하여 물과 액체 비누의 변화 중 한 가지만 옳게 서술한 경우	50 %

30

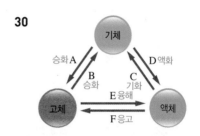

채점 기준	배점
열에너지를 흡수하는 상태 변화를 모두 고르고, 이 과정에서 입자 운동과 입자 배열의 변화를 옳게 서술한 경우	100 %
열에너지를 흡수하는 상태 변화만 옳게 고른 경우	40 %

31

채점 기준	배점
(가)와 (나)에서 온도가 일정한 구간이 나타나는 까닭을 모두 옳게 서술한 경우	100 %
온도가 일정한 구간이 나타나는 까닭을 (가)와 (나) 중 한 가지만 옳게 서술한 경우	50 %

32

채점 기준	배점
실내가 시원하게 유지되는 것과 관계있는 에어컨의 장치를 쓰고, 실내가 시원하게 유지되는 까닭을 옳게 서술한 경우	100 %
실내가 시원하게 유지되는 것과 관계있는 에어컨의 장치만 옳게 쓴 경우	40 %

이 단원에서는 물질을 구성하는 입자가 운동하며, 입자의 운동에 따라 물질의 상태가 변한다는 것을 학습했어요. 이와 관련된 현상을 실생활에서 찾아 보세요.

I 과학과 인류의 지속가능한 삶

01 과학과 인류의 지속가능한 삶

중단원 핵심 요약
시험 대비 교재 2쪽

① 가설 설정   ② 탐구 설계 및 수행   ③ 자료 해석
④ 가설   ⑤ 기기   ⑥ 증기 기관
⑦ 지속가능한 삶   ⑧ 기후 변화

잠깐 테스트
시험 대비 교재 3쪽

1 ㉠ 가설 설정, ㉡ 자료 해석   2 문제 인식   3 가설
4 가설   5 기술   6 암모니아   7 첨단 과학기술   8 지속
가능한 삶   9 화석 연료   10 신재생

중단원 기출 문제
시험 대비 교재 4~5쪽

01 ⑤   02 ②   03 ①   04 ③   05 ⑤   06 ⑤
07 ②   08 ①   09 ①   10 ⑤   11 ⑤

01 바로알기 ㄱ, ㄴ. 과학적 탐구는 자연이나 일상생활에서 어떤 현상을 관찰하다 의문을 품고, 그 의문을 해결하기 위해 자료를 수집하고 조사하는 활동이다. 따라서 과학자만이 할 수 있는 것은 아니며, 실험실에서만 이루어진다고도 할 수 없다.

02 과학적 탐구 방법은 문제 인식 → 가설 설정 → 탐구 설계 및 수행 → 자료 해석 → 결론 도출의 단계를 거친다.

03 과학적 탐구 방법을 수행할 때 문제에 대한 잠정적인 결론인 가설(㉠)을 설정한 후 가설을 검증하기 위한 탐구를 설계(㉡)하고 수행한다. 탐구 결과로부터 가설(㉠)이 맞는지 확인하고 결론(㉢)을 도출한다.

04 가설을 검증하는 실험을 한 결과가 가설과 일치하지 않는다면 가설을 수정하거나 새로운 가설을 세워 다시 탐구 설계 및 수행을 해야 한다.

05 결론 도출은 자료 해석 결과의 타당성을 평가하거나 가설을 검증하는 단계이다. 따라서 가설을 확인하는 내용이어야 한다.
바로알기 ①은 문제 인식, ②는 가설 설정, ③은 탐구 설계 및 수행, ④는 자료 해석 단계이다.

06 (가) 자료 해석, (나) 결론 도출, (다) 가설 설정, (라) 문제 인식, (마) 탐구 설계 및 수행 단계에 해당한다.
과학적 탐구 과정은 문제 인식(라) → 가설 설정(다) → 탐구 설계 및 수행(마) → 자료 해석(가) → 결론 도출(나) 순으로 이루어진다.

07 ① 백신으로 질병을 예방하고, 항생제로 세균에 의한 질병을 치료할 수 있게 되어 인류의 수명이 크게 연장되었다.
⑤ 고속 열차의 개발로 사람들이 먼 거리를 빠르게 다닐 수 있게 되어 생활 영역이 더 넓어졌다.
바로알기 ② 드론이나 기계를 이용한 농업 기술이 발전하여 식량 생산량이 증가하였다.

08 (가) 인공지능은 컴퓨터가 학습하고 일을 처리할 수 있게 만드는 기술로, 로봇이나 자율주행 자동차에 활용될 수 있다.
(나) 나노 기술은 물질을 나노미터 크기로 작게 만들어 다양한 소재나 제품을 만드는 기술로, 백신이나 항암제 등에 활용될 수 있다.

09 바로알기 ① 양자 컴퓨터는 양자의 특성을 이용한 컴퓨터로, 복잡한 암호를 단 몇 초 이내에 풀 수 있을 것으로 기대된다. 사물 인터넷이 집 밖에서 스마트폰으로 가전제품을 제어하는 데 활용될 수 있다.

10 화석 연료의 지나친 사용으로 에너지 자원 고갈, 환경오염, 기후 변화의 문제가 나타나고 있다. 이러한 문제를 해결하기 위해 신재생 에너지를 개발하고, 대기오염 물질을 줄이는 데 과학기술을 활용하고 있다.
바로알기 ㄱ. 인류가 마주한 에너지 부족 문제, 환경 문제를 해결하기 위해서는 석탄, 석유 등 화석 연료의 사용을 줄여야 한다.

11 바로알기 ⑤ 생태 습지나 환경 공원을 조성하는 것은 지속가능한 삶을 위한 사회적 차원의 활동에 해당한다.

서술형 정복하기
시험 대비 교재 6~7쪽

1 답 가설 설정

2 답 변인 통제

3 답 인공지능

4 답 나노 기술

5 답 신재생 에너지

6 모범답안 탐구 결과로부터 가설이 맞는지 판단하고 탐구의 결론을 내린다.

7 모범답안 실험에 필요한 준비물과 실험 과정을 정하고, 실험에서 같게 할 조건과 다르게 할 조건을 정한다.

8 모범답안 증기 기관을 이용한 증기 기관차가 개발되어 많은 물건을 먼 곳까지 빠르게 이동시킬 수 있었다.

9 모범답안 백신으로 질병을 예방하고, 항생제로 세균에 의한 질병을 치료할 수 있게 되어 인류의 수명이 크게 늘어났다.

10 모범답안 과학기술을 활용하여 신재생 에너지를 개발하고

있으며, 대기오염 물질의 **발생량**을 줄이거나 방출된 **오염 물질**을 **제거**하는 기술을 개발하고 있다.

11 모범답안 소금물의 농도가 달라지면 어는 온도가 달라질 것이다.

| 해설 | 물과 농도가 다른 두 소금물의 어는 온도를 측정하는 실험을 하였다.

채점 기준	배점
소금물의 농도와 어는 온도의 관계를 옳게 서술한 경우	100 %
소금물의 농도와 어는 온도로 서술하지 못한 경우	0 %

12 모범답안 (1) D와 E

(2) 밝은 곳에서 콩나물이 잘 자란다.

| 해설 | (1) 이 가설을 검증하기 위해서는 온도만 변화시키고, 하루에 물을 주는 횟수와 밝기를 일정하게 유지시켜야 한다.

(2) 종이컵 B와 D를 비교하면 하루에 물을 주는 횟수와 온도 조건은 일정하고, 밝기만 다른 것을 알 수 있다.

	채점 기준	배점
(1)	D와 E를 쓴 경우	30 %
(2)	밝은 곳에서 콩나물이 잘 자란다고 옳게 서술한 경우	70 %
	밝기와 콩나물 크기의 관계를 설명했으나 옳게 서술하지 못한 경우	30 %

13 모범답안 암모니아 합성 기술로 질소 비료가 만들어져 식량 생산을 크게 증가시켰고, 이로써 인류의 식량 부족 문제를 해결하였다.

채점 기준	배점
질소 비료, 식량 생산, 인류의 식량 부족 문제를 모두 포함하여 옳게 서술한 경우	100 %
인류의 식량 부족 문제를 해결하였다고만 서술한 경우	70 %

14 모범답안 자율주행 자동차는 스스로 주행이 가능한 자동차로, 첨단 과학기술인 인공지능이 활용된다.

| 해설 | 자율주행 자동차는 인공지능을 활용하여 운전자가 조작하지 않아도 주변 상황에 스스로 대처할 수 있다.

채점 기준	배점
자율주행 자동차가 무엇인지 옳게 서술하고, 활용되는 첨단 과학기술을 옳게 쓴 경우	100 %
자율주행 자동차가 무엇인지만 옳게 서술한 경우	50 %
자율주행 자동차에 활용되는 첨단 과학기술만 옳게 쓴 경우	30 %

15 모범답안 • 개인적 차원: 재활용품을 버릴 때는 분리배출 한다. 자전거와 같은 친환경 운송 수단을 이용한다. 자가용 대신 대중교통을 이용한다. 등

• 사회적 차원: 생태 습지나 환경 공원을 조성한다. 오염물질을 적게 배출하고 재생 가능한 에너지원을 개발 및 보급한다. 등

채점 기준	배점
지속가능한 삶을 위한 개인적 차원의 활동과 사회적 차원의 활동을 모두 옳게 서술한 경우	100 %
지속가능한 삶을 위한 개인적 차원의 활동과 사회적 차원의 활동 중 한 가지만 옳게 서술한 경우	50 %

II 생물의 구성과 다양성

01 생물의 구성

중단원 핵심 요약
시험 대비 교재 8쪽

① 세포벽　　② 핵　　③ 마이토콘드리아

④ 엽록체　　⑤ 있음　　⑥ 있음　　⑦ 메틸렌 블루

⑧ 아세트산 카민　　⑨ 조직　　⑩ 기관계

잠깐 테스트
시험 대비 교재 9쪽

1 세포　　**2** B, 핵　　**3** A, 세포막　　**4** ① ○, ② ×, ③ ○,
④ ○, ⑤ ○　　**5** ① 다양하고, ② 다르다　　**6** ① 세포벽,
② 일정한　　**7** 핵　　**8** 상피　　**9** ① 조직계, ② 기관　　**10** B
→ D → A → E → C

중단원 기출 문제
시험 대비 교재 10~12쪽

01 ⑤	02 ②, ④	03 ②	04 ②	05 ⑤	06 ①
07 ③, ⑤	08 ②	09 ②	10 ③	11 ④	12 ⑤
13 ④	14 ①	15 ④	16 ③	17 ④	18 ③

01 세포는 생물을 구성하는 가장 작은 단위로, 현미경으로만 볼 수 있는 작은 것부터 맨눈으로 볼 수 있는 큰 것까지 크기가 매우 다양하다. 하나의 생물 내에서도 몸의 부위에 따라 세포의 종류가 다양하며, 세포의 종류에 따라 세포의 모양과 크기가 다양하다.

바로 알기 ⑤ 엽록체와 세포벽은 동물 세포에는 없고 식물 세포에만 있다.

02 (가)는 동물 세포, (나)는 식물 세포이다. A는 핵, B는 마이토콘드리아, C는 세포막, D는 세포질, E는 세포벽이다.

바로 알기 ② 마이토콘드리아(B)는 식물 세포와 동물 세포 모두에 있다.

④ 생명활동에 필요한 에너지를 생산하는 것은 마이토콘드리아(B)이다. D는 세포질로 핵과 세포막 사이를 채우는 부분이다.

03 ② 세포 안팎으로 물질이 드나드는 것을 조절하는 것은 세포를 둘러싸고 있는 얇은 막인 세포막(C)이다.

04 엽록체는 식물 세포에만 있으며, 광합성을 하여 양분을 생성한다.

05 핵, 세포막은 동물 세포와 식물 세포에 공통으로 있으며, 엽록체와 세포벽은 식물 세포에만 있다.

06 염색액은 핵을 염색하여 뚜렷하게 보이도록 한다.

07 ③ 검정말잎 세포를 염색할 때 사용하는 염색액은 아세트산 카민 용액이다.

⑤ 검정말잎 세포는 식물 세포이므로 엽록체를 관찰할 수 있다.

바로 알기 ① (가) 과정에서 덮개 유리는 기포가 생기지 않도록 비스듬히 기울여 천천히 덮는다.

② (나) 과정은 핵을 붉게 염색하는 과정이다.

④ (나) 과정을 거치지 않으면 핵을 관찰할 수 없다.

⑥ 검정말잎 세포는 크기가 작아 맨눈으로 관찰할 수 없고 현미경을 이용하여 관찰해야 한다.

⑦ 실험 순서는 (라) → (다) → (가) → (나)이다.

08 ② 검정말잎 세포(가)는 아세트산카민 용액, 입안 상피세포(나)는 메틸렌 블루 용액으로 염색한다.

바로 알기 ① (가)는 세포벽이 있어 세포의 모양이 일정하다.

③ 세포막은 (가), (나)에 모두 있다.

④ 세포벽은 (가)에만 있다.

⑤ (가)에는 엽록체가 있고, (나)에는 엽록체가 없다.

⑥ (가), (나)에서 모두 핵이 관찰된다.

⑦ (가)는 검정말잎 세포이고, (나)는 입안 상피세포이다.

09 ㄷ. 세포의 종류에 따라 세포의 모양과 크기, 기능이 다양하며, 생물은 특징이 다른 다양한 세포로 이루어져 있다.

바로 알기 ㄱ. (가)는 적혈구로 온몸으로 산소를 운반한다.

ㄴ. (나)는 신경세포로 신호를 받아들이고 전달한다.

10 **바로 알기** ③ 식물을 구성하는 조직계에는 표피조직계, 관다발조직계 등이 있다. 호흡계는 동물을 구성하는 기관계에 해당한다.

11 동물의 구성 단계는 세포(라) → 조직(마) → 기관(나) → 기관계(다) → 개체(가)이다.

12 **바로 알기** ① 여러 조직이 모인 것은 기관이다.

② 위, 작은창자는 기관에 해당한다.

③ 동물을 구성하는 기본 단위는 세포이다.

④ 기관계는 동물에만 있는 구성 단계이다.

13 (가)는 조직, (나)는 기관계, (다)는 기관, (라)는 세포, (마)는 개체이다.

바로 알기 ④ 호흡계, 소화계, 순환계는 동물의 기관계에 해당하므로 호흡계는 (나)와 같은 구성 단계이다.

14 **바로 알기** ② 뿌리, 줄기, 잎은 기관에 해당한다.

③ 식물을 구성하는 기본 단위는 세포이다.

④ 조직은 모양과 기능이 비슷한 세포가 모여 이루어지고, 조직계는 여러 조직이 모여 이루어진 단계이다.

⑤ 식물의 구성 단계 중 가장 넓은 범위의 단계는 개체이다.

15 **바로 알기** ① 관다발조직계는 조직계에 해당하고, ② 장미, 백합은 개체에 해당한다. ③ 표피조직은 조직에 해당하고, ⑤ 꽃은 기관에 해당한다.

16 A는 세포, B는 기관, C는 조직, D는 개체, E는 조직계이다. 위, 작은창자는 기관으로, 식물의 구성 단계에서 이와 같은 것은 잎, 줄기, 뿌리와 같은 기관(B)이다.

17 식물의 구성 단계는 세포(A) → 조직(C) → 조직계(E) → 기관(B) → 개체(D)이다. 조직계(E)는 식물만 있는 구성 단계이다.

18 ③ 식물에서 여러 조직이 모여 이루어진 단계는 조직계이다.

서술형 정복하기　　　시험 대비 교재 **13~14**쪽

1 **답** 세포

2 **답** 마이토콘드리아

3 **답** 핵, 세포막

4 **답** 메틸렌 블루 용액, 아세트산 카민 용액

5 **답** 상피세포

6 **모범 답안** 식물 세포는 **세포벽**이 있어서 **세포의 모양**이 **일정**하고, 동물 세포는 **세포벽**이 없어서 **세포의 모양**이 **일정**하지 않다.

7 **모범 답안** **세포벽**과 **염색체**, **세포벽**은 세포를 보호하고 식물 **세포의 모양**을 일정하게 유지시킨다. **엽록체**는 **광합성**을 하여 양분을 생성한다.

8 **모범 답안** 가운데가 오목한 **원반** 모양으로, 혈관을 따라 몸속을 이동하여 온몸으로 **산소**를 **운반**한다.

9 **모범 답안** **세포 → 조직 → 기관 → 개체**

10 **모범 답안** 동물의 구성 단계에는 관련된 기능을 하는 기관들로 이루어진 단계인 **기관계**가 있고, 식물의 구성 단계에는 여러 조직이 모여 이루어진 단계인 **조직계**가 있다.

11 **모범 답안** 하나의 생물 내에서도 몸의 부위에 따라 세포의 종류가 다양하며, 세포의 종류에 따라 세포의 모양과 크기, 기능이 다양하다.

채점 기준	배점
몸의 부위에 따라 세포의 종류가 다양하며, 세포의 종류에 따라 세포의 모양과 크기, 기능이 다양하다고 서술한 경우	100 %
세포의 모양과 크기, 기능이 다양하다고만 서술한 경우	50 %

12 **모범 답안** 엽록체, 광합성을 하여 양분을 생성한다.

채점 기준	배점
A의 이름을 쓰고, A의 기능을 옳게 서술한 경우	100 %
A의 이름만 쓴 경우	30 %

13 **모범 답안** (가), 식물 세포에서만 볼 수 있는 엽록체(C)와 세포벽(E)이 있기 때문이다.

채점 기준	배점
(가)를 쓰고, 엽록체와 세포벽을 포함하여 옳게 서술한 경우	100 %
(가)를 쓰고, 엽록체와 세포벽 중 한 가지만 포함하여 서술한 경우	70 %
(가)만 쓴 경우	30 %

14 **모범 답안** 핵을 염색하여 뚜렷하게 관찰하기 위해서이다.

채점 기준	배점
핵을 염색하여 뚜렷하게 관찰하기 위해서라고 서술한 경우	100 %
핵을 염색하기 위해서라고만 서술한 경우	70 %

15 모범답안 검정말잎 세포에는 입안 상피세포에는 없는 세포벽이 있어 모양이 일정하게 유지된다.

채점 기준	배점
세포벽을 포함하여 옳게 서술한 경우	100 %
식물 세포이기 때문이라고만 서술한 경우	0 %

16 모범답안 조직, 모양과 기능이 비슷한 세포들로 구성된다.

채점 기준	배점
(나) 단계의 이름을 쓰고, 구성상의 특징을 옳게 서술한 경우	100 %
구성상의 특징만 옳게 서술한 경우	50 %
(나) 단계의 이름만 쓴 경우	30 %

02 생물다양성과 분류

① 생태계　② 크다　③ 적응　④ 변이
⑤ 종　⑥ 과　⑦ 원핵생물계　⑧ 원생생물계
⑨ 균계　⑩ 식물계　⑪ 동물계

1 생물다양성　**2** ① 생태계, ② 종류　**3** 변이　**4** ① 변이,
② 적응　**5** 분류　**6** 종　**7** ① 종, ② 목, ③ 계　**8** 핵
9 원생생물계　**10** (1) ⓒ (2) ⓛ (3) ⓙ

1 (1) 원핵생물계 (2) 균계 (3) 식물계 (4) 동물계 (5) 원생
생물계　**2** (1) 대장균, 염주말 (2) 미역, 아메바 (3) 푸른곰
팡이, 느타리버섯 (4) 우산이끼, 쇠뜨기 (5) 해파리, 지렁이
3 (1) 원핵생물계 (2) 균계 (3) 원생생물계 (4) 식물계
(5) 동물계　**4** (1) 폐렴균 (2) 표고버섯 (3) 짚신벌레 (4) 해
바라기 (5) 달팽이

2 대장균과 염주말은 원핵생물계에 속하고, 미역과 아메바는
원생생물계에 속한다. 푸른곰팡이와 느타리버섯은 균계에 속하
고, 우산이끼와 쇠뜨기는 식물계에 속하며, 해파리와 지렁이는
동물계에 속한다.

[3~4] (1) 세포에 핵막으로 구분된 핵이 없는 생물 무리(A)는
원핵생물계이다.
(2) 세포에 핵이 있고, 몸이 균사로 되어 있는 생물 무리(B)는 균
계이다.
(3) 세포에 핵이 있고, 몸이 균사로 되어 있지 않으며, 기관이 발
달하지 않은 생물 무리(C)는 원생생물계이다.
(4) 세포에 핵이 있고, 몸이 균사로 되어 있지 않으며, 기관이 발
달하고, 광합성을 하는 생물 무리(D)는 식물계이다.

(5) 세포에 핵이 있고, 몸이 균사로 되어 있지 않으며, 기관이 발
달하고, 광합성을 하지 않는 생물 무리(E)는 동물계이다.

01 ①	02 ①	03 ③	04 ①, ③	05 ③	06 ⑤
07 ⑤	08 ②	09 ⑤	10 ⑥	11 ①	12 ③
13 ⑤	14 ③	15 ④	16 ⑤	17 ③	

01 바로알기 ① 생태계가 다양하면 생물의 종류가 다양해지고,
생물다양성이 커진다.

02 바로알기 • B: 사람마다 눈동자 색이 다른 것은 같은 종류의
생물 사이에서 나타나는 특징의 다양함에 해당한다.
• C: 같은 종류의 생물 사이에서 나타나는 특징의 다양함은 생물
다양성에 포함된다.

03 바로알기 ① 변이는 자손에게 전해진다.
② 변이는 생물의 생존에 영향을 미친다.
④ 변이는 같은 종류의 생물 사이에서 나타나는 특징이 서로 다른 것
이다.
⑤ 변이가 다양하면 급격한 환경 변화에도 살아남는 생물이 있
어 멸종할 위험이 낮다.

04 변이는 같은 종류의 생물 사이에서 나타나는 특징이 서로 다
른 것이다.
바로알기 ④, ⑤, ⑥, ⑦ 다른 종류의 생물에서 나타나는 특징이다.

05 바로알기 ㄷ. 키가 큰 선인장이 자라는 환경에서 목이 조금
더 긴 거북은 먹이를 먹는 데 유리하였기 때문에 더 많이 살아남
아 자손을 남길 수 있었다. 즉, 목이 긴 종류가 나타나는 데 직접
적인 영향을 미친 요인은 먹이이다.

06 생물은 다양한 환경에 적응하여 살아가고, 환경에 알맞은 변
이를 지닌 생물이 더 많이 살아남아 자손을 남긴다. 생물의 변이와
생물이 환경에 적응하는 과정을 통해 생물이 다양해진다.

07 ㄱ. 노새는 번식 능력이 없으므로 말과 당나귀는 다른 종이다.
ㄴ. 풍진개는 번식 능력이 있으므로 진돗개와 풍산개는 같은 종
이다.
ㄷ. 종은 자연 상태에서 짝짓기를 하여 번식 능력이 있는 자손을
낳을 수 있는 생물 무리이다.

08 생물의 분류 단계는 종<속<과<목<강<문<계이다.

09 ②, ③, ④ 여러 속이 모여 하나의 과를 이루고, 여러 목이
모여 하나의 강을 이루며, 여러 강이 모여 하나의 문을 이룬다.
바로알기 ⑤ 동물(동물계)과 식물(식물계)은 생물을 계 단위로 분
류한 것이다.

10 (가)는 원핵생물계, (나)는 원생생물계, (다)는 균계이다. 원
핵생물계(가)와 나머지 4가지 계를 구분하는 분류 기준 A는 핵
의 유무이다.
바로알기 ⑥ 식물계에 속하는 생물은 광합성을 하지만, 균계(다)
에 속하는 생물은 광합성을 하지 못하고, 대부분 죽은 생물을 분
해하여 양분을 얻는다.

11 바로알기 ② 고사리는 식물계, ③ 지렁이는 동물계, ④ 표고버섯은 균계, ⑤ 소나무는 식물계에 속한다.

12 미역과 다시마는 세포에 핵이 있는 다세포생물로, 원생생물계에 속하며, 광합성을 한다.
바로알기 ③ 원생생물계에 속하는 미역과 다시마는 기관이 발달하지 않았다.

13 (가)는 대장균(원핵생물계), (나)는 느타리버섯(균계), (다)는 짚신벌레(원생생물계), (라)는 진달래(식물계), (마)는 갈매기(동물계)이다.
바로알기 ⑤ 뿌리, 줄기, 잎이 발달한 것은 진달래(라)이다.

14 바로알기 ① 원핵생물계에는 광합성을 하는 생물도 있고, 하지 않는 생물도 있으며, 균계에 속하는 생물은 광합성을 하지 않는다.
②, ⑤ 원핵생물계에 속하는 생물은 핵이 없는 단세포생물이다.
④ 몸이 균사로 이루어진 것은 균계에만 해당되는 특징이다.

15 (가)는 원핵생물계, (나)는 식물계, (다)는 동물계이다. 균계에 속하는 생물은 세포벽이 있으므로 A는 '있다.'이고, 광합성을 하지 못하므로 B는 '안 한다.'이다.
바로알기 ④ 몸이 균사로 이루어진 표고버섯은 균계에 속한다.

16 ㄱ, ㄴ. 포도상구균과 대장균은 세포에 핵이 없는 원핵생물계, 아메바와 다시마는 원생생물계에 속한다.
ㄷ. 짚신벌레는 원생생물계(나)에 속한다.

17 ③ (가) 염주말, 미역, 해바라기는 광합성을 하는 생물이고, (나) 폐렴균, 고양이, 기는줄기뿌리곰팡이는 광합성을 하지 않는 생물이다.
바로알기 ① 염주말은 핵이 없지만 미역과 해바라기는 핵이 있다.
② 폐렴균과 기는줄기뿌리곰팡이는 운동성이 없지만 고양이는 운동성이 있다.
④ 폐렴균과 기는줄기뿌리곰팡이는 세포에 세포벽이 있지만, 고양이는 세포에 세포벽이 없다.
⑤ 미역은 기관이 발달하지 않았지만 해바라기는 기관이 발달하였다.

서술형 정복하기

시험 대비 교재 21~22쪽

1 답 생물다양성

2 답 변이

3 답 핵 유무, 광합성 여부 등

4 답 종<속<과<목<강<문<계

5 답 원핵생물계, 원생생물계, 균계, 식물계, 동물계

6 모범답안 **생태계**가 다양할수록, 한 생태계에 살고 있는 **생물의 종류**가 다양할수록, 같은 종류의 생물 사이에서 나타나는 **특징**이 다양할수록 생물다양성이 크다.

7 모범답안 생물의 **변이**와 생물이 **환경**에 **적응**하는 과정을 통해 생물이 다양해진다.

8 모범답안 종은 자연 상태에서 **짝짓기**를 하여 **번식** 능력이 있는 **자손**을 낳을 수 있는 생물 무리이다.

9 모범답안 **운동성**이 없다. **광합성**을 하지 않는다.

10 모범답안 • 공통점: **광합성**을 한다.
• 차이점: 미역은 **기관**이 발달하지 않았고, 무궁화는 **기관**이 발달하였다.

11 모범답안 (1) 변이
(2) 단풍나무의 잎 모양과 크기가 조금씩 다르다.

채점 기준	배점
(1) 변이라고 쓴 경우	30 %
(2) 변이의 예를 한 가지 옳게 서술한 경우	70 %

12 모범답안 (1) (가)
(2) 서로 다른 환경에서 살아갈 때 각각의 환경에 적합한 생물이 살아남을 수 있으며

채점 기준	배점
(1) (가)라고 쓴 경우	40 %
(2) 문장을 옳게 바꾸어 서술한 경우	60 %

13 모범답안 (1) 말과 당나귀는 서로 다른 종이다.
(2) 종은 자연 상태에서 짝짓기를 하여 번식 능력이 있는 자손을 낳을 수 있는 생물 무리인데, 말과 당나귀 사이에서 태어난 노새는 번식 능력이 없기 때문이다.

	채점 기준	배점
(1)	서로 다른 종이라고 옳게 서술한 경우	30 %
(2)	종의 뜻과 관련지어 까닭을 옳게 서술한 경우	70 %
	노새가 번식 능력이 없기 때문이라고만 서술한 경우	50 %

14 모범답안 (1) A: 폐렴균, B: 짚신벌레, C: 송이버섯, D: 쇠뜨기, E: 돌고래
(2) 세포에 세포벽이 있다. 등

	채점 기준	배점
(1)	A~E에 해당하는 생물을 옳게 쓴 경우	40 %
(2)	쇠뜨기(식물계)에 해당하는 특징을 옳게 서술한 경우	60 %

15 모범답안 동물계에 속하는 생물은 세포에 세포벽이 없고 광합성을 할 수 없으며, 식물계에 속하는 생물은 세포에 세포벽이 있고 광합성을 할 수 있다.

채점 기준	배점
동물계와 식물계의 차이점을 두 가지 모두 옳게 서술한 경우	100 %
한 가지만 서술한 경우	50 %

03 생물다양성보전

중단원 핵심 요약

시험 대비 교재 23쪽

① 생태계평형 ② 먹이그물 ③ 먹이그물 ④ 의약품
⑤ 서식지파괴 ⑥ 남획 ⑦ 외래종 유입
⑧ 환경오염 ⑨ 기후 변화 ⑩ 사회적

1 생태계평형   **2** 복잡   **3** 작   **4** 높   **5** 남획   **6** 서식지 파괴   **7** 외래종   **8** 생태통로   **9** 사회적   **10** 개인적

01 ⑤   **02** ③   **03** ④   **04** ④   **05** ⑤   **06** ⑤
07 ③   **08** ④   **09** ④   **10** ⑤   **11** ①, ④   **12** ②

01 **바로 알기** ⑤ 먹이그물이 복잡한 생태계에서는 어떤 생물이 사라져도 먹이 관계에서 그 생물을 대체하는 생물이 있어 생태계가 안정을 유지할 수 있다.

02 ㄱ. (가)에서 개구리가 멸종되면 먹이를 잃은 뱀도 함께 멸종될 가능성이 높다.
ㄷ. 종이 다양하여 먹이그물이 복잡한 (나)가 종이 적어 먹이그물이 단순한 (가)에 비해 안정적으로 유지된다.
바로 알기 ㄴ. (나)가 (가)보다 생물다양성이 크다.

03 인간은 생물로부터 식량, 섬유, 의약품, 종이 등 다양한 재료를 얻고, 생물의 생김새나 생활 모습에서 아이디어를 얻어 유용한 도구를 발명할 수 있다.
바로 알기 ④ 야생 동물에 의해 농작물이 피해를 입는 것은 생물다양성에서 얻는 혜택이 아니다.

04 **바로 알기** ④ 항생제의 원료는 푸른곰팡이에서 얻는다.

05 모든 생물은 생태계의 구성원으로서 인간과 함께 살아갈 권리가 있으며, 생물다양성을 보전하는 것은 그 자체로 중요하다.

06 ①, ④는 서식지파괴, ②는 남획, ③은 환경오염의 예이다.
바로 알기 ⑤ 보호 구역을 지정하여 일반인의 출입을 막는 것은 생물다양성을 보전하기 위한 한 방법이다.

07 ③ 기후 변화로 인해 기온과 수온이 상승하여 서식 환경이 달라지면, 기존 서식지에 살던 생물이 사라진다.

08 ㄴ, ㄹ. 외래종은 천적이 없어 대량으로 번식하여 토종 생물의 생존을 위협하고 생물다양성을 감소시킬 수 있다.
바로 알기 ㄱ, ㄷ. 큰입배스는 하천이나 저수지에서 물고기, 새우, 곤충 등을 잡아먹어 먹이그물을 파괴하고, 가시박은 자라면서 주변 식물을 뒤덮어 광합성을 방해하여 식물을 말라 죽게 한다.

09 ④ 도로 등을 건설할 때 생태통로를 설치하여 야생 동물이 안전하게 이동할 수 있도록 하는 것은 서식지파괴에 대한 대책이다.

10 **바로 알기** ⑤ 환경 정화 시설을 설치하는 것은 환경오염에 대한 대책이다. 외래종 유입에 대한 대책으로는 무분별한 외래종의 유입을 막고, 외래종 유입 경로를 관리하는 것 등이 있다.

11 **바로 알기** ②, ⑤ 생물다양성을 유지하기 위한 사회적 차원의 활동이다.
③ 람사르 협약은 생물다양성보전을 위한 국제적 차원의 활동이다.

12 **바로 알기** ② 동물 공연에 동원되는 많은 동물이 보호 대상 동물이고, 이들이 공연을 하기까지 훈련하고 사육하는 과정에서 학대가 이루어질 수 있다.

1 **답** 생태계평형

2 **답** 먹이그물

3 **답** 서식지파괴, 환경오염, 기후 변화, 남획, 외래종 유입

4 **답** 남획

5 **답** 외래종

6 **모범 답안** **생물다양성**이 작은 **생태계**는 **먹이그물**이 **단순**하고, **생물다양성**이 큰 **생태계**는 **먹이그물**이 **복잡**하다.

7 **모범 답안** 먹이그물이 복잡한 생태계는 어떤 생물이 사라져도 **먹이 관계**에서 사라진 생물을 **대체**하는 생물이 있기 때문이다.

8 **모범 답안** **다회용품**을 사용한다. **에너지** 사용을 줄인다.

9 **모범 답안** **플라스틱** 사용을 줄인다. 재활용품을 **분리배출** 한다.

10 **모범 답안** (1) (나)
(2) (가)
(3) (가)에서는 개구리가 멸종하면 뱀이 먹을 수 있는 다른 먹이가 없고, (나)에서는 개구리가 멸종하여도 뱀이 다른 먹이를 먹고 살 수 있기 때문이다.

	채점 기준	배점
(1)	(나)라고 쓴 경우	20 %
(2)	(가)라고 쓴 경우	20 %
(3)	먹이 관계를 대체하는 생물의 유무를 들어 까닭을 옳게 서술한 경우	60 %
	먹이 관계에 대한 언급이 없는 경우	0 %

11 **모범 답안** 식량, 의약품, 섬유, 종이 등 생활에 필요한 재료를 얻는다. 생물의 생김새나 생활 모습을 보고 아이디어를 얻어 유용한 도구를 발명한다.

채점 기준	배점
생물다양성이 주는 혜택을 두 가지 모두 옳게 서술한 경우	100 %
한 가지만 옳게 서술한 경우	50 %

12 **모범 답안** (1) 서식지파괴
(2) 지나친 개발을 자제한다.

	채점 기준	배점
(1)	서식지파괴라고 쓴 경우	40 %
(2)	서식지파괴에 대한 대책을 옳게 서술한 경우	60 %

13 **모범 답안** (1) 국립 공원을 지정 및 보호한다. 종자 은행을 설립한다.
(2) 일회용품 대신 다회용품을 사용한다. 재활용품을 분리배출 한다.

	채점 기준	배점
(1)	사회적 차원에서의 활동을 두 가지 모두 옳게 서술한 경우	50 %
	한 가지만 옳게 서술한 경우	25 %
(2)	개인적 차원에서의 활동을 두 가지 모두 옳게 서술한 경우	50 %
	한 가지만 옳게 서술한 경우	25 %

시험 대비 교재

Ⅲ 열

01 열의 이동

중단원 핵심 요약　시험 대비 교재 29쪽

① 입자　② 활발　③ 둔　④ 열평형
⑤ 열　⑥ 가까워　⑦ 멀어　⑧ 온도
⑨ 전도　⑩ 종류　⑪ 대류　⑫ 복사

잠깐 테스트　시험 대비 교재 30쪽

1 온도　**2** (다), (가)　**3** 열평형　**4** ① 높은, ② 낮은
5 (1) ○ (2) × (3) × (4) ×　**6** 전도　**7** 대류　**8** 복사
9 ① 금속, ② 플라스틱　**10** ① 위로 올라가고, ② 아래로 내려가므로, ③ 위쪽, ④ 아래쪽

중단원 기출 문제　시험 대비 교재 31~33쪽

01 ①　**02** ③　**03** ②　**04** ⑤　**05** ③　**06** ④, ⑦
07 ④, ⑦　**08** ③　**09** ④, ⑤　**10** ③　**11** ⑤　**12** ⑤
13 ⑤　**14** ④　**15** ⑤　**16** ②　**17** ⑤　**18** ①, ④, ⑥

01 ㄱ. 온도는 물질의 차갑고 따뜻한 정도를 숫자로 나타낸 것으로, 물질을 구성하는 입자의 움직임이 활발한 정도를 나타낸다.
바로 알기 ㄴ. 온도가 낮을수록 입자의 움직임이 둔하고, 입자 사이의 거리가 가깝다. 반면 온도가 높을수록 입자의 움직임이 활발하고, 입자 사이의 거리가 멀다.
ㄷ. 두 물체가 접촉해 있을 때 열은 온도가 높은 물체에서 온도가 낮은 물체로 이동한다. 따라서 열은 입자의 움직임이 활발한 물체에서 둔한 물체로 이동한다.

02 ㄱ. 입자의 움직임이 둔할수록 물체의 온도가 낮고, 입자의 움직임이 활발할수록 물체의 온도가 높다. 따라서 입자의 움직임이 둔한 (가)의 온도가 (나)의 온도보다 낮다.
ㄴ. (가)와 (나)는 동일하게 물 입자이므로, (나)가 열을 잃고 온도가 낮아지면 (가)와 같은 상태가 된다.
바로 알기 ㄷ. 물 입자의 움직임이 활발할수록 잉크가 빠르게 퍼진다. 따라서 잉크는 온도가 높고, 입자의 움직임이 활발한 (나)에서가 (가)에서보다 빠르게 퍼진다.

03 열은 온도가 높은 물체에서 온도가 낮은 물체로 이동하므로 열의 이동 방향으로 두 물체의 온도를 비교하면 각각 B>D, C>B, A>C이다. 따라서 네 물체의 온도를 비교하면 A>C>B>D이므로 온도가 가장 높은 물체는 A이고, 온도가 가장 낮은 물체는 D이다.

04 ① 입자의 움직임은 A가 B보다 활발하므로 온도는 A가 B보다 높고, 입자 사이의 거리는 A가 B보다 멀다.

②, ③ 온도가 다른 두 물체를 접촉시키면 온도가 높은 물체의 온도는 낮아지고, 온도가 낮은 물체의 온도는 높아진다. 따라서 A는 온도가 낮아지고, B는 온도가 높아진다.
⑤ 일정한 시간이 흐르면 A와 B는 열평형에 도달하여 온도가 같아진다. 따라서 충분한 시간이 지나면 A와 B 입자의 움직임이 활발한 정도는 같아진다.
바로 알기 ④ 열은 온도가 높은 물체에서 온도가 낮은 물체로 이동하므로 A에서 B로 이동한다.

05 열평형은 온도가 다른 두 물체를 접촉한 뒤 어느 정도 시간이 지났을 때 두 물체의 온도가 같아진 상태이다. 따라서 온도가 같은 ③이 열평형을 이루는 두 물질이다.

06 ① 열은 온도가 높은 물체에서 온도가 낮은 물체로 이동하므로 처음 온도는 A가 B보다 높다.
②, ③ 온도가 높은 A는 열을 잃어 온도가 점점 낮아지고, 입자의 움직임은 점점 둔해진다.
⑤ 시간이 충분히 지나면 A와 B는 열평형에 도달하므로 A와 B의 온도는 같아진다.
⑥ 열은 A와 B 사이에서만 이동하므로 A가 잃은 열의 양과 B가 얻은 열의 양은 같다.
바로 알기 ④ B는 열을 얻으므로 온도가 점점 높아진다. 따라서 B 입자 사이의 거리는 점점 멀어진다.
⑦ 시간이 지날수록 A와 B의 온도 차이는 줄어들므로 A에서 B로 이동하는 열의 양은 줄어든다.

07 ④ 차가운 물은 열을 얻어 온도가 높아지므로 입자의 움직임이 활발해진다.
⑦ 열은 두 물 사이에서만 이동하므로 차가운 물이 얻은 열의 양과 따뜻한 물이 잃은 열의 양이 같다.
바로 알기 ① 물체의 온도가 낮을수록 입자의 움직임이 둔하므로 처음에는 차가운 물이 따뜻한 물보다 입자의 움직임이 둔하다.
②, ③, ⑥ 열은 온도가 높은 물체에서 온도가 낮은 물체로 이동하므로 따뜻한 물에서 차가운 물로 열이 이동한다. 따라서 차가운 물은 열을 얻고, 뜨거운 물은 열을 잃는다.
⑤ 따뜻한 물은 열을 잃어 온도가 낮아지므로 입자 사이의 거리가 가까워진다.

08 ㄱ. 비커의 물과 수조의 물은 5분부터 30 ℃로 온도가 같아진 열평형에 도달한다. 따라서 열평형 온도는 30 ℃이다.
ㄴ. 열은 온도가 높은 물체에서 온도가 낮은 물체로 이동한다. 따라서 열은 온도가 높은 비커의 물에서 온도가 낮은 수조의 물로 이동한다.
바로 알기 ㄷ. 수조의 물은 열을 얻어 온도가 점점 높아진다. 따라서 입자 사이의 거리가 점점 멀어진다.

09 **바로 알기** ④ 전도에 의한 현상으로 프라이팬의 한쪽만 가열해도 전도로 열이 이동하여 프라이팬 전체가 뜨거워진다.
⑤ 대류에 의한 현상으로 주전자로 물을 끓일 때 아래쪽만 가열해도 대류로 열이 이동하여 물이 골고루 데워진다.

10 ①, ② 열을 받아 활발해진 입자의 움직임이 이웃한 입자에 차례로 전달되어 열이 이동하므로 전도의 방식으로 열이 이동하는 모습이다.

④ 불이 닿은 A 부분이 먼저 온도가 높아지고, 활발해진 입자의 움직임이 이웃한 부분으로 차례로 전달되어 열이 이동한다. 따라서 열은 A → B → C로 이동하므로 B 부분이 C 부분보다 먼저 온도가 높아진다.

⑤ 물질의 종류에 따라 열이 전도되는 정도가 다르다. 따라서 다른 금속으로 실험하면 열이 전달되는 정도가 달라진다.

바로 알기 ③ 전도의 방식으로 열이 이동한다.

11 ㄱ. 전도는 고체에서 물체를 구성하는 입자의 움직임이 이웃한 입자에 차례로 전달되어 열이 이동하는 방식이다.

ㄴ, ㄷ. 열이 전도되는 정도는 물체를 이루는 물질의 종류에 따라 다르다. 금속은 금속이 아닌 나무나 플라스틱보다 열을 **빠르게** 전달한다.

12 ⑤ 프라이팬 바닥 부분의 일부만 가열해도 전도로 열이 이동하여 바닥 부분 전체의 온도가 높아진다.

바로 알기 ① 금속은 열을 빠르게 전달한다.

②, ③ 나무나 플라스틱은 금속보다 열을 느리게 전달한다. 그러나 열을 전혀 전달하지 않는 것은 아니다.

④ 프라이팬의 손잡이를 나무로 만드는 까닭은 나무가 열을 느리게 전달하기 때문에 프라이팬이 뜨거워져도 안전하게 손잡이를 잡을 수 있기 때문이다.

13 ①, ② 물에서는 대류에 의해 열이 이동하므로 온도가 높아진 물은 위로 올라가고 상대적으로 온도가 낮은 물은 아래로 내려온다.

③ 아래로 내려오는 물은 온도가 낮은 물이므로 입자 사이의 거리가 가깝다.

④ 대류는 주로 액체나 기체에서 열이 이동하는 방식이다.

바로 알기 ⑤ 물질을 구성하는 입자의 움직임이 이웃한 입자로 전달되어 열이 이동하는 방식은 전도이다. 대류는 입자가 직접 이동하여 열을 전달하는 방식이다.

14 ㄴ. 백열전구에 손을 가까이 하면 따뜻함을 느낄 수 있는 것은 복사에 의해 열이 이동하기 때문이다. 복사는 물질을 거치지 않고 열이 직접 이동하는 방식이다.

ㄷ. 열화상 카메라로 물체에서 방출되는 복사열을 촬영하면 물체의 온도 분포를 알 수 있다.

바로 알기 ㄱ. 전도는 고체에서 물체를 구성하는 입자의 움직임이 이웃한 입자에 차례로 전달되어 열이 이동하는 방식이다.

15 (가) 책을 던지는 것은 물질을 거치지 않고 열이 직접 이동하는 복사를 비유한 것이다.

(나) 책을 직접 들고 가는 것은 입자가 직접 이동하면서 열이 이동하는 대류를 비유한 것이다.

(다) 책을 뒤로 건네주는 것은 입자의 움직임이 이웃한 입자에 차례로 전달되어 열이 이동하는 전도를 비유한 것이다.

16 ㄴ. (나)는 전도에 의해 열이 이동하는 방식으로 주로 고체에서 열이 이동하는 방식이다.

바로 알기 ㄱ. (가)는 물질을 거치지 않고 열이 직접 이동하는 복사에 의해 열이 이동하는 방식이다.

ㄷ. (다)는 대류에 의해 열이 이동하는 방식으로, 입자가 직접 이동하여 열을 전달하는 방식이다. 물질을 거치지 않고 열이 이동하는 방식은 복사이다.

17 ①, ② ㉠은 대류에 의해 열이 이동하는 방식으로 주로 액체나 기체에서 열이 이동하는 방식이다. 대류의 원리를 이용하여 냉방기를 위쪽에 설치하면 차가운 공기가 아래로 내려와 실내 전체가 시원해진다.

③ ㉡은 고체에서 입자의 움직임이 이웃한 입자에 차례로 전달되어 열이 이동하는 방식인 전도를 나타낸다.

④ 태양열은 복사에 의해 공기가 없는 우주 공간을 지나 지구에 도달할 수 있다.

바로 알기 ⑤ ㉢은 열이 물질을 거치지 않고 직접 이동하는 방식인 복사를 나타낸다. 입자가 직접 이동하는 방식은 대류이다.

18 바로 알기 ② 알루미늄박으로 열이 전도되어 고구마가 익는다.

③ 열화상 카메라는 건물에서 복사되는 열을 통해 건물의 온도를 측정한다.

⑤ 유리의 열이 전도의 방식으로 손으로 이동하여 손을 따뜻하게 한다.

서술형 정복하기   시험 대비 교재 34~35쪽

1 답 온도

2 답 열평형

3 답 활발해진다.

4 답 전도

5 답 대류

6 답 복사

7 모범 답안 입자의 움직임이 활발한 (나)의 **온도**가 (가)보다 높으므로 (나)에서 (가)로 **열**이 이동한다.

8 모범 답안 **열평형**을 이룰 때까지 A의 **온도**는 낮아지므로 **입자의 움직임**이 둔해지고, B의 **온도**는 높아지므로 **입자의 움직임**이 활발해진다.

9 모범 답안 대류에 의해 **따뜻한 공기**는 위로 올라가고, **차가운 공기**는 아래로 내려가므로 냉방기는 위쪽에, 난방기는 아래쪽에 설치한다.

10 모범 답안 (1) B

(2) B에 들어 있는 물 입자의 움직임이 더 활발하기 때문이다.

| 해설 | 물 입자의 움직임이 활발하면 잉크가 더 빨리 퍼지게 된다.

	채점 기준	배점
(1)	B라고 쓴 경우	30 %
	입자의 움직임을 비교하여 옳게 서술한 경우	70 %
(2)	B에 들어 있는 물의 온도가 더 높기 때문이라고 서술한 경우	30 %

11 모범 답안 B>C>A>D, 열은 온도가 높은 물체에서 온도가 낮은 물체로 이동하기 때문이다.

| 해설 | 온도를 각각 비교해 보면 A>D, B>C, C>A이다.

채점 기준	배점
온도를 옳게 비교하고, 그 까닭을 옳게 서술한 경우	100 %
온도만 옳게 비교한 경우	50 %

12 〔모범 답안〕 35 ℃, 금속과 물이 열평형에 도달하였으므로 금속과 물의 온도가 같아진다.

| 해설 | 열량계 속의 물의 온도가 35 ℃에서 변하지 않는 것은 금속과 물이 열평형에 도달했기 때문이다.

채점 기준	배점
금속의 온도를 쓰고, 그 까닭을 옳게 서술한 경우	100 %
금속의 온도만 쓴 경우	40 %

13 〔모범 답안〕 온도가 높은 수박을 차가운 물에 넣으면 열이 수박에서 차가운 물로 이동하여 수박이 시원해지기 때문이다.

채점 기준	배점
열의 이동과 수박의 온도 변화를 모두 옳게 서술한 경우	100 %
수박에서 물로 열이 이동한다고만 서술한 경우	60 %

14 〔모범 답안〕 (가) 전도, 금속 막대의 반대쪽 끝도 뜨거워진다. (나) 대류, 냄비의 아래쪽만 가열해도 물이 골고루 데워진다. (다) 복사, 모닥불에 가까이 있으면 따뜻함을 느낄 수 있다.

| 해설 | 전도는 고체에서 입자의 움직임이 이웃한 입자에 차례로 전달되어 열이 이동하고, 대류는 입자가 직접 이동하여 열이 이동하며, 복사는 물질을 거치지 않고 열이 직접 이동하는 방식이다.

채점 기준	배점
(가), (나), (다)에서 열의 이동 방식과 일어나는 변화를 모두 옳게 서술한 경우	100 %
(가), (나), (다) 중 두 가지 경우만 옳게 서술한 경우	70 %
(가), (나), (다) 중 한 가지 경우만 옳게 서술한 경우	40 %

15 〔모범 답안〕 냄비의 바닥 부분은 열이 빠르게 전달되도록 전도가 잘 되는 금속으로 만들고, 손잡이는 열이 느리게 전달되도록 전도가 잘 되지 않는 플라스틱으로 만든다.

채점 기준	배점
전도되는 정도를 언급하여 금속과 플라스틱을 사용하는 까닭을 모두 옳게 서술한 경우	100 %
열의 전달이나 전도에 대한 언급 없이 서술한 경우	50 %

02 비열과 열팽창

시험 대비 교재 36쪽

① 온도 ② 1 ③ 비열 ④ 온도 변화
⑤ 작다 ⑥ 큰 ⑦ 1 ⑧ 큰
⑨ 작은 ⑩ 멀어져 ⑪ 작은

잠깐 테스트
시험 대비 교재 37쪽

1 열량 **2** ① 비열, ② 1 **3** ① 작다, ② 작다
4 300 kcal **5** 물 **6** (1) ○ (2) × (3) ○ (4) × **7** 열팽창 **8** ① 활발, ② 멀어져, ③ 팽창 **9** ① 열팽창, ② B
10 (1) × (2) ○ (3) ○

계산력·암기력 강화 문제
시험 대비 교재 38~39쪽

◉ 비열 관계식 적용하기

1 1 kcal/(kg·℃) **2** 0.3 kcal/(kg·℃)
3 0.1 kcal/(kg·℃) **4** 20 kcal **5** 0.11 kcal
6 7.2 kcal **7** 0.25 kg **8** 100 g **9** 20 ℃
10 12.5 ℃ **11** 20 ℃ **12** 10 ℃

1 비열$=\dfrac{열량}{질량×온도 변화}=\dfrac{10\ \text{kcal}}{2\ \text{kg}×5\ ℃}$
$=1\ \text{kcal/(kg}·℃)$

2 비열$=\dfrac{열량}{질량×온도 변화}=\dfrac{1.2\ \text{kcal}}{400\ \text{g}×10\ ℃}$
$=\dfrac{1.2\ \text{kcal}}{0.4\ \text{kg}×10\ ℃}=0.3\ \text{kcal/(kg}·℃)$

3 비열$=\dfrac{열량}{질량×온도 변화}=\dfrac{0.24\ \text{kcal}}{400\ \text{g}×(26\ ℃-20\ ℃)}$
$=\dfrac{0.24\ \text{kcal}}{0.4\ \text{kg}×6\ ℃}=0.1\ \text{kcal/(kg}·℃)$

4 열량$=$비열$×$질량$×$온도 변화
$=1\ \text{kcal/(kg}·℃)×1\ \text{kg}×20\ ℃=20\ \text{kcal}$

5 열량$=$비열$×$질량$×$온도 변화
$=0.11\ \text{kcal/(kg}·℃)×100\ \text{g}×10\ ℃$
$=0.11\ \text{kcal/(kg}·℃)×0.1\ \text{kg}×10\ ℃$
$=0.11\ \text{kcal}$

6 열량$=$비열$×$질량$×$온도 변화
$=0.4\ \text{kcal/(kg}·℃)×600\ \text{g}×(45\ ℃-15\ ℃)$
$=0.4\ \text{kcal/(kg}·℃)×0.6\ \text{kg}×30\ ℃$
$=7.2\ \text{kcal}$

7 질량$=\dfrac{열량}{비열×온도 변화}=\dfrac{1.5\ \text{kcal}}{0.2\ \text{kcal/(kg}·℃)×30\ ℃}$
$=0.25\ \text{kg}$

8 질량$=\dfrac{열량}{비열×온도 변화}$
$=\dfrac{1\ \text{kcal}}{1\ \text{kcal/(kg}·℃)×(30\ ℃-20\ ℃)}$
$=0.1\ \text{kg}=100\ \text{g}$

9 온도 변화$=\dfrac{열량}{비열×질량}=\dfrac{200\ \text{kcal}}{1\ \text{kcal/(kg}·℃)×10\ \text{kg}}$
$=20\ ℃$

10 온도 변화$=\dfrac{열량}{비열×질량}=\dfrac{0.5\ \text{kcal}}{0.4\ \text{kcal/(kg}·℃)×0.1\ \text{kg}}$
$=12.5\ ℃$

11 온도 변화$=\dfrac{열량}{비열×질량}=\dfrac{15\ \text{kcal}}{1\ \text{kcal/(kg}·℃)×1\ \text{kg}}$
$=15\ ℃$이다.
따라서 물의 온도는 5 ℃에서 15 ℃ 높아진 20 ℃가 된다.

12 온도 변화$=\dfrac{\text{열량}}{\text{비열}\times\text{질량}}=\dfrac{7\text{ kcal}}{0.2\text{ kcal/(kg}\cdot\text{℃)}\times0.7\text{ kg}}$
$=50\text{℃}$이다.

50 ℃ 높아진 온도가 60 ℃가 되어야 하므로 처음 온도$=$
$60\text{℃}-50\text{℃}=10\text{℃}$이다.

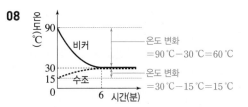

비커에 담긴 물이 잃은 열량은 수조에 담긴 물이 얻은 열량과 같다. 비커에 담긴 물의 온도 변화는 60 ℃이고, 수조에 담긴 물의 온도 변화는 15 ℃이므로 비커에 담긴 물의 온도 변화는 수조에 담긴 물의 4배이다. 비열과 열량이 같을 때 온도 변화가 4배이므로 비커에 담긴 물의 질량은 수조에 담긴 물의 $\dfrac{1}{4}$배이다.

09 ⑥ 화력 발전소에서는 비열이 큰 물을 냉각수로 사용한다.
⑦ 사막 지역의 모래는 물보다 비열이 작아서 해안 지역보다 낮과 밤의 온도 차이가 크다.
[바로 알기] ③ 생선을 얼음 위에 놓으면 생선과 얼음이 열평형을 이루므로 생선을 차갑게 하여 신선하게 유지할 수 있다.
⑤ 난로에 가까이 있으면 복사로 열이 이동하여 따뜻함을 느낄 수 있다.

10 ①, ② (가)는 바다에서 육지로 바람이 부는 해풍이고, (나)는 육지에서 바다로 바람이 부는 육풍이다.
④, ⑤ 비열이 작은 육지는 바다보다 온도 변화가 크다. 따라서 (가)에서 육지는 바다보다 기온이 높고, (나)에서 육지는 바다보다 기온이 낮다.
[바로 알기] ③ 해풍과 육풍은 육지의 비열이 바다보다 작기 때문에 온도 차이가 생겨 발생하는 현상이다.

11 물질의 종류에 따라 유리관을 따라 올라간 높이가 다르므로 물질의 종류에 따라 열팽창 정도가 다름을 알 수 있다.

12 열팽창 정도가 가장 큰 액체는 유리관을 따라 올라간 높이가 가장 높은 벤젠이다.

13 ㄱ. 금속 막대를 가열하면 막대의 길이가 길어져서 막대와 연결된 바늘이 오른쪽으로 돌아간다.
ㄴ. 금속 막대를 가열하여 온도가 높아지면 막대를 이루는 입자 사이의 거리가 멀어져서 열팽창을 한다.
ㄷ. 열팽창 정도는 바늘이 많이 돌아간 알루미늄>구리>철 순으로 크다

14 ④ 열팽창은 물질을 이루는 입자 사이의 간격이 멀어지면서 일어나는 현상이다. 따라서 부피가 달라져도 물체를 이루는 입자 수는 변하지 않는다.
[바로 알기] ②, ③ 입자의 움직임이 활발해지면 입자 사이의 거리가 멀어져서 물체의 부피가 팽창한다. 따라서 온도 변화가 클수록 열팽창 정도는 커진다.
⑤ 액체는 물질의 종류에 따라 열팽창 정도가 다르다. 예를 들어 에탄올은 물보다 열팽창 정도가 크다.
⑥ 일반적으로 열팽창 정도는 고체가 액체보다 작다.

15 ㄴ. 열팽창 정도는 알루미늄이 종이보다 크므로 종이와 알루미늄박을 가열하면 알루미늄박이 종이 쪽으로 휘어진다. 따라서 (가)는 알루미늄박이고 (나)는 종이이다.

중단원 기출 문제　　　　　시험 대비 교재 40~42쪽

01 ⑤	02 ⑤	03 ③	04 ④	05 ④	06 ④	07 ③
08 ③	09 ③, ⑤	10 ③	11 ③	12 ③	13 ⑤
14 ①, ④	15 ④	16 ②	17 ④	18 ⑤	19 ④

01 질량과 비열이 같은 물질에 열량만 다르게 가했더니 더 큰 열량을 가한 경우에 온도 변화가 더 컸다. 따라서 이를 통해 질량과 비열이 같을 때 물체에 가해 준 열량이 클수록 온도 변화가 크다는 사실을 알 수 있다.

02 열량$=$비열$\times$질량$\times$온도 변화이므로 질량과 온도 변화가 같을 때 비열은 열량에 비례한다. 따라서 A의 비열은 B의 4배이다.

03 물이 얻은 열량$=$물의 비열$\times$질량$\times$온도 변화
$=1\text{ kcal/(kg}\cdot\text{℃)}\times0.2\text{ kg}\times20\text{℃}$
$=4\text{ kcal}$

04 A가 얻은 열량은 물이 얻은 열량과 같다.
따라서 $4\text{ kcal}=c\times0.2\text{ kg}\times50\text{℃}$에서
A의 비열 $c=0.4\text{ kcal/(kg}\cdot\text{℃)}$이다.

05 필요한 열량$=$비열$\times$질량$\times$온도 변화
$=1\text{ kcal/(kg}\cdot\text{℃)}\times0.3\text{ kg}\times(100-20)\text{℃}$
$=24\text{ kcal}$

06 ①, ③ 물과 콩기름의 질량이 같고, 가해 준 열량이 같을 때 온도 변화는 물이 $(40-20)\text{℃}=20\text{℃}$이고, 콩기름이 $(62-20)\text{℃}=42\text{℃}$이다. 따라서 온도 변화가 작은 물의 비열이 콩기름의 비열보다 크다.
② 같은 가열 장치로 같은 시간 동안 가열했으므로 물과 콩기름이 얻은 열량은 같다.
⑤ 같은 온도까지 높일 때 비열이 클수록 많은 열량이 필요하다. 물의 비열이 콩기름보다 더 크므로 콩기름보다 물에 더 많은 열량이 필요하다.
[바로 알기] ④ 식을 때도 온도 변화는 비열이 클수록 작다. 따라서 물의 온도가 콩기름보다 느리게 낮아진다.

07 ㄱ. 같은 세기의 불꽃으로 같은 시간 동안 가열하면 A와 B에 가한 열량은 같다. 따라서 같은 열량으로 가열할 때 온도 변화는 A가 B보다 크다.
ㄴ. 질량이 같다면 비열이 클수록 온도 변화가 작다. 따라서 온도 변화가 큰 A가 B보다 비열이 작다.
[바로 알기] ㄷ. A와 B의 비열이 같다면 질량은 온도 변화가 큰 A가 B보다 작다.

ㄷ. 스탠드에 종이를 안쪽으로, 알루미늄박을 바깥쪽으로 걸고 가열하면 알루미늄박이 종이 쪽으로 휘어져 양쪽 끝이 오므라진다.

바로 알기 ㄱ. 열팽창 정도가 다른 두 물질을 붙이고 가열하면 열팽창 정도가 큰 물질이 열팽창 정도가 작은 물질 쪽으로 휘어진다.

16 바이메탈은 가열하면 열팽창 정도가 작은 구리 쪽(A)으로 휘어지고, 냉각하면 열팽창 정도가 큰 납 쪽(C)으로 휘어진다.

17 ①, ② 온도 조절기는 열팽창 원리에 의해 온도가 높아지면 열팽창 정도가 작은 금속 쪽으로 휘어지는 바이메탈을 이용한다.
③ 바이메탈은 금속마다 열팽창 정도가 다른 것을 이용하여 온도에 따라 특정 방향으로 휘어지게 만든다.
⑤ 온도가 높아지면 온도 조절기 내부에 있는 바이메탈의 두 금속의 부피가 각각 팽창한다.

바로 알기 ④ 온도 조절기에 사용된 바이메탈은 종류가 다른 두 금속이 열팽창 정도가 다른 것을 이용한다.

18 ㄴ. 여름철에는 온도가 높아져 다리가 열팽창하므로 다리의 이음새가 좁아진다.
ㄷ. 여름에는 기차선로가 열팽창하여 기차선로의 틈이 좁아진다.
ㄹ. 여름철에는 온도가 높아져 에펠탑이 열팽창하므로 높이가 겨울철보다 높아진다.

바로 알기 ㄱ. 여름철에는 온도가 높아져 열팽창하므로 전깃줄이 늘어나 아래로 처진다.

19 일반적으로 고체보다 액체의 열팽창 정도가 크다. 따라서 음료수를 가득 채우면 음료수의 열팽창으로 페트병이 부풀어 올라 터질 수 있다.

서술형 정복하기
시험 대비 교재 43~44쪽

1 답 1 kcal

2 답 비열

3 답 비열이 큰 물질

4 답 뚝배기

5 답 열팽창

6 답 바이메탈

7 모범 답안 비열$=\dfrac{열량}{질량 \times 온도 변화}=\dfrac{100\,kcal}{5\,kg \times (75-25)\,℃}$
$=0.4\,kcal/(kg \cdot ℃)$이다.

8 모범 답안 금속 냄비보다 뚝배기의 비열이 커서 찌개가 잘 식지 않기 때문이다.

9 모범 답안 안쪽 그릇에는 차가운 물을 붓고, 바깥쪽 그릇은 뜨거운 물에 담그면 그릇을 쉽게 뺄 수 있다.

10 모범 답안 여름철에 온도가 높아지면 다리를 이루는 입자 사이의 거리가 멀어져 열팽창하므로 다리가 휘는 것을 막기 위해 틈을 만든다.

11 모범 답안 (1) 금 - 철 - 모래 - 콩기름 - 물
(2) 열량=콩기름의 비열×질량×온도 변화
$=0.47\,kcal/(kg \cdot ℃) \times 10\,kg \times 10\,℃=47\,kcal$이다.

(3) 모래의 비열이 물보다 작아서 낮 동안 모래의 온도가 더 많이 높아지기 때문이다.

| 해설 | 같은 질량의 물질에 같은 열량을 가하면 비열이 클수록 온도 변화가 작다.

	채점 기준	배점
(1)	순서대로 옳게 쓴 경우	30 %
(2)	필요한 열량을 풀이 과정과 함께 옳게 구한 경우	40 %
	필요한 열량만 옳게 구한 경우	20 %
(3)	비열을 이용하여 온도 변화의 차이를 옳게 서술한 경우	30 %
	모래의 비열이 더 낮기 때문이라고 서술한 경우도 정답으로 인정	

12 모범 답안 (1) 물과 액체의 온도 변화 비가
$(40-20)\,℃ : (60-20)\,℃=1 : 2$이므로 비열의 비는 $2 : 1$이다.
(2) 액체의 비열은 $0.5\,kcal/(kg \cdot ℃)$이므로 액체에 가해 준 열량$=0.5\,kcal/(kg \cdot ℃) \times 0.5\,kg \times 40\,℃=10\,kcal$이다.

| 해설 | 질량이 같은 물과 액체가 같은 시간 동안 받은 열량은 같으므로 비열은 온도 변화에 반비례한다.

	채점 기준	배점
(1)	온도 변화 비로 비열의 비를 옳게 구한 경우	50 %
	비열의 비만 옳게 쓴 경우	20 %
(2)	액체에 가해 준 열량을 풀이 과정과 함께 옳게 구한 경우	50 %
	액체에 가해 준 열량만 옳게 구한 경우	20 %

13 모범 답안 에탄올의 열팽창 정도가 물보다 크기 때문이다.
| 해설 | 물질의 종류에 따라 열팽창 정도가 다르다.

채점 기준	배점
열팽창 정도를 비교하여 까닭을 옳게 서술한 경우	100 %
열팽창 때문이라고만 쓴 경우	40 %

14 모범 답안 A, 화재가 발생해 바이메탈에 열이 가해지면 A가 열팽창이 더 잘 되므로 B 쪽으로 휘어져 회로가 연결되어 화재경보기가 작동한다.
| 해설 | 화재가 발생했을 때 화재경보기가 울리려면 바이메탈이 B 쪽으로 휘어져야 하므로 A가 B보다 많이 팽창해야 한다.

채점 기준	배점
A를 쓰고, 화재경보기의 원리를 옳게 서술한 경우	100 %
A만 옳게 쓴 경우	40 %

15 모범 답안 (1) 전선, 기차선로의 틈
(2) (가), 온도가 높은 여름에 전선과 기차선로가 열팽창하기 때문이다.
| 해설 | (가)에서는 전선이 늘어져 있고 기차선로의 틈이 좁지만, (나)에서는 전선이 팽팽해져 있고 기차선로의 틈이 넓다.

	채점 기준	배점
(1)	두 가지를 모두 옳게 쓴 경우	50 %
	두 가지 중 한 가지만 옳게 쓴 경우	25 %
(2)	계절을 옳게 쓰고, 온도가 높아서 열팽창하기 때문이라고 서술한 경우	50 %
	계절만 옳게 쓴 경우	20 %

Ⅳ 물질의 상태 변화

01 물질을 구성하는 입자의 운동

중단원 **핵심 요약**　시험 대비 교재 45쪽

① 운동　　② 운동　　③ 물 전체　　④ 공기
⑤ 확산　　⑥ 표면　　⑦ 기체　　⑧ 증발

잠깐 테스트　시험 대비 교재 46쪽

1 (1) ○ (2) ○ (3) × (4) ○　**2** 확산, 증발　**3** 확산
4 ① 사방, ② 확산　**5** 확산　**6** 운동　**7** 증발　**8** 증발
9 증발　**10** (1) 확산 (2) 증발 (3) 확산

중단원 **기출 문제**　시험 대비 교재 47~48쪽

| 01 ② | 02 ① | 03 ④ | 04 ④ | 05 ⑤ | 06 ① |
| 07 ③ | 08 ④ | 09 ④ | 10 ⑤ | 11 ③ | 12 ⑤ |

01 물질을 구성하는 입자는 가만히 정지해 있지 않고 스스로 끊임없이 모든 방향으로 운동한다.

02 빵 가게 앞을 지나면 빵 냄새가 나는 현상은 확산이고, 물걸레로 닦은 후 시간이 지나면 물기가 사라지는 현상은 증발이다. 확산과 증발은 입자가 스스로 운동하기 때문에 일어나는 현상이다.

03 ㄱ은 확산의 예이고, ㄷ은 증발의 예이다. 확산과 증발은 입자가 스스로 운동하기 때문에 일어나는 현상이다.
바로 알기 ㄴ. 열에 의한 현상이다.

04 확산은 물질을 구성하는 입자가 스스로 운동하여 퍼져 나가는 현상으로 입자가 끊임없이 운동하기 때문에 나타나는 현상이다.
바로 알기 ① 확산은 바람과 상관없이 일어나는 현상이다.
② 확산은 물질의 상태와 상관없이 일어나는 현상이다.
③ 확산은 온도가 높을수록 잘 일어난다.
⑤ 고추를 말리는 것은 증발의 예이다.

05 ⑤ 향수 입자는 스스로 운동하여 퍼져 나가므로 시간이 지나면 멀리서도 향수 냄새를 맡을 수 있다.
바로 알기 ①, ② 향수 입자는 스스로 끊임없이 모든 방향으로 운동한다.
③ 공기가 없으면 향수 입자가 퍼져 나가는 것을 방해하는 다른 입자가 없으므로 더 빨리 퍼져 나간다.
④ 온도가 높으면 향수 입자가 더 빨리 퍼져 나간다.

06 ㉠ 전체, ㉡ 변한다, ㉢ 잉크, ㉣ 운동, ㉤ 퍼져 나가기

07 바로 알기 ㄷ은 증발의 예이다.

08 ㄱ, ㄴ, ㄷ. 아세톤 입자가 스스로 운동하여 증발하므로 공기 중에는 아세톤 입자의 수가 많아지고, 전자저울의 숫자는 점점 작아지다가 0이 된다.

바로 알기 ㄹ. 증발은 습도가 낮을수록(건조할수록) 잘 일어난다.

09 아세톤의 증발 현상으로 입자가 스스로 운동하여 액체 표면에서 기체로 변하며, 공기 중으로 날아간다는 것을 알 수 있다.

10 거름종이 위의 아세톤 입자가 액체 표면에서 스스로 운동하여 기체로 변해 공기 중으로 증발한다.

11 바로 알기 ㄴ. 액체 표면뿐만 아니라 내부에서도 액체가 기체로 변하는 현상은 끓음이다.

12 전기 모기향을 피워 모기를 쫓는 것은 확산의 예이고, ㄷ과 ㄹ은 확산의 예이다.
바로 알기 ㄱ과 ㄴ은 증발의 예이다.

서술형 정복하기　시험 대비 교재 49~50쪽

1 답 입자 운동

2 답 운동

3 답 증발

4 답 확산

5 답 증발

6 모범 답안 입자가 스스로 운동하기 때문이다.

7 모범 답안 물질을 구성하는 입자가 스스로 운동하여 퍼져 나가는 현상이다.

8 모범 답안 물질을 구성하는 입자가 스스로 운동하여 공기 중으로 퍼져 나가기 때문이다.

9 모범 답안 물질을 구성하는 입자가 스스로 운동하여 액체 표면에서 기체로 변하는 현상이다.

10 모범 답안 빨래에 있는 물 입자가 스스로 운동하여 공기 중으로 증발하기 때문이다.

11 모범 답안 잉크를 떨어뜨린 지점을 중심으로 잉크가 사방으로 퍼져 나가 물 전체가 잉크 색으로 변한다. 그 까닭은 잉크 입자가 스스로 운동하여 확산하기 때문이다.

채점 기준	배점
페트리 접시 안 물의 변화와 그 까닭을 옳게 서술한 경우	100 %
페트리 접시 안 물의 변화만 옳게 쓴 경우	50 %

12 모범 답안 C → B → A, 암모니아 입자가 스스로 운동하여 확산하기 때문이다.
| 해설 | 암모니아수를 묻힌 솜과 가까운 부분부터 차례대로 만능 지시약의 색깔이 변한다.

채점 기준	배점
색깔이 변하는 순서를 옳게 쓰고, 색깔이 변하는 까닭을 옳게 서술한 경우	100 %
색깔이 변하는 순서만 옳게 쓴 경우	50 %

13 모범 답안 아세톤의 질량이 점점 줄어든다. 그 까닭은 아세톤 입자가 스스로 운동하여 증발하기 때문이다.

채점 기준	배점
아세톤의 질량 변화를 옳게 쓰고, 그 까닭을 옳게 서술한 경우	100 %
아세톤의 질량 변화만 옳게 쓴 경우	50 %

14 모범답안 (1) 액체 상태의 아세톤 입자가 아세톤 표면에서 기체가 되어 증발하기 때문이다.

(2) 질량이 줄어든다. 그 까닭은 액체 상태의 아세톤 입자가 기체로 증발하여 공기 중으로 확산하기 때문이다.

	채점 기준	배점
(1)	액체 아세톤이 모두 없어진 까닭을 옳게 서술한 경우	50 %
(2)	삼각 플라스크의 질량 변화를 옳게 쓰고, 그 까닭을 옳게 서술한 경우	50 %
	삼각 플라스크의 질량 변화만 옳게 쓴 경우	25 %

15 모범답안 (가) 마약 탐지견이 냄새로 마약을 찾는다. (나) 오징어나 고추 등을 오래 보관하기 위해 말린다.

| 해설 | (가)는 확산의 예이고, (나)는 증발의 예이다.

채점 기준	배점
(가), (나)와 관련된 현상을 모두 옳게 서술한 경우	100 %
(가), (나)와 관련된 현상 중 한 가지만 옳게 서술한 경우	50 %

16 모범답안 확산: (나), (다), 증발: (가), 공통점: 입자가 스스로 운동하기 때문에 일어나는 현상이다.

채점 기준	배점
확산과 증발을 옳게 구분하여 기호를 쓴 경우	50 %
확산과 증발의 공통점을 입자와 관련지어 옳게 서술한 경우	50 %

02 물질의 상태와 상태 변화

중단원 핵심 요약
시험 대비 교재 51쪽

① 고체 ② 기체 ③ 액체 ④ 불규칙
⑤ 융해 ⑥ 액화 ⑦ 기화 ⑧ 응고
⑨ 변하지 않는다. ⑩ 배열

잠깐 테스트
시험 대비 교재 52쪽

1 ㄷ, ㄹ **2** ㄱ, ㄷ **3** (1) 고체 (2) 액체 (3) 고체 (4) 기체
4 (1) 응고 (2) 승화(고체 → 기체) **5** 액화 **6** (가), (나),
(다) **7** (바) **8** (다) **9** ① 증가, ② 감소 **10** ㄱ, ㄷ

중단원 기출 문제
시험 대비 교재 53~55쪽

01 ②, ④ **02** ① **03** ⑤ **04** ⑤ **05** (가), (라), (바)
06 ① **07** ③ **08** ④ **09** ㉠ 융해, ㉡ 기화, ㉢ 응고
10 ②, ⑤ **11** ④ **12** ③ **13** ③, ⑤ **14** ⑤
15 ③ **16** ③ **17** ④ **18** ③ **19** ② **20** ⑤

01 바로알기 ① 돌과 나무는 실온에서 고체이지만, 에탄올은 실온에서 액체이다.

③, ⑤ 고체는 담는 그릇에 관계없이 모양과 부피가 변하지 않고, 기체는 담는 그릇에 따라 모양과 부피가 변한다.
⑥ 고체는 흐르는 성질이 없지만, 액체는 흐르는 성질이 있다.
⑦ 부피가 크게 변하는 상태는 기체이다.

02 (가)는 고체, (나)는 액체, (다)는 기체 상태의 입자 모형이다.
바로알기 ②, ⑤ (가) 고체 상태의 물질은 단단하고 모양이 일정하며, 힘을 가해도 모양이 변하지 않는다.
③ (나) 액체 상태와 (다) 기체 상태의 물질은 담는 그릇에 따라 모양이 변한다.
④ (다) 기체 상태의 물질은 온도와 압력에 따라 부피가 크게 변한다.

03 ⑤ 공기와 같은 기체는 입자 사이의 거리가 멀기 때문에 쉽게 압축되지만, 물과 같은 액체는 입자 사이의 거리가 비교적 가깝기 때문에 거의 압축되지 않는다.

04 주어진 설명은 기체에 대한 설명이다.
바로알기 ① 양초, 돌: 고체, 간장: 액체
② 모두 액체
③ 우유, 식초: 액체, 산소: 기체
④ 소금, 설탕: 고체, 공기: 기체

05 (가) 승화(기체 → 고체), (나) 승화(고체 → 기체), (다) 기화, (라) 액화, (마) 융해, (바) 응고
물질을 냉각할 때 일어나는 상태 변화는 응고, 액화, 승화(기체 → 고체)이다.

06 바로알기 ① 고깃국을 식히면 굳는 것은 (바) 응고이다.

07 ③ 수증기는 눈에 보이지 않는다. 물이 끓을 때 발생하는 김은 수증기가 찬 공기에 의해 액화하여 생긴 작은 물방울이 모여 흰 연기처럼 보이는 것이다.

08 ④ 공기 중의 수증기가 차가운 유리컵 표면에 닿아 냉각되어 액화하였기 때문이다.

09 양초가 탈 때는 융해(㉠), 기화(㉡), 응고(㉢)의 상태 변화가 모두 나타난다.

10 용광로에서 철이 녹아 쇳물이 되는 현상은 융해이다.
②, ⑤ 얼음이 녹아 물이 되는 현상과 뜨거운 프라이팬 위에서 버터가 녹는 현상은 융해이다.
바로알기 ①, ④ 풀잎에 이슬이 맺히는 것과 새벽녘 안개가 자욱하게 끼는 현상은 액화이다.
③ 촛농이 흘러내리면서 굳는 현상은 응고이다.

11 고체인 드라이아이스가 기체로 상태가 변하는 현상은 승화(고체 → 기체)이다.
ㄴ, ㄷ. 냉동실에 넣어 둔 얼음이 작아지는 현상과 눈사람의 크기가 작아지는 현상은 승화(고체 → 기체)이다.
바로알기 ㄱ, ㄹ. 겨울철 자동차 유리창에 김이 서리는 현상과 추운 겨울 밖에 있다가 실내에 들어오면 안경이 뿌옇게 변하는 현상은 액화이다.

12 ③ 비커 속 뜨거운 물(액체)이 기체인 수증기로 변했다가 시계 접시 아랫면에서 액체인 물로 변한다.

13 ③ A에서 액화가 일어나고, 이슬이 맺히는 것은 액화이다.
⑤ 물은 상태가 변해도 성질이 변하지 않으므로 A와 B에서 푸른색 염화 코발트 종이가 모두 붉은색으로 변한다.
(바로 알기) ①, ② A에서는 액화(기체 → 액체), B에서는 기화(액체 → 기체)가 일어난다.
④ 실온에서 드라이아이스의 크기가 점점 작아지는 것은 드라이아이스가 승화(고체 → 기체)하여 생기는 현상이다.
⑥ 시계 접시의 얼음은 수증기의 액화가 잘 일어나도록 도와 준다.

14 (바로 알기) ⑤ 이산화 탄소는 기체이므로 (다)에 해당한다.

15 (나) → (다)의 상태 변화는 기화이다.
(바로 알기) ① 승화(기체 → 고체), ② 응고, ④ 융해, ⑤ 액화

16 물을 제외한 대부분의 물질은 응고, 액화, 승화(기체 → 고체)가 일어나면 부피가 감소하고, 융해, 기화, 승화(고체 → 기체)가 일어나면 부피가 증가한다. ③은 응고의 예이다.
(바로 알기) ①, ② 융해, ④ 기화, ⑤ 승화(고체 → 기체)

17 고드름이 생기는 것은 응고, 유리창에 성에가 생기는 것은 승화(기체 → 고체)이다.
(바로 알기) ① 입자의 종류와 수가 변하지 않으므로 질량은 일정하다.
②, ③, ⑤ 입자 운동이 둔해지고 입자들이 규칙적으로 배열되며, 입자 사이의 거리가 가까워지므로 부피가 감소한다.

18 A: 승화(고체 → 기체), B: 승화(기체 → 고체), C: 기화, D: 액화, E: 융해, F: 응고
③ 고체<액체<기체 순으로 입자 운동이 활발하므로 융해, 기화, 승화(고체 → 기체)의 상태 변화가 일어날 때 입자 운동이 활발해진다.
(바로 알기) ① 가열에 의한 상태 변화 – A, C, E
② 상태가 변할 때 질량은 변하지 않는다.
④ 입자의 배열이 불규칙해지는 상태 변화 – A, C, E
⑤ 입자 사이의 거리가 가까워지는 상태 변화 – B, D, F

19 (바로 알기) ① 아세톤은 기화한다.
③, ④, ⑤ 기화할 때 입자 운동이 활발해지고 입자 사이의 거리가 멀어지며, 입자 배열이 매우 불규칙적으로 변한다.

20 ⑤ 액체 비누가 응고할 때 부피가 감소하여 표면이 오목하게 들어가므로 입자 배열이 규칙적으로 변하고, 입자 사이의 거리가 감소함을 알 수 있다. 또한 질량은 일정하게 유지되므로 입자의 종류와 수가 변하지 않음을 알 수 있다.

서술형 정복하기

시험 대비 교재 56~57쪽

1 답 액체

2 답 기화, 액화

3 답 승화(고체 → 기체)

4 답 불규칙적으로 된다.

5 답 물질의 성질, 질량

6 모범 답안 고체는 **부피**와 **모양**이 일정하다.

7 모범 답안 공기 중의 **수증기**가 얼음물이 담긴 차가운 컵에 닿아 **물방울**로 **액화**하여 컵 표면에 맺힌 것이다.

8 모범 답안 **입자 운동**이 둔해지고, **입자 배열**이 규칙적으로 된다.

9 모범 답안 **상태 변화**가 일어나도 **물질의 성질**은 변하지 않는다.

10 모범 답안 상태 변화가 일어날 때 **입자의 배열**이 달라지므로 **물질의 부피**는 변하고, **입자의 종류와 수**는 달라지지 않으므로 **물질의 질량**은 변하지 않는다.

11 모범 답안 액체, 담는 그릇에 따라 **모양**은 변하지만 **부피**는 일정하며, **흐르는 성질**이 있고, 거의 **압축**되지 않는다.

채점 기준	배점
액체를 쓰고, 모양, 부피, 흐르는 성질, 압축되는 정도를 모두 옳게 서술한 경우	100 %
액체를 쓰고, 모양, 부피, 흐르는 성질, 압축되는 정도 중 두세 가지만 옳게 서술한 경우	50 %

12 모범 답안 (1) 기화, 액화
(2) 물질의 상태가 변해도 물질의 성질은 변하지 않는다.
| 해설 | 물은 푸른색 염화 코발트 종이를 붉게 변화시키는데, 물이 기화하였다가 다시 액화하여도 푸른색 염화 코발트 종이를 붉게 변화시킨 것으로 보아 물질의 상태가 변해도 물질의 성질이 변하지 않음을 알 수 있다.

	채점 기준	배점
(1)	기화, 액화를 모두 쓴 경우	30 %
	기화나 액화 중 한 가지만 쓴 경우	15 %
(2)	물질의 상태 변화와 성질의 관계를 옳게 서술한 경우	70 %
	물질의 성질이 변하지 않는다고만 서술한 경우	20 %

13 모범 답안 (1) 액체 아세톤이 기체로 기화하면서 입자 배열이 불규칙적으로 변하고 입자 사이의 거리가 멀어져 부피가 증가하기 때문이다.
(2) (가)=(나), 상태 변화가 일어나도 입자의 종류와 수는 변하지 않기 때문이다.

	채점 기준	배점
(1)	상태 변화와 입자 배열, 입자 사이의 거리를 모두 이용하여 옳게 서술한 경우	50 %
	상태 변화와 입자 배열, 입자 사이의 거리 중 일부만 이용하여 서술한 경우	25 %
(2)	(가)와 (나)의 질량 비교를 등호로 나타내고, 그 까닭을 입자의 종류와 수를 이용하여 옳게 서술한 경우	50 %
	(가)와 (나)의 질량 비교만 등호로 옳게 나타낸 경우	25 %

14 모범 답안 물이 기화하여 생긴 수증기가 차가운 공기와 만나 물방울로 액화한 것이다.
| 해설 | 물이 끓어서 기화하여 생긴 수증기는 눈에 보이지 않으나, 그 수증기가 주전자 밖의 차가운 공기와 접촉하면 액화하여 작은 물방울로 떠 있게 되는데, 이 작은 물방울이 바로 김이다.

채점 기준	배점
하얀 김이 생성되는 원리를 상태 변화와 관련지어 옳게 서술한 경우	100 %
수증기가 액화하였기 때문이라고만 서술한 경우	50 %

시 험 대 비 교 재

15 [모범 답안] 공기 중의 수증기가 승화하여 고체인 얼음으로 변하기 때문이다.

채점 기준	배점
기체에서 고체로의 승화로 옳게 서술한 경우	100 %
그 외의 경우	0 %

03 상태 변화와 열에너지

중단원 핵심 요약
시험 대비 교재 58쪽

① 응고 　 ② 방출 　 ③ 기화 　 ④ 방출
⑤ 흡수 　 ⑥ 규칙 　 ⑦ 불규칙 　 ⑧ 액화
⑨ 융해 　 ⑩ 흡수 　 ⑪ 방출

잠깐 테스트
시험 대비 교재 59쪽

1 (가): A, C, (나): B 　 **2** B 　 **3** 액체 　 **4** (나), (라)
5 흡수 　 **6** A, D, F 　 **7** B, C, E 　 **8** ① 흡수, ② 멀어
9 ① 낮, ② 높 　 **10** (1) 방출 (2) 흡수 (3) 흡수 (4) 방출

중단원 기출 문제
시험 대비 교재 60~62쪽

01 ①, ② 　 **02** ① 　 **03** ① 　 **04** ② 　 **05** ⑤ 　 **06** ②
07 ⑤ 　 **08** ㉠ 응고, ㉡ 방출 　 **09** ③ 　 **10** ②
11 ③, ④ 　 **12** E, 열에너지 흡수 　 **13** ⑤ 　 **14** ㉠ 액화, ㉡ 방출 　 **15** ③ 　 **16** ③ 　 **17** ② 　 **18** ②

01 [바로 알기] ① 물질의 상태가 변할 때 열에너지를 흡수하거나 방출한다.
② 물질을 가열하면 물질이 열에너지를 흡수하여 온도가 높아지다가 상태 변화가 일어날 때는 흡수한 열에너지가 모두 상태 변화에 사용되므로 온도가 일정해진다.

02 (가): 액체 상태, (나): 액체+고체 상태(응고), (다): 고체 상태
(가) 구간과 (다) 구간에서는 물질이 열에너지를 빼앗겨 온도가 낮아지지만, (나) 구간에서는 액체 로르산이 고체 로르산으로 응고하면서 열에너지를 방출하므로 온도가 일정하게 유지된다.
[바로 알기] ① (가) 구간에서는 액체 로르산만 존재한다.

03 (나) 구간에서는 물이 얼음으로 상태 변화하는 응고가 일어난다.
①은 응고의 예이다.
[바로 알기] ②와 ⑤는 기화, ③은 승화(고체 → 기체), ④는 융해의 예이다.

04 (가): 고체 상태, (나): 고체+액체 상태(융해), (다): 액체 상태, (라): 액체+기체 상태(기화), (마): 기체 상태
① 고체는 입자 배열이 규칙적이다.
③ (다) 구간에서는 가해 준 열에너지를 흡수하여 온도를 높이는 데 사용한다.
④ (라) 구간에서는 액체가 기체로 기화하므로 물질이 끓는다.
[바로 알기] ② (나) 구간에서는 융해가 일어난다.

05 ⑤ 물질이 융해할 때는 흡수한 열에너지가 모두 상태 변화에 쓰이므로 계속 가열해도 온도가 높아지지 않고 일정하게 유지된다.

06 [바로 알기] ② (나) 구간에서는 기화가 일어나므로 액체와 기체 상태가 함께 존재한다.

07
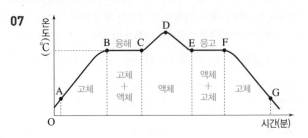

[바로 알기] ② BC 구간에서는 열에너지를 흡수한다.

08 물질이 응고할 때 주변으로 열에너지를 방출하여 물질의 온도가 낮아지는 것을 막아 주므로 온도가 일정하게 유지된다.

09 물질의 상태가 고체에서 액체로 변하는 융해 현상이다.
[바로 알기] ① 열에너지를 흡수한다.
② 입자의 크기는 변하지 않는다.
④ 입자 배열이 불규칙적으로 변한다.
⑤ 입자 사이의 거리가 멀어진다.

10 (가)는 액체, (나)는 고체, (다)는 기체이다.
ㄴ. (나) → (가)로 상태가 변하는 것은 융해이며, 융해가 일어날 때 열에너지를 흡수하여 입자 배열이 규칙적으로 변한다.
[바로 알기] ㄱ. (가) → (다)로 상태가 변하는 것은 기화이므로 열에너지를 흡수한다.
ㄷ. (다) → (가) → (나)로 상태가 변할 때 열에너지를 방출한다.

11 A: 응고, B: 융해, C: 승화(고체 → 기체), D: 승화(기체 → 고체), E: 기화, F: 액화
③ C 과정에서 고체가 기체로 승화할 때 부피가 증가한다.
④ D 과정에서 기체가 고체로 승화할 때 열에너지를 방출하면서 입자 배열이 규칙적으로 변한다.
[바로 알기] ① A 과정에서 액체가 고체로 응고할 때 열에너지를 방출하므로 주변의 온도가 높아진다.
② B 과정에서 고체가 액체로 융해할 때 열에너지를 흡수한다.
⑤ E 과정에서 액체가 기체로 기화할 때 입자 운동이 활발해진다.
⑥ F 과정에서 기체가 액체로 액화할 때 입자 사이의 거리는 가까워진다.

12 물놀이를 하고 물 밖으로 나오면 물이 수증기로 기화하면서 열에너지를 흡수하기 때문에 주변의 온도가 낮아져 춥게 느껴진다.

13
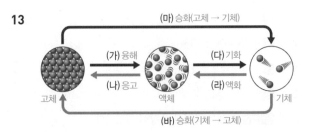

바로 알기 ① 열에너지를 흡수하는 상태 변화는 (가), (다), (마)이다.
② (가), (다), (마)가 일어날 때 입자 사이의 거리가 멀어진다.
③ 신선 식품을 포장할 때 얼음 팩을 함께 넣으면 식품을 신선하게 유지할 수 있는 것은 고체인 얼음이 액체인 물로 융해하면서 열에너지를 흡수하여 주변의 온도가 낮아지기 때문이다. 따라서 (가)와 관계있다.
④ (라)가 일어날 때 입자의 운동은 둔해진다.

14 수증기가 액화하면서 방출한 열에너지가 주변의 온도를 높여 손이 따뜻해지는 것을 느낄 수 있다.

15 사과꽃에 뿌린 물이 얼면서 열에너지를 방출하여 냉해를 막을 수 있다.
③ 실온에 둔 액체 초콜릿이 응고할 때 열에너지를 방출한다.
바로 알기 ① 아이스크림이 융해할 때 열에너지를 흡수한다.
② 어항에 있는 물의 양이 줄어드는 것은 증발이 일어난 것이다. 물이 수증기로 기화할 때 열에너지를 흡수한다.
④ 공기 중의 수증기가 고체인 서리로 승화할 때 열에너지를 방출한다.
⑤ 공기 중의 수증기가 얼음물이 담긴 컵의 표면에서 액체로 액화할 때 열에너지를 방출한다.

16 ③ 얼음이 녹으면서 주변에서 열에너지를 흡수하므로 주변의 온도가 낮아져 시원하게 느껴진다.

17 ㄱ, ㄴ, 각각 기화와 승화(고체 → 기체)의 예이므로 열에너지를 흡수한다.
바로 알기 ㄷ, ㄹ. 각각 액화와 응고의 예이므로 열에너지를 방출한다.

18 바로 알기 ① 실내기에서 액체 냉매가 기화하면서 열에너지를 흡수한다.
③, ④ 기화한 냉매가 실외기에서 액화하면서 열에너지를 방출하므로 주변의 온도가 높아진다.
⑤ 냉매는 관을 따라 이동하면서 기화와 액화를 반복한다.

서술형 정복하기
시험 대비 교재 63~64쪽

1 답 B

2 답 B: (가) → (나), D: (나) → (다)

3 답 C

4 답 (가) 융해, 기화, 승화(고체 → 기체), (나) 응고, 액화, 승화(기체 → 고체)

5 답 높아진다.

6 모범 답안 액체 로르산이 고체 상태로 **상태 변화** 하는 동안 방출하는 **열에너지가 온도가** 낮아지는 것을 막아 주기 때문이다.

7 모범 답안 융해, 기화, 승화(고체 → 기체)가 일어나는 동안 물질이 **흡수한 열에너지가 상태 변화**에 사용되기 때문이다.

8 모범 답안 공기 중의 **수증기가 물로 상태 변화** 하면서 **열에너지를 방출**하여 **주변의 온도가** 높아졌기 때문이다.

9 모범 답안 혀를 내밀어 입 속 수분을 **증발**시키면 수분이 **기화**하면서 **열에너지를 흡수**하여 **주변의 온도가** 낮아지므로 체온을 낮출 수 있다.

10 모범 답안 고체인 드라이아이스가 기체로 **상태 변화** 하면서 **열에너지**를 흡수하므로 주변의 온도를 낮추어 아이스크림이 녹지 않게 하기 때문이다.

11 모범 답안 물이 얼음으로 응고하는 동안 방출한 열에너지가 온도가 낮아지는 것을 막아 주기 때문이다.

채점 기준	배점
상태 변화와 방출한 열에너지의 이용을 언급하여 옳게 서술한 경우	100 %
열에너지를 방출하기 때문이라고만 서술한 경우	50 %

12 모범 답안 (1) 가해 준 열에너지가 물질의 상태를 변화시키는 데 모두 사용되기 때문이다.
(2) BC 구간에서는 열에너지를 흡수하고, EF 구간에서는 열에너지를 방출한다.
| 해설 | BC 구간에서는 융해, EF 구간에서는 응고가 일어난다.

	채점 기준	배점
(1)	BC 구간에서 온도가 일정한 까닭을 옳게 서술한 경우	50 %
	그 외의 경우	0 %
(2)	BC 구간과 EF 구간에서 열에너지의 출입을 모두 옳게 서술한 경우	50 %
	BC 구간과 EF 구간 중 한 가지만 옳게 서술한 경우	25 %

13 모범 답안 열에너지를 방출하여 주변의 온도가 높아진다.
| 해설 | 성에가 생기는 현상은 승화(기체 → 고체), 물방울이 맺히는 현상은 액화, 초콜릿이 굳는 현상은 응고이다.

채점 기준	배점
열에너지의 출입과 주변의 온도 변화를 모두 옳게 서술한 경우	100 %
열에너지의 출입과 주변의 온도 변화 중 한 가지만 옳게 서술한 경우	50 %

14 모범 답안 (가) 겨울철 손에 입김을 불면 잠시 동안 따뜻함을 느낄 수 있다. (나) 아이스박스에 얼음을 채워 음식을 차갑게 보관한다.
| 해설 | 응고, 액화, 승화(기체 → 고체)는 상태 변화가 일어날 때 열에너지를 방출하므로 주변의 온도가 높아지고, 융해, 기화, 승화(고체 → 기체)는 상태 변화가 일어날 때 열에너지를 흡수하므로 주변의 온도가 낮아진다.

채점 기준	배점
(가)와 (나)를 이용하는 예를 모두 옳게 서술한 경우	100 %
(가)와 (나)를 이용하는 예 중 한 가지만 옳게 서술한 경우	50 %

15 모범 답안 실내기: 액체 냉매가 기화하면서 열에너지를 흡수하므로 주변의 온도가 낮아져 실내 온도가 낮아진다.
실외기: 기체 냉매가 액화하면서 열에너지를 방출하므로 실외기 주변의 온도가 높아진다.

채점 기준	배점
실내기와 실외기 모두 옳게 서술한 경우	100 %
실내기와 실외기 중 한 가지만 옳게 서술한 경우	50 %

정답과 해설

수행평가 대비 시험지

Ⅱ 생물의 구성과 다양성

세포 관찰 실험하기   시험 대비 교재 68~69쪽

문제 1

(1) 기포가 생기지 않도록 하기 위해서이다.

(2) 핵을 염색해서 뚜렷하게 관찰하기 위해서이다.

(3) ㉠ 메틸렌 블루, ㉡ 아세트산 카민

문제 2

(1) ㉠ 없음, ㉡ 있음, ㉢ 없음

(2) 해설 참조

문제 2

(2) **모범 답안** 식물 세포에는 동물 세포에는 없는 세포벽과 엽록체가 있다. 세포벽은 세포막 바깥을 둘러싸고 있는 두껍고 단단한 벽으로, 세포를 보호하고 세포의 모양을 일정하게 유지시킨다. 엽록체는 초록색 알갱이로, 광합성을 하여 양분을 생성한다.

채점 기준	배점
세포 구성 요소 두 가지를 모두 포함하여 각각의 특징을 옳게 서술한 경우	100 %
세포 구성 요소 두 가지만 쓰거나, 세포 구성 요소 중 하나의 특징만 옳게 서술한 경우	50 %

계 수준에서 생물 분류하기   시험 대비 교재 70~71쪽

문제 1

(1) ㉠ 없다, ㉡ 있다, ㉢ 한다, ㉣ 안 한다, ㉤ 없다, ㉥ 있다

(2) 핵 유무, 광합성 여부, 세포벽 유무 등

문제 2

(1) ㉠ 참새, ㉡ 소나무, ㉢ 표고버섯, ㉣ 해캄, ㉤ 대장균

(2) 해설 참조

문제 1

(1) ㉠ 원핵생물계에 속하는 생물은 세포에 핵이 없다. ㉡ 원생생물계에 속하는 생물은 세포에 핵이 있고, 몸이 대부분 한 개의 세포로 이루어져 있다. ㉢ 원생생물계에 속하는 일부 생물과 식물계에 속하는 생물은 광합성을 한다. ㉣ 균계와 동물계에 속하는 생물은 광합성을 하지 않는다. ㉤, ㉥ 몸이 여러 개의 세포로 이루어지고, 광합성을 하지 않는 생물 중 운동성이 없는 생물 무리는 균계, 운동성이 있는 생물 무리는 동물계이다.

(2) 생물을 5계로 분류할 때, 분류 기준에는 핵 유무, 광합성 여부, 세포벽 유무, 세포 수, 기관의 발달 유무, 운동성 여부 등이 있다.

문제 2

(2) **모범 답안** 동물계에 속하는 생물은 세포에 핵이 있다. 다세포 생물이며, 세포벽이 없고 운동성이 있다. 다른 생물을 먹이로 삼아 양분을 얻으며, 대부분 몸에 기관이 발달하였다.

채점 기준	배점
동물계에 속한 생물의 공통적인 특징을 4가지 이상 옳게 서술한 경우	100 %
동물계에 속한 생물의 공통적인 특징을 2가지 이상 옳게 서술한 경우	50 %

Ⅲ 열

열평형 과정 알아보기   시험 대비 교재 72~73쪽

문제 1

(1) →

(2) ㉠ 30, ㉡ 10

(3) 따뜻한 물은 입자의 움직임이 둔해지고, 차가운 물은 입자의 움직임이 활발해진다.

(4) 따뜻한 물은 입자 사이의 거리가 가까워지고, 차가운 물은 입자 사이의 거리가 멀어진다.

(5) 해설 참조

문제 1

(1) 열은 온도가 높은 따뜻한 물에서 온도가 낮은 차가운 물로 이동한다.

(2) 열평형은 온도가 다른 두 물체가 접촉한 뒤 어느 정도 시간이 지났을 때 두 물체의 온도가 같아진 상태이다. 두 물의 온도를 시간에 따라 나타낸 그래프에 따르면 따뜻한 물과 차가운 물은 10분이 되었을 때 30 °C로 온도가 같아진다.

(3) 온도가 높은 물체일수록 입자의 움직임이 활발하므로 온도가 낮아지는 따뜻한 물은 입자의 움직임이 둔해지고, 온도가 높아지는 차가운 물은 입자의 움직임이 활발해진다.

채점 기준	배점
따뜻한 물과 차가운 물 입자의 움직임을 모두 옳게 서술한 경우	100 %
따뜻한 물과 차가운 물 입자의 움직임 중 한 가지만 옳게 서술한 경우	50 %

(4) 온도가 높은 물체일수록 입자 사이의 거리가 멀다. 따라서 온도가 낮아지는 따뜻한 물은 입자 사이의 거리가 가까워지고, 온도가 높아지는 차가운 물은 입자 사이의의 거리가 멀어진다.

채점 기준	배점
따뜻한 물과 차가운 물 입자 사이의 거리를 모두 옳게 서술한 경우	100 %
따뜻한 물과 차가운 물 입자 사이의 거리 중 한 가지만 옳게 서술한 경우	50 %

(5) **모범 답안** 따뜻한 물과 차가운 물은 같은 물이므로 비열이 같다. 또, 열은 차가운 물과 따뜻한 물 사이에서만 이동하므로 차가운 물이 얻은 열량과 따뜻한 물이 잃은 열량은 같다. 열량과 비열, 질량, 온도 변화의 관계에 따르면 열량=비열×질량×온도 변화이므로 비열이 같고 물체가 얻거나 잃은 열량이 같을 때, 온도 변화는 물체의 질량에 반비례한다. 따라서 따뜻한 물과 차가운 물의 온도 변화가 다른 까닭은 따뜻한 물과 차가운 물의 질량이 다르기 때문이다. 따뜻한 물의 온도 변화가 차가운 물의 온도 변화보다 크므로 질량은 차가운 물이 따뜻한 물보다 크다.

채점 기준	배점
핵심 내용을 포함하면서 온도 변화가 다른 까닭을 옳게 서술하고, 질량을 옳게 비교한 경우	100 %
따뜻한 물과 차가운 물의 질량만 옳게 비교한 경우	50 %

비열과 열팽창으로 설명하기 시험 대비 교재 74~75쪽

문제 1

(1) 모래의 비열이 물보다 작아 육지의 온도 변화가 바다의 온도 변화보다 크므로 밤이 되어 온도가 낮아지면 육지의 온도가 바다의 온도보다 더 빨리 낮아진다.

(2) 해안 지역에서 밤이 되면 육지의 온도가 바다의 온도보다 더 빨리 낮아지므로 육지에 가까운 차가운 공기는 아래로 내려오고, 바다에 가까운 따뜻한 공기는 위로 올라가면서 육지에서 바다로 육풍이 분다.

문제 2

(1) 바닷물은 육지보다 비열이 크기 때문에 바닷물은 육지보다 온도 변화가 작다. 따라서 높아진 바닷물의 온도는 쉽게 낮아지지 않는다.

(2) 해설 참조

문제 1

(1) 비열이 작을수록 온도 변화가 크므로 비열이 작은 모래가 비열이 큰 물보다 온도 변화가 크다.

채점 기준	배점
모래와 물의 비열을 비교하여 온도가 어떻게 변하는지 옳게 서술한 경우	100 %
비열을 비교하지 않고 온도가 어떻게 변하는지만 옳게 서술한 경우	50 %

(2) 대류에 의해 따뜻한 공기는 위로 올라가고, 차가운 공기는 아래로 내려온다.

채점 기준	배점
차가운 공기는 아래로 내려오고, 따뜻한 공기는 위로 올라간다는 내용을 포함하여 육풍이 분다고 서술한 경우	100 %
육풍이 분다고만 서술한 경우	50 %

문제 2

(1) 비열이 클수록 온도 변화가 작다. 물은 비열이 매우 큰 물질이므로 온도 변화가 작다.

채점 기준	배점
바닷물은 육지보다 비열이 크기 때문이라는 내용을 포함하여 까닭을 옳게 서술한 경우	100 %
비열 때문이라고만 서술한 경우	50 %

(2) **모범 답안** 지구 온난화로 지구의 평균 기온이 높아지면 바닷물의 평균 온도도 높아진다. 바닷물의 평균 온도가 높아지면 바닷물이 열팽창하여 바닷물의 부피가 증가한다. 이때 고체인 육지보다 액체인 바닷물의 열팽창 정도가 더 크므로 바닷물의 부피가 증가한 정도가 육지의 부피가 증가한 정도보다 더 크게 된다. 따라서 바닷물의 부피가 더 증가한 만큼 해수면이 상승한다.

채점 기준	배점
바닷물의 열팽창 정도를 육지와 비교하여 해수면이 상승하는 까닭을 옳게 서술한 경우	100 %
바닷물이 열팽창하기 때문이라고만 서술한 경우	50 %

Ⅳ 물질의 상태 변화

입자 운동을 모형으로 표현하기 시험 대비 교재 76~77쪽

문제 1

(1) 해설 참조

(2) **모범 답안** 잉크를 구성하는 입자들이 잉크를 떨어뜨리는 지점을 중심으로 스스로 운동하여 물 전체로 퍼져 나가기 때문이다.

(3) **모범 답안** 마약 탐지견이 냄새로 마약을 찾는다. 냉면에 식초를 떨어뜨리면 국물 전체에서 신맛이 난다.

문제 2

(1) 해설 참조

(2) **모범 답안** 숫자가 점점 작아지다가 0이 된다. 아세톤 입자가 스스로 운동하여 증발하기 때문이다.

(3) **모범 답안** 오징어나 고추 등을 오래 보관하기 위해 말린다. 물걸레로 닦아 둔 교실 바닥이 마른다.

문제 1

(1) 물에 잉크를 떨어뜨리고 충분한 시간이 지나면 물 전체가 잉크 색으로 변한다.

모범 답안

잉크

(2)

채점 기준	배점
잉크가 물 전체로 퍼지는 까닭을 옳게 서술한 경우	100 %
그 외의 경우	0 %

(3)

채점 기준	배점
확산 현상의 예 두 가지를 모두 옳게 서술한 경우	100 %
확산 현상의 예를 한 가지만 옳게 서술한 경우	50 %

문제 2

(1) 아세톤 입자는 스스로 운동하여 증발한다.

모범 답안

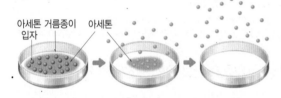

아세톤 거름종이   아세톤
입자

(2) 아세톤 입자가 스스로 운동하여 증발하기 때문에 전자저울의 숫자는 점점 작아지다가 0이 된다.

채점 기준	배점
전자저울 숫자의 변화를 옳게 쓰고, 그 까닭을 옳게 서술한 경우	100 %
전자저울 숫자의 변화만 옳게 쓴 경우	50 %

(3)

채점 기준	배점
증발 현상의 예 두 가지를 모두 옳게 서술한 경우	100 %
증발 현상의 예를 한 가지만 옳게 서술한 경우	50 %

과학 기사 해석하기   시험 대비 교재 78~79쪽

문제 1

(1) 모범 답안 유해 물질이 기체로 기화할 수 있도록 온도를 높이는 것이다.

(2) 모범 답안 창문과 문을 열어 환기를 하면 기체로 상태 변화한 유해 물질 입자가 집 밖으로 확산하기 때문이다.

문제 2

(1) 모범 답안 에어컨은 액체 냉매가 기화하면서 열에너지를 흡수하기 때문에 주변의 온도가 낮아져 실내가 시원해진다.

(2) 해설 참조

문제 1

(1)

채점 기준	배점
고온으로 난방을 하는 까닭을 기화와 관련지어 옳게 서술한 경우	100 %
그 외의 경우	0 %

(2)

채점 기준	배점
환기하는 까닭을 확산과 관련지어 옳게 서술한 경우	100 %
그 외의 경우	0 %

문제 2

(1)

채점 기준	배점
에어컨의 원리를 냉매의 상태 변화와 열에너지와 관련지어 옳게 서술한 경우	100 %
그 외의 경우	0 %

(2) 모범 답안 에어컨 사용 시간을 매일 1시간만 줄여도 이산화 탄소의 연간 배출량을 14 kg 줄일 수 있고, 냉방 온도를 평소보다 2 °C 높이면 5.3 kg, 에어컨 필터를 주기적으로 청소하면 1.2 kg 줄일 수 있다고 한다. 따라서 에너지를 절약해 에어컨을 사용하는 습관을 들이고, 에어컨의 보급률을 낮춰 사용량을 줄이기 위한 노력이 필요하다.

채점 기준	배점
200자 내외로 작성한 경우	30 %
근거를 제시하여 자신의 생각을 제시한 경우	70 %